농업생산조직사례연구

농업생산조직사례연구

윤 수 종 지음

전남대학교출판부

서문

이 책은 농업생산조직에 관한 박사논문을 쓰면서 시작되었다. 도시산업의 노동과정에 관한 연구가 한창이던 1980년대 말 농업노동과정을 연구하고 싶었던 필자는 농업노동과정을 드러낼 수 있는 농업생산조직을 정리하고자 했다. 그러던 와중에 몇 개 마을을 사례로 조사연구를 하게 되었다. 박사논문이 조직의 일반적인 특성을 서술하다 보니 각 지역이나 마을에 따라 다르게 나타나는 특수성을 드러내기가 어려웠다. 박사논문을 쓰면서 여러 마을들을 조사연구하여 사례를 정리해 두었고 그에 기반하여 논문을 썼던 것이다. 박사논문의 내용과 다른 글들을 묶어서 낸 것이 『농촌사회제도연구』(전남대출판부, 2010)였다. 이 책은 『농촌사회제도연구』의 후속편이라고 할 수 있겠다.

『농촌사회제도연구』에서 모형으로서 다루었던 공동작업반이나 탈곡작업반 등에 대해서 이 책에서는 사례들을 구체적으로 묘사해 보았다. 또한 『농촌사회제도연구』에서 다루지 않은 농기계조직들에 관해서 이 책에서는 사례를 중심으로 다루었다. 대규모 조사기획을 수행할 수 없는 조건 속에서 사례들을 탐색하고 시계열적으로 나열해 보았다.

책의 내용에 관해 간단하게 소개해 보겠다.

1장 '서론'에서는 농업생산조직의 변화에 대해 개관해 보려고 하였다.

2장 '공동작업반'에서는 충북 청원군 옥산면 덕촌2리 덕촌마을의 모내기공동작업반의 사례를 다루었다. 1981년과 1982년의 모내기공동작업반의 자료들을 구할 수 있어서 1987년 조사 당시 추적조사할 수 있었다. 또한 강원도 정선군 동면 호촌리 호명마을에서 이루어지고 있는 옥수수탈곡작업반에 대한 사례를 다루었다(1987년 조사). 이 사례들은 기계화가 되기 이전의 상황과 기계화가 되어가는 상황에서의 공동노동의 변화를 잘 보여준다고 하겠다.

3장 '농기계공동작업반'에서는 4개 마을에서 나타나고 있는 농기계반, 기계화영농단의 사례를 다루었다. 지월농기계반은 2장에서 다룬 덕촌마을의 하위자연부락인 지월에서 나타난 농기계반으로 서독의 지원을 받아 1982년부터 농기계작업을 하게 된 조직이다. 9호의 성원농가가 공동작업을 통해 벼농사를 해결하고 시설원예나 축산을 하고 있다. 내동기계화영농단과 상사기계화영농단은 정부의 지원과 융자를 받아 1982년, 1983년에 설립된 것으로 3,4년 공동운영 하다가 개인운영으로 바뀐 사례들이다. 기계화영농단의 여러 가지 문제점들을 잘 보여주는 사례라고 할 수 있겠다. 새터기계화영농단은 소수의 젊은 농민들이 1989년에 결집하여 실질적으로 공동운영하는 사례를 잘 보여주고 있다.

4장 '마을생산조직'에서는 마을 단위에서 나타나는 생산조직들을 그려 보았다. 한들마을의 농기계작업반들에서는 벼농사에서 나타나는 기계이용조직들에 대한 상세한 분석을 시도하였다. 강원도 춘천시 신동면 증2리 한들마을은 필자의 고향이기도 하여 수년에 걸쳐 상세한 조사를 하고 그 결과를 제시해 보았다. 1980년대와 1990년대 초반까지 각 작업별 기계반의 특성과 성원들의 성격에 따른 작업반의 특성을 드러내 보려고 하였다. 2개의 트랙터작업반, 6개의 이앙작업반, 3개의 탈곡작업반 및 콤바인작업반이 마을의 주요 작업을 거의 다 감당해 내고 있었다.

감물면 세 마을의 생산조직에서는 충북 괴산군 감물면 광전리에 위치한 아랫미랏 마을과 윗미랏 마을, 그리고 오창리에 있는 유창 마을의 생산조직 상황에 대한 조사분석이다. 1992년에 조사한 것으로 기계화가 상당히 진전된 상태에서 수위탁관계에 대한 치밀한 조사를 하였다. 그 외 품앗이와 농기계공동이용조직에 대한 조사도 첨가하였다.

와우리의 생산조직에서는 딸기로 유명한 전남 담양군 봉산면 와우1구(와우리)에 대한 1994년의 조사이다. 고용노동력의 조달상황에 대한 조사와 딸기작목반 등에 대한 조사를 하였다.

이상 마을생산조직의 상황을 보면 1990년대 들어 벼농사는 수위탁 작업으로 이루어지고 있으며, 밭농사에서 상품작물재배에 많은 노동력이 동원되거나 조직화되는 양상을 보이고 있다.

5장 '농업생산자조직'에서는 군단위나 면단위에서의 생산자조직에 대한 탐구이다. 물론 이들 생산자조직의 배후에는 다양한 생산조직들이 있다.

'죽향담양딸기생산자연합회'는 군에서 주도하여 딸기로 유명한 담양군 단위의 연합조직으로 1994년에 탄생한 것이다. 농협의 비협조로 잘 이루어지지 않았지만 군 단위 생산자조직의 전개방향에 대해서 여러 함의를 줄 수 있을 것이다. '해남생명농업실현영농조합'은 해남지역에서 정농회, 유기농업, 자연농업의 흐름이 결집한 조직으로 1993년 결성되어 각 읍면별로 유기자연농업단지를 두고 있었다. 각 단지는 개인적인 네트워크 형태였지만 영농조합은 초기에 교육과 견학 등을 주로 실시하면서 유기자연농업의 확산에 힘을 쏟았다.

무안양념채소영농조합은 정부의 지원 아래 막대한 시설비를 들여 저장시설을 마련하고 지역 농민들의 양파와 마늘 등을 수집, 저장, 출하 하는 조직이다. 1994년부터 본격적으로 사업을 시작하였으며 단순한 저장시설을 넘어서 기존의 유통구조를 개선하려고 하며 하위 영농조합들이나 작목반들을 통해 또는 계약재배를 통해 지역농민과 다양한 관련을 맺어가고 있다. 1998년 들어서는 '서남부채소농협'으로 광역전문조합으로 변신하기에 이른다.

도포시설원예영농조합은 밑으로부터 농민들의 자생적 조직화가 결실을 맺은 사례라고 할 수 있겠다. 영암군원예연합회라는 위로부터 만들어진 조직에 대비하여 면 단위에서 생산농민들이 만들어낸 도포시설원예영농조합은 1995년에 설립되었다. 형식적인 영농조합 요건 보다는 실질적으로 움직이는 작목반을 중요한 구성요소로 하면서 마을별로 활동인자들을 엮어내는 모습을 보이고 있다.

이상 공동작업반에서 농업생산자조직까지의 사례들은 농촌에서 생산조직의 변화상을 짐작케 한다. 이제 농촌지역에서는 주요한 사업체로서 영농조합들이 등장하고 있다. 생산조직을 넘어서 다양한 부문의 관련사업을 전개해가는 지역네트워크로 발전하기까지 한다.

이 책에서는 공동작업반의 마지막 모습에서 기계이용공동조직, 수탁작업조직, 농업생산자조직으로 이어지는 생산조직들의 사례들을 조사연구하였다. 1990년대 중반 이후 점차 생산조직에서 생산자조직으로 변모해 가는 동향을 볼 수 있다. 2000년대의 사례에 대해서는 책이 너무 커져서 다음에 단행본으로 낼 예정이다.

이 책에서는 사례대상조직이나 마을의 농민들의 실명을 그대로 노출하였다. 혹시 다른 연구자들이 해당 조직이나 마을을 이후에 연구할 때 도움이 됐으면 하는 마음에서였다. 해당 조직이나 농민들의 양해를 구한다. 그리고 가능한 한 마을구성원의 가족구성상황, 경지상황, 농업경영현황 등을 드러낼 수 있는 마을구성원표를 제시해 보려고 하였다. 세세한 내용일지라도 원자료나 수치를 그대로 제시해 보려고 노력하였다. 해석은 가능하면 자제하였다. 마치 자료집을 제시하는 느낌이 든다. 그래도 농촌연구와 농업생산조직의 구성에 조금이나마 도움이 됐으면 하는 생각에서 그간 해온 사례연구들을 묶어서 책으로 내게 되었다.

편집하느라 수고하신 출판사 편집진들, 그리고 표를 새로 그리느라 수고한 김지영과 서정우에게 고마움을 전한다.

2011년 2월 10일
윤수종

| 목 차 |

1장
서론

한국사회의 급속한 자본주의적 발전과 더불어 농업 및 농촌의 변화 또한 급속했다. 그 발전의 결과 한국사회는 사회구성상에 있어서 독점 자본주의의 특성을 보이고 있는데, 이렇게 독점자본이 지배하는 사회적 구성 속에서 소생산을 담당하고 있는 농업, 농민, 농촌은 끊임없이 자본의 지배에 대응해 나가면서 생존전략을 모색해 나가지 않을 수 없다.

자본주의화에 따른 농업, 농촌의 변화는 무엇보다도 농촌노동력구성의 변화, 기계화, 상품생산화 등으로 요약된다. 자본의 압박 속에서 농민층은 전반적인 몰락과정 속에서 빈농적 성격을 보이고 있지만, 다른 한편 단순화된 가족노동력을 기반으로 하면서도 기계화와 상품화를 추구함으로써 새로운 내적 분화의 계기를 지니고 있다.

'농업해체의 위기' 속에서도 농업생산기반은 크게 변화하고 있으며 그에 기초한 농업생산구조도 급속히 바뀌어 가고 있다. 그에 따라 농업노동과정과 거기서 나타나는 농업생산조직의 변화도 감지할 수 있다. 이러한 변화는 농업, 농민, 농촌 현실의 변화를 의미하며, 앞으로 농촌을 어떻게 꾸려 나갈 것인가에 대한 상은 바로 이 변화되는 현실에 착목하지 않으면 안 될 것이다.

한국농업의 구조개편과 관련해서는 여러 가지 논의가 있어 왔다. 1960년대 이후의 협업화 논의[1] 뿐만 아니라 1990년대 들어서서는 정부도 농업구조개선대책을 통해 전업농을 중심으로 한 농업구조개편을 수행하고 있다.[2] 이러한 전업농 육성 중심의 농업구조 개편으로는 농업을 살리기가 어렵다는 지적이 학계 일각에서 끊임없이 제기되어 왔으며, 농업구조 개편과 관련하여 생산조직 및 그것을 중심에 둔 지역영농집단을 축으로 한 지역농업으로의 개편을 주장하는 논의도 제기되었다.[3]

전업농 육성 중심의 개편이든 지역영농집단 중심의 개편이든 농업구조개편과 관련하여 농업생산조직에 주목하지 않을 수 없다. 그런데 농업생산조직의 양태는 생산력 기반 위에서 나타난다. 농업생산력은 농업노동력구성 및 농업노동의 성격, 농업생산수단(농업노동대상과 농업노동수단)의 기술혁신의 진전정도와 그 수준, 토지기반정비(용·배수 이용조건 및 경작조건의 정비 수준)의 진행상황 등 세 가지 요소의 결합으로 나타나며, 그 결합의 변화에 따라 여러 가지 농업생산조직이 발생·전개된다.

농업생산조직의 변화를 보면, 노동력의 감소와 기계화의 진전에 따라 "노동력의 결합", 축력과 노동력의 결합, 농기구와 노동력의 결합이 중심이 되다가 점차 "농기계와 노동력의 결합", "농기계의 결합"이 중심이 되는 생산조직이 나타나며, 기계작업과 보조작업이 분리되고 기계작업이 작업을 주도해가면서 수위탁작업이 활성화된다.

농지의 특성과 조건도 농업생산조직의 형성에 있어서 규정적인 요

1) 김병태, 1982, 『한국농업경제론』, 비봉출판사; 박현채, 1981, 『한국농업의 구상』, 한길사; 유인호, 1967, 『한국농업협업화의 연구』, 한국연구원.
2) 김정호 외, 1990, 『전업농육성과 영농조직 활성화 방향』, 한국농촌경제연구원.
3) 박진도, 1992, 『한국자본주의와 농업구조』, 한길사, 64-84쪽.

소가 된다. 특히 독점자본주의 아래에서 고지가와 토지이용률의 저하라는 특성 속에서도 노동력부족 및 기계화의 조건으로 "토지결합"의 필요성이 등장한다. 특히 상품작물재배지역을 중심으로 임차를 통한 영농의 집약화가 나타나고 있다. 전반적으로 차지를 통한 경영확대의 경향이 나타나며 작업의 공동화가 진전되고, 그 과정에서 생산조직이 적극적으로 전개된다.

즉 자본의 압력에 대응해 나가는 과정에서 농업생산력구조의 변화에 따라 그에 적합한 농업생산조직이 만들어진다. 농업노동력구성의 변화 및 농업기계화에 따라 기존의 농업생산조직이 해체 또는 변질되고 새로운 조직이 나타난다. 한편으로 기존의 농업생산조직이 해체되고, 다른 한편으로는 새로운 농업생산조직이 만들어지는데, 농업생산조직은 이 양자의 경향 속에서 끊임 없는 변화를 겪게 된다.

이러한 농업생산조직의 변화는 단순한 협업적 작업에서 점차 협업경영으로 까지 다양한 형태를 이루면서 진전된다. 독점자본주의 아래 기존의 생산력 조건 속에서 생산조직의 변화는 협업적 작업에서 협업적 경영으로 나아가기 보다는 그 양 극단 사이를 오가는 진동과정을 보인다. 이는 생산력 조건의 끊임없는 변화 속에서 관철되며, 노동력을 중심으로 한 생산조직에서 점차 생산수단을 중심으로 한 생산조직으로 변화되어 간다.

농업생산조직의 변화의 획기적 기점은 바로 기계화이다. 손노동의 결합에 기초하고 있던 다양한 생산조직들이 존속해 오다가 기계화로 결정적인 변환을 맞이한다. 기계화 직전까지 존속하던 생산조직으로서 들 수 있는 것은 바로 공동작업반이다.

1970년대에 들어 농번기에는 노동력부족 현상이 나타나고 마을의 노동력을 조정할 필요가 생기게 되었다. 이 과정에서 자연스럽게 조직화된 품앗이가 발전하여 일정한 성원이 일정 동안 지속적으로 공동작업을 하는 조직으로 변화하기도 하였다. 특히 점차 마을 단위에서 하나

내지는 몇 개의 품앗이조가 조직되고 이것이 중심이 되어 마을 안의 중요 작업을 해 나간다. 즉 자가영농을 위해서가 아니라 임금획득을 목적으로 참여하는 사람이 생기고 공동작업에 참여하지 않고 작업을 품앗이반에 맡기는 사람이 생기면서 품앗이반은 공동작업반으로 변모해 갔다. 공동작업반은 품앗이처럼 임의적이고 개별적인 관계에 의해 형성되기 보다는 마을 단위에서 또는 집단으로서 운영되고, 작업순서나 노동방식 등에 대해서도 집단적인 성격을 강화한 생산조직이다.

공동작업반의 전형적인 형태는 노동력 수요가 가장 많은 모내기와 탈곡 등에서 이루어진다. 특히 모내기공동작업반은 손노동의 결합을 기초로 하여 마을 단위의 노동력을 총동원하여 작업을 완료해 가는 조직이다. 노동력부족이 심각해지고 그에 대처할 기계화가 진전되지 않은 상태에서 나타난 공동작업반은 모내기공동작업반에서 처럼 손노동만의 결합으로 이루어지기도 하지만 탈곡작업반 등에서는 소형농기계를 중심으로 결합된다. 탈곡작업반은 동력탈곡기를 중심으로 7-8명이 작업조를 이루어 탈곡작업을 하는데 이것은 농기계공동이용조직으로 전화되는 형태이다. 이러한 탈곡작업반은 벼탈곡에서 많이 나타나지만 밭작물의 탈곡에서도 나타나고 있다.

노동력에 비해 경지가 많은 농가는 공동작업반의 노동력을 사는 결과가 되며, 경지에 비해 노동력을 많이 투하하는 농가는 공동작업반에 참여함으로써 임금소득을 올리는 기회를 얻을 수 있다. 즉 공동작업반은 경지의 많고 석음에 상관없이 총동원되어 작업을 하고 작업면적과 노동투하량을 정확히 계산하여 그 차액을 정산하는 조직이다. 공동작업반은 작업을 맡기기만 하는 사람, 작업도 맡기고 공동작업에도 참여하는 사람, 작업은 맡기지 않고 공동작업에만 참여하는 사람으로 구성되는데, 보통 작업도 맡기고 공동작업에도 참여하는 사람이 많다.

그런데 탈곡작업반에서 처럼 기계를 중심으로 소수의 작업자들이 주도하면서 다른 농가의 작업도 해나갈 경우에는 위탁작업조직의 성격을 띠어 간다. 이는 농기계공동이용조직으로 전환되는 것이라고 할 수 있겠다. 기계화가 진전되면서는 노동력의 공동화를 지향하는 공동작업반은 주로 노동력의 집중적 투하가 일시적으로 필요한 부문에서 나타난다(예를 들어 담배경작).

이러한 공동작업반이 변하는 결정적인 계기는 기계화에 의한 노동과정의 변화이다. 탈곡작업반에서 이미 나타나듯이 기계의 도입으로 소수 작업자를 중심으로 한 작업이 가능해졌으며 이는 노동력부족에 대처하기 위해서는 필연적인 과정이었다. 특히 정부의 주도아래 농기계이용시범사업들이 전개되었다. 동시에 농민들도 적극적으로 농기계를 도입하여 이용하는 과정에서 농기계의 작업적 특성상 그리고 농기계의 값이 비싸서 부담을 줄이기 위해 여러 사람이 농기계를 소유하고 나아가 작업면적을 원활히 확보하려는 의도(농기계이용률의 제고)에서 공동이용조직이 광범하게 발생하였다. 정부에서도 종합농업기계화시범단지와 단협의 영농기계화센타 등의 운영을 통해 농민들의 농기계공동이용조직을 활성화시켰다.

정부에서 주도한 농기계이용시범사업은 중간조직체(주로 단위농협)에 의한 농작업의 위탁사업이었다. 그러나 운영과정에서 적자를 면치 못하였고 또 농민들의 자율적인 운영에 의한 것이 아니었기 때문에 작업면적의 확보나 작업자의 확보 등에 어려움이 많았다. 정부는 중간조직체에 의한 위탁작업이 어려워지자 농민들이 스스로 운영하는 농기계이용조직을 육성해 나갔다.

정부의 농업기계화대책은 몇 단계를 거쳐 변해 왔다. 첫 번째로 시범사업을 중심으로 한 농업기계화정책을 들 수 있다. 1970년대 후반부터 1980년대 초에 걸쳐 주로 실시한 것으로, 그 가운데 대규모인 것으로 종합농업기계화시범단지사업이 대표적인 것이다. 행정기관이나 농협이 주관하여 대형농기계를 마련하고 도 단위에서 300정보 단위로 주요 논작업을 대행해 주었다. 그 다음으로 실시한 정책이 단위농협

중심의 영농기계화센타 사업이었다. 단위농협을 중심으로 일관기계화가 가능한 기계체계를 마련하여 작업자를 두어 농민의 작업을 해 주었다. 직영형태에서 점차 임대형태로 전환되었으며, 작업자고용의 문제와 적자운영의 문제로 점차 축소해 나갔다. 세 번째로 기계화영농단 육성을 통한 기계화 정책을 들 수 있다. 이것은 농민들이 스스로 움직여 가는 조직으로서 육성하면서 기계자금을 지원·융자하는 정책이었다. 처음에는 10정보, 10호 이상으로 대규모영농단을 만들었으나 1987년부터는 5정보, 5호 이상의 소규모영농단도 육성하였다. 그리고 이어서 영농조합법인이나 위탁영농회사를 중심으로 한 기계화 시책으로 나아갔다. 농어촌발전종합대책에서 상업적 전업농을 중심으로 한 영농구조개선의 틀 속에서 논농사의 주요 작업을 담당할 조직으로서 영농조합법인이나 위탁영농회사를 육성하였으며 이들에 기계자금을 지원하였다. 그러나 정부에서 주도하는 형태의 기계화방식은 점차 전체 농기계보급 및 이용에 있어서 부차적인 위치를 차지하게 되었다.

정부에 의한 농기계공동이용사업과 더불어 농민들이 자발적으로 조직하여 운영하는 다양한 농기계공동이용조직이 생겨났다. 농민들이 다양한 형태로 전개해온 농기계를 중심으로 한 생산조직은 일제시대부터 소나 족답탈곡기를 중심으로 하여 결합된 노동조직을 기반으로 하여 진전된 것이다. 농업기계화가 본격화된 1970년대 중반 이후에는 주로 소형농기계를 중심으로 결합된 생산조직의 활동이 활발하였다. 그런네 노동력부족에 대처하여 나타난 중·대형 농기계가 도입되면서 농기계공동이용조직이라는 형태의 생산조직이 활성화되었다. 마을 단위로 공동작업, 공동이용하는 조직에서부터 개인이 다른 농가의 작업을 해주는 개인임작업형태에 이르기 까지 다양한 형태로 나타난 농기계공동이용조직은 공동작업조직의 성격을 지니고 동시에 위탁작업조직의 성격도 지닌다. 즉 노령화되고 여성화된 노동력만을 지닌 농가들이 많이 잔존하는 상태에서 또한 겸업화가 진전하는 상황 속에서 이들 농기계작업반이 중심이 되어 마을 안의 주요 농작업을 해 나가며, 다른 많은 농가들은 이들 조직에 작업을 위탁하게 된다. 그리하여 농기계공동이용조직 안에는 (공동)작업조직과 이용자 사이의 구분이 나타나며 실제의 작업은 (공동)작업조를 중심으로 해 나간다.

농민들의 기계화요구와 자본의 농기계판매요구가 결합되어 정부의 기계화정책으로 육성되는 기계화영농단은 대형농기계를 확보하고 10호 이상의 농가가 결합하여 기계화영농을 실현하는 조직이다. 중・대형 농기계를 중심으로 결합된 농업생산조직 일반과 마찬가지로 기계화영농단은 조직 내적으로는 공동작업조직의 성격을 지니며, 일관기계화가 가능한 농기계를 보유하고 이용하고 있다. 그러나 기계화영농단도 실제 농기계의 보유 및 이용의 측면에서 볼 때에는 다양한 농기계공동이용조직형태를 취한다.

기계화와 더불어 농업생산의 중추역할을 담당해 가고 있는 다양한 농기계공동이용조직은 이전의 농업생산조직들이 주로 노동력만의 결합으로 특징지워졌음에 반해, 농기계라는 주요한 생산수단을 중심을 결합되는 특징을 지닌다. 따라서 노동력만의 결합으로 이루어지는 조직과는 차이가 있으며, 특히 농기계를 유지・보존・갱신하는 문제가 중요하게 된다. 작업에서도 기계를 조작하는 주작업자와 보조작업자의 분화가 나타나며 노동에 대한 대가의 분배에서도 일정한 차이를 가져온다.

전반적으로 농기계공동이용조직은 자가작업 뿐만 아니라 위탁작업을 많이 하는 조직으로서의 성격을 띠어 가지만 기본적으로 조직구성원 자신들의 영농해결을 도모한다. 또 조직의 운영과정에서 형식적으로 구성된 구성원들에서 작업자를 중심으로 소규모화되는 경향을 보이고 있다. 1980년대 초반에는 상층농들이 중심이 되어 결성하는 경향이 있었으나, 전농민이 기계를 이용하지 않을 수 없게 되는 상황에서는 중하층농들도 공동이용조직을 결성하고 운영해 가려고 시도한다.

이 과정에서 정부에서 주는 농기계구입시의 혜택을 둘러 싸고 농민들 간에 갈등이 나타나기도 한다.

농기계공동이용조직 가운데에는 소수 또는 개인 중심으로 변하면서 개임임작업/위탁작업의 형태를 띠어 가는 경향이 있고, 다른 한편으로 마을 단위로 또는 다수인의 결합 위에서 공동화의 방향을 유지하려는 경향이 있다. 그 과정에서 조직구성원들 내부의 갈등이 조직내적인 운영의 문제로서 뿐만이 아니라 농업전체의 문제, 특히 독점자본의 압력으로 인해 나타나고 있다. 즉 농기계값이 너무 비싸고 또한 농민경제의 악화로 인해 작업미수금이 발생하여 운영수지가 악화되고 있으며, 이앙기계반의 경우에서 처럼 중심적인 작업자들이 공동작업과정에서 자신들의 노동에 대한 댓가를 농외노동에서의 임금에 비교하여 평가하고 탈퇴하는 일도 있다. 또 젊은 작업자들이 이농하는 일도 흔하게 나타난다.

작업조와 이용조가 분리되면서 마을의 중요한 농작업(특히 기계화된 논농사에서)을 농기계공동작업조가 실질적으로 해 나가고 다른 마을 사람들은 보조적인 작업을 하든가 기계화되지 않은 다른 작목(대개 상품화가 가능한 작목)에 노동력을 투하하게 된다. 농기계공동이용조직은 개인화되는 경향으로 나아가고 있으며, 공동화의 경향에서는 특히 작업자의 확보 및 적정한 보상이 어려운 문제로 부각되었다. 전반적으로는 기계의 성능이 고도화되면서 소수의 작업자를 중심으로 한 공동이용조직화(수위탁)의 방향으로 나아가고 있다.

수위탁작업이 활성화되면서 벼농사지대를 중심으로 기존의 기계화영농단 보다 여러 가지 기계를 갖춘 대규모 작업위탁회사를 만들려는 노력이 정부의 지원하에 이루어지고 있다. 위탁영농회사의 경우 대규모위탁작업이 가능하도록 하고 나머지 유휴노동력을 활용한다는 취지에서 진행되고 있다. 3년 이상 영농을 한 농민 2인 이상으로 구성하여 영농대행서비스를 하는 형태인데, 농지소유의 자격은 부여되지 않는다. 위탁영농회사는 기존의 위탁작업을 대규모화하는 특징을 지닌다. 조직 내적으로는 개별 기계담당자가 해당 기계작업을 개별적으로 위탁작업하면서 형식적으로 결합해 있는 형태에서 회계원을 두고 작업과정을 조정하는 조직에 이르기까지 다양하다. 설립시에만 농민자격으로 한정하기 때문에 비농민작업자가 될 수도 있다. 대규모수탁조직의 형성은 농촌생산력구조의 변화와 더불어 필요한 형태이지만, 그 조직을 농업전체 내지는 일정 지역단위의 영농 속에서 어떻게 배치하느냐 하는 문제가 중요할 것이다.

2000년대 들어 농업생산조직의 변화는 더욱 가속화되고 있다. 이미 1980년대부터 진행되어 온 수위탁작업은 더욱 활성화되었다.

농업노동과정에 획기적인 변화를 가져온 기계화는 엄청난 추세로 진행되었다. 여전히 벼농사작업이 주로 기계화되어 있고 밭농사의 경우는 경운정지 및 방제 정도가 기계화되고 있다. 그럼에도 벼농사의 기계작업화에 따라, 많은 손노동을 절감하였고 결국은 소수의 작업자들을 중심으로 벼농사를 하게 되었다. 특히 대형농기계를 갖춘 비교적 젊은 농민들이 벼농사 작업을 주도해 나가게 되었다. 이러한 동향은 농민층분해를 통해 나타나고 있다. 1990년대 중반 이후 10여년 간 가장 큰 변화는 2.5정보, 3정보 이상층의 절대적 증가와 0.3정보 이하층의 비중증가로 나타나며, 전형적인 양극분해의 모습을 보인다. 이것은 앞선 시기에 주로 중농으로 표준화되던 양상이 크게 바뀐 것이다. 어쨌든 한편으로는 차지형상층농이 등장하는 등 기계를 통한 대규모화가 가능해지면서 경지규모가 큰 상층이 등장하였으며 소규모 경작을 하는 노인층이 상당히 잔존하고, 다른 한편으로는 경지규모에 매이지 않는 시설농가, 축산농가 등이 증가하였다.

경지규모별 구성변화에서 특히 2000년대 들어 3헥타 이상의 상층농의 전진이 두드러지게 나타나고 있다. 10헥타 이상을 경작하는 농민들이 6천여 농가에 이르고 있다. 평균의 10배 이상을 경작하는 규모이다.

5헥타 이상을 경작하는 농가는 3만 1천 여명이 넘고 있다.

특히 1990년대 들어 지원제도의 강화와 더불어 지원을 받은 농민들이 기계화와 시설화를 통해서 경제력을 집중하여 새로운 상층농으로 도약하고 그 반대쪽에는 다수의 침전층이 발생해 왔다. 그리고 이 새로운 상층농은 생산력 담당자층으로서 마을이나 지역의 영농을 주도할 주체로 나서고 있다.

특히 기계화가 진전되고 농업노동력이 노령화되면서 벼농사 작업이나 기계작업이 가능한 작업에서는 수위탁작업이 일반화되었다. 더욱이 수위탁작업의 일반화로 마을 안의 작업을 몇 사람의 기계작업자(또는 팀)이 맡아서 하게 되었다. 이처럼 벼농사에 있어서는 기계작업자를 중심으로 한 작업조(직)이 작업과정의 주체로 되고 있다. 다른 한편 밭농사 및 상업작물에 있어서는 새로운 주도적 작목을 중심으로 결집된 농민들이 생산의 주체로 떠오르고 있다.

이러한 변화 속에서 새로운 농업생산조직들이 등장하고 있다. 위탁영농회사(회사법인)와 영농조합법인, 다양한 생산실험(예를 들어 생명농업) 공동체들이 그것이다. 정부의 일정한 지원 속에 이루어지지만 농민들의 자발적인 의욕이 어우러진 것들이다.

2005년 통계로 보면 5천여명이 회사법인에 참여하고 있다. 회사법인으로 되어 있든 그렇지 않든 농촌 지역 (또는) 마을 안에서 기계작업자를 중심으로 한 벼농사가 이루어지고 있다. 이들(또는 회사들)은 벼농사작업의 주체들이다.

그리고 우루과이라운드 타결과 대규모영농의 필요성을 제창하는 속에서 농업회사법인을 설립하려는 움직임이 나타나고 있다. 정부의 구조조정정책 가운데에서도 구체화되고 있으며 특히 대기업들이 농업참여를 하려는 형태로서 제기되고 있다. 자격을 농민으로 할 것이냐 하는 문제가 논란이 되고 있지만 비농민의 참여논의 또한 계속 고개를 들고 있다. 실제로 회사규모로 창업하는데 농민만으로 가능할 지는 의

문이다. 이는 자본의 농업참여의 한 형태로 발전할 가능성이 높을 것으로 보인다. 더욱이 농지소유를 허용함으로써 자본의 농지침투, 투기를 불러일으킬 소지를 안고 있다.

1990년대 들어 설립되기 시작한 영농조합법인은 이제는 농촌에서 적극적인 농가들이 결합하는 전형적인 형태가 되고 있다. 위탁작업보다는 특정 작목을 중심으로 결합된 형태로서 기계화가 덜 진행된 부문에서 형성될 수 있는 조직형태로 일정한 지원을 받아 만들어 지고 있다. 정부는 전업농 중심의 지원체계와 선별적 농업육성책을 통해 농업기반을 조성하고, 이를 통해 생산비를 절감하고 경쟁력 있는 농업으로 육성해야 한다고 주장해 왔다. 그러나 부차적 방안으로서 소농민과 영세농민들을 영농주체로 포함하는 협동적 조직화와 품목별 생산자조직화를 제시하기도 하였다. 1990년대 들어 농정당국은 점차 영농조합법인이나 농업회사법인 등 생산자조직을 중심으로 한 지원을 강화하고 있으며, WTO체제 이후 대내외적 농업여건의 변화에 대처하기 위한 일선 농민들의 자구노력을 포괄해 나가는 방향에서 생산자조직의 육성을 강조하고 있다.

그리고 생산자조직의 단초로는 작목반이 있었다. 물론 작목반도 다양한 운영형태를 지니고 있었고 농민들의 자생적인 힘을 얼마나 담아내느냐에 따라서 그 활동도 자못 천차만별이었다.

또 다른 주요한 조직으로 영농조합법인의 단초로 기존에는 작목반에 있었다. 물론 작목반도 다양한 운영형태를 지니고 있었고 농민들의 자생적인 힘을 얼마나 담아내느냐에 따라서 그 활동도 자못 천차만별이었다. 현재에도 작목반은 각종 상품작물재배마을들에 조직되어 있으며 주로 농협을 통해 계통출하하는 기본단위가 되고 있다. 2004년에 작목반에 가입해 있는 농민들이 20만여 명(20만 2342명)으로 파악되고 있다. 과수, 채소, 특용작물, 화훼 등에서 농민들이 작목반을 통해 결집하여 활동하고 있다.

이러한 작목반의 기반 위에서 1990년대 들어 생산자조직화의 가능성은 형식적으로는 영농조합법인의 형태를 띠고 전개되고 있다. 여기서 영농조합법인은 법적으로는 공통의 형식을 지니고 있지만 내용은 그야말로 천차만별이다. 나아가 각종 영농조합법인의 조직화는 기존의 농축협의 변형은 물론 새로운 형태의 협동조합이라는 상을 제시하기에 이른다.

영농조합법인 제도는 1989년 정부의 농업발전종합대책에서 처음 도입되었고, 이듬해인 1990년 농어촌발전특별조치법(이하 농발법)이 제정되면서 설립 근거를 마련하여 설립되기 시작하였다.

농어촌발전특별조치법의 취지는 규모화를 통한 경쟁력강화에 있었다. 따라서 규모화의 주체로서 전업농을 축으로 한 수도작의 대규모화를 추진하면서, 농업노동력의 노령화, 농외취업 등으로 영농이 곤란해진 농가의 농작업 및 농업경영을 전문적으로 대행해 주는 영농대행조직으로 위탁영농회사를 육성하고 이를 통해 수위탁작업을 활성화한다는 것이었다. 이런 대규모화과정에서 배제된 소농민들에 대한 정책으로서 영세농민들의 결합체로서 영농조합법인이 제시되었던 것이다. 즉 조직형태로 볼 때에는 생산조직으로서 수도작 부분은 위탁영농회사를 통해 대규모화를 실현하고 영농조합법인은 영세농가를 지원하기 위하여 영세농 집합체들에 지원하기 위한 정책으로 시행되었다. 여기에는 기존의 작목반 조직은 법인격이 없어 지원하는데 어려움이 많았던 것에도 이유가 있었다.

그런데 수도작 이외의 작물들의 상업화가 진전되고 사업적 성격이 강화되면서, 영농조합법인들은 영세농들의 결집체라는 성격을 넘어서 지역단위 농민들의 다양한 결집체로서 성장하기 시작하였다. 또는 기존에 활성화된 작목반이나 결집체들이 영농조합법인으로 전환하면서 자신들의 사업영역을 확장하고 제도화시키려는 노력을 시작하였다. 생산과정 자체를 일부 공동화하면서 구판매사업 등을 공동으로 하기 시작하였으며, 점차 생산을 넘어 유통과 가공을 결합하려는 움직임으로 나타나기 시작하였다. 이러한 현상은 중간상인들의 개입을 배제하고 생산자들이 스스로 생산, 유통, 가공으로, 나아가 도시소비자와의 직접적 결합을 만들어 내려는 적극적인 움직임이라고 평가할 수 있다.

그렇게 되면서 영농조합법인에 대한 조합원자격이 너무 제한되어 있다는 문제가 제기되었다. 원론적으로는 영세농민의 결사체로서 성격 부여한 터이지만 실제 농촌에서 이러한 조직을 활성화하는 주역들이 반드시 영세농인 것만도 아니고 더욱이 농민 내부에서 영농규모를 확대해 나가려는 움직임이 나타나기 시작하였다. 농민 내부에서 유통, 가공으로 확장해 나가려는 움직임은 마을단위를 넘어서 확장된다면 군단위 정도의 결합도 생각하게 되었다. 그래서 영농조합설립과 관련하여 지역적 편협성과 조합원자격의 제한에 대한 문제가 제기되었다. 이러한 문제제기는 작목반이나 기존 생산, 유통조직이 활성화된 위에서 영농조합법인이 결성된 곳일수록 더욱 강했다.

이러한 흐름에 적응이라도 하듯 김영삼 정부가 펼친 신농정의 '품목별 생산자조직 육성계획'에서는 영농조합법인을 생산자조직의 한 유형으로 분류하였다. 영농조합법인을 전국 또는 도단위 품목별로 결집하여 연합회 설립을 추진하기로 하고, 영농조합법인이 생산자조직으로서 기능을 발휘할 수 있도록 농발법 개정을 추진하였다. 생산자조직은 자율적인 생산 및 출하조절로 농산물의 수급안정과 가격안정을 도모하고, 국내외 시장에서 대외 교섭력을 강화하며, 판매 · 저장 · 가공 · 수출 등 유통사업을 실시하고, 소비지 거래에 참여하는 조직으로 나아가는 것을 의미하였다. 이처럼 현실의 변화에 따라 법개정 움직임이 진행되었다.

결국 정부는 1993년 농발법 개정에서는 농업생산 및 유통 · 수출 조직 설립을 강화하였으며, 농업경영의 합리화로 농업생산성을 높이고 농산물의 공동출하, 가공 및 수출을 하는 것으로 하였다. 영농조합법인과 관련해서는 조합원에 대한 제한규정이 완화되고 지역제한 규정도 완화되어 왔다.

더 나아가 1994년 농발대책에서는 정책방향이 품목별 전문 농업경영체 및 생산자조직을 육성하는 것으로 되었다. 조합원 자격 조건상 동일 시군 거주 등 지역제한과 3년 이상 영농종사자 제한 규정을 없애고, 조합원 및 출자자의 범위를 생산자단체와 비농업인까지 확대(준조합원 제도)하였다. 나아가 품목별 전문 농업경영체로 육성하고, 정부의 품목별 각종 사업자 선정시 영농조합법인을 우선적으로 지원하며, 법인의 경영계획에 따라 관련 사업을 체계적으로 지원하는 방향으로 정책을 확정하였다.

1995년 4월에 입법예고된 시행령 개정안에서는 영농조합법인의 조합원 자격 가운데 시군 거주요건을 삭제하여 설립구역에 대한 지역제한을 없애고 광역화할 수 있도록 하였다. 또 영농조합법인에 생산자재, 기술 등을 제공하거나 농지를 임대하는 자, 농림수산물의 대량실수요자, 유통가공업자 등은 영농조합법인의 준조합원이 될 수 있도록 해 생산자와 도시소비업체의 연계성을 높여 나가도록 하였다. 회사형태에 관해서는 주식회사 이외의 형태로 할 수 있게 하였으며, 총출자액의 1/2을 넘지 않는 범위 안에서 농업인이 아닌 민간자본의 참여를 허용하기로 하였다.

이렇게 되어 영농조합법인은 단순히 (생산)농민들만이 운영하는 결집체라기 보다는 농업관련사업체로 변신해 갈 수 있는 여지를 지니게 되었다.

영농조합법인은 1990년대 들어 만들어지기 시작하여 1995년 2,455개에 이르렀고 급속히 증가하여 1999년말 5,993개가 설립되었으며 4,429개가 운영중이거나 준비중인 것으로 파악되었다. 정부의 지원 속에서 난립하던 영농조합법인이 2000년대 들어서도 조금씩 증가하고 있다. 2005년에 전국적으로 약 4천3백여개가 있는 것으로 파악되고 있다.

영농조합법인은 축산, 원예작물(채소, 과수, 화훼)에서 많이 구성되어 있다. 영농조합법인이 축산과 원예작물을 중심으로 설립되고 있는 것은 시설투자가 많이 필요한 부문들로 지원을 받아 시설투자를 하기 위해 법인체로 조직하기 때문인 것으로 보인다. 그리고 축산, 화훼 등 작목에 비해 과수, 특작의 경우 구성원이 많은 특징을 보인다.

다수의 영농조합이 소수인으로 구성되어 있지만 일부에서는 다수의 구성원을 지닌 영농조합이 생겨나고 있는데, 이것은 영농조합 내의 분화현상을 보여 준다고 하겠다. 출자규모로 볼 때에도 대다수의 영농조합은 소규모투자를 하고 있는데 반해 일부 대규모투자를 하는 영농조합도 나타나고 있다. 전체적으로 영농조합법인은 대다수가 소규모인 채로 유지되고 있는 가운데 일부에서 대규모 영농조합들이 나타나고 있는 양상을 보이고 있다.

애초에 영세소농의 결집체로 출발하였던 영농조합법인은 그 활동형태들이 다양해지면서 적극적으로 활동하려는 농민들이 결집되는 조직체가 되고 있다. 물론 설립된 영농조합법인들 가운데 실질적으로 활발한 활동을 하는 영농조합법인은 일부에 지나지 않지만, 여전히 활동적인 농민들이 무엇인가를 하려고 할 때에는 영농조합법인이라는 틀을 띠고 나타날 수밖에 없다.

농업회사와 영농조합법인은 단지 공식적인 이름일 뿐이다. 그 이름 뒤에는 다양한 움직임을 포괄하고 있는 다양한 농민들의 활동이 있다. 물론 그 활동에는 생산을 담당한 작업자들을 축으로 한 팀이 존재한다. 이들 새로운 생산조직들을 어떻게 농민들의 자율성을 제고하는 방향으로 유도해 나갈 것인가가 중요하다. 국가(정부)는 끊임없이 농민들의 이러한 다양한 활동들을 특정한 틀에 꿰 가려고 노력한다. 이러한 초코드화 방식에 대항하여 다양한 활동들을 해나가는 농업생산조직들에 주목하지 않을 수 없다.

2장

공동작업반

1절. 모내기공동작업반 : 충북 청원군 옥산면 덕촌2리[1]

1. 마을개황

덕촌마을은 청주시에서 시내버스로 40분 정도의 거리에 있으며, 경부고속도로변에 자리잡고 입다. 경부고속도로 서울기점에서 대전방향으로 110km 지점인 옥산휴게소에서 서북방향으로 약 800미터 지점에 위치하고 있다. 마을의 고통편은 버스가 한 시간마다 청주까지 왕래하며 2km 떨어진 옥산면사무소까지는 5분마다 청주를 왕래하는 버스가 있다. 마을 사람들 가운데 많은 사람들이 오토바이를 이용하고 있다.

덕촌리는 행정적으로는 1,2,3구로 나누어져 있는데, 1구는 121호, 2구는 113호, 3구는 60호로 이루어져 있으며, 인구는 각각 500, 450, 250여 명에 이른다. 1구와 3구 사이로 미호천이 흘러 두 마을은 실생활에서 완전히 분리되어 있으나 1구와 2구는 하나의 거대한 취락을 이루고 있다. 물론 취락구조 상으로 볼 때 2구가 떨어져 있으나 그리 멀

1) 1987년 12월 조사. 내용은 1981년과 1982년에 관한 것이다.

지 않고 농작업 등을 같이 하는 경우가 많다.

덕촌리 전체의 경지면적은 약 500정보(150만평)에 이르며, 주요농산물은 쌀, 보리, 무우, 배추, 수박, 참외 등이며 충북지방에서 낙농업이 가장 발달한 곳이다. 가까이에 서주우유공장이 있어 그 곳으로 유입되는 원우유가 이 마을에서 많이 생산된다.

덕촌마을은 왕씨들이 많이 살다가 이사해 가고 그 뒤에 오씨가 집성촌을 이루어 살았었는데, 조선 말기부터 하동 정씨가 이주해와 살면서 동족부락을 이루었으며, 현재에도 하동 정씨가 많이 살고 있다. 조사마을인 덕촌2리의 동족상황을 보면 113호 가운데 하동 정씨가 45호를 차지하여 40%에 달하고 있다.

덕촌마을의 중심부에 있는 덕촌교회는 80여년의 역사를 가지고 있으며 마을에 커다란 영향을 미치고 있다. 조사마을인 덕촌2리 가구의 80%가 덕촌교회에 나가고 있다. 일제시기에는 일제에 대항하여 운동을 하기도 하였으며 현재에도 마을의 많은 농민들이 기독교농민회와 연관을 맺으면서 사회운동에 적극적으로 참여한다. 교회에서는 농번기에 탁아소를 운영하며 새마을유아원도 국가에서 일정한 지원을 받아 운영해 나가고 있다. 특히 교회는 농민들이 모여서 서로의 생활과 농업활동을 토론하는 장이 되기도 한다.

덕촌마을은 청주시와 가까이 있어 마을 사람들 대부분이 청주시내에 있는 상설시장을 이용하며 또한 이동인구가 많아 자연히 청주시내에서 상품을 구입하고 판매한다. 2킬로 떨어져 있는 옥산에서 열리는 5일장도 적지 않게 이용하고 있으나 대개는 농산물을 내놓는 곳이다. 그리고 마을 안에는 신용협동조합이 잘 운영되고 특히 신협의 구판장이 잘 활용되고 있어 생활필수품의 일부를 구판장에서 구매하고 있다.

덕촌마을은 전반적으로 도시근교농촌의 특징을 보이고 있으며, 부근에 공장이 들어서면서는 농업에 종사하지 않는 비농업취업가구들이 많이 늘어 나고 있으며, 청주 시내로 일을 다니는 가구가 많다.

여기서는 덕촌2리(덕촌리의 중심이며 농업활동도 덕촌2리가 중심이 되어 이루어진다)를 중심으로 하여 마을의 상황을 좀 더 자세히 살펴보겠다. 이하에서 덕촌마을이라 할 때는 덕촌2리를 의미한다.

〈표 2-1-1〉 덕촌마을의 가구별 가족 및 경지상황(1987년 12월)

일련번호 / 이름	연령	가족수 / 노동력	농지관계(단위:평)			비 고
			논(소작지)	밭(소작지)	경지합계	
1 강재룡	42	5 (2)			0	노동자 *
2 곽삼종	51	6 (4)			0	상업, 현재 쉼 *
3 구재황	67	6 3		(4,000)	4,000	
4 권용한	38	4 1(1)			0	회사원, 축산 *
5 김금순	74	1 0			0	자녀보조 *
6 김봉래	73	3 3	2,000	4000	2,400	축산
7 김세영	50	3 1(1)			400	휴게소 근무
8 김수근	53	3 (3)			0	휴게소 근무 *
9 김영하	65	4 3		(1,500)	1,500	
10 김진용	48	5 1(1)			0	축산 *
11 나용암	35	5 (1)			0	삼화물산 근무 *
12 남기원	51	5 2	1,500	800	2,300	축산(돼지)
13 남윤자	47	4 1	2,800	1,200	4,000	
14 노상호	57	3 1	450	270	720	
15 도명수	39	5 3	2,100(2,000)	800	4,900	
16 도진수	29	3 (2)			0	운수업 *
17 문광택	39	6 2	1,300	700	2,000	
18 문광호	44	3 1			0	해외취업 *
19 박문규	61	4 (4)			0	연금으로 생활 *
20 박병수	32	6 (2)			0	삼화물산 취업 *
21 박영태	43	6 2		1,100	1,100	축산

일련번호 / 이름		연령	가족수 / 노동력		농지관계(단위:평)			비 고
					논(소작지)	밭(소작지)	경지합계	
22	박영련*	35	5	1(3)	400		400	
23	박운봉	52	5	2			0	축산, 노동 *
24	박운선	49	4	1(1)	1,000		1,000	서주우유 근무
25	박운학	57	4	2			0	목부 *
26	박종각	50	6	2	(2,000)		2,000	
27	박흠직	36	4	(2)			0	신협 근무 *
28	서길만	83	1	0			0	생보자 *
29	송동주	32	3	3	2,400	1,200	3,600	
30	신재열	33	2	2	600(1,000)		1,600	
31	신태화	40	4	2	3,000	500	3,500	축산
32	안길상	38	3	2			0	양계 *
33	안성웅	38	5	2			0	축산 *
34	안태룡	80	1	1	800	300	1,100	
35	어해용	37	6	2	(2,000)		2,000	
36	오세관	32	4	1(1)			0	축산 *
37	우종학	57	6	2	2,600	1,800	4,400	
38	원종철	45	5	1(1)	800		800	부인 노동
39	유삼봉	56	7	2(1)	1,000(1,500)	800	3,300	시설원예
40	윤순호	57	7	2(2)	(2,770)	(950)	3,720	
41	이경춘	31	4	2			0	축산 *
42	이규영	43	5	2	1,100(1,000)	1,700	3,800	축산
43	이금자	55	2	(1)			0	약방 식모 *
44	이도형	33	4	(2)			0	목사 *
45	이범섭	52	3	2	1,800	1,000	2,800	시설원예
46	이성재	60	2	2	3,000	1,500	4,500	시설원예
47	이수영	47	5	2	4,800	600	5,400	

일련번호	/ 이름	연령	가족수	/ 노동력	농지관계(단위:평)			비 고
					논(소작지)	밭(소작지)	경지합계	
48	이순영	43	5	2	1,740(2,000)	400(800)	2,400	축산
49	이순재	53	5	1(1)	3,700	600	4,300	농협 근무
50	이영구	68	4	(2)	1,600(임대)		0	아들 노동 *
51	이영신	61	7	5	3,200	900	4,100	축산
52	이영화	56	2	2	(800)	(300)	1,100	
53	이용재	74	2	(1)	10,000(임대)		0	약국경영 *
54	이용재	48	4	3		(7,000)	7,000	과수원
55	이정근	30	2	(2)	6,000	2,000	8,000	공무원
56	이종석	53	4	2	700		700	
57	이종철	40	3	1(1)	700		700	축산
58	이형태	43	5	(2)			0	단무지공장 경영 *
59	이희영	42	5	1(1)	760		760	축산, 노동
60	임노문	42	5	1(2)	(3,800)		3,800	
61	임영철	40	4	(2)			0	공무원 *
62	장영호	58	6	1(3)			0	농업노동 *
63	전상진	34	3	2	1,600		1,600	
64	박송례*	40	4	1	2,200(임대)	3,700(임대)	0	*
65	정관래	45	5	2	1,300	(1,200)	2,500	축산
66	정광래	39	4	2	1,800(2,700)		3,000	축산
67	정구래	58	3	2	(600)	(400)	1,000	양잠 약간
68	정근래	31	5	(2)	400(임대)	400(임대)	0	사무직 근무 *
69	정기모	66	6	1(3)		400	400	교사
70	정덕래	71	2	2	1,100		1,100	
71	정동래	48	5	3(1)	1,600	(1,000)	2,600	축산
72	정두래	32	4	2			0	축산 *
73	정배상	59	3	1(1)			0	농업노동, 자녀보조 *

일련번호 / 이름		연령	가족수 / 노동력		농지관계(단위:평)			비 고
					논(소작지)	밭(소작지)	경지합계	
74	정세모	65	7	(2)	6,000(임대)		0	아들 농협 근무 *
75	정순래	68	1	0			0	자녀보조 *
76	정용래	41	6	2	1,400(1,500)		2,900	축산
77	정익모	43	6	1(1)	850	1,700	2,250	부인 공장노동
78	정인래	65	9	3(2)	2,000	500	2,500	축산
79	정일래	52	4	1(2)	(1,100)	(1,700)	2,800	자녀 공장노동
80	정일모	52	5	3	1,800	300	2,100	
81	정정모	52	6	2(1)	2,800(1,000)	500	4,300	축산, 자녀 사무직
82	정주래	57	3	3	(1,000)	(1,500)	2,500	
83	정지환	44	5	2	2,600	500	3,100	축산
84	정진래	46	5	1		(700)	700	방앗간 운영
85	정채모	42	4	2	5,400(1,600)		7,000	축산, (돼지)약간
86	정평화	42	6	(2)			0	농외노동(부부) *
87	정해경	57	7	3(2)	2,800	3,000	5,800	축산
88	정해동	70	3	2	1,600	2,670(1,000)	4,270	
89	정해민	62	5	2	3,000	3,000	6,000	
90	정해발	43	1	1(1)	1,600		1,600	농협근무, 부인농사 *
91	정해백	70	4	0	4,000(임대)	2,000(임대)	0	
92	정해봉	56	2	2	(2,000)	(800)	2,800	
93	정해선	54	5	2(1)	(640)	(300)	940	노동, 자녀도 노동
94	정해윤	71	2	2	1,000		1,000	
95	정해윤	56	6	2(2)		(2,000)	2,000	축산
96	정해진	71	6	3		(2,000)	2,000	
97	정해철	90	4	2		(700)	700	자녀 노동
98	정해환	57	5	3(1)	1,800	1,950	3,760	축산, 자녀 사무직
99	정현래	37	5	2	400	1,000(1,200)	2,600	

일련번호 / 이름	연령	가족수 / 노동력	농지관계(단위:평)			비 고
			논(소작지)	밭(소작지)	경지합계	
100 정현세	72	3 2(1)	1,050	350	1,400	아들 공장노동
101 정현춘	38	6 2	1,500(600)		3,100	
102 정형모	40	4 2	(1,500)	(1,000)	2,500	축산
103 정형모	36	4 (2)			0	회사원 *
104 정형주	62	4 3(1)	800(800)		1,600	아들 생산직노동
105 정환두	37	4 (2)	1,000		1,000	서주우유 근무
106 정환웅	39	4 1(1)	700		700	농외취업
107 정효래	49	6 2(2)	2,000	800	2,800	
108 정광형	39	7 4			0	농업노동 *
109 조성길	31	2 1	800		800	축산
110 조진현	44	5 (2)			0	농외노동 *
111 진하종	64	1 1	400		400	
112 최승구	51	5 2	1,300	600	1,900	
113 황기홍	64	5 2	(800)	200	1,000	축산 약간
총 113호		인구	논	밭	합계	농가 75호
		491명	소유 120,850	42,140	162,990	비농가 38호
			소작 34,710	30,050	64,760	
		노동력수	임대 24,200	6,100	30,300	
		138(87)	경지 131,360	66,090	197,450	

1. 이름란의 *표시는 정씨 가족을 표시함.
2. 노동력 란의 ( )안의 숫자는 비농업노동력인구수를 표시함.
3. 비고란의 *표시는 비농가(경지면적 300평 미만)를 나타냄.

〈표 2-1-1〉에서 알 수 있는 바와 같이 덕촌마을은 113호 가운데 농가가 75호이고 비농가가 38호로 다른 농촌마을에 비하여 비농가의 비율(33.6%)이 높다. 도시근교지역이기 때문에 덕촌마을에 살면서 통근 근무를 할 수가 있어 농사를 짓지 않고 다른 직업을 가진 가구가 많다.

〈표 2-1-2〉 덕촌마을의 가족원수 분포(1987년 12월 현재 거주자)

가족원수	1	2	3	4	5	6	7	8	9	평균
빈 도	5	10	16	27	29	19	6	0	1	4.3명

비농가들의 직업내용을 보면 대부분이 노동자이거나 막노동에 종사하며 일부가 사무직노동자이다. 가구주가 이렇게 다른 직업을 가지고 있는 가구 뿐만 아니라 농가의 가족원 가운데에도 비농업부문에 취업하고 있는 사람이 많다.

〈표 2-1-1〉에서 가족원수 상황을 다시 〈표 2-1-2〉처럼 정리해 보면, 4,5인 가족이 가장 많고 평균가족원수가 4.3명으로 다른 농촌마을에 비하여 많은 편이다. 이것은 마을에 살면서 통근노동을 할 수 있기 때문에 다른 마을처럼 비농업취업을 위해 이출하는 경우가 비교적 적기 때문이다. 비농업취업상황은 노동력인구상황을 통해 알 수 있는데 〈표 2-1-1〉에서와 같이 노동력인구 225명 가운데 농외노동에 종사하는 노동력인구가 87명으로 38.1%를 차지하고 있다. 농외노동을 하는 노동력은 젊고 건강한 노동력임에 반해 농업노동력은 노령화되어 있고 여성화되어 있으며 더욱이 부분적으로만 농업에 참여하는 인구까지 포함하고 있기 때문에, 노동의 실질에 있어서 농외노동에 참여하는 노동력인구의 비중이 매우 높다.

농가 가운데에도 전적으로 농업수입만으로 살아가기 보다는 가구원 중에 일부가 농외노동에 종사하며 경영주까지 농외노동에 종사하기도 한다. 즉 겸업화가 진전되고 있으며 겸업의 내용은 비농업취업과 축산업 등이다.

덕촌마을의 농지상황을 보면, 총경지면적이 19만 7,450평으로 농가호당 평균경지면적은 2632.7평(0.88정보)으로 전국평균에 비하여 상당이 작은 편이다. 도시근교여서 이촌하지 않은 채 비농업부문에 취업하거나 겸업을 하면서 농사도 짓는 가구가 많으며, 또 축산이 활발하여 경종부문 보다는 다른 부문의 생산이 활성화 되어 경지규모는 작은 편이다.

덕촌마을의 논은 20여 년 전에 경지정리 되었으며 현재 평지정리율은 80% 정도이다. 미호천에서 양수하여 농업용수로 이용하기 때문에 논은 완전 수리답이며, 부근 7개 면을 포괄하는 청원농지개량조합에 속해 있다. 농지개량조합의 높은 수세로 농민들의 불만이 많았다. 덕촌마을 안의 농지는 비옥한 편이며 얼마 전(1983-5년)에는 논밭이 모두 평당 2만원이 넘었는데 1987년에는 외지인의 투기현상이 줄면서 1만5천 원대에서 거래되고 있다.

덕촌마을은 수박재배로 유명한 마을이며 밭에서는 소작이 많이 이루어지고 있다. 즉 밭 경지면적 6만 6,090평 가운데 45%에 달하는 3만 50평이 소작지이다. 상품성이 높은 수박을 재배하기 위해서 임차한 것으로 볼 수 있다. 그에 반해 논의 소작지율은 낮아 26%이다. 특히 마을 안에 논을 임대하는 가구가 있는데 임대규모가 큰 경우도 있다. 밭을 소작하는 농가는 30호이고 논을 소작하는 농가는 23호이며, 이 가운데 논밭을 소작하는 농가가 9호이다. 전체 경지면적에 대한 소작지의 비율은 32.8%에 달하고 있어 전국 평균에 근접하는 것으로 보인다.

소작료는 다양하여 30%에서 50%에까지 걸쳐 나타나며 특히 선도지가 가장 많이 행해진다. 논의 경우 봄에 마지기당 한 가마니의 쌀을 지주에게 먼저 주고 경작하며, 밭의 경우에는 평당 500-700원의 소작료를 봄에 미리 주고 경작한다. 그리고 논에서 타작법으로 소작료를 내는 경우 4·6제와 반타작이 있는데 4·6제의 경우 농민이 6할을 차지하는 대신 수세를 내고 있다. 이 마을에서는 상업작물재배를 위해 밭의 소작이 활발하며 임차했을 경우 수입면에서 밭이 훨씬 낫다.

수박 이외에도 배추, 무우(단무지용 무우도 많다), 참외 등의 재배도 활발하며 시설원예를 하는 농가가 7호 있다. 전체적으로 상업적 농업이 활발하게 전개되고 있으며 따라서 항상적으로 농촌노동력수요가 있으며 빈농들이나 농업노동자들은 품을 팔아 노임소득을 올린다. 1987년의 노임은 모내기에는 남녀 모두 8천원이었고, 밭일의 경우는 남성은 8천원, 여성은 5천원(작업 내용에 차이가 있다)이었으며, 모내기를 도급("우깨"라고 한다)으로 할 경우에는 마지기당 1만원 수준이었다.

축산을 하는 가구는 30호로 22호는 농사도 지으면서 축산을 겸하고 있으며, 비농가로서 축산을 하는 가구가 8호 있다. 이 마을은 젖소사육이 활발한데 인근에 있는 서주우유 공장에 원우유를 공급하고 있어 입지조건이 좋다. 그래서 다른 마을이나 지역에서 젖소를 사육하려고 덕촌마을에 이입하는 가구도 있다. 농사를 짓지 않고 젖소만을 키우는 가구가 있지만 대체로 농사를 지으면서 키우는데, 축산규모가 큰 경우에는 목부를 고용하고 있다.

1980년대 중반 이후 마을 안 노동력조달은 논의 경우에는 기계를 중심으로 조직화되어 이루어지고 있으며 밭의 경우에는 고용노동과 품앗이가 주를 이루고 있다. 기계화로 인해서 논에서는 노동조직이 거의 사라졌다. 밭의 경우에는 상업작물의 재배로 일손이 많이 들고 고용노동의 사용이 늘어나고 있으며, 일손이 딸릴 때에는 청주에서 아주머니들을 고용해 온다.

1980년대 초반 이후 마을 안의 논농사에서는 기계화가 현저하게 이루어졌으며 밭농사에서도 경운, 정지, 방제작업 등은 기계화가 이루어져 있다. 농기계 소유 및 운영상황을 보면, 경운기는 마을 안 농가 가운데 70%가 가지고 있으며 심경작업 및 운반작업을 개별적으로 한다. 경운기의 사용료(운전자 포함)는 하루 2만 5천원으로 모내기나 밭작업의 남자일꾼 임금의 3배에 달한다.

이앙기는 마을 안에 10대 이상 있으며 3명이 조를 이루어 작업한다. 개인적으로 소유하고 있기도 하나 2-4호가 공동소유하고 있는 경우도 있다. 하루 15마지기(3,000평) 정도의 이앙을 할 수 있으며 공동으로 사용하는 경우가 많다. 마을 안 모내기의 80% 정도가 기계로 이루어지고 있으며 손모는 점점 줄어들고 있다. 트랙터는 마을 안에 4대가 있는데 모두 개인소유로 되어 있고 주로 심경작업을 한다. 마을 안에 경운기가 많아 작업량확보가 원활치 않으며 마을 안 심경작업의 20% 정도를 담당하고 있고 작업면적이 점점 늘어나고 있다.

바인더도 여러 대 있으나 콤바인이 등장하면서 이용이 급속히 줄어들고 있으며 마을작업의 20% 정도를 담당한다. 기계작업이 불가능한 논(약 10%)은 손작업으로 수확을 하며 나머지 70%의 수확은 콤바인으로 한다. 콤바인은 마을 안에 4대가 있는데 2대는 개인소유이고 2대는 공동소유로 되어 있는데, 각각 8명, 5명이 공공소유하고 있다. 콤바인의 작업은 5명이 조를 이루어 하고 있다.

2. 모내기공동작업반의 형성과정

노동력부족이 심각해지는데도 기계화는 이루어지지 않은 상태에서 노동력수요가 가장 많은 모내기작업을 위해서 마을 단위로 노동력을 총동원하는 방법으로서 공동작업반이 구성되었다. 특히 상업작물들을 재배하면서 노동력부족은 더욱 심각해졌다. 이러한 조건 속에서 덕촌마을에서는 1982년 기계들이 도입될 때까지 공동작업반이 형성되어 모내기작업을 하였다.

그리고 덕촌마을의 많은 사람들이 다니고 있는 교회가 중심이 되어 공동작업반을 적극적으로 유도하여 더욱 활성화시켰다.

3. 공동작업반의 구성원 현황

덕촌마을은 앞의 상황표에서 제시한 것에서도 알 수 있듯이 아주 규모가 큰 마을이다. 더욱이 덕촌1리도 실제 농사일을 같이 하고 상호작용도 많기 때문에 농사일을 함께 하는 마을단위는 더욱 컸다.

이렇게 규모가 큰 마을에서 하나의 공동작업반을 구성하여 움직이기는 어려웠고 또한 교회를 중심으로 친화력을 지닌 사람들끼리 결합되기가 쉬워 교인들을 중심으로 공동작업반을 구성하였다. 그리하여 작업반의 이름도 덕촌교회공동작업반이라고 하였다.

1981년 공동작업반의 구성원 현황을 〈표 2-1-3〉과 〈표 2-1-4〉를 통해 살펴 보자.

〈표 2-1-3〉 덕촌마을 모내기공동작업반의 작업의뢰, 공동식사, 불입금, 입금표(1981)

(작업의뢰비 평당 30원)

(공동식사의뢰비 평당 18원)

성 명	의뢰 평수	작업 식사비 합계	작업 불입	식사 불입	임금	합계	차인잔액
1 * 정방래	1,038	49.820	-	18,000	77,210	95,210	+ 45,390
2 * 이순영	4,720	226.560	-	82,000	11,680	93,680	- 132,880
4 어성구	1,400	67,200	-	-	-	0	- 67,200
5 박원순	7,000	336,000	210,000	126,000	-	336,000	0
6 정상모	1,000	48,000	30,000	18,000	-	48,000	0
7 윤태선	1,700	81,600	51,000	30,600	-	81,600	0
8 한윤식	2,200	105,600	-	-	-	0	- 105,600
9 최귀만	700	33,600	-	-	-	0	- 33,600
10 * 진하종	450	21,600	-	1,000	76,210	77,210	+ 55,610
11 * 박순하	3,600	172,800	-	70,650	4,550	75,200	- 97,600
12 * 정경자	2,700	129,600	-	40,600	42,370	82,970	- 46,630
13 이묘순	1,200	57,600	36,000	21,600	-	57,600	0
14 권태연	1,600	76,800	48,000	28,800	-	76,800	0
15 전종운	1,500	72,000	45,000	27,000	-	72,000	0
16 * 이영화	2,400	115,200	-	35,840	52,350	88,190	- 27,010
17 * 문천영	1,300	62,400	-	23,400	57,250	80,650	+ 18,250

성 명	의뢰 평수	작업 식사비 합계	작업 불입	식사 불입	임금	합계	차인잔액
18 * 안태용	807	38,740	-	13,000	59,940	72,940	+ 34,210
19 * 정현주	1,426	67,490	-	6,300	48,020	54,320	- 13,160
20 * 유순주	610	29,280	-	3,000	62,090	65,090	+ 35,810
21 * 정해동	1,604	76,990	-	18,820	68,530	78,350	+ 10,360
22 * 정해경	2,743	131,660	-	48,540	34,290	82,830	- 48,830
23 * 원종철	800	38,400	-	16,800	41,100	57,910	+ 19,910
24 도차영	1,600	76,800	-	28,800	-	28,800	- 48,000
25 * 정해만	1,800	79,200	-	26,600	76,210	102,810	+ 23,610
26 * 정희래	585	28,080	-	3,000	66,430	69,430	+ 41,350
27 * 정해선	1,473	70,700	-	5,960	63,440	69,400	- 1,300
28 * 김진덕	1,000	48,000	-	10,600	73,080	83,680	+ 35,680
29 * 신흥애	700	33,600	-	12,300	49,500	61,800	+ 28,200
30 * 정광래	4,318	207,260	129,540	77,660	28,150	235,350	+ 2,090
31 * 이승영	2,200	105,600	400	39,600	63,980	104,980	- 1,620
32 * 박종수	860	41,280	-	12,300	51,740	64,040	+ 22,760
33 정응래	3,113	149,420	74,260	56,040	35,720	166,020	+ 16,600
34 * 유삼봉	560	26,880	16,800	10,200	5,270	37,270	+ 5,390
35 정종래	682	32,740	21,000	12,260	-	33,260	+ 530
36 * 남기원	2,800	134,400	-	20,600	31,500	52,100	- 92,300
37 정세모	3,555	170,640	-	12,900	-	12,900	- 157,740
38 * 박노열	4,800	230,400	-	43,460	17,680	61,140	- 169,260
39 * 정해진	1,000	48,000	-	15,300	74,520	89,820	+ 41,820
40 * 김봉래	2,600	124,800	-	29,000	45,640	74,640	- 50,160
41 * 임태근	400	19,200	-	7,510	69,210	76,720	+ 57,520
42 * 김수근	2,800	134,400	-	22,500	56,500	71,000	- 55,400
43 이순재	1,200	54,000	12,000	21,860	-	33,860	- 20,140

성 명	의뢰 평수	작업 식사비 합계	작업 불입	식사 불입	임금	합계	차인잔액
44 * 황기홍	-	-	-		77,210	77,210	+ 77,210
45 * 김금강	-	-	-		70,980	70,980	+ 70,980
46 * 권병순	-	-	-		73,080	73,080	+ 73,080
47 * 배정운	-	-	-		37,170	37,170	+ 37,170
48 * 오혜순	-	-	-		58,250	58,250	+ 58,250
49 * 임계순	-	-	-		76,210	76,210	+ 76,210
50 * 임복희	-	-	-		58,930	58,930	+ 58,930
51 * 원종희	-	-	-		60,620	60,620	+ 60,620
52 * 정경순	-	-	* -		63,440	63,440	+ 63,440
53 * 정희자	-	-	-		69,000	69,000	+ 69,000
54 * 조용분	-	-	-		68,750	68,750	+ 68,750
55 * 조원님	-	-	-		10,080	10,080	+ 10,080
56 * 김재순	-	-	-		48,820	48,820	+ 48,820
57 * 기삼예	-	-	-		58,880	58,880	+ 58,880
58 * 김정남	-	-	-		21,730	21,730	+ 21,730
59 * 도영수	-	-	-		48,410	48,410	+ 48,410
60 * 윤연희	-	-	-		59,220	59,220	+ 59,220
61 * 이범섭	-	-	-		49,720	49,720	+ 49,720
62 * 이만규	-	-	-		31,230	31,230	+ 31,230
63 * 김서경	-	-	-		49,500	49,500	+ 49,500
64 * 송정수	-	-	-		49,500	49,500	+ 49,500
65 * 홍정수	-	-	-		49,500	49,500	+ 49,500
합 계	82,324평	3,908,350					

일단위는 반올림.

〈표 2-1-4〉 덕촌마을 모내기공동작업반의 작업의뢰, 공동식사, 불입금, 입금표(1982년)

(작업의뢰비 평당 37원 50전)

(공동식사의뢰비 평당 17원 50전)

성 명	의뢰 평수	작업 식사비 합계	작업 불입	식사 불입	임금	합계	차인잔액
1 * 정광래	2,918	160,490		110,760	4,750	95,210	- 13,980
2 * 유순주	610	33,550			67,900	93,680	+ 29,350
3 * 정해진	1,176	65,680 (1,000)		21,000	67,900	72,270	+ 14,020
4 * 진하종	450	25,750 (1,000)		6,370	78,700		+ 54,320
5 * 박종수	860	47,330	210,000	10,000	69,300	336,000	+ 27,000
6 * 정해동	1,624	89,320	30,000	20,000	75,600	48,000	+ 1,280
7 * 이순영	1,740	97,700 (2,000)	51,000	30,880	59,200	81,000	- 7,620
8 * 김봉래	2,400	132,000		1,000	6,900		- 124,100
9 * 남기선	2,200	121,000			82,100		-
10 정만호	2,843	156,360		1,000		77,210	- 102,410
11 이해순	1,700	93,500		70,650		75,200	- 86,030
12 이묘순	1,200	66,000		40,600		82,970	- 49,630
13 * 이승영	2,485	136,660	36,000	21,600	64,400	57,600	- 56,260
14 * 남기원	2,000	120,000	48,000	28,800	76,300	76,800	-
15 정훈래	1,700	103,500 (10,000)	45,000	27,000		72,000	- 83,500
16 * 정해선	450	28,740 (4,000)		35,840	80,250	88,190	+ 46,510
17 정형모	2,880	158,400		23,400		80,650	- 117,400
18 * 문천영	1,290	79,940 (9,000)		13,000	57,600	72,940	- 26,340
19 * 유삼봉	900	49,500		6,300	44,050	54,320	- 10,450
20 정방래	1,038	67,080 (10,000)		3,000		65,090	- 72,080

성 명			의뢰 평수	작업 식사비 합계	작업 불입	식사 불입	임금	합계	차인잔액
21		신흥애	700	38,500		18,820		78,350	- 8,500
22	*	어성구	2,380	139,000		48,540	3,250	82,830	135,750
23	*	김정남	200	11,000		16,800	49,300	57,910	33,300
24		이기만	2,750	151,240		28,800		28,800	
22	*	이규영				26,600	27,600	102,810	22,600
26	*	박혜순				3,000	75,600	69,430	70,600
27	*	황기홍				5,960	77,100	69,400	72,100
28	*	정환동				10,600	5,900	83,680	5,900
29	*	조원남				12,300	30,250	12,300	30,250
30	*	조용분			129,549	77,660	63,500	235,350	58,500
31	*	김순임			400	39,600	75,600	104,980	70,600
32	*	오희순				12,300	82,100	64,040	77,100
33	*	전정순			74,260	56,040	76,300	166,020	71,300

이름란의 *표시는 공동작업 참여자임.

공동작업반은 〈표 2-1-3〉과 〈표 2-1-4〉에서 알 수 있듯이 작업만을 의뢰하는 사람, 작업을 의뢰하고 공동작업에도 참여하는 사람, 작업은 외뢰하지 않고 공동작업에만 참여하는 사람 등으로 구성된다.

여기서 작업을 의뢰하기만 하고 공동작업에 참여하지 않는 사람은 공동작업반 구성원이라고 할 수 없겠다. 이들은 공동작업반에 작업을 위탁하는 것인데, 공동작업반에 작업을 맡김으로써 날품노동력을 다수 고용해야 하는 번거로움을 피할 수 있다.

1981년의 경우 작업을 의뢰하기만 하는 사람이 13명, 작업을 의뢰하고 공동작업에도 참여하는 사람이 30명, 작업을 의뢰하지 않고 공동작업에만 참여한 사람이 12명이었다. 1982년에는 각각 8명, 16명, 9명이었다.

여기서 작업도 의뢰하고 공동작업에도 참여하는 사람들은 자가노동을 실현하는 방법으로서 공동작업반에 참여하며, 작업을 의뢰하기만 하는 사람은 앞에서도 말했듯이 노동력을 고용하는 효과를 공동작업반을 통해서 실현하며, 작업을 의뢰하지 않고 공동작업에만 참여하는 사람은 임금획득을 위해서 공동작업반원이 된다.

이처럼 공동작업반에서는 서로 다른 목적을 가진 사람들이 참여하며, 따라서 다양한 계층에 속한 사람들이 공동작업반을 통해 관계를 맺게 된다. 그리고 다른 작업과는 달리 모내기공동작업반에서는 여성노동력에 대한 평가가 남성노동력에 대한 평가와 동일하다.

덕촌마을의 모내기공동작업반은 교인들이 중심이 되어 결성되었으며, 특히 1982년도에는 줄어드는 추세 속에서 교인들로만 이루어졌다. 그러나 공동작업반의 운영이나 작업체계 등은 다른 공동작업반과 다를 바가 없다.

4. 조직체계

공동작업반에는 작업반장(1981년에는 정방래 씨)이 있고 작업일지 및 수지관리를 하는 총무가 있으며 그 밑으로 일반 작업반원이 있다. 그리고 식사도 공동으로 하였기 때문에 급양부원을 따로 두었다.

교인들이 중심이 되어 이루어졌고 특히 1982년에는 교인들로만 구성되어 있어서 교회에 모여 예배를 보면서 모임을 가진다. 따라서 목사도 작업반의 결성 및 운영에 일부 참여하기도 한다.

1982년 공동작업반의 결성과정 및 운영과정을 보면, 5월 17일(작업 시작 1주일 전)에 덕촌신협 숙직실에서 1차 모임을 가졌다. 목사를 비롯해 나중에 공동작업반의 활동에 중심적인 역할을 하는 7명이 회의에 참석하였다. 여기에서 공동작업신청서(19명 분)를 접수하고 공동작업반 구성원의 자격에 관한 결의를 하였는데, 덕촌교회 출석 교인 가운데 원하는 사람에 한정하기로 하였다. 또한 부적절하다고 판단되는 사람에 대해서는 작업반참여를 거부하였다. 이 회의에서는 또한 평당 작업비 및 식비의 결정을 논의하고 공동취사반을 운영하기로 결정하였다. 다음날(5월 18일) 5명(작업반 운영에 핵심적인 사람들)이 모여서 작업의뢰신청서를 배부하고, 19일에 공동작업반원들이 전부 모여 총회를 하기로 하였다. 또한 이웃 공동작업반에서 실시하고 있는 작업비에 대해 논의하고 마을 공동작업반의 작업비를 결의・확정하였다. 그리고 급양부원 2명을 두어 식사를 마련하기로 하고 급양부원의 1일 인건비를 결정하였다.

5월 19일 교회 예배당에서 공동작업반원 총회를 개최하였다. 총회에서는 예비모임에서 논의된 것을 확정하고 기타 다른 것들도 결정하였다. 총회에서 결정된 내용을 열거해 보면, 1. 작업반 구성원을 덕촌교회 출석 교인으로 하는데 대한 확정, 2. 1마지기당 작업비를 식사를 포함하여 11,000원으로 확정, 3. 작업의뢰서접수는 평수로 할 것, 4. 모내기의 개인별 작업일자 결정, 5. 작업의뢰신청서란의 예정일자 참조 결정, 6. 모내기 시작일자(24일) 및 작업시작 시간(오전 7시)을 확정, 7. 작업마감시간 확정(오후 7시), 8. 급양부원 2명 두기로 확정, 9. 결산은 일일 결산으로 하기로 결정, 10. 모줄 구입 결정, 11. 고추장, 간장을 각자 한 사발씩 걷기로 결정(1,000원으로 계산) 등이었다.

즉 예비모임을 통해서 작업반의 운영을 논의하고 그것을 토대로 작업반원 총회를 개최하여 제반 사항들을 결정하여 시행하였다.

5. 작업내용 및 작업방식

먼저 1981년도의 작업진행상황을 보면, 공동작업반은 5월 26일에 시작하여 6월 17일까지 18일에 걸쳐서 작업을 하였다.

1981년의 경우 연작업인원이 576명에 달했으며 하루 평균 32명이 작업에 참여하였다. 27-38명 정도 수준에서 그날의 작업량에 따라 작업인원이 달랐으나 꼭 작업량과 비례해서 성원들이 작업에 참여한 것은 아니었다. 하루의 작업량은 4-6천평에 달하였으며, 한 사람의 작업

〈표 2-1-5〉 덕촌마을 모내기공동작업반의 모내기작업진행상황(1981)

순번	날짜	작업량	인원	작업액	개인별액	작업주	비고
1	5.26 화	5,842	41	175,260	4,270	송덕주,정세모,이승영	190
2	5.27 수	6,086	37	182,580	4,930	박순하,정해동,정종래	170
3	5.28 목	4,975	36	149,250	4,140	유순주,황춘옥,정용래	210
4	5.29 금	5,500	35	165,000	4,710	남기원,한윤식,최귀만	150
5	5.30 토	5,200	34.5	156,000	4,520	김수근,김봉래	150
6	6. 1 월	5,107	31	153,210	4,940	박운선,안태룡,도자영	70
7	6. 2 수	6,200	32	186,000	5,810	정해진,이영화,이묘순	80
8	6. 3 수	4,650	36	139,500	3,870	정해민,이순영,이영화	180
9	6. 4 목	4,703	31	141,090	4,550	임태근,신흥애,정해경	40
10	6. 5 금	5,069	35	152,070	4,340	박노열,정세모,전현주	170
11	6. 6 토	1,993	28	59,940	2,100	정세모,정해선,정해민	140
12	6. 8 월	5,800	38	174,000	4,550	박원순	300
13	6. 9 화	2,660	33	79,800	2,410	박원순,전경자,정광래	270
14	6.11 목	3,728	28.5	111,840	3,920	윤태선,정광래,정해선	120
15	6.12 금	4,553	31.5	136,590	4,330	전종운,박노열,권태연	195
16	6.13 토	400	7	12,000	1,710	정해민	30
17	6.15 월	4,100	27	123,000	4,500	정상모,어성구,문천영	150
18	6.17 수	5,753	34.5	172,590	5,000	박노열,이순재,이순영	90
합 계		82,324	576	2,469,720	74,630		

1. 평당 단가 30원
2. 비고란은 우수리

〈표 2-1-6〉 덕촌마을 모내기공동작업반의 모내기작업진행상황(1982)

(단위: 원, 평)

순번	날짜	작업량	인원	작업액	개인별액	작업주	비고
1	5.24 월	2,610	16.5	97,275	5,900	정광래,유순주,남기선	525
2	5.25 화	2,786	18	104,475	5,800	진하종,정해진,박종수	75
3	5.26 수	2,524	18	109,650	6,000	정해동,이순영,남기선	1,650
4	5.27 목	3,400	18.5	127,500	6,800	김봉태,남기화,정만호	1,700
5	5.28 금	3,543	19	132,860	6,900	정만호,정광래,정세모	1,760
6	5.29 토	2,965	17.5	111,180	6,500	어성구,이승영,정훈래	680
7	5.31 월	3,400	19.5	127,500	6,500	정훈래,이해순,남기화	750
8	6. 1 화	3,300	19.5	123,750	6,300	이승영,이순영,김정남	900
9	6. 2 수	3,080	18	115,500	6,400	이기만,남기원	300
10	6. 3 목	3,280	16.5	123,000	7,400	정형모,문천영	900
11	6. 4 금	2,540	14	95,250	6,800	정해선,이묘순,문천영	50
12	6. 5 토	2,133	16	80,000	5,000	남기원	
13	6. 7 월	2,638	7.5	98,925	5,800	정방래,신흥애,유삼봉	325
합 계/ 38,599평			228	1,447,465	82,100		9,715

평당단가 37.50원 192.99마지기 6,315

량은 143평 정도였다. 하루에 작업하는 면적이 6천평을 넘기도 하므로 한 의뢰농가의 작업만을 하는 경우는 의뢰평수가 많은 경우뿐이고 대개 세 농가의 작업을 하루에 하였다.

1982년에는 5월 24일에 시작하여 6월 7일까지 13일에 걸쳐서 일요일을 제외하고는 계속 작업하였다. 1982년에는 공동작업반의 구성원이 대폭 축소되었는데, 작업참가연인원이 228명으로 하루 평균 17.5명이 참여하였다. 작업인원은 16-19명 정도 수준에서 유지되었으며 비교적 변화가 없었다. 1명당 하루 작업량은 169.3평으로 1981년 보다 많았다. 소수의 인원으로 보다 집약적 작업을 하였음을 짐작할 수 있다. 하루의 평균 작업면적이 2,969평으로 약 1정보에 달하였으며 하루에 보통 세 농가의 모내기 작업을 하였다.

모내기의 작업은 공동으로 하였으며 대부분 손노동으로 하였다. 그러나 모운반과 인부운반, 식사운반 등에는 경운기를 가진 사람이 경운기를 동원하여 작업하였다. 식사도 공동으로 하였는데 급양부원을 임금을 주고 고용하여(1982년에는 2명) 식사를 마련하도록 하였으며, 식단도 변경해 가면서 마련하였다.

6. 분배체계

덕촌교회의 모내기공동작업반은 작업비 및 식비를 미리 결정하여 평수에 따라 부과하였다. 그리고 공동작업에 참여한 성원들의 임금은 매일의 작업의뢰성원수로 나누어 확정되었다. 〈표 2-1-5〉와 〈표 2-1-6〉에서 보는 것처럼 매일 매일 참여성원의 임금이 계산된다. 하루의 임금이 매일 정해지고 각 참여자는 자신이 참여한 날들의 임금을 합하여 총임금이 확정된다. 개인별 임금총액은 〈표 2-1-3〉과 〈표 2-1-4〉에 나와 있다.

공동작업반에서는 작업을 의뢰하기만 하는 사람은 작업의뢰비를 내고, 작업의뢰도 하고 공동작업에도 참여한 사람은 작업비와 임금의 차액을 계산하며 그 차액을 정산하여 작업비가 많으면 더 내고 임금이 많으면 더 받는다. 그리고 작업을 의뢰하지 않고 공동작업에 참여한 사람은 임금을 그대로 받는다. 작업과정에서 공동작업 이외의 작업을 했을 경우에는 그에 대해서도 일정한 보상을 받는다. 즉 경운기로 모를 운반한다든지 식사를 운반하는 일, 인부를 운반하는 일, 로타리치는 작업 등에 대해서는 일정한 임금을 정하여 작업자에게 주었다.

공동작업에 참여하지 않고 작업을 의뢰하기만 하는 사람은 작업직전 또는 작업과 동시에 작업비 및 식사비를 낸다. 작업을 의뢰하기도 하고 공동작업에 참여하기도 하는 사람은 작업비를 작업 전에 내기도 하나 대개 식비만을 내고 나머지 금액은 공동작업이 다 끝난 뒤 정산 시에 계산한다. 공동작업에만 참여한 사람은 공동작업이 모두 끝난 다음 작업임금을 받는다.

1982년 덕촌마을 모내기공동작업반의 수지상황을 보면 〈표 2-1-7〉과 같다.

〈표 2-1-7〉 덕촌마을 모내기공동작업반의 운영수지(1982)

(단위: 원)

수	입	지	출
작업의뢰비	1,448,490	임금	1,438,750
식사의뢰비	678,620	식사비	547,580
		모줄구입	4,500
		인부식사운송	8,000
		이월금	128,280
수입합계	2,127,110	지출합계	2,127,110

7. 모내기공동작업반의 변모

이러한 모내기공동작업반은 노동력부족에 대처하려는 전형적인 노동력조정조직이었다. 그러나 농기계가 도입되어 모내기 작업이 이앙기에 의해 이루어지면서 노동력수요가 급속히 감소하였고, 이앙기계조작자를 중심으로 하는 소수인의 조작업으로 이앙이 가능하게 되었다. 물론 마을 전체의 이앙을 하기 때문에 여러 대의 이앙기가 동시에 작업을 해야 한다. 그럼에도 전체적으로 손모를 낼 때보다 훨씬 적은 노동력으로 작업이 가능해졌으며 주로 남자들을 중심으로 하여 이루어져 갔다.

1982년에도 마을에 이앙기가 들어와 공동작업반의 규모가 크게 줄어들었으며, 1983년 이후 이앙기가 본격적으로 들어오고 작업을 본격화하게 되면서 노동력부족이 어느 정도 해결되었고, 기계이앙을 하지 않는 농가들도 품앗이나 날품노동력을 고용하여 쉽게 모내기를 할 수 있었다. 1987년 현재 마을 모내기의 80% 이상이 기계이앙으로 이루어지고 있으며, 기계작업이 곤란한 논에서만 손모를 내고 있다.

2절. 옥수수탈곡반 : 강원도 정선군 동면 호촌리 호명마을[2)]

1. 마을개황

강원도의 동남부에 위치한 정선군은 태백산맥 한 가운데 있으며 논은 산으로 둘러싸여 있어 오지 중의 오지라고 할 수 있다. 경지는 매우 적고 토지의 대부분이 임야로 이루어져 있으며 광산이 많은 지역이다.

정선군 안에서도 조사마을이 속해 있는 동면은 더욱 오지이며, 면사무소 부근에는 논도 있지만 그 외 지역은 밭농사지역으로 계곡을 따라 길게 늘어져 있는 전형적인 산촌의 취락형태를 띠고 있으며 중간 중간에 밀집된 취락을 이루고 있다.

호명마을이 속해 있는 호촌리는 풍촌마을과 호명마을을 통합하면서 (일제 때) 붙여진 이름이다. 현재 호촌리는 4개 반으로 이루어져 있는데, 1,2,3반이 풍촌마을에 해당하고 4반이 호명마을에 해당하며 마을 호수는 각각 66호, 28호이다.

호촌리는 오랫 동안 정선 전씨가 터줏대감노릇을 하던 곳으로 현재도 정선 전씨가 약 30%에 이르고 있다. 일제 때에는 정선 전씨가 '부근 십리 길을 남의 땅을 밟지 않고 다녔다'고 할 정도로 그 세력이 대단하였다고 한다. 마을 안의 한 농민이 가지고 있는 1925년도 토지대장(1925년에 마을구장이 작성)을 보면 전씨 소유지가 1/3이 넘는다. 지금은 전씨 가운데 교육이라도 받고 재산이라도 있던 후손들은 대부분 도시로 나갔으며 토지를 남겨두기도 하지만 전씨들이 가지고 있던 주도권은 상당히 약해진 것으로 보인다.

호촌리에는 일제 때 소작이 광범하게 행해지고 있었다. 특히 전씨 문중의 땅에 대한 위토소작이 많았으며, 지금도 문중 토지를 소작하는 농가가 많다. 풍촌마을과 호명마을은 약 2km 떨어져 있으며 정선읍에

2) 1987년 12월 조사.

서 이곳을 지나는 버스가 한시간 마다 있다. 아직 도로포장이 덜 되어 있으나 포장공사가 한창이며 정선읍에서 한 시간 정도 걸린다. 조사마을인 호명마을은 행정구역상으로는 29호인데 한 농가는 호명마을에서 약 3km 정도 외따로 떨어져 있으며 영농도 함께 하지 않고 있어 조사에서 제외하였다. 호명마을의 1987년말 현재 총인구는 107명이며, 그 중 남자가 58명, 여자가 49명이다. 호명마을의 인구구성을 보면 〈그림 2-2-1〉과 같다.

〈그림 2-2-1〉에서 알 수 있는 바와 같이 호명마을의 인구구성은 다른 농촌마을과 유사한 특징을 보여주고 있다. 20세 이상 40세까지의 인구가 매우 적어 모두 23명으로 21.5%에 불과하다. 특히 20대가 매우 적어 여자는 3명에 불과하며 남자도 7명에 불과하다. 즉 가장 건강한 노동력인구층이 적고 40-50(남자의 경우는 45세 이상 55세까지)세 연령

〈그림 2-2-1〉 호명마을의 인구구성

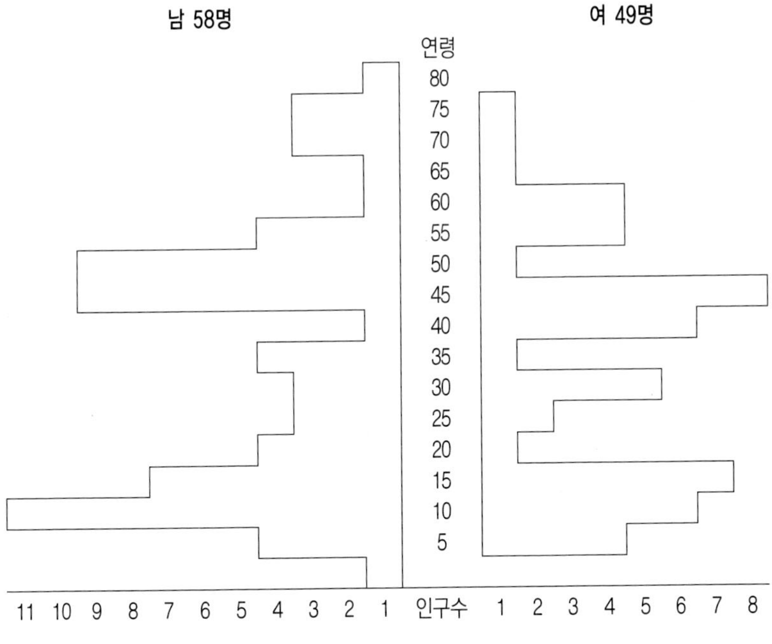

층과 5-20세 연령층이 많다. 20세 미만 연령층은 대부분 학생이고 나머지는 미취학 아동들이다. 호명마을에는 특히 10세 이하의 연령층이 급속히 감소하고 있으며 5세 이하 연령층에 1명밖에 없다. 이는 호명마을 안에 새롭게 가족을 형성하는 젊은 층이 없다는 것을 말해준다.

〈표 2-2-1〉 호명마을의 가구별 가족 및 경지상황(1987년 12월)

일련번호 / 이름	연령	가족수, 형태, 노동력인구수	농지관계(단위:평)				비 고
			소유지	소작지	임대지	경지합계	
1 고재식	54	5 (4) 2	2,600	5,000		7,600	50년 이입
2 고철호	30	5 (4) 3		1,800		1,800	73년 이입
3 김명관	30	7 (4) 3		6,100		6,100	82년 이입
4 김병기	50	3 (3) 2		5,600		5,600	87년 이입
5 김진철	36	6 (3) 3	4,000	2,000		6,000	73년 이입
6 김형각	36	3 (3)* 2	6,850	2,300		9,150	78년 이입
7 김흥서	52	3 (3) 2	4,000	12,000		16,000	74년 이입
8 박주철	46	6 (3) 3		6,800		6,800	51년 이입
9 심의석	48	3 (3) 2	4,400			4,400	3대 할아버지 전씨 사위로 이입
10 심의원	40	5 (3) 2	5,900			5,900	
11 심의윤	46	8 (5) 3	4,400	2,000		6,400	
12 심의현	36	5 (3) 2	4,700	300		5,000	
13 심진택	25	6 (3) 2	6,000	3,000		9,000	
14 유복수*	53	3 (3) 1	2,500		2,500	0	*
15 유태근	49	4 (3) 2		5,650		5,650	2대째 거주
16 김옥란	56	1 (1) 1	3,000			3,000	
17 이대식	47	4 (3) 2	4,000	4,100		8,100	73년 이입
18 전민광	70	2 (2) 2	2,400			2,400	
19 전우경	73	1 (1) 0				0	*
20 전원준	55	2 (2) 2	4,000		4,000	0	*

일련번호 / 이름	연령	가족수, 형태, 노동력인구수	농지관계(단위:평)				비 고
			소유지	소작지	임대지	경지합계	
21 전의준	45	4 (3) 3	4,500			4,500	
22 전주만	35	5 (5) 3	5,280	2,500		7,780	
23 전주용	35	3 (2)** 3	8,900			8,900	
24 전주흥	50	5 (3) 2	7,000			7,000	
25 전채록	61	1 (1) 1		300		300	
26 전천우	50	3 (3) 2	5,000	1,000		6,000	
27 전청정	48	3 (5) 2	7,300			7,300	
28 최 순*	60	1 (1) 1	3,000		3,000	0	*
총 28호		총인구 107명 노동력인구수 58명	소유지 99,730 소작지 61,450 경지합계 156,180 임대지 9,500				

1. 가족형태 : 1. 1인가족, 2. 부부, 3. 부부+자녀, 부모+부부(*로 표시된 것),
4. 부부+형제자매+자녀, 5. 부모+부부+자녀.
2. 23번 농가는 형제자매들로만 이루어진 가족임.
3. 이름란의 *표시는 전씨 가족을 표시함.
4. 비고란의 *표시는 비농가(경지면적 300평 미만)를 나타냄.

호명마을 주민들은 어린이, 학생, 노인 등을 제외하고는 거의 다 농업노동에 종사한다. 20-30세에 속하는 남자로서 농업노동에 참여하지 않는 사람은 학교를 마치고 취업준비를 하고 있는 사람과 군복무(방위) 근무중인 사람뿐이다. 이처럼 호명마을에서는 20대에서 60대에 이르기까지 거의 모두가 농업노동에 종사하며 노동력인구수는 남자가 30명, 여자가 28명으로 모두 58명이다. 28가구 가운데 능력이 없는 노인가구 1호를 제외하고는 모든 가구가 농업노동에 참여한다. 가족의 노동력인구수가 2명인 가구가 15호로 가장 많고 그 가운데 부부인 경우가 14호에 이른다. 노동력인구수가 3명인 가구는 8호인데 대부분 부부를 중심으로 하여 윗세대 가족원 또는 아랫세대 가족원 중에 한 사람이 있는 경우이다. 그리고 노동력인구수가 1명인 가구가 4호이다. 이처럼 한 가족의 노동력은 주로 부부를 중심으로 하여 편성되어 있다. 농업노동에서 남성노동과 여성노동의 분화가 어느 정도 이루어져 있으며 가족단위에서는 남성노동과 여성노동이 상호보완되어야 농업경영이 원만하게 이루어진다. 그래서 가족의 농업노동력인구가 1명인 경우에는 대부분 농업경영이 제대로 이루어지지 않는다. 호명마을에서 보는 바와 같이 여성가구주인 경우 밭농사의 심경작업 등을 할 수 없으며 평야지대처럼 작업을 위탁할 수도 없다. 가구주라 하더라도 연로한 경우에는 마찬가지이다. 이런 가구주들은 농지를 갖고 있을 경우에는 임대를 주고 자신은 고용노동에 종사하기도 한다. 호명마을은 밭농사로서 김매기작업에 가장 많은 노동력이 필요하고, 다음으로 수확작업에 많은 노동력이 필요한데 여성노동이 많이 투하된다. 경운, 정지, 탈곡, 운반작업 등은 남자들이 주로 하고 김매기나 수확(고추 따기, 옥수수 따기)은 여성들이 주로 한다.

일반 농가에서 농업노동은 부부를 기간노동력으로 하고 기타 가족원 가운데에서 보조노동력이 가세하는 형태로 이루어진다. 여기서 보조노동력은 일부 기간노동력에 뒤지지 않는 노동력을 지니기도 하며, 가족주기에 따라 선대와 후대가 전환되면서 나타나며 따라서 가족형태는 직계가족형태를 취하게 된다.

그리고 호명마을은 전씨 성을 가진 가구가 12호이며, 심씨 5호는 3대 할아버지가 강릉에서 전씨 사위로 이 마을에 이입하여 낳은 후예들이다. 1번 농가도 전씨의 사위로 이 마을에 이입한 농가이다. 이처럼 호명마을은 전씨와의 친인척관계로 엮여 있으며 다른 가구들은 대개 20-30년 사이에 이입한 가구들이다.

호명마을의 가족원수를 보면 3명인 가족이 8호로 가장 많으며 평균 가족원수는 3.8명인데 이는 전국평균 및 농촌평균 보다도 적은 것이다. 가족형태를 보면 우선 단신가족이 4호이고, 부부가족이 2호, 부부

+자녀 또는 부모+부부 형태의 가족이 16호, 부모+부부+자녀 형태 및 기타 가족이 5호에 이르고 있다. 부부의 형제자매들이 함께 살고 있는 경우가 적으며 부부+자녀로 구성된 핵가족이 가장 지배적인 가족형태이다. 단신가족은 자녀들의 이출 또는 출가로 발생하였으며 노동능력이 미약한 편이며, 부부가족도 대개 자녀들이 이출하여 노인부부가 농촌에 살고 있는 경우이다. 전형적인 핵가족형태라고 할 수 있는 부부+자녀 또는 부모+부부 형태의 가족이 가장 많은데, 이들 가족에 있어서도 자녀들은 대개 취학아동들이며 더욱이 자녀들이 모두 나가버리고 부부가 윗세대를 모시고 살고 있는 경우도 눈에 띈다. 부모+부부+자녀로 구성된 직계가족이 6호로서 가족주기상에서 부부+자녀 가족으로 이행하고 있는 형태이다. 이처럼 가족은 매우 단순하며 젊은 노동력인구의 이출로 20세 미만의 유소년과 노인들이 많은 것으로 나타나고 있어 농촌에 잔존하는 가족의 성격을 지니고 있다. 이러한 현상은 한국농촌의 일반적인 추세라고 생각된다. 1987년 현재 호명마을 총28호 가운데 비농가가 4호이고 농가가 24호이다. 그런데 비농가 가운데 3호는 농업노동력의 문제로 농지를 임대주고 농업고용노동에 종사하고 있으며 한 가구는 생활보호대상자이다.

농지관계를 보면 호명마을은 논이 전혀 없고 전부 밭인데, 〈표 2-2-1〉에서 알 수 있는 바와 같이 마을 사람의 소유지가 9만 9,730평, 소작지가 6만 1,450평, 임대지가 9,500평이며, 마을 총경지면적은 15만 6,180평으로 농가호당 경지면적은 6,507.5평(2.17정보)이어서 한국농가 평균경지면적의 2배에 가까운 면적이다. 물론 밭이고 비옥도도 평야지대만은 못하기 때문에 면적만의 직접적인 비교는 무리가 있지만, 그럼에도 상당히 경지규모가 크다고 하겠다. 호명마을의 경지면적 가운데 소작지면적은 39.3%에 달하여 상당히 높은 비중을 차지하고 있으며, 24호 농가 가운데 16호가 소작을 하고 있다. 특히 호명마을에서 소작을 하는 사람은 8.15 이후에 이 마을에 이입한 경우가 많으며 전씨나 심씨는 소작비율이 적다. 더욱이 전씨의 소작은 문중토지의 소작이 많아 다른 사람들의 소작보다는 소작조건이 좋은 편이다. 그런 점에서 호명마을의 토지소유관계는 동족부락에서 전형적으로 나타나는 형태라고 생각된다.

밭의 기계화는 더딘 편이어서 호명마을의 기계화도 더딘 편이며 경운기와 탈곡기가 가장 중요한 농기계이다. 호명마을은 논이 없고 밭만 있으며 잡곡을 주로 생산하고 있다. 옥수수, 조, 수수, 메밀 등의 잡곡과 콩, 팥 등의 두류, 그리고 대마 등을 생산해 왔는데, 1970년대 후반 들어 상업작물재배가 확산되었고 옥수수, 배추, 무우, 고추, 대마 등의 상업작물을 집중적으로 생산출하하기에 이르렀다. 작물종류는 단순화되면서 전문화되어 갔고 자가소비용 잡곡류와 채소 등이 생산되지만 그 규모는 축소되었고, 상품작물 생산에 주력해 나가며, 2,3년 전부터는 인삼을 재배하는 농가도 나타났다. 한 농가에서도 보통 3-5가지 작물을 재배하는데, 작물마다 기경, 파종, 수확 시기 등에 약간씩 차이가 있어 노동력수요의 완급을 조절하여 영농에 임한다.

경지면적이 넓은 편이어서 많은 노동력이 필요하며 노동력을 마을 안에서 조달하기 어려울 때에는 인근 면지역에서 사람을 고용해다 쓴다. 또한 경작지가 넓을 뿐만 아니라 작업능률을 높이기 위해서도 개별적인 작업보다 공동작업 형태의 농업노동이 이루어진다.

특히 김매기 작업에서는 부인들 간에 품앗이가 성행하고 있는데, 마을 김매기작업의 80% 정도가 품앗이에 의해 이루어진다. 물론 노동력이 많이 필요할 때에는 고용노동을 사용하지만 일고노동자(날품팔이군)도 대개는 경작주 및 여타 작업자와 함께 공동작업을 한다. 즉 품앗이를 주로 하고 고용노동을 동원하여 10-30명이 한 농지의 작업을 해나간다. 품앗이를 하다가 품을 앗지 못했을 경우에는 임금에 해당하는 금액으로 반제한다. 농업노동임금은 연초에 마을회의에서 결정하는데 1987년에는 여자 4천원, 남자 7천원이었다. 품앗이의 계산은 대개

1년 단위로 하는데 해를 넘겨서 품을 앗는 경우도 있다.

품앗이의 노동교환에 대해서 살펴 보면, 남성과 여성이 동일한 노동을 할 경우에는 일대일로 품앗이가 이루어진다. 그런데 이러한 경우는 흔하지 않은데, 남자들이 하는 작업과 여자들이 하는 작업이 대체로 구별되어 이루어지기 때문이다. 여성노동은 여성노동으로 남성노동은 남성노동으로 교환되는 것이 일반적이지만, 작업내용이 다르더라도 남녀간에 노동강도의 차이가 크지 않은 경우에는 교환이 이루어 진다. 신탄채취작업(땔나무하기)과 경운정지작업은 대부분 남성들이 하며 여성들이 하는 경우는 거의 없다. 남자가 하루 땔나무를 해주면 여성노동 2일의 품으로 갚으며, 소를 가지고 와서 하루 경운정지작업을 해주는 남성노동에 대해서도 여성노동 2일의 품으로 앗는다. 품앗이는 같은 종류의 작업 간에 가장 많이 이루어지지만 다른 종류의 작업 간에도 일부 이루어진다. 봄에 파종작업에 해준 품을 여름에 김매기작업으로 받을 수도 있고, 여름에 김매기작업에 해준 품을 가을의 수확작업에 받을 수도 있다.

기계가 도입되면서 노동과정도 변하게 되었고 특히 경운정지작업에서 경운기의 사용이 늘어났는데, 경운기를 가지고 하루를 작업하는 남성노동력에 대해서는 남성노동 2일의 품과 교환되었다. 이 경우 여성노동과 교환되는 것은 없어졌다. 즉 기계화가 진전되면서 노동분화가 더욱 분명해지고 기계조작노동에 대해 평가가 높아지고 반대로 손노동에 대한 평가가 낮아지는 것을 볼 수 있다. 방제작업은 개인적으로 하기도 하고 고성능분무기를 사용할 때에는 3-4농가가 공동작업을 한다.

무, 배추는 상인들이 들어와서 밭떼기로 사는 경향이 있어 농민들은 자기 밭을 상인들에게 넘기고 다시 상인에게서 임금을 받고 수확작업을 해준다. 고추나 옥수수의 수확은 품앗이와 고용노동에 많이 의존하고 있다. 탈곡작업은 옥수수가 주를 이루며 다른 잡곡들은 생산량이 적어 가족노동에 의해 작업한다. 고추는 수확 후 건조작업에 많은 노동력을 필요로 한다. 전에는 태양건조를 하였으나 온돌방에 연탄불이나 군불을 때서 말리는 방식으로 전환하였고 최근에는 생산량이 급속히 늘어나면서 건조기를 이용해서 건조작업을 한다. 건조작업에는 2-4인의 노동력인구가 필요한데 대개 가족노동력을 동원하여 작업에 임하며 건조기가 없는 농가는 임대료를 지불하고 다른 농가의 건조기를 빌려서 사용한다. 이렇게 해서 만들어진 농산물은 자가용으로 사용하는 것은 일부에 지나지 않고 농협을 통해서 출하하거나 또는 개인적으로 출하하기도 하고 마을에 들어온 상인들에게 판매하기도 한다. 호명마을은 논이 없어 쌀을 사먹고 있으며 농산물의 90% 정도가 상품화되고 있다.

2. 탈곡작업반의 형성과정

농업기계화가 논농사작업을 중심으로 이루어져 왔기 때문에 밭농사지대인 호명마을은 농업기계화가 더딘 편이다. 그야말로 벌거벗은 노동력이 중심이 되어 이루어져오던 밭농사작업에도 점차 기계의 이용이 증대되었다. 경운정지작업은 논농사 작업과 다를 바 없으며 쉽게 기계화되었다. 그러나 평야지대와는 달리 경운기를 그대로 이용할 수 없고 경사진 밭에서 이용하기 위해서는 경운기 뒤편에 받치는 기구가 필요하며 경운기 값도 다른 지역의 160-70만원에 비해 250만원 정도로 더 비싸다.

경지면적이 넓고 축력을 이용한 경운정지작업으로는 감당할 수가 없어 점차 경운기의 사용이 증가하였고 지금은 모두 경운기를 사용하고 있다. 물론 경운기가 없는 농가는 기계품앗이를 이용하든가 경운정지작업을 위탁하는데 하루 작업 비용은 1만5천 원으로 남자 2일 품값보다도 비싼 편이다.

방제작업의 기계화도 일찍부터 이루어져 왔으나 대개 배부식 인력분무기에서 배부식 동력분무기로 바뀌었고 고성능분무기가 나오면서 3-5명이 공동작업을 하고 보통 한번 작업할 때에는 참여성원 모두의 경지를 포괄한다.

탈곡작업은 도리깨와 같은 원시적인 도구를 사용하다가 일제 시대에 일부에서 그리고 1960년대에는 일반적으로 족답탈곡기를 이용하여 가족노동으로 여러 가지 잡곡을 탈곡하였다. 경운기가 도입되고 동력원으로 이용되면서는 동력탈곡기가 도입되기 시작하였고 족답식탈곡기는 점자 사라지게 되었다.

호명 마을에서는 예전부터 옥수수를 많이 재배하여 왔다. 상품화되기 전에는 백옥이라고 하여 흰 옥수수를 주로 심었으며 주식으로 사용하였다. 옥수수의 수확 및 탈곡 작업도 손으로 하였는데, 알갱이를 옥수수대공에서 분리하는 작업은 송곳을 사용하여 하였다. 15년 전부터는 황옥이라고 하는 옥수수를 재배하기 시작하였으며, 생산량도 급속히 늘었고 작부면적 또한 증가하여 수매를 하기 시작하였다.

동력기계의 도입이 이루어지면서는 수매도 본격화되고 작업에서도 기계이용이 증가하였다. 옥수수상품화에서 가장 많은 노동량을 필요로 하는 탈곡작업이 기계화될 필요성이 있었다. 노동력이 급속히 이출하여 부족해지고 일시에 탈곡하여 수매에 응해야 하기 때문에 탈곡작업의 기계화는 필연적이었다. 1980년대 들어 경운기가 도입되고 탈곡기가 도입되어 옥수수탈곡을 기계로 하게 되었는데, 가족노동력인구수가 적은 데다가 작업의 특성상 가족노동력만으로는 작업을 할 수가 없었다. 기계값을 분담하려는 목적뿐만 아니라 작업에 필요한 노동력의 동원을 위해서 탈곡작업반이 조직되었다. 1980년대 중반에 접어들면서는 무우, 배추, 고추 등의 재배가 늘어나면서 옥수수재배면적은 약간 줄어드는 경향이 있다. 그러나 〈표 2-2-2〉에서 알 수 있는 바와 같이 아직도 옥수수는 호명마을의 주요한 작물 가운데 하나이다.

탈곡반은 탈곡기를 중심으로 몇 농가가 결합하여 작업하는 형태를 취하며 농기계를 공동소유하고 있다. 1980년대 초반부터 작업반을 결성하여 작업을 해왔는데, 기계의 성능이 떨어진 경우는 새로운 기계를 중심으로 다시 작업반을 결성하여 작업을 하였다. 1987년 현재 호명마을에는 소형탈곡기가 5대, 대형탈곡기가 1대 있다. 탈곡기를 중심으로 작업반이 구성되는데, 한 작업반은 경운기에 로타리작업기를 부착하여 작업을 하였다. 경운기는 여러 가지 작업기를 결합하여 사용할 수 있는 기계로, 로타리는 경운작업을 할 때에 경운기에 부착하여 사용하는 작업도구이다. 이것을 탈곡작업에 이용하는 것은 농민들의 지혜를 보여주는 것이라 생각된다. 1987년에 탈곡작업반의 유형을 보면 대형탈곡기작업반, 소형탈곡기작업반, 로타리부착작업반으로 나눌 수 있겠다. 이 탈곡기작업반들은 공동작업반에서 농기계공동이용조직으로 넘어가는 형태라고 할 수 있다. 여기서는 이 유형구분에 따라 간단히 분석해 보고자 한다.

3. 탈곡작업반구성원 현황

호명마을 농가들의 옥수수경작상황을 보면 〈표 2-2-2〉와 같다. 20호의 농가가 옥수수를 재배하고 있는데, 적게는 500평에서 많게는 2,000평까지의 재배면적을 보이고 있다. 마을 총재배면적은 2만 6,370평으로 옥수수재배농가의 평균 재배면적은 1,318.5평에 이르고 있다. 옥수수탈곡에 이용할 수 있는 탈곡기의 보유상황을 보면 소형탈곡기 5대 가운데 한 농가가 소유하고 있는 것은 한 대뿐이고 3-5농가가 공동으로 소유하고 있다. 한 농가가 소유하고 있는 것은 1986년에 구입한 것이고 나머지는 1980년에서 1984년 사이에 도입되었다. 1985년까지는 소형탈곡기를 중심으로 공동소유하고 있는 농가끼리 작업반을 구성하여 작업하였다.

〈표 2-2-2〉 호명마을의 옥수수탈곡작업반 구성원현황(1987년 12월)

일련번호 / 이름	연령	노동력수	경지면적	옥수수 재배면적	농기계보유상황 경운기	농기계보유상황 탈곡기	탈곡작업반구성현황
1 고재식	54	2	7,600	1,200	*	*	(6)대형탈곡기작업반
3 김명관	30	3	6,100	1,600	0	(6)	
21 전의준	45	3	4,500	1,000	0	(4)	
22 전주만	35	3	7,780	2,000	0	(4)	
23 전주용	35	3	8,900	1,500	0	(4)	
5 김진철	36	3	6,000	1,500	0	(1)	(1)소형탈곡기작업반
24 전주흥	50	2	7,000	1,000	0	(1)	
26 전천우	50	2	6,000	1,000	0	(1)	
27 전청정	48	2	7,300	2,000	0	(1)	
7 김흥서	52	2	16,000	2,000	0	(5)	(5)개별작업
8 박주철	46	3	6,800	1,800	0	(3)	(3)소형탈곡기작업반
15 유태근	49	2	5,650	500	0	(3)	
16 김옥란	56	1	3,000	500	*	(3)	
10 심의원	40	2	5,900	1,000	0	(2)	(2)소형탈곡기작업반
11 심의윤	46	3	6,400	1,800	0	(2)	
9 심의석	48	2	4,400	1,000	0	(2)	(*)로타리부착작업반
12 심의현	36	2	5,000	2,000	0	(2)	
13 심진택	25	2	9,000	1,500	0	(2)	
17 이대식	47	2	8,100	600	0	(4)	(4)소형탈곡기작업반
6 김형각	36	2	9,150	770	0	(4)	
2 고철호	30	3	1,800	0	*	*	
4 김병기	50	2	5,600	0	0	*	
14 유복수	53	1	0	0	*	*	
18 전 광	70	2	2,400	0	*	*	
19 전우경	73	0	0	0	*	*	
20 전원준	55	2	0	0	*	*	

일련번호 / 이름	연령	노동력수	경지면적	옥수수 재배면적	농기계보유상황 경운기/탈곡기	탈곡작업반구성현황
25 전채록	61	1	300	0	* *	
28 최 순	60	1	0	0	* *	
총 28호			156,180	26,370		

1. 경운기란의 0은 소유, *는 무소유
2. 탈곡기보유란에서 ( )안의 숫자는 기계의 일련번호이며, 1-5번은 소형탈곡기이고 6번은 대형탈곡기임. 같은 번호의 기계가 여러 농가에서 나타나는 것은 공동소유이기 때문이다.
3. 탈곡작업반구성원현황란에서 번호는 탈곡기의 일련번호이고 번호가 같은 농가는 같은 탈곡작업반 구성원임을 표시함. (*)는 로타리부착탈곡작업반을 표시.

1987년에는 여러 개의 탈곡작업반이 구성되었는데, 기계의 성능이 떨어져서 〈표 2-2-2〉에서 나타난 탈곡기 공동소유자끼리 작업반을 구성하기도 하였으나 그렇지 않은 사람끼리도 작업반을 구성하였다. 소형탈곡기작업반은 탈곡기를 공동소유한 농가들끼리 구성하고 있는데, 1번 탈곡기를 공동소유한 농가 4호, 3번 탈곡기를 공동소유한 농가 3호는 함께 작업반을 구성하였는데, 2번 탈곡기를 공동소유한 5호 가운데 2호가 소유농기계를 가지고 작업하였고 다른 3호는 경운기 로타리부착탈곡작업반을 구성하여 작업하였다. 4번 탈곡기 소유농가 5호 가운데 2농가만이 소유탈곡기를 사용하였고, 다른 3호 농가는 다른 2농가와 함께 대형탈곡기작업반을 구성하여 작업하였다.

따라서 1987년 호명마을의 탈곡작업상황을 보면 대형탈곡기작업반(5호), 소형탈곡기작업반(4호 농가작업반 1개, 3호 농가 작업반 1개, 2호 농가 작업반 2개, 1호 농가 개별작업), 그리고 로타리부착탈곡작업반(3호)으로 세 종류였다. 소형탈곡기작업에서는 작업량이 적은 농가들끼리 작업반을 구성하는 경향이 있고 한 농가는 개별적으로 작업하였다. 소형탈곡기작업반에는 이들 작업반처럼 작업반이라고 하기에는 조직적 성격이 약하며 가족노동력을 동원하여 작업하는 것에서 1번 탈곡기를 중심으로 한 탈곡반처럼 조직적 성격이 뚜렷한 것에 이르기까지 약간씩 차이가 있다.

탈곡작업반을 구성하여 공동작업을 하는 농가는 대개 1,000평 이상의 옥수수를 재배하며 남성노동력이 있는 농가들이다. 경지면적이 적은 농가들은 다른 상품작물을 재배하기 때문에 옥수수를 재배하지 않으며 따라서 참여하지 않는다. 소형탈곡기를 공동소유한 농가들은 그들끼리 탈곡작업반을 구성하며 로타리부착탈곡반처럼 가까운 친척끼리 구성하기도 한다.

대형탈곡기작업반에서 탈곡기 소유자로 되어 있는 3번농가(김명관씨)는 전씨 문중의 토지를 소작하고 전씨 종갓집의 땅을 빌어쓰면서 관리하는 조건으로 호명마을에 이입하여서 전씨들과 가까운 사이이다. 1번 농가도 물론 전씨의 사위로 마을 안에서 신망을 얻고 있는 사람이다. 대형탈곡기작업반 구성원의 특징은 또한 건강한 노동력을 가진 농가들이란 점이다.

4. 조직체계

호명마을의 옥수수탈곡작업반은 재배농가들끼리 구성하여 각 참여구성원의 작업을 돌아가면서 한다. 그래서 조직화된 품앗이의 성격을 강하게 띠고 있지만, 특별한 조직체계가 없는 편이다. 탈곡기를 공동으로 소유하고 있는데 공동소유농가들은 서로 필요할 때에 탈곡기를 사용한다. 작업이 필요할 때에는 서로 가져다가 사용하고 이용한 농가에서 보관한다. 탈곡기를 어느 한 농가가 정해서 보관하는 것이 아니라 공동소유한 농가들 가운데 한 농가가 작업을 한 뒤에 보관하고 또 다른 농가가 가져다가 사용하고 (다른 농가가 사용할 때까지) 보관한다.

대형탈곡기는 옥수수, 콩 등을 가공하는 회사에서 이 마을에 반값으로 제공하였다. 가공회사에서는 김명관씨에게 기계조작교육을 시키고 30만원의 비용으로 탈곡기를 제공하였는데, 제공한 대가로 탈곡 후 나오는 옥수수 송이를 수집해 간다. 개인소유로 하고 있지만 실제로 마을 사람들은 공동으로 사용하는 것으로 인식하고 있으며, 1987년의 경우처럼 노동력을 제공하면 함께 작업반을 구성하여 공동작업을 한다. 물론 작업반을 이루어 같이 작업하지 않고 기계를 빌릴 경우에는 하루에 3만원의 임대료를 지불하며 다른 마을에서 이 기계를 빌려서 사용한다. 구성원들을 관리하거나 작업내용을 정리하는 것을 담당하는 사람은 없으며 서로 노동력을 제공하고 함께 작업을 한다.

5. 작업내용 및 작업방식

옥수수재배는 3월 초에 기경을 하여 3월 하순에서 4월 초순에 걸쳐 파종을 한다. 옥수수의 수확은 다른 작물에 비해 늦은 편이며 9월 초에서 10월 중순에 걸쳐서 한다. 옥수수는 여름에 따서 무른 상태로 상품화할 수도 있으나 그 양은 매우 적으며 더욱이 교통이 불편한 호명마을에서는 모두 가을에 다 익은 후에 수확하여 탈곡 후 수매한다. 그렇기 때문에 수확시기가 늦어지는 것이다. 옥수수는 밭에 있는 채로 충분히 건조시킨 후에 대공을 따내는데, 껍데기 속에 있기 때문에 더 건조를 시켜야 한다. 건조방식은 옥수수대공을 따내 타래기를 만들어 나무나 높은 곳에 걸어 놓고 말리는 방식이 있고, 또 겉 껍데기를 까서 옥수수를 망사포대에 넣어 적재하여 건조하는 방식이 있으며, 건조기간은 약 40일 정도이다.

작업내용 및 작업방식을 탈곡작업반의 유형별로 살펴보자.

먼저 소형탈곡기작업반에서 사용하는 소형탈곡기는 전원에 연결하여 사용하며, 다음과 같이 작업과정이 일정하게 분화되어 있어 몇 사람이 결합하여 노동을 한다.

〈표 2-2-3〉 호명마을 소형탈곡기작업반의 작업내용 및 작업인원

작 업 내 용	작업인원수
1. 타래기 또는 포대에서 옥수수를 떼어 내는 작업	1
2. 탈곡기에 집어넣는 작업	1
3. 탈곡기에서 꺼내는 작업	1
4. 남아 있는 옥수수알갱이를 완전히 따내는 작업	1
5. 풍구질하면서 포대에 담는 작업	2

〈표 2-2-3〉에서와 같이 소형탈곡기를 이용한 옥수수탈곡은 여러 부문 작업으로 나뉘어지며 각 작업에 노동력이 필요하다. 작업이 5개 소작업으로 나뉘어지는데, 1,2,3번 (작업반원수에 따라서는 4번 작업도 포함) 작업을 동시에 먼저하고 4,5번 작업은 나중에 하는 식으로 하여 3-4명의 남성노동력으로 감당한다. 물론 작업반원이 적을 때에는 2번 작업과 3번 작업만 순서대로 함으로써 적은 인원으로 작업을 할 수 있다. 따라서 작업반원수에 따라 작업방식이 달라지며 또한 작업량이 많으면 가능한 한 여러 부문작업을 동시에 수행한다.

가족노동력만을 동원하여 작업할 수도 있으나 작업자체가 매우 힘든 일이며 또한 남성노동의 결합을 통하여 가능하므로 대개 몇 농가가 짝을 이뤄 하게 된다. 작업반의 노동력은 한정되어 있으므로 작업량이 많은 농가에서는 가족노동력을 동원하여 보조적인 작업을 하거나 동시작업을 할 수 있도록 하여 작업을 대개 하루에 끝낼 수 있도록 한다.

한 작업반의 작업일수는 구성농가수와 같은데, 하루에 한 농가씩 작업을 해나간다. 1987년에는 작업반원수도 적고 작업량도 적은 편이지만 1980년대 초반에는 3-5농가가 작업반을 구성하여 3-5일 정도씩 작업을 하였다. 소형탈곡기의 하루 작업량은 40킬로 포대로 30개 정도이다. 최고로 많이 할 때에는 50포대까지 할 수 있다. 이처럼 작업량은 보조노동력의 동원과 작업자들의 속도조절에 따라 달라질 수 있다.

〈표 2-2-4〉 호명마을 대형탈곡기작업반의 작업내용 및 작업인원

작 업 내 용	작업인원수
1. 타래기 또는 포대에서 옥수수를 떼어 내는 작업	1
2. 탈곡기에 집어 넣는 작업	2
3. 탈곡기에서 꺼내는 작업	2
4. 남아 있는 옥수수알갱이를 완전히 따내는 작업	3
5. 풍구질하면서 포대에 담는 작업	2

대형탈곡기는 경운기의 동력을 이용하며 따라서 성원 가운데 한 사람이 경운기를 가지고 참여한다. 대개 경운기는 3번농가(김명관 씨)가 가지고 나왔는데, 경운기에 들어가는 비용은 옥수수 송이를 판매(회사에서 가져가는데 한 포대에 900원씩이다)한 것으로 충당한다.

대형탈곡기작업반의 경우 노동과정은 〈표 2-2-4〉에서와 같이 소형탈곡기작업과 같은 부분작업으로 이루어져 있다. 소형탈곡기와 다른 점은 작업속도가 빠르다는 점이다. 그래서 같은 작업이면서도 작업인원이 더 필요하며 1번, 2번, 3번 작업을 하고 나서 4번, 5번 작업을 하는 식으로 하여 5명의 남성노동력으로 작업을 해나간다. 여기서도 각 작업반 성원들의 작업을 하루에 한 농가씩 해나가는 방식으로 한다. 기계의 작업능률이 좋아 하루에 40킬로 포대로 200개 정도의 탈곡이 가능하다. 그래서 하루에 한 작업반원농가의 작업을 다하고 다른 작업반원농가의 작업을 하기도 한다.

다음으로 경운기에 로타리를 부착하여 탈곡하는 작업반의 작업내용 및 작업방식을 보자.

경운기에 로타리를 부착하여 탈곡하는 작업은 소형, 대형 탈곡기를 이용한 작업과는 약간의 차이가 있다. 옥수수에서 껍데기를 탈곡로타리에 넣으며, 탈곡과정에서 알갱이가 덜 분리된 것을 선별하여 다시 작업을 한다. 또한 남아 있는 옥수수알갱이를 완전히 떼어내는 작업을

〈표 2-2-5〉 호명마을 로타리부착 탈곡작업반의 작업내용 및 작업인원

작 업 내 용	작업인원수
1. 타래기 또는 포대에 들어 있는 옥수수를 (껍데기를 떼지 않고) 탈곡로타리에 넣는 작업	1
2. 알갱이가 완전히 떨어진 것과 덜 떨어진 것을 선별하여 다시 집어 넣는 작업	2 + (1)
3. 탈곡기에서 꺼내는 작업	1
4. 남아 있는 옥수수알갱이를 완전히 따내는 작업	1
5. 풍구질하면서 포대에 담는 작업	2

선별과정과 동시에 수행하기도 한다. 이 작업반도 1,2,3번 작업을 동시에 하고 4,5번 작업을 나중에 함으로써 3-4농가 간의 결합으로 작업을 해 낼 수 있다. 1986년에는 4농가가 결합하여 작업반을 구성하였으나 1987년에는 3농가가 이 작업반을 구성하였다.

이 작업반의 작업량은 하루 70-80포대이며 최고 100개까지 가능하다. 그리고 작업량이 많은 농가에서는 보조노동력이 동원되어 작업을 도와 속도를 빠르게 한다.

이렇게 작업반을 구성하여 마을의 옥수수탈곡을 해 나가며 개별적으로 하는 양은 매우 적다. 탈곡한 옥수수는 포대에 담아서 12월 중순에 농협의 수매에 응한다. 건조가 덜 된 것은 더 건조를 하여 포대에 담아 수매에 응하는데, 수매는 농협직원이 마을에 와서 하며 농협차량이 운반해 간다.

6. 분배체계

호명마을의 탈곡작업반은 품앗이적인 성격이 강하여 구성원들의 작업을 돌아가면서 하는 식이고 작업량도 대개 비슷하기 때문에 특별히 성원 간에 분배하는 것은 없다. 탈곡기의 값이 그리 비싸지 않기 때문

에 공동소유로 하였을 때 부담이 크지 않다. 1980년 초에 소형탈곡기의 가격은 17만원 정도였으며, 대형탈곡기는 옥수수 송이를 제공하는 조건(물론 값을 받는다)으로 싸게 구입하였다. 소형탈곡기를 구입하는 데 융자를 내지는 않았고 가을에 상품작물을 판매하여 얻은 소득으로 마련하였다. 대형탈곡기의 경우 작업을 하면 옥수수 송이를 판매하는 데 80킬로 가마당 900원씩 받는다. 하루 평균 탈곡작업량이 40킬로 포대 200개 정도인데 이만큼의 탈곡을 하면 송이는 80킬로 가마니 50개가 나온다. 그러므로 송이값이 60×900=54,000원이 되며, 이것은 탈곡기소유자가 가지며 그것 중에서 경운기 유류비나 기타 인건비를 지출한다. 탈곡기를 다른 농가에 하루 빌려주면 3만원을 받는다. 대형탈곡기 소유자는 마을 안의 4농가와 탈곡작업반을 구성하여 공동작업을 하면서 성원들의 탈곡작업을 하고, 탈곡 후 나오는 옥수수송이의 판매대금을 가지며 또 탈곡기를 임대하여 수입을 올리고 있다. 이 작업반에 참여하는 다른 농가들은 노동력을 제공하면서 자신 및 작업반원의 옥수수탈곡을 한다.

소형탈곡작업반에서는 옥수수송이는 작업주인이 처리하며, 로타리 부착탈곡작업반은 옥수수 송이 판매금을 주로 경운기 비용으로 사용한다.

7. 탈곡작업반의 변모

호명마을의 탈곡작업반은 소형탈곡기를 중심으로 한 탈곡작업반이 주를 이루어 왔다. 그러나 작업능률이 나은 다른 탈곡기가 도입되면서 새로운 기계를 중심으로 한 작업반이 활기를 띠고 있다. 물론 경운기에 로타리를 부착하여 하는 탈곡작업과 같이 새로운 기계이용방식이 나타나기도 한다. 이전 같으면 겨울 내내 해야 할 작업을 농가 간에 농기계를 중심으로 결합하여 며칠만에 해내는 것이다. 이는 노동력부족을 메꿔 나가는 훌륭한 방식이며 또한 힘든 노동을 좀 더 쉬운 노동으로 대체해가는 방식이라고 할 수 있다. 처음에는 소형탈곡기를 중심으로 몇 농가가 결합되어 이루어지던 작업반활동이 특히 고성능 탈곡기의 도입으로 흔들리는 모습도 볼 수 있다. 또한 젊고 건강한 노동력을 중심으로 고성능 기계를 이용하려는 경향도 볼 수 있다. 옥수수탈곡작업반은 앞으로도 옥수수재배가 계속되는 한 지속될 것으로 보인다. 더 좋은 탈곡기가 나오면 더 적은 인원으로 작업할 수 있게 될 것이다.

3장
농기계공동작업반

1절. 지월농기계(협동)반 : 충북 청원군 옥산면 덕촌2리 덕촌마을 지월[1)]

1. 조직의 형성과정

덕촌마을은 규모가 아주 큰 자연부락이며 괴동, 서촌, 지월, 새터, 삼성골이라는 다섯 개의 하위자연부락으로 구성되어 있다. 괴동은 26호, 서촌은 35호, 지월은 9호, 새터는 21호, 삼성골은 17호로 구성되어 있으며 이들이 모두 합쳐져 덕촌마을을 이루고 있다. 덕촌마을에 대한 개황은 이 책의 2장 1절을 참조하라.

지월농기계반은 덕촌마을의 하위자연부락인 지월 사람들을 중심으로 하여 이루어진 조직이다. 지월농기계반이 형성된 것은 영농기계화의 필요성이 대두되고 있던 상황에서 서독에서 지원을 해주겠다고 하여 전격적으로 결성되었다. 서독의 지원금을 신협에서 특수자금으로 관리하였다. 신협은 이것을 수수료(3%, 연합회의 수수료 1% 포함)에

1) 1987년 12월 조사.

해당하는 이자로 농기계반에 융자해 주었다.

즉 신협이 자금을 가지고 신용협동조합 연합회의 농촌부(농기계사업부)를 통해서 농기계를 보급하였는데, 처음에는 개인적으로 임대하는 형식을 취하였으나 비용이 많고 신협에서 대출형식으로 전환하고 나서 농민들의 공동보유 · 공동이용이 필요하다는 인식에서 공동작업 · 공동이용 하는 조직을 만들어 나갔다.

1982년 처음 구성 당시에 성원들은 이앙기는 그 전부터 사용해 오던 것을 사용하기로 하고, 서독으로부터의 지원금 1천만 원을 신협으로부터 받아다가 콤바인 1대(6,694,000원), 건조기 1대(1,379,500원), 건조창고 1동(900,000원)을 마련하면서 시작하였으며, 1982년 8월에 건조창고를 건립하고 준공식을 한 뒤 9월부터는 본격적으로 콤바인작업에 들어가 농기계반의 활동을 개시하였다. 1983년 9월에는 중고 콤바인 1대(2,385,600원)를 추가 구입하여 운영해 오고 있다. 지월농기계반원들은 처음에 운영자금이 필요하여 신협에서 90만원을 차용하여 사용하였다.

2. 조직구성원

지월농기계반의 구성원현황을 보면 〈표 3-1-1〉과 같다.

지월농기계반의 구성원은 9명이다. 〈표 3-1-1〉에서 1-6번 성원은 지월에 살고 있고 7-9번 성원은 괴동에 살고 있다. 연령은 30대, 40대, 50대로 고르며 50대가 4명으로 많은 편이다. 가족수를 보면 3-7명이며 가족수가 평균보다는 많은 편이며, 노동력수에서는 부부노동력을 기간으로 기타 노동력인구가 있는 농가가 3호이다. 경지면적은 마을 안에서는 비교적 큰 편이며 마을 안에 밭의 소작이 많은 것에 비해 4농가가 논만을 소작하고 있다.

〈표 3-1-1〉 지월농기계반의 구성현황(1987년 12월)

일련번호 / 이름	연령	가족 / 노동력수	경지면적			농기계 보유	시설 원예
			논(소작지)	밭	경지합계		
1 유삼봉	56	7 2 (1)	1,000(1,500)	800	3,300		600
2 이규영	43	5 2	1,100(1,000)	1,700	3,800		900
3 도명수	39	5 3	2,100(2,000)	1,000	5,100	공	1,000
4 이종석	53	4 2	700	1,200	1,900	동	1,200
5 우종학	57	6 3	2,600	1,800	4,400	보	
6 이범섭	52	3 2	1,800	1,000	2,800	유	900 축산
7 이수영	47	5 2	4,800	600	5,400		
8 정동래	48	5 3 (1)	1,600	1,000	2,600		
9 어성구	37	6 2	(2,000)		2,000		

1. 노동수란의 ( )안의 숫자는 농외취업자수임.
2. 농기계는 공동소유임.

특히 기계반 성원 가운데 다섯 농가가 시설원예를 하고 있으며 9번 농가도 하다가 그만두고 있었다. 시설원예를 하지 않는 다른 농가들은 경지면적이 크거나 축산을 겸하고 있다. 다시 말해서 열심히 농사를 지으려고 하는 농가들이며 또한 시설원예나 축산 등으로 노동력이 부족하여 논농사에 대처하기 위해서 농기계 공동작업을 하게 되었다.

〈그림 3-1-1〉 지월마을 시설원예재배시기

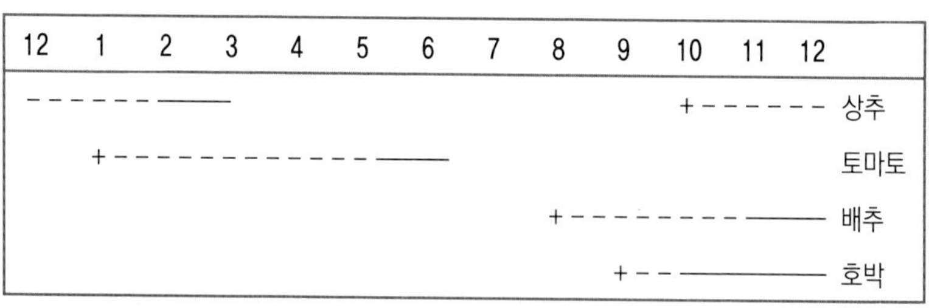

+ 는 파종, - - - - - 은 재배기간, ——— 은 수확기간.

시설원예로는 주로 토마토, 오이, 상추를 재배하는데, 겨울에도 쉬지 않고 일년 내내 작업을 한다. 〈그림 3-1-1〉에서 알 수 있는 바와 같이 시설원예재배에서는 7월 가장 더울 때 20일 정도의 휴식기 이외에는 항상 노동력을 투하해야 한다. 시기에 따라 비닐을 벗기고 재배하기도 하며 겨울에는 비닐 속에 난방장치까지 하면서 온실재배를 해야 한다. 특히 논농사 작업이 집중되는 5,6월과 10,11월에도 많은 노동력을 시설원예에 투하해야 하기 때문에 논농사를 기계화함으로써 대처하려는 의욕이 다른 농가보다 컸다.

3. 조직체계

지월농기계반에는 반장이 있고 그 아래에 총무가 있으며 작업은 거의 전 성원이 참여하여 해 나간다. 반장은 회의를 소집하거나 전체 운영에 관한 일을 맡아보며, 총무는 작업일지 및 작업수수료징수 상황, 기타 지출내역 등을 상세히 기록한다. 반장과 총무는 서로 돌아가면서 하고 있는데 1985년 9월까지는 반장에 우종학씨, 총무에 도명수씨였으며, 1985년 9월 이후 반장에 이범섭, 총무에 이수영씨였다. 1987년에는 이규영씨가 총무를 맡고 있다.

4. 지월농기계반의 작업내용 및 작업방식

지월농기계반에서 하고 있는 작업은 보리타작, 콤바인작업, 건조작업 등이다. 1982년 8월 건조창고를 짓고 난 뒤 9월부터 본격적으로 콤바인작업에 들어갔다.

지월농기계반의 가장 중요한 작업은 콤바인에 의한 수확작업이다. 벼베기와 탈곡을 동시에 하는 작업으로 보통 9월 말에 시작하여 11월에, 늦게는 12월에까지 걸쳐 작업을 한다. 〈표 3-1-2〉에서 알 수 있듯

〈표 3-1-2〉 지월농기계반의 콤바인작업현황

연도	작업 일수	작업주인수(거주지)				작 업 면 적			작업 수수료	10평당 수수료
			마을	덕촌1리	기타	전체	하루	호당		
1982	23일	29명	20	2	7	62,945평	2,737	2,170	5,665,000	90원
1983	24일	37명	23	12	2	65,240	2,718	1,763	6,524,000	100
1984	15일	26명	14	10	2	34,020	2,268	1,308	3,402,000	100
1985	20일	28명	16	10	2	61,100	3,055	2,182	7,026,500	115
1986	22일	32명	20	10	2	58,980	2,681	1,843	5,898,000	100
1987	14일	24명	15	8	1	45,920	3,280	1,913	4,592,000	100

이 지월농기계반의 탈곡작업은 작업일수가 적을 때는 14일 정도도 있으나 20일 이상 작업을 하고 있다. 작업주인수는 작업일수보다 많은데 하루에 두세 농가의 작업을 하는 경우가 있기 때문이다. 또한 작업주의 거주지 분포를 보면 시작연도에는 다른 면지역에 까지 가서도 작업을 하였다. 당시에는 아직 콤바인과 같은 대형농기계의 보급이 드물었고 기계반으로서는 작업면적을 확보하기 위해서 다른 마을에 가서 작업을 했던 것이다. 그러나 2차년도 이후에는 기계반이 속해 있는 마을과 바로 인접해 있는 (사실상 하나의 영농권에 있는 마을이다) 덕촌1리의 농가들의 작업을 주로 하고 있다.

기계반의 전체 작업량을 보면 기계의 성능이 좋지 않았던 1984년에 가장 작으며, 전반적으로 줄고 있는 추세이다. 이는 다른 마을뿐만 아니라 마을 안에도 콤바인이 들어와 농기계의 과잉현상이 있기 때문이다. 더욱이 작업의뢰농가로서는 새로운 기계를 선호하여 일찍 기계를 도입한 지월농기계반의 농기계보다는 새로 도입된 다른 농기계를 선호하여 작업위탁량이 줄어든다. 1985년에 10평당 115원으로 올랐던 작업수수료도 그 이후 다시 100원으로 내릴 정도로 농기계의 경쟁이 심하다.

하루의 평균작업량은 2,700-3,200평 정도이며 호당 작업의뢰면적은 1,800-2,200평 정도이다. 1984년의 경우 기계의 성능이 좋지 않아 정상적인 작업이 어려웠고 따라서 작업의뢰도 부진하였다.

콤바인작업은 주로 농기계반 반원들이 참여하여 실시한다. 작업임금을 통하여 반원들의 작업참여과정을 살펴보자.

〈표 3-1-3〉 지월농기계반의 콤바인작업자 상황

작업자	연도별 작업금액(단위:천원)						
	1982	1983	1984	1985	1986	1987	합 계
총액	1,615.2	1,718	1,985	2,234	1,392	1,185	10,129.2(100.)
유삼봉	262.3	321.5	265	289	172	195	1,504.8 14.9%
이규영	173	134	200	259	156	80	1,002 9.9
도명수	226	254.5	265	277	248	260	1,630.5 16.1
이종석	280	304.5		122	36	30	772.5 7.6
우종학	179	284	300	52	152	85	1,052 10.4
이범섭	223.9	292.5		364	232	10	1,122.4 11.1
이수영			265	216	228	355	1,064 10.5
어성구	188.5	36	145	245	148	170	932.5 9.2
정현래	82.5						
정광래		84					
이종철		7					
이경춘			280		20		
이재윤			265				
정현홍				310			합 1,048.5 10.4
회원	7명	7	6	8	8	8	
비회원	1명	2	2	1	1		
	8명	9명	8명	9명	9명	8명	

〈표 3-1-3〉에서 알 수 있듯이 콤바인작업은 8-9명으로 작업이 이루어진다. 회원 가운에 한두 명이 빠지고 모두 나와 작업을 하며, 부족한 노동력은 마을 안의 다른 사람을 고용하여 보충한다. 비회원으로 작업에 함께 참여하는 사람수는 매년 1-2명으로(1987년에는 회원으로만 작업을 하였다) 이들이 하는 작업량은 전체 작업량의 약 10%에 이른다.

그간 작업해온 총량을 개인별로 보면 가장 많이 작업에 참여한 성원과 가장 적게 참여한 성원 간에 작업량이 두 배 이상 차이가 나지만 대체로 일정량씩의 작업을 해온 것으로 나타나고 있다. 즉 한 두 해 작업을 하지 않았으면 그 다음 한 두 해에는 적극적으로 작업에 참여한다. 그리하여 회원간에 작업량을 일정하게 해 나간다.

콤바인작업에서는 베고 탈곡하는 작업에 노동력이 필요하기도 하지만 탈곡한 벼를 운반하는데 경운기가 필요하다. 회원들과 작업에 참여한 비회원은 서로 돌아가면서 경운기를 가지고 나와 운반작업을 한다. 경운기의 하루 운반작업도 노동력의 하루품값과 동일하게 계산한다. 즉 작업임금에는 노동력에 대한 것뿐만 아니라 경운기작업에 대한 것도 포함되어 있다. 작업일별로 보면 작업량이 여러 사람이 나와서 할 만큼 충분한 경우도 있고 작업량이 적어 다 나올 필요가 없는 경우도 일다. 실제 작업과정에서는 노동력의 동원이 융통성 있게 이루어지며 가장 소수인원이 작업할 때는 3명 정도이며 많을 때에는 8-9명이 작업을 한다. 즉 〈표 3-1-3〉에서 작업인원 8-9명은 항상 동원되는 것이 아니며 최대한으로 동원되었을 경우이고 이들 8-9명 가운데 융통성 있게 참여하여 작업을 한다. 경운기의 운반작업도 회원과 다른 작업참여자가 돌아가면서 한다. 회원들은 모두 경운기를 가지고 있어 언제든지 가지고 나와 운반작업을 할 수 있는데, 한 사람이 계속해서 경운기를 가지고 나와 운반작업을 하는 경우는 드물며 서로 돌아가면서 하도록 하고 있다.

다음으로 지월농기계반이 초기에 하였던 작업으로 보리타작이 있다. 1983년, 1984년에는 어느 정도 작업이 있었으나 1985년 이후 보리재배가 사라지면서 보리타작은 없어지게 되었다. 〈표 3-1-4〉에서 보이듯이 마을 안에 보리타작은 거의 없었다. 바로 옆에 있는 덕촌1리나 1984년의 경우에는 오산2리 등 다른 마을로 가서 작업을 하였다. 약 6일 정도 할 수 있는 작업량이었으며, 작업에는 농기계반원 가운데 3명이 참여하여 조를 이루어 하였다.

〈표 3-1-4〉 지월농기계반의 보리탈곡작업현황(1983-1984년)

일련번호/날짜		작업주(거주지)		작업면적	작업수수료	
1	83. 6. 20.	권오한	오산1리	1,670	50,000	평당30원
2	시작	유동렬	덕촌1리	1,170	35,000	
3		유재원	오산2리	1,170	35,000	
4		정광래	마을	1,000	30,000	
5		곽치모	덕촌1리	2,000	60,000	
6		하상근	덕촌1리	835	25,000	
7		이덕영	덕촌1리	2,335	70,000	
8		이영범	덕촌1리	2,335	70,000	
9		윤경선	덕촌1리	1,170	35,000	
				13,658평	410,000	
1	84. 6. 12.	정영래	마을	600	18,000	평당30원
2	13.	이한영	오산1리	1,400	42,000	
3		오대균	오산1리	1,400	42,000	
4	14.	이필중	오산1리	1,000	48,000	
5	18.	박종술	오산1리	2,000	60,000	
6	20.	절집	오산1리	1,670	50,000	
7	21.	이종문	오산1리	1,000	30,000	
				9,070평	290,000	

지월농기계반에서는 처음 구성 당시부터 건조기를 구입하며 이용해 오고 있으며 반원들이 마을 안의 농가나 다른 마을의 농가의 건조를 해준다. 1983, 1984년에도 건조작업이 이루어졌고, 1985년에 들어 신청하는 농가들의 작업을 해주고 있는데 그 상황을 보면 〈표 3-1-5〉와 같다.

콤바인으로 작업을 하여 탈곡할 때에는 건조작업을 해야 한다. 물론 건조는 태양건조를 많이 하고 있으나 노동력이 부족할 경우나 급히 매상을 해야 할 경우에는 기계건조를 한다. 지월농기계반의 건조설비도 1985년 이후에는 건조작업량이 늘어나 본격적으로 사용되고 있다. 1985년에는 4일 동안 작업을 하여 756가마니를 건조하였으며 53만원에 가까운 수입을 올렸다. 건조작업에서는 두 사람이 조를 이루어 작업을 하며 특히 야간작업도 해야 한다. 야간작업은 두 사람씩 짝을 지

〈표 3-1-5〉 지월농기계반의 벼건조작업현황(1985년)

일련번호/날짜	작업주(거주지)	작업면적	작업수수료	
1 10. 8.	정채모 마을	30가마	21,000	가마니당 700원
2	이순영 마을	114	80,000	
3	정익모 마을	50	35,000	
4 10. 9.	노상호 마을	33	23,000	
5	정찬모 마을	55	38,500	
6	정해환 마을	70	49,000	
7 10. 10.	신태화 마을	170	110,000	
8	이주성 오산2리	120	84,000	
9	박운선 마을	10	7,000	
10 10. 14.	최병일 환희1리	20	14,000	
11	정진래 마을	34	24,000	
12	정해민 마을	50	35,000	
12호, 4일작업		756가마	529,200	

어 돌아가면서 한다. 주간작업은 일한 것에 대해서 임금을 받지만 야간작업은 의무적으로 회원들이 돌아가면서 서로 공평하게 한다. 1986년에는 8일 동안 건조작업을 해야 할 정도로 작업량이 늘어났다. 참고로 1986년 야간근무상황표를 보면 〈표 3-1-6〉과 같다. 8명의 성원 가운데 7명이 2일씩 날짜를 조정하여 야간작업을 하였고 한 사람만 하루 작업하였다.

아직은 콤바인작업과 건조작업이 일관기계화되어 있지 않다. 콤바인작업을 의뢰하지 않은 농가가 건조작업을 의뢰하는 것을 흔히 볼 수 있다. 지월농기계반에서는 기본적으로 콤바인작업, 보리타작, 건조작업 등은 신청을 받아 하고 있다.

그에 비해서 이앙작업은 반원들 사이에서만 주로 이루어지고 있다. 이는 물론 마을 안에 이앙기가 많이 들어와 활동하고 있기 때문이기도 하지만, 반원들이 다른 농가의 이앙작업을 해 줄 정도로 노동력에 여유가 있지 않은 농가들이기 때문이다.

1986년 이앙상황에 대해서 〈표 3-1-7〉을 통해 살펴보자. 지월농기계반의 이앙작업은 주로 회원들의 작업에 한정되어 있다. 물론 마을

〈표 3-1-6〉 지월농기계반의 야간건조작업 참여현황(1986년)

이름/날짜	9.29.	9.30.	10.3.	4.	5.	6.	7.	8.
이범섭	○		○					
도명수	○				○			
이규영		○				○		
이종석		○					○	
유삼봉			○					○
이수영				○				○
어성구				○		○		
우종학							○	

안에서 미처 하지 못한 소규모의 작업과 다른 마을에서 적기를 놓칠 우려가 있어 요청하는 것을 할 뿐이고, 대개 회원의 작업을 하고 있다. 1986년 이앙작업면적은 33,200평인데 그 가운데 비회원의 작업면적은 4,100평으로 12.3%에 불과하다. 그리고 회원들은 경작하고 있는 모든 논의 이앙작업을 농기계반의 작업으로 해 나가고 있다.

회원 가운데 네 사람이 이앙작업에 참여하는데, 3명이 조를 이루어 작업한다. 즉 4사람 가운데 하루에 3사람이 나와 이앙작업에 참여하는데, 1986년의 경우 주로 3사람이 하였고 다른 한 사람은 그 세 사람 가운데 다른 일로 빠지는 사람이 있는 경우에 참여하였다.

〈표 3-1-7〉 지월농기계반의 이앙작업현황(1986년)

(단위: 평, 원)

일련번호/날짜	작업주(거주지)	작업면적	작업수수료	작업임금
1　83. 6. 20.	유삼봉	1,800	36,000	
2　시작	우종학	2,700	54,000	
3	이범섭	1,800	36,000	133,000
4　회원	이종석	2,200	44,000	
5	도명수	2,100	42,000	123,500
6	이규영	1,800	36,000	38,000
7	정동래	2,400	48,000	
8	어성구	4,100	82,000	103,000
9	이수영	5,000	100,000	
10	정세모　오산1리	2,200	44,000	
11　비회원	정구래　덕촌1리	600	12,000	
12	정증모　오산2리	400	8,000	
13	정해철　마을	700	14,000	
14	정덕래　덕촌1리	200	4,000	
14호 농가		33,200	664,000	

작업수수료는 평당 20원임.

이상에서와 같이 지월농기계반은 이앙작업, 보리타작, 수확 및 탈곡, 건조작업 등 여러 가지 작업을 하는 소수 공동작업조직이다. 이앙작업은 조직성원들의 작업에 주로 한정되어 폐쇄적인 성격을 지니지만 다른 작업에서는 회원들의 작업 뿐만 아니라 비회원의 작업도 동일한 수수료로 작업을 해 준다. 작업을 의뢰하는 입장에서는 공동이용조직이지만 조직성원들은 일정한 정도 서로 작업에 참여하며 작업의 성격상 몇 사람이 조를 이루어 작업을 해나간다, 즉 공동작업조직의 성격을 지니고 있다. 조직성원들은 자신들의 작업도 다른 농가의 작업과 마찬가지로 수수료를 계산하여 작업하며, 작업수수료와 자신들의 작업임금의 차액을 일이 끝나고 수수료를 징수하는 과정에서 정산한다.

보리타작작업은 보리재배가 사라지면서 없어졌고 이앙작업은 주로 회원들의 작업에 한정되어 있으며 콤바인작업은 여전히 많은 마을 농민들의 작업을 하고 있다. 콤바인작업이 지속적으로 이루어지면서 그와 연결되어 건조작업도 활성화되고 있다. 지월농기계반의 주요 작업인 콤바인작업은 이웃마을과 마을 안에 콤바인이 도입되면서 기계가 과잉상태로 되었고, 따라서 기계를 충분히 활용할 수 있을 만큼의 작업량을 확보하기가 어렵고 점차 줄어드는 추세에 있다.

5. 지월농기계반의 분배체계

지월농기계반의 작업수입은 주로 콤바인작업수입과 건조작업수입이다. 보리타작은 없어졌고 이앙은 주로 회원들의 것만을 하고 있어서 작업수입이 많지 않다. 콤바인과 건조기는 신청을 받아 하므로 작업량도 많은 편이다.

농기계반원들은 운영자금이 부족할 경우에는 신협에서 현금을 차용하여 쓴다. 시작하면서 1982년 8월에 그리고 1985년 9월에 각각 90만원씩을 차용하여 활용하였다. 이 차입금은 수시로 상환하고 있다. 그리고 신협 연합회로부터 받은 융자금(서독지원) 1천만 원 가운데 1987년 말까지 4백만 원을 상환하였다. 운영자금에 여유가 있을 때는 반원들이 차용해서 쓰며 이자와 함께 원금을 상환한다. 즉 농기계반의 운영자금은 반원들이 사용하는 기금의 성격을 띠고 있다. 운영자금이 일정액이 되면 융자금을 갚거나 1983년과 같이 기계를 구입하는 데 사용한다. 이익금을 분배하는 정도에는 이르지 못하고 있으며 반원들은 작업에 참여함으로써 자가영농을 해결할 수 있을 뿐만 아니라 임금소득을 올릴 수 있다. 즉 반원들에 대한 배당은 노동을 통해서만 간접적으로 이루어지고 있다고 할 수 일다.

작업참여자들은 자가작업비용과 자신의 노동임금의 차액을 일이 끝난 뒤에 정산한다. 그리고 작업수수료의 미수문제가 있다. 반원이 아닌 사람들은 작업과 동시에 작업수수료를 내지만 일부는 수수료를 미납하기도 한다. 기계화영농단이 정부의 보조를 받는데 비해서 이 지월농기계반은 보조를 받지 못하여 그 만큼 운영에 어려움이 있다. 즉 기계화영농단의 경우는 고정비용이 적게 들기 때문에 작업수수료를 낮게 책정할 수 있으나 지월농기계반의 작업수수료는 고정비용을 다 감당해야 되기 때문에 높게 책정될 수 밖에 없다. 특히 마을 안에 다른 농기계들이 도입되어서 사용료도 떨어지는 경향이 있다.

6. 지월농기계반의 변모

지월농기계반은 자부담이 많은데도 불구하고 큰 적자를 보지 않고 계속 이루어지고 있다. 공동이용조직의 성격을 지니고 있는 지월농기계반은 8명의 성원이 중심이 되어 작업을 하고 있다. 처음 시작할 때에는 다른 마을의 작업도 좀 하였으나 점차 마을 안의 작업을 주로 하게 되었다.

또한 지월농기계반은 콤바인작업과 건조작업에서는 반원이 아닌 농가의 작업을 하려고 하지만, 이앙에 있어서는 반원들의 작업만을 하려고 한다. 즉 동일한 조직이면서도 작업에 따라 조직성원의 동원방식과 작업대상이 변한다. 구성원현황에서도 언급했지만 지월농기계반원들 가운데 여러 농가가 시설원예를 하고 있다. 시설원예를 한 뒤에 농기계반이 결성되었지만, 어쨌든 논농사를 기계로 하여 노동력부족을 메우고 시설원예 재배에 집중할 수 있게 되었다. 이러한 필요에서 지월농기계반은 상당히 지속될 것으로 보인다.

그러나 농기계 값이 워낙 비싼데다가 작업수수료는 경쟁이 심해져 낮아지는 경향이 있어 이익금으로 융자금을 상환하는 데에도 어려움이 많아 농기계의 수명이 다해 가면 다시 융자를 내서 농기계를 마련하든가 아니면 조직을 해체할 수 밖에 없게 된다. 대형농기계의 값이 너무 비싼데다가 고장이 잦아서 작업에 커다란 지장을 가져온다. 그럼에도 점차 대형농기계를 이용하려는 경향이 증가할 수밖에 없으며, 이 과정에서 일찍이 대형농기계를 구비하여 작업해 온 것이 지월농기계반이다.

2절. 내동기계화영농단 : 나주군 노안면 장동리 내동마을[2]

1. 마을개황

전남 나주군 노안면 장동리 내동마을은 나주-송정리 간의 도로변 마을로서 광주에서 버스로 40분 정도 거리에 있는 노안에서 내려 다시 걸어서 20분 거리에 있다. 노안까지는 교통이 그리 불편하지 않으나 마을 안까지 걸어 들어와야 하기 때문에 마을 사람들은 불편을 느끼고 있다. 1985년에는 마을 총호수가 48호였고 그 가운데 농가는 40호였다. 1989년에는 마을 총호수가 42호로 줄었고 농가는 33호로 1985년에 비하여 크게 줄었다. 1989년 현재 내동마을의 인구는 남자가 67명, 여자가 80명, 총 147명으로 호당 가구원수는 3.5명이다.

〈그림 3-2-1〉 내동마을의 인구구성

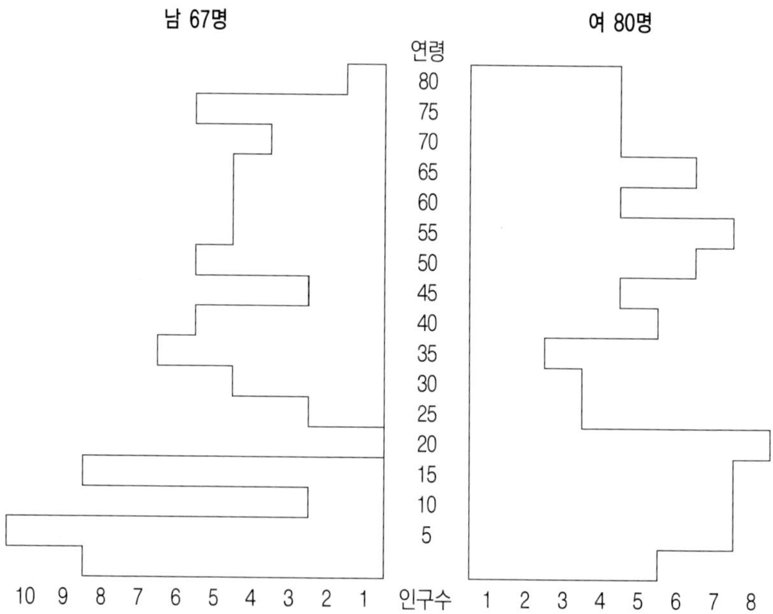

2) 이 조사는 1985년 농협의 조사자료에 1989년에 보완조사를 하여 완성한 것이다.

〈그림 3-2-1〉에서 알 수 있는 바와 같이 20세 이상 50세까지의 인구가 매우 적은 것으로 나타나고 있다. 특히 20대가 매우 적은 것을 알 수 있다. 취학을 하더라도 광주나 나주 등지의 도시에 주거를 정하고 있으며 또 대부분이 도시로 나가 취업을 하고 있다. 그에 비해 상대적으로 50대 이상 70대까지의 인구는 많으며, 줄어들고 있기는 하나 10대 전후의 인구가 상당히 많은 편이다. 이 마을에서는 가족계획이 그리 잘 이루어진다고는 할 수 없겠다(아직도 남아선호경향이 있어서 딸을 낳을 경우 아들을 낳기 위해 몇이고 계속 낳는 사람들이 있다).

전체적으로 여자가 남자보다 많은데 이는 노령자 가운데 여자가 많고 또 20대에서 취학이나 취업 등으로 남자가 적은 데서 연유하는 것이다. 이처럼 내동마을은 한국의 전형적인 농촌인구구성 형태를 보이고 있으며 노동력부족이 심각하다. 인구구성에서 여성화와 노령화가 나타나고 있는데 특히 내동마을은 노령화 문제가 심각하다.

〈표 3-2-1〉 내동 마을의 가구별 가족 및 경지상황(1989년 10월)

일련번호 / 이름	연령	가족수, 형태, 노동력인구수	농지관계(단위:평)			비 고
			논(소작지)	밭(소작지)	경지합계	
1 전윤석	49	7 (4) 2	4,000(400)	300(2,000)	6,700	정미소 경영 *
2 이윤배	40	4 (3) 2		200	200	과수원 경영
3 이경로	40	8 (3) 2		8,000	8,000	
4 나종열	55	3 (3)* 2	2,800		2,800	
5 나태균	62	3 (3)* 2	2,000	300	2,300	
6 정휴생	59	2 (2) 2	900		900	
7 김규일	70	3 (3) 2	(2,600)	(600)	3,200	
8 홍봉희	70	3 (3) 2	2,800(600)	800	4,200	
9 김희천	66	4 (4) 1	(2,400)	200	2,600	
10 나학균	71	2 (2) 2	3,400	3,000	6,400	

일련번호 / 이름	연령	가족수, 형태, 노동력인구수			농지관계(단위:평)			비 고
					논(소작지)	밭(소작지)	경지합계	
11 양복만	52	4	(3)	2		400	400	건설노동
12 나남균	61	2	(2)	2	800(1,000)		1,800	
13 나태균	73	1	(1)	0	1,000	800	0	임대줌 *
14 손화례	35	6	(4)	2	3,500		3,500	건설노동
15 강봉운	41	7	(4)	3	1,400(1,800)	300(600)	5,100	
16 나종삼	42	5	(3)	2	2,600(800)	450	3,850	건설노동
17 최영임	54	1	(1)	1			0	농업노동 *
18 김순례	62	1	(1)	1	800		800	상업활동
19 이정순	53	7	(4)	2	2,400(800)	600(200)	4,000	
20 나백균	64	2	(2)	2	4,000	500	4,500	
21 나대균	59	4	(3)	2		150(200)	350	건설노동
22 양정자*	50	1	(1)	1	1,400		0	임대농업노동*
23 김재곤	42	4	(3)	2	1,000		1,000	건설노동
24 김종진	53	5	(3)	2			0	건설노동 *
25 나세균	64	4	(3)	2		1,100	1,100	
26 나명균	56	4	(3)	2	(1,800)	150	1,950	
27 김두월*	28	6	(4)	3	600(1,800)	(1,500)	3,900	
28 김수광	45	5	(4)	2	2,300	2,800(1,500)	6,600	
29 오효열	37	6	(4)	2	800	300	1,100	
30 나종순	39	3	(3)*	2	400(800)	200(450)	1,650	
31 나종태	72	2	(2)	0		200	200	연로, 무노동*
32 나명수	35	4	(3)	2	1,300	(1,500)	2,800	
33 박현수*	67	1	(1)	1	400(800)	300	1,500	
34 나도귀	77	2	(2)	2	(600)	200(1,000)	1,800	
35 나도현	66	4	(3)	2	2,200	500	2,700	
36 박만옥	52	3	(3)	2	1,800(600)	(300)	2,700	

일련번호 / 이름	연령	가족수, 형태, 노동력인구수	농지관계(단위:평)			비 고
			논(소작지)	밭(소작지)	경지합계	
37 나도관	72	2 (2) 0	2,000	300	0	연로, 임대 *
38 박진순	54	2 (3) 0			0	환자 *
39 나복례	46	2 (3) 0			0	생보자 *
40 박귀봉	45	2 (2) 2	1,000(7,000)	(1,800)	9,800	
41 나명식	38	5 (4) 2	(3,200)	(4,000)	7,200	
42 나종상	35	1 (1) 1	(900)		900	건설노동
총 42호		총인구 147	소유지 47,600 소작지 27,900 경작지 71,100	22,850 15,650 37,400	70,450 43,550 108,500	

1. 가족형태 분류 : 1. 1인가족, 2. 부부, 3. 부부+자녀, 부모+부부(*로 표시된 것), 4. 부모+부부+자녀
2. 이름란의 *표시는 나씨 가족을 표시함.
3. 비고란의 *표시는 비농가(경지면적 300평 미만)을 나타냄.
4. 27번 농가는 모+자녀+손자녀 형태의 가족임.

〈표 3-2-1〉에서 알 수 있는 바와 같이 경영주의 노령화가 두드러지며, 또 젊고 건강한 남성노동력의 상당수가 농업외 노동으로 유출되어 실질적인 농업노동력은 더욱 부족하고 열악할 수 밖에 없다. 그리고 내동마을은 나씨 성을 가진 가구가 22호로 거의 절반에 이르고 있다. 전에는 나씨 성을 가진 가구가 더 많았는데 이촌으로 현재는 반수 정도에 이르고 있다. 즉 내동 마을은 나씨의 동족마을이라고 할 수 있었다. 지금도 나씨를 중심으로 마을의 일이 이루어진다고 할 수 있다.

가족구성을 보면 2인 가족이 10호로 가장 많고 1-4인 가족이 31호(73.6%)에 달하고 있어 매우 단순함을 알 수 있다. 가족구성 내용을 형태분류를 통해 살펴 보면 〈표 3-2-2〉와 같다.

〈표 3-2-2〉 내동 마을의 가족구성

현가족원수	1	2	3	4	5	6	7	8	평균
빈 도	6	10	6	9	4	3	3	1	3.5

우선 1인가족이 6호이고, 부부가족이 8호, 부부+자녀 또는 부모+부부 형태의 가족이 19호, 부모+부부+자녀 형태의 가족이 9호에 이르고 있다. 부부의 형제자매들이 함께 살고 있는 경우가 나타나지 않고 있으며, 더욱이 대가족이라고 할 수 있는 요소는 전혀 찾아 볼 수 없다.

1인가족 6호는 부부 가운데 한 쪽이 사망하고 자녀들이 모두 이출한 경우이거나 한 가구처럼 부인이 집을 나간 경우(자녀는 부모에게 맡기고 있음)이다. 이 가족들은 농업에 적극적으로 참여하기가 어려운데, 특히 여자 혼자 가정을 이루고 있을 경우에는 토지(있으면)를 임대하고 농업노동에 종사하며, 노령농가는 토지를 임대하고 임대료수입이나 자녀들의 보조금으로 살아간다.

부부가족도 대개 자녀들이 이출하여 노인부부가 농촌에 살고 있는 경우이다. 전형적인 핵가족형태라고 할 수 있는 부부+자녀 또는 부모+부부 형태의 가족이 가장 많아 19호에 이르고 있는데, 이들 가족에서도 자녀들은 대개 취학아동들이며 더욱이 자녀들이 모두 나가버리고 부부가 윗세대를 모시고 살고 있는 경우도 눈에 띤다. 부모+부부+자녀로 구성된 직계가족이 9호로서 가족주기상에서 부부+자녀 가족으로 이행하고 있는 형태이다.

이처럼 가족형태를 보면 매우 단순하며 젊은 노동력인구의 이출로 농촌에 잔존하는 가족이라는 성격을 지니고 있다. 이러한 현상은 한국 농촌의 일반적인 추세라고 생각된다.

1985년 내동마을의 경지면적은 논 25.9정보, 밭 15.3정보, 합계 41.2정보였으며 호당경지면적은 1.03정보였다. 1989년에 내동마을의 경지면적은 논이 23.7정보, 밭이 12.47정보, 합계 36.17정보로 농가호당 경지면적은 1.10정보이다. 경지면적 가운데 소작지면적은 40.1%에 달하는 비율을 차지하고 있으며, 논의 소작지율은 39.2%, 밭의 소작지율은 41.8%이다. 33호 농가 가운데 20호가 소작경지를 가지고 있어 소작농의 비율이 60.6%에 이른다. 이러한 소작비율은 한국농촌의 전체상과 크게 다르지 않은 것으로 생각된다.

내동마을은 약 70%의 경지가 경지정리가 안 되어 있어 기계화에 어려움이 많지만, 해마다 한해를 입어 오던 것이 장성댐이 만들어 지면서는 안정적으로 농업용수를 공급받아 모두 수리안전답으로 되었다. 밭은 야산을 개간하여 전환시킨 것으로 이렇게 형성된 밭의 일부가 논으로 전환되기도 하였다. 최근에는 농지를 판매한 농가가 있는데 부동산 값이 올라가자 이곳 농지를 팔고 광주 등지의 도시에 집을 사놓는 경우가 발생하였다. 동시에 외지인들의 토지소유는 점차 늘어 가고 있다. 마을 안에 노동력이 없는 세 농가가 농지를 임대하고 있으나 5,500평으로 전체 소작지의 3.8%에 불과하고, 나머지는 마을에 살다가 이사간 사람의 농지이거나 문중토지, 또는 외지인이 적극적으로 매입한 것이다.

내동마을의 작부체계를 보면 논에는 벼 1모작을 하고 밭(대부분 개간지임)에는 수박+김장채소류(무가 대부분임)를 재배하는 형태로서, 수박과 김장채소류의 재배면적은 각각 약 10정보 내외로 밭의 2/3 이상에 해당한다. 특히 수박과 무 재배에는 많은 노동력이 필요하며 기계화 이전에는 외지에서 노동력을 고용해 왔다. 수박과 무 재배에는 여성노동력이 주로 작업을 했으며 이 작업시기에 논일이 있기 때문에, 논일을 적기에 해내기 위해서 다른 마을의 노동력을 고용, 조달하였다. 특히 모내기에 다른 마을에서 많은 노동력을 들여 왔는데, 마지기당 작업료를 정하여 작업량을 알려주면 그에 따라 인원을 조정하여 수명이 짝(패)을 이루어 와서 작업을 한다. 주인집에서는 식사만을 내며 이렇게 다른 마을 사람들을 고용해 온 경우에는 임금을 조금 더 주며 노동능력이 있는 사람들 패에는 1.5배의 임금을 지불하였다. 이들은 그에 상당하는 일을 하였다.

그리고 마을사람들의 교육열이 매우 높아 일찍부터 많은 취학연령인구가 도시로 나가 취학하였으며 도시에서 정착해 나가기 때문에 노동력부족은 더욱 심각하였다.

1989년 현재 마을에는 이앙기 3대, 트랙터 1대, 콤바인 1대가 운영되고 있으나 경지정리가 안 되어 있어 기계작업에 어려움이 있다. 그럼에도 노동력부족이 극심하여 기계화 노력은 시작되었다.

2. 조직의 형성과정

기계화의 필요성이 더욱 높아 가고 있던 상황에서 정부에서는 기계화영농단을 각 지역에 선정하여 육성하였다. 보조와 융자로 농기계를 구입할 수 있는 조건이었기 때문에 각 마을에서 서로 영농단을 구성하려고 경쟁하였다. 당시에는 3,4개 마을이 기계화영농단을 구성하여 정부의 보조와 융자를 받으려고 경쟁하였는데, 마을 안의 독농가인 나태균(당시 57세)씨 등이 주도하여 내동마을이 기계화영농단의 구성권을 따냈다. 나씨는 30여년 동안 면사무소에 근무하면서 안면이 넓고 수완이 좋아 영농단을 마을에 유치하는데 일정한 역할을 하였다. 특히 노안면에 있는 이웃마을인 회룡부락에서 기계화영농단을 만들어 성과를 거둠에 따라 자극을 받아 영농단을 구성하기로 하였다.

마을회의를 하여 기계화영농단을 구성하는 것에 대체적으로 합의하였으나 기계가 워낙 비싸고 그에 따라 영농단구성시에 필요한 (융자에 대한) 담보를 하는데서 마을 사람들이 서로 나서기를 꺼려하였다. 마을 안의 상층농가들은 영농단의 필요성을 주장하기는 했으나 적극적으로 나서지는 않았는데 대체로 연령이 높은 편이었다. 그에 반해 젊은 층들은 작업부담 등 때문에 기피하는 경향이 있었다.

마을 안에서 신망이 있는 나씨가 전체적인 책임을 지고 젊은 사람들이 함께 하면서 영농단 구성이 구체화되었는데 처음에는 망설이고 해서 전원참여가 불가능하였다. 그리하여 경지를 많이 가지고 있는 사람들을 중심으로 권유하여 12명이 참여하기로 마을회의에서 결정하고 영농단을 구성하였다. 실질적으로 담보를 제공하고 영농단 운영에 핵심적인 역할을 한 사람은 4명이었다. 마을회의에서 영농단을 구성하기로 하고 또 영농단을 운영하여 만들어지는 이익금으로 상환을 하고난 뒤에는 영농단의 기금을 조성하여 마을에 도움이 되는 일을 하고자 하는 뜻에서 나머지 여덟 농가도 회원으로 참여하였다. 트랙터 1대, 이앙기 2대, 콤바인 1대 등 농기계 4대에 대해 4명이 담보를 제공하고 융자를 받았다. 당시는 정부의 융자(60%)와 보조(40%)로 농기계를 구입하였고 육묘상자 등을 마련하는 데만 자기부담으로 하였다. 융자금 및 보조금 내역은 〈표 3-2-3〉과 같다.

육묘시설은 완전히 자부담하였고 육묘상자에 대해서는 융자와 보조를 받고 일부만 자부담하였다. 그리하여 자부담은 3.5%에 불과하였고 결국은 갚아야 할 융자가 57.8%로 총 1,482만 8천 원이라는 엄청난 금액에 달했다. 그래서 농민들이 망설였던 것이며 영농단 구성시에 참여한 농가들은 비교적 경지를 많이 가지고 있었다. 그리고 육묘시설과 육묘상자는 이앙기에 대한 담보를 제공한 회원이 부담하였다.

〈표 3-2-3〉 내동기계화영농단의 자금조달상황

(단위:천원)

내역	농기계 및 시설		트랙터	이앙기	콤바인	육묘시설	육묘상자	합계
총액	2,417만 5천원	100.0%	9,421	2,878	7,792	250	3,834	24,175
보조	934만 7천원	38.7	3,771	3,771	3,122		1,296	9,347
융자	1,398만 4천원	57.8	5,650	5,650	4,670		1,944	13,984
자부담	84만 4천원	3.5				250	594	844

3. 조직구성원 현황

회원들은 모두 12명으로 되어 있으나 기계화영농단의 운영에 직접적으로 참여하는 실질적인 구성원은 4명이다. 1983년도 기계화영농단을 구성하면서 구입한 농기계 4대에 대해 회원 4명이 농지를 담보로 제공하였는데, 이들이 실질적인 주축이 되었다. 1983년 기계화영농단 구성 당시의 회원상황을 보면 〈표 3-2-4〉와 같다.

회원 중 4명만이 구입한 농기계에 대해 담보를 제공했으나 융자금 상환 및 기대관리는 회원 공동책임 아래 두기로 합의하였다. 전체회의에서 12명으로 하기로 하였는데 이들은 〈표 3-2-3〉에서 보는 바와 같이 경지면적이 많은 상층농들이었다. 특히 모내기 때에 노동력부족으로 고생해왔던 상층농들이 이앙을 위탁할 목적으로 영농단의 회원이

〈표 3-2-4〉 내동기계화영농단의 구성원 현황(1983년 구성 초기)

일련번호 / 이름	연령	노동력 인구수	경지면적			비 고
			논(소작지)	밭(소작지)	합계	
1 나태균	57	2	4,500	1,500	6,000	이앙기담보, 작업불가
2 오효열	31	2	2,000	400	2,400	트랙터 담보, 작업
3 강승금	45	2	2,000	1,000	3,000	이앙기, 담보
4 김수광	44	2	1,500	9,000	10,500	콤바인, 담보
5 나백균	58	2	4,000	500	4,500	
6 나도현	61	2	5,000	1,500	6,500	
7 나학균	65	2	5,000	4,000	9,000	
8 나도관	68	2	2,000	300	2,300	
9 나도철	61	3	2,800(2,600)	500	5,900	
10 나종열	32	2	2,800	200(400)	3,400	
11 홍보희	64	2	3,600(600)	1,500	5,700	
12 나종훈	32	1	1,600(900)	500	3,000	공무원, 모가 농사

되었다. 그러나 실질적인 운영에는 거의 참여하지 않았으며 참여 자체도 권유에 의한 것이었다. 즉 4명이 주축을 이루고 그외 8명이 회원으로서 영농단의 운영상황을 지켜보고 작업을 위탁하기로 하였으며, 그 외 마을 사람들은 자신의 의사에 따라 일정한 수수료를 내고 영농단에 작업을 위탁하였다.

〈표 3-2-4〉에서 알 수 있는 바와 같이 경지는 많되 연로하고 노동력도 풍부하지 못한 농가들이 회원으로 참여하였으며, 따라서 실질적인 작업은 젊은 사람들을 중심으로 이루어지게 되었다. 그리고 나씨들이 많이 참여하였으나 나이가 많은 사람들이어서 실질적인 작업을 거의 담당하지 않았다. 나태균씨의 경우도 건강이 좋지 않아 공무원 생활을 그만두고 농작업을 적극적으로 할 수 없는 상태였고, 회원 가운데서 젊고 담보를 제공한 세 농가(오효열, 강승금, 김수광)가 실제 작업을 하고 운영도 주관하게 되었다.

5-12번 회원농가들 외에도 작업을 위탁하는 마을사람들과 이웃마을 사람들이 있어 영농단과 관계를 맺고 있었으며, 이앙기가 두 대여서 마을 안 청년(나명수씨, 당시 29세, 〈표 3-2-1〉의 32번 농가) 한 사람이 일당을 받고 작업을 하였다. 물론 이 청년은 영농단원으로 가입하지 않고 작업을 통해서 영농단과 관계를 맺고 있었다. 영농단에서는 이 청년에게 작업을 계속하게 하고 회원으로 편입시키려고 하였으나 기계의 고장과 영농단 운영의 변경으로 무산되었다.

여러 농가가 영농단을 구성하면서도 이처럼 비회원이 작업을 담당하고 있는 것이 특징적이다. 이는 물론 영농단원들이 연로하고 기계조작 능력이 부족한 것에서 연유한다.

4. 조직체계

1983년, 1984년 2년 동안은 농기계 관리 및 융자금상환을 4명의 핵심구성원의 공동책임으로 하였다. 영농단장은 나태균씨가 맡고 총무는 김수광씨(현재 이장), 기계반장은 강금식씨가 맡았다. 운영일지 및 수지관리는 단장이 맡아 총무의 일도 일부 겸하고 있었으며, 총무인 김수광씨는 콤바인을 맡아 작업을 하였다. 트랙터는 오효열씨가 맡아 작업을 하였으며, 기계반장인 강금식씨는 이앙기 한 대를 운영하며 작업하였고, 기계담보를 하였지만 작업을 할 수 없었던 나태균씨 대신에 마을청년을 일당으로 고용하여 이앙기를 운영하였다. 즉 내동기계화영농단은 형식적으로는 단장 – 총무 – 기계반장 – 일반회원이라는 틀을 갖고 있었지만, 단장이 총무의 역할을 겸하고 총무와 기계반장, 그리고 회원 중의 한 사람이 기계를 개별적으로 담당하였다. 그래서 기계반장이 다른 기계작업자를 통괄하는 관계는 아니었고 각자 자기가 맡은 농기계를 관리운영하는 방식이었다.

1983년에 이러한 조직체계를 가지고 시작한 내동기계화영농단은 1차년도에는 작업일지도 잘 정리하고 운영수지관리도 철저히 하였다. 그리고 영농단에 의한 작업에 마을 농민들의 반응이 좋아 2년차인 1984년에는 이앙작업 주문이 쇄도하여 작업을 다 못 할 정도였다.

그런데 2차년도에 들어 작업을 계속하면서 개별적으로 기계를 관리, 운영하는데서 문제가 발생하기 시작하였다. 이앙기의 경우 작업면적도 많이 확보하고 또 여러 날 일을 하며 따라서 이익금도 많이 올릴 수 있었고, 콤바인도 어느 정도 운영되었으나, 기계조작능력이 부족한 트랙터 담당자의 경우 기계가 자주 고장이 나 작업에 크게 지장이 있었다. 트랙터운전자는 농촌진흥원에서 실시하는 2주간의 기계조작훈련을 받고 작업을 하였는데, 기계 자체의 불량도 있는 데다가 조작기술의 미흡으로 첫 해에 크게 고장이 났다.

이렇게 되다 보니 기계조작자 간에 불화가 생기기 시작하였다. 이앙기작업자의 경우 여러 날 일을 하고 이익금도 많이 내는데 반해 다른 작업자는 그렇지 못하여 이앙기작업자의 불만이 커지게 되었다. 물론 이앙기작업자는 작업일수에 따라 임금을 받지만 영농단 전체의 운영에 있어서 실제 작업을 잘 하지 못하는 기계와 작업자가 많은 비용을 썼기 때문이다. 더욱이 트랙터 작업자는 작업을 못하고 수입을 올리지 못하니까 반발하기도 하였다. 또한 기계작업자는 실제로 마을일을 전담하다시피 하는데 임금은 충분하게 받지 못하기 때문에 임금정산에 대하며 불만을 갖게 되었다. 작업량 자체에도 기계별로 차이가 있을 뿐만 아니라 작업능력에 있어서도 기계마다 차이가 있는데다 기계를 개별적으로 작업하는 운영방식으로 해서 개별작업자에게 책임을 지울 수 있는 가능성이 많았다.

또 조직체계 자체가 단장 이하 총무에 의해 체계적으로 관할, 운영되기 보다는 각 작업자에 의한 개별작업운영체계인 데다가 작업일지 및 운영수지 등 사무적인 일을 정리하는 작업도 체계적으로 이루어지기 어려웠다. 작업에는 직접 참여하지 않는 단장이 작업일지 및 운영수지를 정리하는 것에서도 문제발생의 소지는 있었다. 즉 단장이 작업량이나 고장시 수리비 등을 확인하기가 어려워지면서 공동운영에 차질이 생겼고, 농기계격납고가 없어 개별적으로 관리한 것도 그 원인이 되었다.

이러한 요소 외에도 영농단 운영에 저해요소로 나타난 것은 작업수수료의 미수금문제였다. 작업수수료는 수확 이후에 받는 방식을 취하였는데, 농산물가격의 폭락으로 농가경제수지가 악화되면서 위탁농가들이 작업수수료를 미납하는 경향이 생겼다. 더욱이 내동마을은 마을개황에서 살펴 보았듯이 나씨를 중심으로 한 동족부락의 성격이 짙고 마을 사람들 간의 관계가 인적인 연계로 끈끈하게 엮여 있어서 미수금을 적극적으로 받아내지 않는 경향도 있었다. 회원들은 또한 마을사람들과 맺고 있는 동족이라는 끈과 이웃이라는 끈 때문에 야박하게 할 수 없다는 생각이 있어, 위탁농가들에게서 미수금을 적극적으로 받아내지 못하였다. 그러나 이것은 부수적인 원인에 지나지 않는 것이다.

운영수지 자체가 원활하지 않은 상태에서 미수금 문제까지 겹치자 영농단의 운영은 더욱 어렵게 되었다. 물론 이러한 문제들은 조직 내부의 측면만을 고려한 것이다. 더 큰 문제는 농기계값이 매우 비싼데다가 농기계수리비가 엄청나게 비싸, 한 번 크게 고장이 나면 작업에도 지장이 있을 뿐만 아니라 운영수지에 결정적인 적자요인으로 된다는 것이다.

실질적인 운영자들 및 작업자들 간에 갈등이 생기면서 이러한 문제들을 영농단 전체적으로 해결해 가려는 의지는 약화될 수 밖에 없었으며, 영농단을 시작한지 3차년도에 들어선 1985년에는 영농단이 가지고 있던 형식적인 틀을 완전히 버리고 기계의 운영뿐만 아니라 소유도 개별화하여 운영체계를 변경하였다. 공동운영에서 오는 문제를 개별소유에 의한 책임분산을 통해 해결하자는 회원(실질적인 기계조작자들)들의 요구도 있었고 또한 공동운영에서 오는 농기계의 사용연한단축을 우려하여 개별운영체제로의 전환이 쉽게 이루어졌다.

트랙터와 콤바인은 2년 동안 조작해 왔던 사람이, 그리고 이앙기(2대)와 육묘상자는 2명이 추첨에 의해 각각 개인소유로 하였다. 그리하여 운영자체를 완전히 개별적으로 하게 되었으며 기계화영농단은 사실상 해체되었다. 단위조합에서도 최초 대출금을 모두 상환한 것으로 하고 실제 소유자별로 융자금을 재대출하는 것으로 하였다. 그리하여 농기계를 소유한 농가가 개별적으로 소유 농기계에 대한 융자금 상환의 책임을 지게 되었다

5. 작업내용 및 작업방식

기계화영농단은 고성능기계를 중심으로 결합된 생산조직이기 때문에 생산수단으로서의 기계의 보유 및 관리가 중요한 업무 가운데 하나이다. 이전의 생산조직이 단순한 도구(예를 들어 호미)나 역우를 가지

고 벌거벗은 노동력 간의 결합이라는 성격을 지닌데 반해, 기계화영농단은 기계라는 생산수단을 중심으로 하여 노동력이 결합되는 특성을 지니고 있다. 이전의 생산조직에서는 생산수단으로서 중요한 의미를 지니는 것은 대개 토지뿐이었다. 노동대상의 정비도 중요하긴 하지만 기계화영농단에서는 중요한 노동도구로서 기계가 커다란 지위를 차지한다. 따라서 기계의 소유상황과 소유관계, 그리고 기계를 관리하고 활용하는 것이 중요하게 된다. 즉 노동력의 관리 및 조직화만이 아니라 기계의 관리가 중요하게 된다. 이는 농기계공동이용조직에 공통적인 것이라고 생각된다.

내동기계화영농단은 1983년 구성 당시 트랙터 1대, 이앙기 2대, 콤바인 1대, 그리고 육묘상자 5,400개를 일괄 구입하였다. 트랙터는 오효열씨가, 콤바인은 김수광씨가 각각 집에서 보관하였고 이앙기는 마을 회관에 보관하였다. 트랙터나 콤바인은 부피가 커서 격납고가 필요하였으나 창고에 넣지 않은 채 마당에 놓아 개별 보관하였으며, 이앙기는 겨울에는 마을회관에 보관하였다. 이처럼 격납고가 없어서 기종별로 분산보관함에 따라 작업 후 사후점검이 소홀해지고 농기계의 보관상태가 불량해 농기계의 고장이 잦은 편이었다. 또 여러 회사의 농기계를 구입함에 따라 효율적인 사후봉사를 받지 못하였다. 영농단 조직시에 기계성능에 대한 지식이 없었으며 사후봉사문제를 도외시하였기 때문이다. 같은 이앙기를 구입하면서도 서로 다른 회사제품을 구입하여 제품교환 및 수리에 많은 애로가 발생하였다. 한 회사 제품은 고장이 적은데 반해 다른 한 회사의 제품은 고장이 잦아 2년 밖에 사용하지 못하였다. 영농단의 기계도입은 마을에서는 일찍 이루어졌고 그 이후에 개인적으로 여러 가지 기계를 도입하게 된다.

영농단의 기계운영 및 작업내용을 비롯하여 마을 내외 기계화에 관해서 기종별로 간단하게 살펴보자.

먼저 이앙기는 1983년 영농단 설립시에 2대를 구입하였는데, 첫해에는 육묘상자가 일부 늦게 들어오게 되어 이앙기를 한 대만 운영하였다. 그래서 이앙작업량도 15헥타 정도에 머물렀다. 1984년에는 상자도 완비되어 2대를 운영하였고 이앙작업에 대한 반응이 좋아 농민들이 적극적으로 작업을 위탁하여 다 못해낼 정도였다. 이앙기 한 대는 영농단의 기계반장이 담당하고 다른 하나는 마을 청년을 일고로 고용하여 작업을 하였다. 1984년에는 26.9헥타의 이앙작업을 하였다. 3년차인 1985년에는 조직운영을 변경하여 영농단이 사실상 해체되고 이앙기를 두 사람이 각각 하나씩 나누어 소유하였다. 기계반장이었던 사람은 계속 이앙기를 직접 운영하며 작업하였고 영농단장이었던 농가가 지니게 된 이앙기는 전에 일하던 마을 청년이 일고로 작업을 하였다. 그런데 이 이앙기가 고장이 잦아 작업을 거의 못하고 말았다. 수리비도 많이 들고 해서 1985년 이앙 후에는 판매하고 말았다. 그래서 1985년에는 14.8헥타의 이앙작업 밖에 하지 못하였다. 이앙기는 4조식으로 수리비가 많이 들기는 하지만 고쳐서 계속 사용하였다. 그 후에는 하나의 이앙기만으로 작업을 계속해 오고 있다. 그런데 하나의 이앙기로는 마을의 이앙작업을 감당할 수 없기 때문에 1988년에 한 농가(전은석, 〈표 3-2-1〉의 1번농가)가 이앙기를 구입하여 활용하고 있으며, 1989년에는 영농단의 이앙기를 조작하였던 청년(〈표 3-2-1〉의 32번 농가)이 중고 이앙기를 구입하여 활용하고 있다. 그리하여 현재는 3대의 이앙기가 마을의 모내기를 전부 맡아서 하고 있다. 기계이앙을 하지 않는 논은 기계가 들어 갈 수 없는 극히 일부의 논뿐이다. 그리고 이앙작업을 할 경우에는 모를 운반해 주는 것이 필요한데 영농단의 이앙에서는 트랙터를 사용하였다.

이앙작업은 모판에서 모를 떼는 사람, 모를 운반하는 사람(트랙터운전자), 이앙기를 조작하는 사람 등 최소한 세 사람이 필요하다. 모를 떼거나 얹어 주는 사람은 영농단에서 일당을 주고 고용하였다. 이앙기 두 대가 작업을 할 때에는 이앙기 조작자 1명과 보조자 2명을 고용하고 트랙터가 양쪽의 운반을 하면서 5명이 한 조가 되어 작업을 하였다. 이앙기는 기계이므로 사람의 손처럼 융통성이 크지 못하다. 그래서 모가 덜 심어지는 경우가 있으며 따라서 이앙기로 모내기를 하면 보통 보식을 한다. 물론 노동력부족이 극심한 지역에서는 보식을 하지 않는 경우도 있다. 이앙기가 도입되었던 초창기에는 기계이앙에 대한 농민들의 우려에서 보식이 널리 행해졌다. 보식은 개별농민이 자신의 논에 개별적으로 하는 방식을 취했다. 그런데 기계모는 가지치기가 매우 활발해 처음 심었을 때는 성겨도 자라면서 가지를 많이 친다는 것을 미처 알지 못한 농민들이, 이앙을 끝내기 전에 보식을 하려고 너무 많은 모를 가져가는 바람에 모가 모자라게 되어 곤혹을 치르기도 하였다.

이앙을 위해서는 이앙작업 못지 않게 손이 많이 가고 중요한 작업이 육묘작업이다. 공동운영을 할 때에는 육묘작업은 영농단에서 하였다. 육묘 할 때가 되면 이앙작업을 위탁한 농가로부터 면적에 따라 종자를 받아서 단장이 중심이 되어 육묘를 한다. 일하는 사람은 영농단에서 품삯을 주고 고용하였다. 이앙을 위탁한 농가에서 와서 작업을 하는 경우가 많았지만, 작업을 위탁하지 않은 사람이 와서 작업하기도 하였다. 1,2년차에는 가지고 있는 육묘상자를 모두 사용하여 육묘를 하였다. 이앙기를 개별적으로 소유이용하게 된 후에도 육묘는 이앙작업을 해주는 농가에서 하였다. 그래서 이앙작업을 위탁할 경우에는 육묘작업까지 맡겼다. 육묘기술이 보급되고 또 육묘작업을 한 개인이 맡아서 하는 것이 힘들게 되자 1987년부터는 이앙할 농가가 개별육묘를 하였다. 영농단의 이앙기를 개별적으로 소유한 농가는 육묘상자까지도 가지고 있었는데, 1987년에 육묘상자를 1,200개만 남기고 희망하는 농가에 판매하였다. 이것으로 융자금의 일부를 상환하기도 하였다. 그리하여 각 농가는 자기의 논에 필요한 묘를 직접 기르게 되었다. 이렇게 개별육묘를 하면서는 이앙기조작자는 이앙작업만 하게 되었고, 육묘작업과 이앙작업을 함께 할 때보다 이앙수수료는 더 낮아졌다.

트랙터는 경운, 정지작업과 운반작업을 하는데 한 명의 운전자가 작업을 감당할 수 있다. 영농단 설립초기인 1983년과 1984년에는 각각 30헥타와 36헥타의 작업을 하였다. 그런데 작업자의 조작기술이 부족하고 또한 기계의 고장이 잦아 경운정지작업을 제대로 못 하였고, 따라서 작업위탁량이 줄어 1985년에는 20헥타의 작업을 하였다. 1985년에는 크게 고장이 나서 1백만원 정도의 수리비가 들어야 고칠 수 있는 지경에 이르렀다. 고쳐서 이용해도 경운정지 작업시에는 고장이 잦아 그 이후에는 주로 운반작업에 사용하였다. 즉 영농단에서 공동운영할 때에만 제대로 정지작업을 하였고 그 이후에는 운반작업을 주로 하였다. 기계작업으로 얻는 수수료 수입이 적어져 운영수지가 계속 악화되고 있어 융자금 상환이 어려운 상태에 있다. 1987년 가을 이후 영농단 소유였던 트랙터는 트랙터소유자의 친척이 (해남에) 가져가 사용하고 있다. 트랙터는 경운기작업을 대체할만한 능력이 있어야 하는데 기계 고장이 잦아 그 능력을 제대로 발휘하지 못하는 데다가, 수리비가 많이 들기 때문에 트랙터주인도 감히 수리할 엄두를 못 내고 있었다. 융자금을 다 갚지 못하고 있는 상태이다.

마을 안에서는 김수광씨가 1988년에 중고 트랙터를 구입하여 이용하고 있다. 트랙터 조작을 잘 하는 이 사람은 소를 키우는데 필요한 초지조성과 운반에 많이 사용하고, 위탁작업도 해주고 있다.

콤바인은 벼를 베면서 동시에 탈곡까지 하여 가마니에 담는 작업까지 하는 고성능 기계이다. 이앙기가 모내기철에만 사용되는 것처럼 콤바인은 수확 한 철에만 사용된다. 영농단이 공동운영체제로 있을 때인 1983년, 1984년에는 콤바인을 적극 활용하여 각각 18.7헥타와 17.3헥타의 작업을 하였다. 영농단에서 사용하는 콤바인은 융자금상환을 위해 과도하게 사용한 탓인지 궤도고장을 일으켜, 1985년에는 작업을 하지 못하였다. 개별소유화된 뒤에 140여만원의 수리비를 들여 1986년과 1987년에 작업을 하였다. 콤바인을 맡은 김수광씨는 1987년 수확작업 후에 콤바인을 판매하여 마을 안에는 콤바인이 없게 되었다. 마을내부의 노동력부족이 극심하여 수확작업을 콤바인에 의지할 수 밖에 없는데 마을의 경지가 제대로 정리되어 있지 않아 외부의 기계작업자들이 좀체 들어오려 하지 않는다.

콤바인을 이용한 수확작업도 몇 사람이 조를 짜서 해야 한다. 우선 콤바인에 의한 수확작업 시에는 논배미의 가장자리는 콤바인이 들어서서 작업할 수 있도록 1미터 정도 미리 베어 두어야 하는데 이것은 그 논배미의 작업을 끝내면서 탈곡한다. 준비가 되어 작업을 시작하면 콤바인에 승차하여 운전하는 사람과 콤바인 옆에 타고 가마니를 잡고 다 담기면 묶어 떼내는 사람이 콤바인 자체의 작동에 필요하다. 논배미의 주변을 돌아가면서 수확해 들어가는데 중간에 쉬지 않고 계속해 나간다. 다 담긴 가마니는 묶어서 여기 저기 논바닥에 내려놓는다. 논에 운반차(경운기나 트랙터)가 직접 들어 갈 수 있는 경우에는 운반차가 돌아 다니면서 흩어진 가마니를 운전자나 보조자가 차에 실어 운반하게 된다. 그러나 막 수확하고 있는 논이라 운반차가 거의 들어 갈 수 없으며 따라서 여기 저기 흩어져 있는 벼 가마니를 운반해서 운반차까지 가져와야 한다. 그러면 운반작업자는 이것을 집이나 정미소로 실어 나른다. 영농단에서 콤바인작업을 해줄 때에는 콤바인운전자, 콤바인보조자(고용), 트랙터운전자 등 세 사람이 작업에 참여하며, 수확을 하는 농가에서 보통 2명이 나와서 운반작업을 하여 모두 5명이 한 조가 되어 작업한다. 각 농가에서는 품앗이를 하든가 아니면 부부가 또는 일군을 사서 운반작업을 해내야한다. 또 영농단에서는 트랙터운반을 안 해주기도 하는데, 이 경우에는 주인이 운반작업을 하며 콤바인에 의한 작업수수료가 운반을 해주는 경우보다 조금 더 싸다. 1989년 이 지역에서 콤바인작업의 작업수수료는 한 마지기(200평)당 1만5천원인데, 운반을 해줄 경우에는 1만 6천원을 받고 있었다. 이처럼 영

〈표 3-2-5〉 내동기계화영농단의 농기계별 연도별 작업상황

(단위:헥타)

기종별	1983	1984	1985	1986	1987	1988	1989
트랙터	30	36	20	→	→		
이앙기	15	26.9	14.8	→	→	→	→
(육묘)	(영농단, 이앙자가 육묘)			(개별육묘)			
콤바인	18.7	17.3	-	→	→		

농단의 작업은 노동력의 결합뿐만 아니라 기계간의 결합이 어느 정도 필요하기도 하다. 그런데 기계가 개별적으로 보관·운영되면서, 이러한 결합체제가 잘 이루어지지 않아 갈등을 불러일으키기도 한다.

영농단의 작업은 주로 마을내부 농가의 작업이었으나 이웃마을의 작업을 하기도 하였다. 그러나 이러한 것도 기계의 성능이 좋았던 1984년 정도였고 나중에는 마을 안의 작업도 다하지 못하였다. 그래서 이앙기가 도입되었고 트랙터도 도입되었다. 농민들은 콤바인을 절실히 필요로 하는데 마을 안의 경지가 제대로 정리되어 있지 않아 다른 마을에서 콤바인이 좀체 들어오려 하지 않는다. 또 불러들여 오려면 약간의 웃돈을 얹어 주기도 한다. 이러한 어려움을 극복하기 위하여 콤바인을 구입할 의욕을 보이고 있다.

6. 분배체계

기계화영농단의 조직형성 과정에서 보았듯이 농민들 스스로 자기자금으로 이렇게 비싼 농기계를 구입하기가 어렵다. 자본의 이해를 대변하는 국가는 보조 및 융자를 통해 이런 값비싼 농기계의 공급을 담당하며, 농민들은 이런 방식을 통해서라야 그래도 기계를 구입할 수 있다.

그런데 앞의 자금조달상황에서 나타나듯이 자부담도 약간 있고 또

한 융자금은 이자를 덧붙여 상환해야하는 것이니 만큼 농민들은 아주 비싼 값으로 농기계를 구입하되 당장은 기계값을 지불하지 않을 뿐이며, 그 농기계를 사용하여 수익금으로 갚고 농기계활용을 통해 활발한 영농을 시도해 보고자 한다. 더욱이 개별 농민이 부담하기에는 과중하여 분담하는 방식을 택하도록 하여 기계화영농단이라는 것을 조직하기에 이른 것이다.

그러면 먼저 기계화영농단의 주요 수입원인 작업수수료에 대해서 간단히 살펴보고 수수료수입으로 지출을 얼마나 감당하고 운영수지는 전체적으로 어떠한 상태에 있는지 살펴보자.

기계화영농단에서 올리는 유일한 수입은 작업수수료 수입이다. 〈표 3-2-6〉에서 보는 바와 같이 1정보당 작업수수료는 트랙터의 경운정지작업은 12만원, 이앙작업은 22만5천원, 콤바인의 수확작업은 18만원이었다. 이는 평당 수수료로 계산하면, 각각 40원, 75원, 60원에 해당한다. 그런데 내동 마을사람들은 수수료를 받는 면적기준을 200평 한마지기로 삼고 있었다. 마지기 단위로 계산하면 트랙터 작업은 8천원, 이앙작업은 1만5천원, 콤바인작업은 1만2천원에 해당한다.

이러한 작업수수료 수준은 이 지역의 다른 마을과 같은 수준이었다. 그러나 도시근교에 있는 영농단의 작업수수료보다는 낮았다. 작업수수

〈표 3-2-6〉 내동기계화영농단의 작업료수입 및 정보당 작업수수료

(단위:천원)

구분	1983	1984	1985	1989
트랙터(1)	3,600 120*	4,320	2,400 120	225
이앙기(2)	3,375 225	6,052	3,330 225	300
콤바인(1)	3,366 180	3,114		240(225)
합 계	10,341	13,486	5,730	

1. 오른쪽 수치는 1정보당 작업료임.
2. 1989년 콤바인작업 정보당 작업수수료에서 ( )안의 수치는 운반을 안 해줄 경우임.

료 수입은 단위당 작업수수료와 작업면적에 따라 변하는데, 내동기계화영농단의 단위 면적당 수수료는 1983년부터 1985년까지 동일하였다. 작업면적은 2년차에 가장 많았으며 수수료 수입을 보면 1983년에 1,034만 1천원, 1984년에 1,348만 6천원, 1985년에 573만원에 이르고 있다. 융자금상환을 위해 기계를 과중하게 사용하여 1985년에는 기계의 성능이 좋지 않았고 작업능률이 떨어져 작업을 많이 하지 못하였다. 작업별 정보당 수수료는 이앙작업료가 가장 높고 트랙터작업료가 가장 낮다. 트랙터 작업은 경운작업과 정지작업으로 이루어지는데 작업을 따로 할 경우에는 1985년에 경운 6천원, 정지 6천원씩을 받았다. 이앙작업수수료는 육묘까지 포함한 것이며, 육묘를 개별적으로 하는 경우의 2배 이상의 작업료이다. 콤바인의 작업수수료는 운반작업비용을 포함한 것인데, 1989년에는 운반을 해주는 경우에는 마지지당 1만 6천원, 운반을 안 해주는 경우에는 1만 5천원을 받고 있었다. 콤바인으로 수확을 할 경우에는 건조작업도 해야 한다. 벼를 묶어서 논바닥에 깔아 놓은 채 태양에 의해 건조시킨 후 탈곡하는 이전의 수확방식에서는 건조작업이 특별히 필요하지 않았다. 그런데 콤바인에 의해 베고 탈곡하는 작업이 동시에 이루어지면서는 건조작업이 필수적이게 되었다. 가을걷이할 때에 평야지대의 농촌마을을 가 보면 논에서는 콤바인으로 작업하고 도로변이나 마당에서 건조작업으로 한창 바쁜 모습을 볼 수 있다. 물론 영농단 가운데는 건조기도 도입하여 콤바인작업과 함께 건조작업도 하는 경우가 있는데, 내동기계화영농단에서는 건조작업은 하지 않고 있다.

영농단이 해체되고 기계의 소유 및 작업이 개별화되면서 부터는 작업일지의 작성이 제대로 이루어지지 않아 작업면적을 파악하기가 곤란하였다. 1989년 내동 마을의 기계작업의 수수료를 보면 트랙터작업이 마지기당 1만5천원, 이앙작업이 2만원, 콤바인에 의한 수확작업이 1만5천원이었다. 이는 영농단 운영시의 작업료에 비해 각 87.5%,

26.7%, 33.4% 증가한 것이다. 작업료 징수는 대부분 작업을 할 때에 받는 것이 아니라 작업 후 농가에서 현금사정이 호전될 때에 받는다. 트랙터작업과 이앙작업의 수수료는 하곡수매를 한 뒤에 받으며 콤바인작업의 수수료는 가을 수확 후에 받는다. 이는 농민들의 현금사정에 적절하게 맞춘 수수료 징수방법이라고 생각된다. 그런데 농가경제의 악화로 작업료 중 일부를 받지 못하는 사태가 나타났다. 이 마을에서 많이 재배하고 있는 무의 경우 트랙터로 경운정지작업을 해주었는데, 무 수확철에 무 값이 폭락하면서 농민들의 현금수지가 악화되어 수수료를 받지 못하는 사태가 발생하였다. 1984년에는 트랙터 작업료 가운데 약 50만원을 받지 못하였다. 이처럼 미수금문제가 발생하고 더욱이 농민들이 수수료를 한꺼번에 내는 것이 아니라 현금이 생기면 그 때마다 조금씩 내기 때문에 수수료를 모아 두었다가 적립하기가 어려웠다. 이러한 문제를 해결해 보려고 기한을 정해서 납부토록 하고 기한을 지키지 않으면 추징금을 물리는 방식을 택해 보기도 하였으나 그것도 반응이 좋지 않아 그만 두었다. 특히 이웃인데다가 일가인 경우가 많아 강박할 수도 없어 미수금을 적극적으로 받아 내지 못하였다. 원천적으로 농가경제의 악화에 기인한 것이지만 동족부락이라는 특성도 미수금 발생의 추가적 요인이 된 것으로 생각된다.

다음으로 영농단의 운영수지를 살펴보자. 시작년도와 2차년도에는 원활한 작업을 하여 1983년에 1,034만 1천원, 1984년에 1,348만 6천원

〈표 3-2-7〉 내동기계화영농단의 융자금상환 실적(1985)

(단위:만원)

구분	트랙터	이앙기 및 육묘상자	콤바인	합계
융자액	5,650	3,664	4,670	1,398만 4천원
상환액	2,500	2,760	3,500	876만
잔 액	3,150	904	1,170	522만 4천원
이자율	10%	6%	6%	

의 작업료수입을 올렸다. 작업을 하면서 들어간 직접비용을 빼고 2년간 676만원의 수익금을 남겼다.

1985년 봄에 영농단의 운영체계를 공동관리에서 개별관리로 변경하면서 총융자금 1,398만 4천원 중에서 62.6%인 876만원을 상환하였다. 1983년, 1984년 수익금 676만원과 회원 4명이 각각 50만원씩 추가부담하여 융자금의 일부를 상환하였다. 각 기계를 움직이는데 들어간 비용과 운전작업자의 임금 등을 제하고 각 기계의 작업수익에 따라 차별적으로 융자금을 상환하였다. 2년 동안 작업하여 이 정도로 상환을 하는 경우는 드물다. 다시 말해서 상환을 빨리 하기 위해서 기계를 무리하게 운명했다고 할 수 있다. 1985년에 들어 기계의 성능이 크게 떨어진 것도 이처럼 기계를 무리하게 운영했기 때문이다.

이앙기(육묘상자 포함)와 콤바인의 융자금 상환은 큰 문제가 없을 것으로 보인다. 앞에서도 살펴 본대로 이앙기는 1984년, 1985년에 두 대가 운영되고 그 후에는 한 대만 운영되었다. 이앙기를 맡은 한 농가는 1985년까지 작업을 하고 고장이 잦아 판매하고 융자금도 전액 상환하였다. 다른 이앙기 한 대는 지금까지 계속 사용되고 있는데, 이미 융자금을 상환하고 영리적으로 운영되고 있으며 한 해에 400-500마지기(26.7정보 내지 33.4정보)의 이앙작업을 한다.

콤바인의 경우는 개별소유한 사람이 수리를 해서 1986년과 1987년에 사용하고는 판매하였다. 융자금도 다 갚았고 이 농가는 1988년에 중고 트랙터를 구입하여 사용하고 있다.

트랙터의 경우는 농기계 값이 워낙 비싼데다가 잦은 고장으로 작업능률이 떨어져 위탁농가들이 줄어들고 있으며 운반작업 정도밖에 하지 못하고 있었다. 1985년에 개별소유로 하면서 315만 원이라는 융자금을 떠맡았으나 그 후 트랙터작업이 신통치 않아 별 이익금을 남기지 못하였으며, 아직도 융자금의 일부를 상환하지 못 하고 있다. 1987년에 트랙터소유자는 트랙터를 다른 마을에 살고 있는 친척에게 빌려주었다.

다음으로 영농단의 운영상태를 운영수지를 중심으로 살펴보자. 농기계의 고장으로 작업량이 많지 않았던 1985년의 운영수지 상황을 보면 〈표 3-2-8〉과 같다.

〈표 3-2-8〉에서 알 수 있듯이 영농단의 수입은 작업수수료로 구성되며 1985년에는 콤바인이 작업을 하지 못해서 트랙터와 이앙기의 작업수입만이 있다. 수입은 573만원이고 기계를 움직이는데 들어간 인건

〈표 3-2-8〉 내동기계화영농단의 운영수지상황(1985)

(단위:천원)

구 분	기종별	트렉터	이앙기	콤바인	합계
조수입(가)	작업수수료	2,400	3,330	-	5,730
	소계	2,400	3,330	-	5,730
직접비용 (나)	인건비	-	1,023	-	1,023
	유류비	570	136	-	706
	수리비	670	660	-	1,330
	자재비	-	250	-	250
	관리비	-	30	-	30
	임차료	-	-	-	-
	차입금이자	315	54	70	439
	기타	-	-	-	-
	소계	1,555	2,153	70	3,778
손익 (다)	다 = 가-나	845	1,177	-70	1,952
간접비용 (라)	고정자본이자	-	84	-	84
	유동자본이자	41	54	-	95
	감가상각비(아)	1,060	1,044	1,169	3,273
	소계	1,101	1,182	1,169	3,452
총비용 (마)	마 = 나+라	2,656	3,335	1,239	7,230
손순익 (바)	바 = 가-마	-256	-5	-1,239	-1,500

고정자본이자는 자기자본 이자분만 계상함(보조금 제외).

비, 유류비, 수리비, 자재비, 관리비, 차입금이자 등 직접비용이 377만 8천원이어서 195만 2천원의 이익금을 남겼다. 그러나 기계의 마모 및 기계구입자금에 대한 이자 등 간접비용을 고려해 볼 때, 총비용은 엄청나게 많다. 이러한 간접비용까지 포함하여 계산하면 150만원의 순손실이라는 결과가 나온다.

실제로 영농단원들은 감가상각비를 계산 적립하지 않고 있으며 융자금만 상환하면 된다고 생각하고 있다. 즉 작업자들에게 임금을 주고 난 뒤 기계운영에 의한 이익금은 융자금을 상환하는데 주로 쓰인다. 내동기계화영농단의 경우처럼 융자금 상환도 어려운 상태에 있다.

감가상각비가 적립되고 있지 않으며 특히 수리비가 많이 들 경우에는 운영수지가 악화되어 융자금 상환에도 어려움을 겪게 된다. 1985년 운영수지에는 수리비가 적게 계상되었다. 고장 난 기계를 수리한 연도의 수리비와 평균하면 수리비는 훨씬 증가한다. 감가상각비가 적립되지 않는다는 것은 영농단의 자기재생산이 어렵다는 얘기가 된다. 즉 현재 사용하고 있는 농기계를 이용하다가 수명이 다 하면 폐기하고 새로운 기계를 구입해야 하는데, 기계를 미리 들여와 사용하면서 이익금으로 기계값을, 그것도 보조금을 제외한 융자금을 나중에 갚아나가는 방식을 취하고 있다.

이는 사실상 상품의 할부판매와 비슷한 형태라고 할 수 있겠다. 국가가 개입하여 일정한 보조를 한다는 점이 덧붙여졌을 뿐이다.

7. 기계화영농단의 변모

이상에서 내동기계화영농단의 조직적 측면 및 운영상황을 살펴보았다. 조직의 내부적인 문제와 외부적인 문제들이 많이 있는데, 영농단 외부의 문제들은 결국 영농단의 내부조직 움직임을 통해 관철되며 여러 가지로 나타나고 있다.

농기계의 구입가격이 높다는 것이 농민들이 기계를 이용하려고 할 때에 가장 큰 문제로 된다. 그러한 문제를 해결하고자 여러 농가가 결합하여 농기계를 구입·이용하는 영농단조직이 정부의 보조 및 권장에 의해 형성되었다. 공동관리를 통해서 영농을 해 나가지만 조직내부의 여러 가지 문제들과 농가경제의 전반적인 악화로 인해 영농단은 자기 재생산을 못하게 된다. 내동의 경우처럼 개별화하여 농기계를 이용할 때에도 농기계 값을 갚고 나면 남는 것이 없다. 농기계작업자의 임금이 겨우 확보될 정도이다.

그럼에도 농업기계화는 필연적이다. 노동력이 계속 감소하고 있고 질적으로 저하하고 있는 상황에서 기계화를 통한 생력화(省力化) 없이는 영농을 해 나갈 수 없다. 그렇게 되다 보니 계속적으로 영농단을 만들어 나가야 하는데, 이 사례를 통해서 알 수 있듯이 공동관리의 어려움이 많으며 더욱이 자기 재생산을 할 수 없기 때문에 기계에 문제가 생기면 영농단(개별화된 기계작업도 마찬가지이다)은 해체될 가능성이 생긴다. 그리고 기계의 수명이 다해도 기계를 새로 구입할 자금을 자체에서 마련하지 못하기 때문에 영농단은 해체되어 개별작업화할 뿐만 아니라 자연스럽게 사라지게 된다. 아니면 또 다시 융자와 보조를 끼고 기계를 마련해야 할 것이다.

물론 이렇게 영농단형식(농기계공동이용조직)을 계속 만들어 가기도 하는데 내동마을에서는 개별농가가 농기계를 한 가지 종류로 구입하여 자기영농과 임작업을 한다. 마을 안에 농기계가 부족하여 마을 외부에서 농기계가 들어와 작업하기도 한다. 그런데 영농단을 구성하여 운영하던 사람들이 다시 영농단 형식을 갖추어 나가기가 어려우며, 건강한 노동력을 소유한 사람들이 자가영농 및 임작업을 위해 기계를 도입하여 작업해 나가는 방식이 주로 나타나고 있다.

3절. 상사기계화영농단 : 전남 나주군 왕곡면 양산1리 상사마을[3)]

1. 마을개황

상사마을은 나주와 영암 간 국도변에 있는 마을로서 경지정리가 완비된 평야마을이다. 영산포에서 영암쪽으로 약 2키로미터 지점에 위치하고 있으며, 광주에서는 시외버스로 약 1시간 거리에 있는 마을이다. 1989년에는 마을 총호수가 74호이며 그 가운데 농가는 56호로 1985년의 51호에 비하여 약간 늘었다. 물론 총호수는 더 많이 늘었는데, 이처럼 마을호수가 증가한 것은 마을 부근에 공장(오성산업)이 생기면서 이입가구가 생겼기 때문이다.

1985년 조사에 따르면 마을의 경지는 논이 51.2정보, 밭이 12.3정보, 과수원이 5.5정보로 총 69.0정보에 달하여 호당 경지면적은 1.4정보로 경지규모가 큰 편이며 경지정리율은 약 90%로 모두 수리안전답이다. 1989년 조사에 따르면 마을농지는 논 50정보, 밭 32정보(과수원 포함)이다. 마을 바로 앞에 있는 약간의 논만 경지정리가 안 되어 있을 뿐 거의 모든 논이 경지정리 되어 있다.

1985년 당시 마을 안에 있는 농기계는 경운기 20대, 트랙터 1대, 이앙기 2대, 콤바인 3대이며 경운기의 보급률은 39%로 높은 수준이다. 과수(배)단지로서 노동력수요가 매우 큰 편이며, 기계화 이전에는 인접 마을에서 과수원에 필요한 노동력을 조달하였다. 1989년에는 트랙터 2대, 이앙기 2대, 콤바인 4대(한 대는 사용불가)가 있어 대형농기계가 늘어 난 상태이다.

그리고 상사마을은 김해 김씨가 총가구의 약 1/3에 이르고 있어 동족부락의 성격도 일부 지니고 있다.

---

3) 이 조사는 1985년 농협의 조사자료에 1989년에 보완조사를 하여 완성한 것이다.

상사마을은 논에는 벼농사를 짓지만 밭은 1/3 이상이 과수원으로서 배를 집중적으로 생산한다. 일부 농가는 논에다 비닐하우스를 설치하고 시설원예를 한다. 300평 단위로 하나의 시설하우스를 만들어 일년내내 채소를 생산한다. 한 집에서 보통 1개동씩 설치하며 2-3개를 설치하는 농가가 있기도 하다. 10농가가 시설원예를 하는데 시설은 전체 13-15동으로 4천여 평에 이른다. 300평 단위 한 개 동을 마련하는데 처음에는 시설비가 약 900만원 정도 든다. 그 후에는 시설비는 크게 들지 않지만 겨울에는 보일러를 때고 난풍기도 달아 주어야 하기 때문에 한 해에 200만원의 비용이 들며 생산액은 약 600만원 정도에 이른다.

밭에는 콩, 고구마, 고추, 참깨 등을 주로 자가용으로 생산하고 있으며, 약 10정보에 달하는 과수원에서는 배를 생산한다. 배는 개별적으로 생산하는데 노동력이 많이 필요하며 또 모내기 철과 일이 겹치기 때문에 노동력부족이 심각하다.

상사마을의 과수원의 크기는 평균 3,500평쯤 되며 아주 큰 경우에는 6,000-7,000평정도이며 작은 것은 2,000평 정도이다. 배생산은 부인노동의 동원을 통해 해결해 가고 있는데, 그 노동과정은 작업별로 몇 가지로 나뉘어진다.

먼저 나무가지치기(전정)작업이 있으며 주로 남자들에 의해 이루어진다. 1정보 규모의 과수원에 가지치기를 할 경우에는 보통 자가노동력 1명과 고용노동력 4명이 함께 5일간의 작업이 필요하다. 대개 자가남성노동력이 한 사람이므로 4명의 노동력을 5일간 즉 20명의 노동력을 고용하여야 한다. 이 작업은 어느 정도 기술이 필요하기 때문에 고용되는 사람의 폭이 좁은 편이다.

다음으로 꽃이 지고 열매가 맺어 약간 자란 뒤에는 속음질은 해야 한다. 속음질작업은 주로 부녀자들이 하는데 여기에도 많은 고용노동력이 필요하다.

속음질을 한 뒤에는 봉지씌우기 작업을 한다. 상사마을에서는 봉지씌우기 작업에 있어 '만보띄기'라는 성과급제가 실시되고 있다. 만보띄기는 봉지를 100장(실제로는 110장 정도 된다) 씌우는데 얼마의 금액을 받기로 하고 작업하는 방식이다. 100장을 1통이라고 하는데 보통의 숙련도를 가진 부녀자는 하루에 30통 정도를 씌운다. 아주 잘 씌우는 사람은 50-60통까지 씌우기도 한다. 이러한 방식은 성과급제로서 노동강도를 강화하는 효과를 가져오는데 식사시간도 줄여 가면서 작업을 한다. 또한 자가영농을 해야 하는 사람의 경우에 하루 종일 하지 않고, 예를 들어 한나절만 만보띄기를 하고 오후에는 자기밭의 일을 할 수도 있다. 만보띄기를 할 경우에 식사는 주인집에서 낸다. 1988년에는 한 통 씌우는데 400원이었고 1989년에는 500원이었다. 30통을 평균작업량으로 본다면 1988년에는 12,000원, 1989년에는 15,000원에 해당한다. 이는 이 마을의 1989년 일고임금이 5천원(여자)인 것에 비하면 매우 높은 것이다. 만보띄기는 여자들이 하며 남자들은 하지 않는다.

봉지를 씌우고 나면 방제작업을 하는데, 등에 지고 치는 인력식 분무기에서 등에 지고 치지만 고성능인 동력방제기를 사용하다가, 최근에는 승용형방제기를 사용한다. 이 작업은 운전자와 보조자(1명 내지 2명)가 함께 작업하는데 기계를 운전하는 것은 남자가 하며 보조작업은 여자들이 하는데 대개 자가노동력을 동원하여 실시한다.

배를 따는 작업은 여자와 남자가 함께 하는데 한 사람은 나무에 올라가서 따고 한 사람은 나무 밑에서 그릇을 이고 서 있다. 나무 위에서 따는 사람은 과일을 따서 그릇에 내려 놓고, 어느 정도 그릇에 차면 그릇을 가지고 있는 사람은 한 곳에 모은다. 이렇게 모인 과일을 다시 전량을 한 곳에 모으는 운반작업을 하는데 이 일은 주로 남자가 한다. 이렇게 딴 과일을 금방 포장하지 않고 모아서 며칠 쌓아 놓는다. 그렇게 하면 과일의 색깔이 좋아진다고 한다. 며칠 뒤에 선별하여 상자에 넣어 판매한다.

선별과정에도 많은 고용노동력이 필요하며, 판매는 주로 중간상들이 들어와서 사서는 청과물시장으로 가져가든가 생산자농민이 직접 청과물 시장에 가져다 경매하기도 한다. 상인들은 생산자이면서 상업활동을 하는 경우가 대부분이며 영산포 부근에 살고 있는 사람들이다.

이러한 과일생산노동에서는 1989년에 여자는 5천원, 남자는 7천원의 임금을 받았다. 마을 안의 노동력으로는 부족하여 다른 마을에서 많은 노동력을 조달한다. 영산포 등지의 도시에서 조달해 오기도 한다. 보통 도시나 다른 마을에서 일하러 오는 사람들은 혼자서 오는 것이 아니라 몇 명이나 10-20명씩 짝을 지어서 온다.

2. 조직의 형성과정

1982년에 행정기관(면) 및 농촌지도소에서 조직결성을 권유하였는데, 비교적 기계화 여건이 좋은 반면 노동력부족이 심각하여 손해를 보지 않을 것이라는 생각으로 마을의 젊은이들이 영농단을 조직하기로 하였다.

마을회의를 열어 영농단 구성에 대한 토의를 하였는데, 마을단위로 영농단을 운영하자는 의견이 제시되었으나, 뜻이 맞는 몇몇 끼리 하려고 하는 사람들이 있었다. 그리고 논이 많은 사람들의 경우 생활에 여유가 있어 영농비절감에 대한 욕구가 적고 자가노동력이 있기 때문에 영농단 활동에 적극적으로 참여하려고 하지 않았다. 마을 주민 중에서 책임지고 영농단을 운영하고자 하는 자가 없어서 결국은 단장인 이종민(당시 34세)씨가 전 기종에 대한 임차주가 되고 기종별로 2명씩 연대 보증하는 식으로 하여 농기계를 구입, 운영하게 되었다. 농자금의 융자는 신용보증기금을 이용하였다.

〈표 3-3-1〉에서 보는 바와 같이 상사기계화영농단의 결성자금은 총액 3,211만원 가운데 27.4%인 880만 1천원은 정부보조에 의존하였고,

〈표 3-3-1〉 상사기계화영농단의 자금조달상황

내역	농기계 및 시설	트랙터 1대	이앙기 2대	콤바인 2대	육묘 시설	육묘상자 8,300개	합계 (천원)
총액	3,211만원 100.0%	9,235	2,876	14,430	709	4,860	32,110
보조	880만 1천원 27.4	3,498	1,182	2,776	350	995	8,801
융자	2,087만원 65.0	5,247	1,694	10,064	-	3,865	20,870
자부담	243만 9천원 7.6	490	-	1,590	359		2,439

나머지는 융자 2,087만원과 결성시의 자부담 243만 9천원으로 마련하였다. 농기계 및 설비로는 트랙터 1대, 이앙기 1대, 콤바인 2대, 그리고 육묘상자 8,300개 및 철재육묘시설을 마련하였다. 당초에는 마을 안의 작업을 중심으로 작업을 할 계획이었으나 영세소농의 경우 기계작업을 기피하여 마을 작업물량의 비중이 약 50% 정도였고 다른 마을의 작업도 하였다.

3. 구성원 현황

1982년 처음 구성할 때에는 12명을 회원으로 하였다. 형성시기의 구성원현황을 보면 〈표 3-3-2〉와 같다.

〈표 3-3-2〉에서 알 수 있는 바와 같이 구성 초기의 회원은 12명으로 하였으나 실제로 처음부터 참여하지 않은 농가가 있었다. 영농단 구성요건에 10호 이상이라는 조건이 있어서 이러한 일이 벌어진 것이 아닌가 생각된다. 〈표 3-3-2〉에서 10,11,12번 농가는 처음부터 영농단 활동에 참여하지 않았다. 10번 농가의 경우 융자금 담보 및 보증에 대한 염려로 영농단 활동에 참여하지 않았다.

9번 농가는 1983년에 이출하기 전까지는 영농단 활동에 참여하였으며, 8번 농가도 영농단 활동에 참여하였으나 2년차인 1983년부터 몸이

〈표 3-3-2〉 상사기계화영농단의 초기 구성원 현황(1982)

일련번호 성명/ 구분	연령	노동력 인구수	농 지 관 계			비 고
			논(소작지)	밭(소작지)	합계	
1 이종민	37		5,000	2,700	7,700	이+트 운전담당
2 정성수	32		700	500	1,200	이+콤 운전담당
3 정오수	27		300	600	900	트+콤 운전담당
4 한기남	34		2,000	1,000	3,000	기계조작불능
5 전영문	33		2,000		2,000	〃
6 박동옥	35		800(1,200)	500	2,500	2년차에 빠짐
7 김정곤	41		1,000(2,000)	100(300)	3,400	2년차에 빠짐
8 임용주	42		800	200	1,000	86년 술병으로 죽음
9 김의곤	31		1,000	2,000	3,000	83년 이출
10 김순기	35		1,000		1,000	처음부터 안함.
11 *						처음부터 안함, 경지 1,000평 내외
12 *						

안좋아 실제로 일을 못했다. 이 사람들과는 달리 6번, 7번 농가는 1년만 영농단에 참여하고 1983년 이후 영농단에서 빠졌다. 6번 농가는 1985년에 자동탈곡기를 구입하여 임작업을 하였고 1987년에는 콤바인을 구입하며 운영하였으며 1989년에는 콤바인을 하나 더 구입하며 임작업을 활발하게 하고 있다. 7번 농가도 영농단에서 빠지면서 1984년에 자동탈곡기를 구입하여 운영하였으며, 1987년에는 콤바인을 구입하여 운영하고 있다. 이들 농가는 경지가 많지는 않지만 건강한 노동력을 가지고 있고 적극적으로 일을 하는 사람들인데, 영농단 활동에서 빠지면서 개인적으로 기계를 구입하여 활용하고 있다. 7번 농가는 1988년에 1,200평의 논을 샀다.

이처럼 농기계를 적극적으로 활용하려는 농민들이 영농단 활동에서 빠지고 개인적으로 기계를 구입하여 임작업을 해 나가고 있다. 1985년까지 적극적인 성원으로서 활동하던 성원은 1-5번 농가들이다. 영농단의 활동이 1986년을 끝으로 중지되기 까지 이들 농가는 계속 영농단활동을 하였다. 영농단의 초기 구성에 있어 구성원들은 40세 초반인 사람이 가장 나이가 많을 정도로, 30대가 중심이 되었다. 경지면적은 영농단장인 1번 농가를 제외하고는 그리 많지 않은 편이었고 전국 평균에도 못 미치는 농가가 참여하였다. 즉 2, 3번 농가는 계속 참여하였는데 자기 경작지는 매우 적었고 기계 작업자로 활동하였다. 실질적으로 영농단의 운영이나 작업은 1-5번 농가를 중심으로 이루어져 왔다. 영농단 구성원은 매년 감소하여 4년차인 1985년에는 단장인 이종민 씨를 포함하여 5명으로 구성되어 있었다. 1985년 당시 구성원들이 20-30대여서 비교적 마을일에 적극적이며, 5명 중 미혼자가 3명이었다.

4. 조직체계

영농단의 조직을 보면 단장 밑에 총무(정성수씨, 〈표 3-3-2〉의 2번 농가)가 있고 그 밑에 주로 기계작업을 담당하는 시람이 있었다. 기계조작 능력 때문에 단장과 총무 및 젊은 한 사람(정오수, 〈표 3-3-2〉의 3번 농가)이 농기계를 조작하였다. 단장이 총무의 일(작업일지 정리 및 운영수지 관리)도 맡아서 하였는데, 총무와 다른 기계작업자가 그날그날 작업면적과 작업주인을 알려주어 단장이 정리하는 방식을 취하였다.

영농단장은 과수원을 포함한 7,700평을 경작하고 있는 대농으로 농기계훈련(3주간)을 마쳤으며, 농기계조작 및 수리기술 수준도 상당히 높은 편이다. 농기계융자금에 대한 임차주는 전 기종에 대하여 단장 1명으로 되어 있고 회원 5명이 연대보증인이 되어 있다. 따라서 전

기종에 대한 소유 및 융자금 상환책임은 우선적으로 단장이 지게 되어 있고 나머지 회원들은 모두 도의적인 책임만을 지도록 되어 있다. 따라서 실질적인 운영은 거의 단장 개인에 의해 이루어지고 있다. 기계관리, 조작 뿐만 아니라 융자금의 관리도 단장이 맡고 있으며 일감(작업위탁)을 맡는 것도 단장이 나서서 하며 수수료도 단장이 거둬들였다.

다른 기계조작자 2명은 단장으로부터 직접 농기계조작 훈련을 받아서 하고 있다. 단장이 실질적으로 모든 담보를 제공하였기 때문에 전체적 관리가 단장을 중심으로 되어 있었고 다른 기계작업자(회원임)는 임금을 받고 일하는 처지와 동일하였다. 이들은 경지면적이 아주 작았으며 가정을 꾸리지 않은 상태였다. 영농단장은 영농단을 조직할 때에 2명의 기계조작자에게 농기계융자금 상환 후에는 농기계를 각각 1대씩 주겠다고 약속하여 기계조작자들의 자발적인 노력을 유도하였으며, 기계조작자들은 기대관리 및 작업량확보를 위해 스스로 노력하였다. 따라서 기계조작 및 수리능력도 크게 향상되었다. 그러나 영농단이 사실상 해체되었음에도 농기계를 단장이 모두 가지고 있어 기계조작자와 불화가 일기도 하였다. 그리고 기계조작자를 가능한 한 제한하여 기종별로 2명씩 모두 농기계를 전담조작함으로써 기대관리가 양호하였으며, 단장이 직접 점검하고 수리도 가능하면 자가수리를 하는 방식을 택하였다. 다른 회원들은 농작업을 위탁하는 정도였고 마지막까지 그래도 전체 운영에 일정한 관심을 가지고 있었다.

5. 작업내용 및 작업방식

작업내용 및 작업방식은 내동기계화영농단과 유사하였다.

상사기계화영농단은 1982년 구성 당시 트랙터 1대, 이앙기 2대, 콤바인 1대, 그리고 육묘상자 4,700개를 일괄 구입하였다. 1983년에는 육묘상자를 3,600개 추가 구입하였으며, 1984년에는 콤바인을 보조받지 않고 융자금으로 구입하였다. 트랙터, 이앙기, 콤바인, 육묘상자 및 육묘시설 등은 1982년부터 1985년까지는 격납고로 마을창고를 1년에 11만원씩의 임차료를 주고 빌려 보관하였다. 육묘장은 영농단장이 소유한 밭에 하였는데, 1983년의 경우에는 마을공동답을 벼 1섬을 주고 빌려 사용하였다. 그러나 마을에서 너무 멀리 떨어져 있어 불편하였기 때문에 1년 하고는 그만두고 다시 영농단장의 밭에서 육묘를 하였다. 1986년부터는 마을창고를 마을에서 사용하게 됨에 따라 농기계를 단장 집에다 보관하였다. 1986년까지 영농단이 활동하고 1987년부터는 사실상 해체되었는데, 따라서 육묘상자도 1986년까지 사용하고 일부만 남기고(단장이 개인적으로 사용) 다른 마을사람들에게 판매하였다. 고장이 나면 기술자를 불러다가 고쳐서 쓰곤 하였는데, 나중에는 부품을 사다가 직접 수리하여 쓰는 경향이 늘어 갔다.

1986년에 영농단이 사실상 해체된 후에 기계는 영농단장이었던 사람이 가지고 있으며, 트랙터는 1986년까지는 여러 가지 작업을 하였으나 1987년에는 운반작업만을 주로 하였고 1988년 이후에는 작업을 하지 않고 있다. 이앙기는 계속해서 단장이 사용하고 있으며 콤바인 가운데 하나는 작업을 못하고 있고, 1984년에 융자금으로 산 것은 영농단장이 개인적으로 사용하며 친척 및 다른 농가의 위탁작업을 해 주고 있다. 즉 영농단 활동이 해체되면서 농기계는 담보를 제공하고 차주가 되었던 영농단장이 개인적으로 소유하고 이용하는 것으로 되었다. 농기계의 관리 및 수리기술이 우수한 편인데도 수리비용이 많이 들어 웬만큼 고장이 나면 고치기 보다는 새로운 기계를 구입하여 사용하려고 한다. 영농단의 기계도입은 마을에서는 일찍 이루어졌고 그 이후에 개인들이 여러 가지 기계를 도입하게 되었다.

영농단의 기계운영 및 작업내용을 비롯하여 마을 안의 기계화에 관해서 기종별로 간단하게 살펴보자.

〈표 3-3-3〉 상사기계화영농단 작업상황

(단위: 정보)

기종별		1982	1983	1984	1985	1986	1987	1988	1989
트랙터	경운	8.3	6.7	3.3	3.3	→			
	정지	5.0	5.0	4.0	2.7	→	→		
	계	13.3	11.7	7.3	6.0	→	(운반)		
이앙기		15.0	20.7	21.7	23.3	→			
(육묘포함)		(영농단, 이앙자가 육묘)					(개별육모)		
콤바인		22.0	21.3	23.3	21.3.	→			

먼저 이앙기는 1982년 영농단 설립시에 2대를 구입하였는데, 이앙작업이 많지 않아 주로 한 대만 운명하였다. 이앙기 작업은 주로 정오수씨(〈표 3-3-3〉의 2번 농가)가 맡았으며, 다른 한 대는 일이 많을 때에 사용하였는데 사람을 고용하여 부리든가 단장이 직접 작업하기도 하였다.

이앙작업실적을 보면 1982년 영농단 활동 시작부터 1986년까지 지속적으로 증가해 왔다. 첫 해에는 15정보의 작업을 했으나 2년차부터는 20정보가 넘는 이앙작업을 하고 있다. 이 마을의 경우 손모로 모내기를 하는 면적이 반 정도에 달해 다른 마을에 비해 이앙기의 이용이 많지 않은 편이다.

이앙작업에는 모를 운반해 주는 사람이 필요한데 영농단에서 하는 이앙작업에는 영농단의 트랙터를 사용하였다. 이앙작업은 모판에서 모를 떼는 사람, 모를 운반하는 사람(트랙터운전자-영농단원), 이앙기를 조작하는 사람 등 최소한 세 사람이 필요하다. 모를 떼거나 얹어 주는 일이 쉬운 일이 아니며 특히 모를 떼는 작업이 매우 힘들다. 이 작업은 일당 6천원씩을 주고 영농단원이나 다른 마을사람을 고용하여 대처하였다.

이앙기 두 대가 작업을 할 때에는 이앙기조작자 1명과 보조자 2명을 고용하고 트랙터가 양쪽의 운반을 하면서 5명이 조를 이루어 작업을 하였다. 단장이 다른 이앙기를 조작할 때에는 이앙기조작자를 고용하지는 않았다. 이앙기작업자는 보통 40-45일 정도 일을 한다.

이앙을 위해서는 이앙작업에 못지 않게 손이 많이 가고 중요한 작업이 육묘작업이다. 영농단에서 이앙을 위탁받을 때 육묘작업까지 함께 위탁받아 해준다. 마을 공동답을 임차하여 한 해 동안 육묘를 해봤지만 조건이 좋지 않아 그만 두고, 밭에다 하였다. 이앙예정 작업량에 맞추어 이앙을 위탁한 농가로부터 면적에 따라 종자를 받아서 단장이 중심이 되어 육묘를 하였다. 일하는 사람은 영농단에서 품삯을 주고 고용하였다. 대개 이앙을 위탁한 농가에서 와서 작업을 하는 경우가 많았지만 작업을 위탁하지 않은 사람이 와서 작업하기도 하였다. 논에다 하는 육묘와는 달리 층층이 쌓아서 육묘를 하였으며, 따라서 좁은 면적에서 육묘를 할 수 있었다. 육묘는 이앙작업에 있어 매우 중요한데, 예를 들어 육묘에 실패하든가 계획보다 위탁면적이 많을 경우에는 모가 모자라 이앙기의 조작에 의해 모의 이식거리를 늘리기도 하며, 이렇게 되면 수확량이 줄어 들 것은 틀림없다. 이러한 사태에 대비하여 처음 2년간은 예비모를 총소요량의 20-30%, 그 후에는 15% 정도 추가 육묘함으로써 육묘과정에 과다한 비용이 지출되었다. 이앙기를 단장이 개별적으로 소유이용하게 되면서는 육묘는 이앙작업을 위탁한 농가에서 개별적으로 하였다.

트랙터는 경운정지작업과 운반작업을 하는데 한 명의 운전자가 작업을 감당할 수 있다. 트랙터는 한 농가(〈표 3-3-3〉의 3번 농가)가 주로 담당하였는데, 〈표 3-3-3〉에서 보는 바와 같이 경운작업과 정지작업이 모두 줄어들어 1985년에는 1982년의 반도 안 되고 있다. 트랙터 작업은 이앙기 및 콤바인의 작업과 결합되어 이루어지기도 하는데, 이앙 직전에 정지작업을 하며 이앙시에는 모의 운반작업을 하고 콤바인 작업시에도 벼 가마니를 운반하는 작업을 한다. 트랙터는 성능이 떨어지면 경운, 정지 작업을 하기가 어려워지며 그 때에는 대개 운반용으로 사용된다. 상사기계화영농단의 트랙터도 1986년 영농단 해체 후 단장이 소유하고 1년 동안 운반작업에 사용하였다. 1986년에 마을의 한 농가가 트랙터를 새로 구입하여 운영하면서는 농민들이 성능이 좋은 그 기계를 선호하여 영농단에서 사용하던 트랙터는 작업중지상태에 있다. 이 사람은 현재는 트랙터 1대와 콤바인 2대로 위탁작업을 하면서 기계를 운용해 가고 있다. 특히 트랙터는 이앙기와 콤바인과는 달리 경운기와 경합해야 하는데 많은 농가가 개별적으로 경운기를 소유·이용하고 있어 트랙터의 작업물량 확보가 어렵다.

콤바인은 벼를 베면서 동시에 탈곡하여 가마니에 담는 작업까지 하는 고성능기계이다. 이앙기가 모내기철에만 사용되는 것처럼 콤바인은 수확 한 철에만 사용된다. 상사기계화영농단의 콤바인은 꾸준히 20정보 이상을 작업해내고 있다. 영농단 구성시에 구입한 콤바인은 1983년부터 고장이 잦아 작업도중 고장에 대비하여 1984년에 1대를 추가로 구입하여 사용하였다. 1982년에 구입한 콤바인은 궤도고장으로 1985년에는 사용하지 않았으며, 1984년에 구입한 콤바인은 기계 성능이 비교적 양호한 편이어서 주로 사용하였고 1989년 현재에도 단장이 개인적으로 소유·이용하고 있다.

1989년 이 지역에서 콤바인작업의 작업수수료는 한 마지기 (200평)당 1만8천원이다. 콤바인작업은 일년 농사의 결실을 거두는 작업이기 때문에 주인집에서 안 나오는 경우는 없었다. 한 사람 정도는 놉을 얻어서라도 동원해야 하는데 보통은 친척이나 가족 가운데 보조자를 동원하여 작업에 참여한다. 보조자를 몇 사람 동원하기도 하는데 콤바인작업에 앞서서 피라든가 다른 종류의 낟알을 미리 분리하는 작업을 하는 사람이 있기도 하며, 또 집에서 식사를 준비하는 사람도 있어야 한다. 위탁한 농가가 운반할 때에는 보통 경운기를 이용해서 운반한다.

이처럼 영농단의 작업은 노동력의 결합뿐만 아니라 기계간의 결합이 어느 정도 필요하기도 하다. 그런데 기계가 개별적으로 보관 운영되면서, 이러한 결합 즉 협조체제가 잘 이루어지지 않아 갈등을 불러일으키기도 한다.

6. 분배체계

기계화영농단의 조직형성 과정에서 보았듯이 농민들 스스로 자기자금으로 이렇게 비싼 농기계를 구입하기가 어렵다. 자본의 이해를 대변하는 국가는 보조 및 융자를 통해 이런 값비싼 농기계의 공급을 담담하며, 농민들은 이런 방식을 통해서라야 그래도 기계를 구입할 수 있다.

그런데 앞의 자금조달상황에서 나타나듯이 자부담도 약간 있고 또한 융자금은 이자를 덧붙여 상환해야하는 것이니 만큼 농민들은 아주 비싼 값으로 농기계를 구입하되 당장은 기계값을 지불하지 않을 뿐이며, 그 농기계를 사용하여 수익금으로 갚고 농기계활용을 통해 활발한 영농을 시도해 보고자 한다. 더욱이 개별 농민이 부담하기에는 과중하여 분담하는 방식을 택하도록 하여 기계화영농단이라는 것을 조직하기에 이른 것이다.

그러면 먼저 기계화영농단의 주요 수입원인 작업수수료에 대해서 간단히 살펴보고 수수료수입으로 지출을 얼마나 감당하고 운영수지는 전체적으로 어떠한 상태에 있는지 살펴보자.

〈표 3-3-4〉 상사기계화영농단의 작업료수입 및 정보당작업수수료

(단위:천원)

구분	1982		1983		1984		1985		1989
트랙터(1)	1,025	77*	925	80		620	480	80	
이앙기(2)	3,150	210	4,340	210	4,550	210	4,900	210	210
콤바인(1)	3,960	180	3,840	180	4,200	180	3,840	180	180
합 계	8,135		9,105		9,370		9,220		

오른쪽 수치는 1정보당 작업료임.

상사기계화영농단에서 올리는 유일한 수입은 작업수수료 수입이다. 작업수수료는 12월 25일 마을 정기총회에서 정한다. 영농단이 활동할 때 뿐만 아니라 개인적으로 임작업을 하는 경우에도 마을총회에서 정한 이 수수료를 따라야 한다. 〈표 3-3-4〉에서 보는 바와 같이 1정보당 트랙터의 경운정지작업은 7만7천원 내지 8만5천원, 이앙작업은 21만원, 콤바인의 수확작업은 18만원의 수수료를 받았다. 이는 평당 수수료로 계산하면, 각각 25원70전 내지 28원40전, 70원, 60원에 해당한다. 이러한 작업수수료 수준은 이 지역의 다른 마을과는 비슷하거나 낮은 수준이었다. 전남 지방의 작업료 수준이 낮은 편인 것에 비추어 보면 전국적으로는 이곳 수수료가 매우 낮을 것으로 생각된다.

작업료수입은 단위당 작업수수료와 작업면적에 따라 다른데, 상사기계화영농단의 단위면적당 수수료는 1982년부터 1985년까지 같았으며, 1989년 현재에도 같은 수준에서 이루어지고 있다. 작업량확보가 안정적이어서 작업료수입도 큰 굴곡이 없으며, 1983년에서 1985년까지는 900만원 이상의 작업료수입을 올리고 있다. 이앙기는 두 대를 움직이는데 합해서 가장 많은 작업수입을 올리고 있으며 그 다음이 콤바인이고 트랙터의 작업수입은 급속히 감소하고 있다.

작업료 징수는 대부분 작업을 할 때에 받는 것이 아니라 작업 후 농가에서 현금사정이 호전될 때에 받는다. 트랙터작업과 이앙작업의 수수료는 하곡수매를 하고 받으며, 콤바인작업 수수료는 가을 수확 후에 받는다. 일부는 작업시에 수수료를 내기도 한다. 그런데 농가경제의 악화로 작업료 가운데 일부를 받지 못하는 사태가 나타났다. 1983년, 1984년 작업료 가운데 약 50만원을 1985년 말까지 받지 못하고 있었으며 아예 포기하였다. 1985년의 이앙작업료의 약 60%는 추곡수매 시에 받았다. 이처럼 미수금문제가 발생하기도 하였으나 영농단장이 직접 일감을 맡고 (농작업위탁을 받고) 수수료를 적극적으로 징수하였다.

다음으로 영농단의 운영수지를 살펴보자.

〈표 3-3-5〉 상사기계화영농단 운영수지상황(1985)

(단위: 천원)

구분	기종별	트렉터	이앙기	콤바인	합계
조수입(가)	작업수수료	480	4,900	3,840	9,220
	소계	480	4,900	3,840	9,220
직접비용 (나)	인건비	280	1,659	555	2,494
	유류비	270	185	284	739
	수리비	562	428	317	1,307
	자재비	-	328	-	328
	관리비	20	50	20	90
	임차료	30	100	40	170
	차입금이자	125	185	789	1,099
	기타	10	10	10	30
	소계	1,297	2,945	2,015	6,257
손익 (다)	다 = 가 - 나	-817	1,955	1,825	2,963
간접비용 (라)	고정자본이자	49	36	159	244
	유동자본이자	29	69	31	129
	감가상각비(아)	831	1,266	2,164	4,261
	소계	909	1,371	2,354	4,634
총비용 (마)	마 = 나 + 라	2,206	4,316	4,369	10,891
손순익 (바)	바 = 가 - 마	-1,726	584	-529	-1,671

1. 고정자본이자는 자기자본 이자분만 계상함(보조금 제외).
2. 감가상각비의 내용연수(사용연한)는 농기계상태별 현지조사에 의한 실지사용가능연수로 계상하여 정액법에 의해 산출함.

〈표 3-3-5〉에서 알 수 있듯이 영농단의 수입은 작업수수료로 구성되며 1985년 수입은 922만원이고 기계를 움직이는 데 들어간 인건비, 유류비, 수리비, 자재비, 관리비, 차입금이자 등 직접비용이 625만 7천원이어서 296만 3천원의 이익금을 남겼다. 즉 직접비용만을 계상할 때

에는 흑자를 기록하였는데, 기종별로는 이앙기와 콤바인이 각각 195만 5천원, 182만 5천원의 흑자를 낸 반면, 트랙터는 작업물량의 감소로 81만 7천원의 적자가 발생하였다.

그러나 기계의 마모 및 기계구입자금에 대한 이자 등 간접비용을 고려해 볼 때 총비용은 엄청나게 많다. 이러한 간접비용까지 포함하여 계산하면 167만 1천원의 적자를 내고 있다. 이앙기의 경우는 간접비용을 고려하여도 흑자를 내는 반면 트랙터와 콤바인은 적자를 내고 있다.

실제로 영농단원들은 감가상각비를 계산 적립하지 않고 있으며 융자금만 상환하면 된다고 생각하고 있다. 즉 작업자들에게 임금을 주고 난 뒤 기계운영에 의한 이익금은 융자금을 상환하는데 주로 쓰인다. 상사기계화영농단은 비교적 운영실적이 양호한 편이며 그래서 융자금을 상환하는 데는 큰 어려움은 없었다. 그럼에도 감가상각비가 적립되고 있지 않으며 특히 수리비가 많이 들어 운영수지가 개선되지 않고 있다. 1985년에 수리비가 130만 7천원이 들었는데, 각 기종별로 연도별 수리비 부담액을 살펴보면 〈표 3-3-6〉과 같다.

수리비 내역을 보면 작업량이 가장 적은 트랙터가 오히려 가장 많으며, 이앙기는 해가 갈수록 급속히 증가하고 있다. 상사기계화영농단의 경우 수리기술이 우수하고 기계조작능력도 우수한 점에 비추어 볼 때 이 처럼 수리비가 많이 드는 것은 커다란 문제가 아닐 수 없다.

〈표 3-3-6〉 상사기계화영농단의 수리비 부담액

(단위:천원)

기종별 연도별	1982	1983	1984	1985
트랙터	55	445	540	562
이앙기	-	79	309	428
콤바인	-	340	470	317
합 계	55	864	1,319	1,307

직접비용 가운데 많은 양을 차지하는 항목으로는 인건비를 들 수 있다. 인건비는 영농단의 기계운전자 및 고용운전자, 그리고 고용보조자(기계작업의 보조자, 육묘작업자 등)에게 지출된 임금이다. 특히 작업량이 많고 2대를 운명하고 있는 이앙기에 들어가는 인건비가 반 이상을 차지한다. 1985년의 인건비 249만4천원 가운데 영농단의 기계조작자에게 지급된 것은 97만원으로 38.9%에 달한다. 마을 안에 임금이 5천원일 때 기계조작자에게는 7천원의 임금을 지불하였다. 이앙기를 조작하던 사람은 나주에서 직장생활을 하다가 들어와 영농단 활동에 권유를 받아 시작했는데, 임금에 불만을 갖고 있었고 나중에는 임금지불이 잘 안 돼 영농단장과 불화가 생기기도 하였다. 특히 이앙기작업자의 경우 다른 기계조작자보다 일이 힘들고 40여일 이상 계속해야 하며, 농촌 안의 임금보다는 높게 받는다고 하더라도 비교기준이 농촌임금이 아니라 도시에서의 노동임금이기 때문에(실제로 젊고 도시취업이 가능하기 때문에) 임금산정에 불만을 가질 수 밖에 없다. 그리고 한편으로는 기계조작자는 일이 더욱 힘들어지는 반면에 위탁하는 농가들은 쉬워지기 때문에 기계를 중심으로 한 몇몇 사람이 '마을 안의 모내기를 다 하는데 그에 대한 대가가 너무 적다'고 생각하는 것은 당연하다고 하겠다. 그리고 단장은 처음 영농단을 조직할 때에 2명의 기계조작자에게 농기계 융자금을 상환한 뒤에는 농기계를 각각 1대씩 주겠다고 약속하였으나, 실제 1987년 이후 영농단의 활동이 중지된 이후에도 단장이 모든 농기계를 가지고 있어 불만을 낳게 하였다.

상사영농단은 기계조작기술도 좋고 젊은 사람들이 중심이 되어 영농단이 잘 운영된 예이며, 융자금 상환에는 큰 문제가 없었다.

1985년까지 융자금 상환실적을 보면 융자금총액 1,500만 2천원(1984년에 구입한 콤바인 1대는 제외) 가운데 48.9%인 734만 1천원을 1983년, 1984년 2년간에 걸쳐 상환하였다.

〈표 3-3-7〉 상사기계화영농단의 융자금상환 실적(1985)

(단위:천원)

구분	트랙터	이앙기		육묘상자		콤바인		합계
		(가)	(나)	(4,700개)	(3,600개)	(가)	(나)	
융자액	5,247	847	879	1,731	2,134	4,164	5,900	20,092
상환액	4,000	287	299	1,041	874	840	-	7,341
잔 액	1,247	560	580	690	1,260	3,324	5,900	13,561
이자율	10%	6%	6%	6%	6%	6%	10%	

7. 기계화영농단의 변모

이상에서 상사기계화영농단의 조직적 측면 및 운영상황을 살펴보았다. 노동력이 계속 감소하고 있고 질적으로 저하하고 있는 상황에서 기계화를 통한 생력화 없이는 영농을 해 나갈 수 없다. 그렇게 되다 보니 계속적으로 영농단과 같은 기계작업조직을 만들어 나가야 하는데, 이 사례를 통해서 알 수 있듯이 잘 운영된다고 해도 융자금을 갚고 작업자의 노임이 겨우 실현되는 정도이다. 상사마을에서는 개별농가가 농기계를 한 가지 또는 몇 가지를 구입하여 자기영농도 하지만 주로 다른 농가의 위탁작업을 해주면서 기계를 활용하고 있다. 영농단이 처음에는 10여 호가 모여서 이루어 졌으나 실제로는 5호 내외의 소수농가가 중심이 되어 움직였다. 상사기계화영농단의 경우는 단장 개인이 운영에 있어 상당히 중추적이었고 다른 단원들은 기계작업자로서 임금획득을 목적으로 노동하는 특성을 보인다. 사실상은 농기계의 소유가 공동으로 되어 있었던 것이 아니라 단장 개인이 모든 담보를 지고 있었던 것이 그러한 운영으로 갈 수 밖에 없도록 하였다고 생각된다.

4절. 새터기계화영농단 : 괴산군 감물면 오성리 신기마을[4)]

1. 마을개황

마을의 이름은 새터, 새터말, 새터마을인데 한자식 표기로 신기(新基)라고 한다. 37호 가운데 28호가 농가이며 9호가 비농가이다. 마을 안에는 연안 이씨가 17호에 이르고 있으며, 감물면의 30%의 토지가 종중토로 되어 있다. 마을 안에는 영농단의 이앙기 2대 이외에 산파식 이앙기 2대가 있다. 다른 마을 사람과 콤바인을 사서 운영하는 사람이 마을 안에 있는데, 그 사람은 자기 논(8천여평)만 작업한다.

마을 안에서 소작은 두 가지 형태로 이루어지는데 논의 경우에 '어울이'라고 해서 반타작 소작이 이루어지고 있으며 전경지의 약 20%에 이를 것을 생각된다. 밭의 경우는 '삯도지'라고 해서 300평당 10만원을 선도지로 지불하고 경작하며 대개 고추나 담배를 재배한다.

2. 마을구성원 현황

새터마을의 마을구성원은 모두 116명이다. 마을 가구수는 37호인데 그 가운데 9호가 비농가이다. 400평의 밭을 경작하는 농가까지 포함하면 실제로 10호가 비농가에 해당하여 비농가가 많다. 두 가구는 비농가이지만 농업노동에 종사하고 있다. 그 외에는 공장에 다니거나 다른 일을 하는 사람들, 연로하거나 건강이 약한 사람이다.

경영주 연령을 보면 60대가 가장 많고 그 아래 위로 줄어들고 있다. 농가경영주 연령도 비슷하다.

가구원수별로 보면 2인가족이 가장 많고 3인가족, 4인가족 순이다. 평균가족원수는 3.14명이다. 부부가족이 9호나 되고 나이가 많은 경영

---

4) 1992년 조사.

주가 손주들을 데리고 살고 있는 가구가 3호나 된다.

〈표 3-4-1〉 새터마을 구성원 현황

일련번호 / 이름	연령	가족구성원	경지면적			비 고
			논	밭	합계	
1* 강동옥	46	2,3,4				농사일품팔이
2 강영식	39	(2),1,2,3,4	5,900	2,000	7,900	영농단원
3* 권덕주	59	1,2				고물장사/현재 중단
4 김기회	57	1,2	3,500	6,000	9,500	
5 김무한	54	1,2,3	4,500	1,800	6,300	
6 김용한	62	1,2,3	2,850	3,200	6,050	
7* 김진한	61	1,2,3				1 건축업 업자
8 송영호	55	1,2	2,200	1,700	3,900	
9 송원호	63	(2),1,2	3,000	1,100	4,100	
10* 유천식	70	1,2,3,4				3,4 오성세라믹(공장)
11* 윤영순	62	(2)				이사옴/서울/부동산
12 이광호	44	(2),1,3,4		400	400	2 수원에서 행상
13 이교영	67	1,2	1,700	1,000	2,700	
14 이낙훈	38	(2),1,2,3,4	3,600	1,000	4,600	영농단원
15 이덕훈	69	2(모)	1,300	2,500	3,800	이도훈 씨 큰어머니
16 이도훈	36	(2),1,2,3,4	2,500	2,000	4,500	영농단원
17 이동훈	58	1,2	2,600	2,600	5,200	
18 이록승	77	1,2	1,150	1,100	2,250	
19 이부영	83	1,2,((3))	500	700	1,200	
20 이부승	52	1,2,3	1,150	1,000	2,150	
21* 이원규	48	1,2,3,4				공장 다님
22 이원승	70	1,2	500	300	800	3남매 이출
23 이인승	83	1,2	1,100	600	1,700	

일련번호 / 이름		연령	가족구성원	경지면적			비 고
				논	밭	합계	
24	이의명	60	1,2	1,200	3,500	4,700	
25	이재승	74	1,2,3(막내)	1,800	1,500	3,200	
26	이재영	60	1,2,3,4,((5))((6))	8,000	4,000	12,000	
27	이준승	78	1,2,((3))((4))	350	800	1,150	
28	이종훈	46	(1),(2),1,2,3,4	1,500	4,500	6,000	
29*	이창승	44	1,2,3,4,5				생활보호대상자
30	이태영	32	(2),1,2(동생)	900	600	1,500	정신박약
31	이해완	43	1,2,3,4	4,000	1,500	5,500	영농단원
32*	조주식	58	2,3				2 농업노동
33	최만성	71	1,2	1,650	1,100	2,650	
34	한광희	36	((1))(2),1,2,3,4	3,000	300	3,300	1 건축노동
35*	한근수	82	1,2,((3))((4))				아들 이출
36	한상태	60	1,2	1,600	3,000	4,600	
37	현만기	69	1,2	1,500	1,700	3,200	

1. *는 비농가
2. 가족구성 란의 (1)은 부, (2)는 모, ((1))은 조부, 1은 본인, 2는 부인, 3,4,5는 자녀, ((3))((4))((5))((6))은 손자녀.

〈표 3-4-2〉 새터마을의 경영주연령(1992)

경영주연령	30대	40대	50대	60대	70대	80대	합계
빈도	5	6	7	10	6	3	37

〈표 3-4-3〉 새터마을의 가구원수별 빈도(1992)

가구원수	1	2	3	4	5	6	평균
빈도	2	13	9	7	3	3	3.14

가구원수 합계 116명

〈표 3-4-4〉 새터마을 경지규모별 농가분포(1992)

(단위: 정보)

규모	0.5미만	0.5-1	1-1.5	1.5-2	2이상	합계
농가수	4호	6호	8호	5호	5호	28호
비율(%)	14.3	21.4	28.6	17.9	17.9	100.1

비농가 9호

농가 28호를 경지규모별로 보면 3,000-4,500평의 경지규모를 갖고 있는 농가가 가장 많다. 농가만을 보면 중농표준화의 모습을 보이지만 비농가가 많다. 마을구성원의 경지면적은 합계 114,850평이며 논이 44,600평, 밭이 51,500평으로 밭이 좀더 많다. 농가호당 평균경지면적은 4,102평으로 1.37정보에 해당한다.

3. 영농단원의 구성

첫해인 1989년에는 5명이 조직하여 운영하였으나 1명이 탈농하여 1992년 현재 4명이 운영하고 있다. 축산반 활동을 적극적으로 하던 마을의 젊은 사람들이 결집하여 만들었다.

〈표 3-4-5〉 새터기계화영농단 구성원현황

이름	연령	가족구성/연령	경지면적(논, 밭, 합계)	재배작물
강영식	39	(2),1, 2, 3, 4 70 35 11 9	5,900 2,000 7,900 (1,500임차)	벼/고추,옥수수 *축산반원
이낙훈	37	(2),1, 2, 3, 4 71	3,600 1,000 4,600	벼/고추,감자 *축산반원
이도훈	36	(2),1, 2, 3, 4 67	2,500 2,000 4,500	벼/감자,옥수수,고추 논에 감자 1,000평 심음
이해완	43	1, 2, 3, 4 38	4,000 1,500 5,500	벼/감자,옥수수,고추 *축산반원
김정근	35	(1),(2),1,2,3,4 62 58	3,600 3,000 6,600	1,2,3,4 이농,음식점(청주) 영농단 이탈

회장과 총무는 돌아가면서 맡는 것으로 해 놓고 있지만 사실상 거의 고정되어 있다. 기계관리는 기계기술교육을 받은 이낙훈씨가 맡고 있다.

영농단원들은 30대의 젊은이들로 구성되어 있다. 영농단원의 가족은 부부와 자녀를 기본구조로 하고 할머니(그리고 한 가구는 할아버지까지)가 있어 노동력이 풍부한 특성을 갖고 있다.

4. 영농단의 기계 및 작업과정

영농단이 소유한 기계로는 이앙기(조파식 2대), 콤바인(3조), 건조기가 있다. 보조 50%, 융자 40%, 자부담 10%로 농기계를 마련하고 격납고도 마련하였다. 기계구입비용으로 보조와 융자금을 합해 1,800만원을 받았으며, 자부담금은 일반 영농자금을 대출받아 격납고를 짓는데 사용하였으며 크게 지었다. 결국은 모두 보조와 융자로 마련하였다. 1989년 처음 시작할 때에는 이앙기가 한 대였으나 1990년에 한 대를 구입하여 두 대를 운영하고 있다.

영농단원들은 모 키우기(육묘), 모내기, 수확, 건조 등 주요 농작업을 공동으로 한다.

모 키우는 작업은 모판을 설치하고 모의 성장에 따라 관리하는 작업이다. 모판을 설치할 때에는 마을의 할머니들이 나와 돕는다. 대규모 비닐하우스에서 모를 키우며 다른 사람들의 모도 키워준다. 영농단에서는 조파식 이앙기를 이용하고 있어 조파식 모판을 설치하는데, 조파식 모는 산파식 모에 비해 활착률이 빠르다. 1991년의 경우 2,503개의 모판을 설치하였다. 그 가운데 200개는 한 판당 1천원씩 받고 다른 마을에 판매하였다. 모판은 150평 한 마지기에 15개 정도가 필요하며, 영농단에서는 만약의 경우에 대비하기 위하여 100개의 여유를 두고 모판을 설치한다. 그러나 현재까지 한번도 실패한 적은 없다. 모 키우는 작업이 어렵고 힘들기 때문에 많은 모 요청이 쇄도하고 있다.

모내기작업은 영농단원 4명의 것을 중심으로 하고 다른 몇(1991년 4농가) 농가의 작업을 해준다. 영농단원 4명의 작업면적(4,500/4,500/2,700/2,200)은 단원 이외 농가의 작업면적(1,000/820/600/1,300) 보다 많다. 처음 영농단원이었다 이농한 농가의 부모가 하고 있는 농사의 모내기도 해준다. 모내기를 하기 위해서는 먼저 심경작업과 로타리작업을 해야 한다. 이 작업은 경운기나 트랙터로 해야 하는데 영농단에 트랙터가 없기 때문에 삯을 주고 갈게 된다. 이 작업이 끝나면 영농단원 가운데 두(또는 한) 사람이 논바닥을 편편하게 고르는 써레질(정지) 작업을 한다. 다른 한 사람은 모판을 운반하고 기계작업을 보조하며 또 다른 한(또는 두 사람)은 이앙기를 사용하여 모내기작업을 한다. 이앙기가 한 대였을 때는 써레질을 두 사람이 하고 운반보조와 기계작업을 한 사람씩 담당하였으나 이앙기가 두 대가 된 뒤에는 기계작업에 두 사람이 나서고 다른 작업은 한 사람씩 맡아 한다. 물론 작업과정에서 서로 바꿔가며 하기도 한다. 그런데 기계작업에 맞춰 써레질을 해대기가 어려울 정도이다. 이앙작업은 보통 25일 정도 하게 된다.

모내기 작업이 이루어지면서 영농단원들의 부인들이 나와 공동보식을 한다. 품앗이로서 하는 작업이지만 특별한 사정이 없는 한 함께 작업을 한다. 영농단원이 아닌 농가들은 개별적으로 알아서 보식을 한다.

모내기의 경우 단원 가운데 최소규모에 해당하는 단원의 면적 이상의 것에 대해서는 작업료를 받아 기금화한다. 단원 이외 농가의 작업에 대해서도 작업료를 받는다.

모키우는 작업에서 모내기 작업까지가 끝나면 영농단은 일단 활동하지 않게 된다. 가을 수확기가 오면 콤바인작업을 위해 다시 영농단이 활동하게 된다. 영농단에서 사용하고 있는 콤바인은 3조식으로 가장자리를 베고 작업해야 한다. 이슬에 젖은 벼가 마른 후에 작업을 해야 하기 때문에 오전 11시나 되어서야 작업을 시작한다. 하루 평균 2천여평 정도의 작업을 하고 있는데, 작업기간은 30여일 이상 된다. 콤바인 작업시에도 4명의 영농단원이 모두 나와 공동작업을 한다. 가장 자리를 베고 운반하는 작업을 두 사람이 담당하고 콤바인 운전을 한 사람이 그리고 콤바인 보조를 한 사람이 담당한다. 콤바인작업은 작업 신청에 따라 하는데 가능한 한 이웃한 논끼리 작업할 수 있도록 작업 순서를 배정한다.

수확시에는 다른 마을의 콤바인이 들어와 작업을 하며 마을 안의 수확작업은 거의 콤바인작업으로 이루어지고 있다. 영농단은 1991년에 120마지기(마지기당 150평)의 수확작업을 하였다. 콤바인수확작업의 작업료는 1991년의 경우 경지정리된 논은 평당 100원, 경지정리 안 된 논은 평당 120원을 받았다. 1989년에는 각각 80원과 100원이었다.

건조기 작업은 매상용 벼를 말리는 것이 대부분이다. 신청자의 것을 작업하는데 대개 콤바인 작업과 동시에 연결작업을 해 나간다. 콤바인 작업을 담당하는 두 사람 이외에 두 사람은 경운기 등을 이용하여 벼를 운반하여 건조기에 넣는다. 건조시간은 8-9시간 정도 걸린다. 즉각 말려야 하기 때문에 연결작업이 이루어지고 있다. 통일벼는 일찍 베기 때문에(탈립방지를 위해) 건조를 많이 하는데 통일벼가 줄어들고 일반벼가 늘어나는 추세여서 전반적으로 건조작업량이 줄어들고 있다. 1991년에 건조작업료는 매상용 40킬로 한 가마당 9천9백원이었으며, 총작업료는 87만원에 달하였다.

5. 영농단의 문제점과 전망

경지조건이 큰 변수로 등장하고 있다. 기계작업이 곤란한 경지의 경우 작업을 기피하는 경향이 더욱 두드러지고 있으며, 농기계수리비 부담이 너무 크고 기계값이 기본적으로 너무 비싸다. 1991년의 경우 콤바인이 고장나 80만원의 수리비가 들었다. 이앙기와는 달리 콤바인은 기계가 복잡할 뿐만 아니라 고장률이 높아 큰 부담이 되고 있다. 또한 영농단에서는 트랙터가 없어 일관기계화에 어려움을 느끼고 있다. 그래서 현재 트랙터를 구입하려고 노력하고 있으며, 전업농농기계를 신청해 놓고 있다. 1,500만원 정도 소요되는데 보조가 10%에 지나지 않아 자부담이 클 것으로 보인다. 물론 1,200만원을 융자금으로 충당하고 나머지를 자부담으로 감당하려고 하지만.

새터기계화영농단의 경우 젊은 사람들이 중심이 되어 잘 운영되고 있다. 철저하게 공동작업이 이루어지고 있고 단원간의 불화가 생겨도 그때 그때 풀어가기 때문에 단원간의 화합도 잘 되고 있다. 단원 가운데 최소규모 이상의 것에 대해서는 일정한 작업료를 내고 또 작업도 하고 있는 실정이다. 그러나 마을 사람들은 영농단이 사업을 하는 것으로 생각한다. 또한 작업을 할 때에 경작주인들의 봉사가 거의 없으며 작업료조차 깍으려고 든다고 한다.

영농단은 현재 융자금이 250만원 정도 남아있는데 이것도 이앙기를 새로 구입하느라고 늘어난 것이다. 자본금은 백만원 정도에 이르고 있다. 단원들의 적극적인 작업으로 잘 운영되고 있는 편이나 감가상각비의 적립은 물론 임금보상도 어려운 실정이다. 평당수수료가 낮게 책정되어 있는 것도 문제이다.

앞으로 기계작업에 대한 요구는 더욱 늘어날 것으로 전망된다. 그런데 기계작업을 주도하는 사람은 줄어들고 있어서 영농단에 대한 기계작업신청은 더욱 늘어날 것으로 보인다. 특히 모키우기와 모내기의 요구작업량은 늘어날 것이다. 그런데 영농단원들은 자가농사가 있기 때문에 일정한 작업만을 감당하려고 한다. 이런 상황에서 작업료의 상승도 나타날 것으로 보인다.

영농단원들은 영농에 적극적인 사람들로서 영농단이 잘 운영되고 있는데 대해 자부심을 가지고 있다.

4장

마을생산조직

1절. 한들마을 농기계공동작업반 : 강원도 춘천시 신동면 증2리 한들마을의 벼농사 작업을 중심으로[1)]

1. 마을개황

한들마을[2)]은 춘천에서 남쪽으로 8km 지점에 경춘선 철도와 인접해 있으며, 춘천 시내와 한들마을을 연결하는 버스가 30-40분마다 다니고 있다. 사방이 산으로 둘러 싸여 있고 하천을 끼고 있는데, 이 지역에서는 비교적 넓은 들을 가지고 있어 '한들'[3)]이라는 마을이름을 가지게 되었다.

---

1) 사례마을에 대한 마을 단위 개황 및 작업과정의 조사는 1983년 여름, 1988년 겨울, 1989년 여름, 1992년 겨울에 걸쳐 하였으며, 각 작업팀별 조사는 수시로 하였다.

2) 한들마을의 자세한 상황에 대해서는 윤수종, '노동력이동에 따른 농촌사회의 변화-사례연구', 서울대학교 사회학과 석사논문, 1984, 15-25쪽을 참조. 여기서는 1980년대 중반 이후 변화양상을 간단히 소개하겠다.

3) 보통 한들을 한문으로 표기하여 대평(大平)이라고 부른다.

한들마을의 인구구성은 20대 인구가 적어 다른 농촌마을과 유사하지만 30대 인구가 40대, 50대 인구보다도 많은 것으로 나타나고 있다(〈그림 4-1-1〉). 이러한 현상은 도시근교지역이어서 출퇴근하는 노동인구가 많아 그런 것이지 농업노동력인구만을 보면 다른 농촌마을과 다를 바 없다. 특히 5세 이하의 연령층이 아주 적은 것으로 나타나고 있는데, 이는 마을 안에서 새롭게 가족을 형성하는 젊은 층이 드물다는 것을 말해준다.

한들마을은 도시와 가까이 있어 비농가들의 이입이 있고 분가하여 마을 안에 머무는 경우가 있기 때문에, 농가가 유출했어도 전체 마을 호수는 줄지 않는다. 마을[4]의 총호수는 69호인데, 그 가운데 농가가

〈그림 4-1-1〉 한들마을의 인구구성(1989)

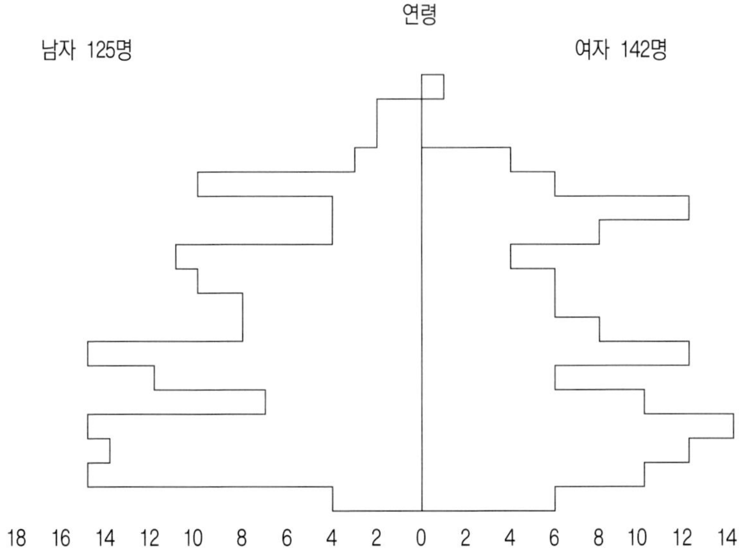

4) 한들마을이 포함되어 있는 증2리는 행정구역상으로는 한들마을과 연계가 적고 따로 떨어져 있는 6호가 있는데, 이를 제외하면 한들마을에는 68호, 69세대가 살고 있다(1989년 여름 기준).

56호이고 비농가가 13호이다. 농가라 하더라도 농사는 부업이고 다른 일을 주로 하고 있는 경우가 아주 많다. 1989년 여름 현재 총인구 267명 가운데 농업노동력인구가 101명(37.8%)이고 비농업노동력(농외취업자)인구가 43명이다. 가구단위로 농업노동력수를 보면 2인노동력을 가진 농가가 31호로 가장 많고 1인 노동력을 가진 농가가 18호, 그리고 3인 노동력을 가진 농가가 7호이다. 3인 노동력을 가진 농가에는 노인이나 잠시 농업에 참여하는 가구원이 있는 경우가 대부분이어서 한 가구의 농업노동력인구는 1-2명으로 되어 있다고 볼 수 있다(〈표 4-1-1〉).

〈표 4-1-1〉 한들마을의 가구별 가족 경지상황(1989년 10월)

구성원 번호	연령	가족수	노동력	농지관계(단위: 평)			비 고	
				논(소작지)	밭(소작지)	경지합계		
1	35	4	0	1,200(임대)		0		*
2	48	5	1(1)	1,700			남편 미장일	
3	63	8	(2)	400(임대)		0	아들자영업, 제과점	*
4	60	3	2	300		300		
5	64	6	1(1)	500(임대)		0	아들 면사무소 근무	*
6	36	3	(2)			0	양품점경영(춘천)	*
7	48	4	1(1)	(900)	600	1,500	농외노동겸, 부인도	
8	55	4	(1)		500	500	농외노동	
9	43	4	1(1)	470		470	부인이 농사, 청소원	
10	54	5	2(1)	350(3,200)		3,550	딸, 출퇴근노동	
11	46	4	2	3,100	1,000(반임대)	3,600	이장	
12	44	6	2	1,270		1,270	약초(봉양) 채취	
13	54	4	2	2,000	300	2,300		
14	32	5	2	3,500	4,000*	6,500	밭 1,000평 임대	
15	39	4	2	1,100	(500)	1,600		

구성원 번호	연령	가족수	노동력	농지관계(단위: 평) 논(소작지)	밭(소작지)	경지합계	비 고
16	34	5	2	700(600)	1,500	2,800	
17	29	4	1(2)	1,100		1,100	부부 출퇴근, 모 농사
18	57	6	2(1)	2,500	300	2,800	딸 공무원(의보)
19	49	2	2	600(400)	1,200	2,200	
20	54	5	3	1,000(1,300)		2,300	수로원, 농사일도 함
21	43	5	2	1,500	1,500	3,000	산림감시원
22	37	5	3	1,600(* 600)	1,000	3,200	3명 1,800평 공동소작
23	52	2	1(1)	600(300)		900	석축공
24	41	8	2(1)	1,000	500	1,500	면사무소 근무
25	82	2	2	650	300	950	대지를 많이 임대함
26	68	1	(1)	330		330	가게
27	70	7	4	1,500(2,300)	600	4,300	
28	71	7	2(1)	1,500	1,000	2,500	아들 청소원(시내)
29	33	3	2	900(600)		1,500	
30	52	2	2	(3,000)	(200)	3,200	
31	53	7	3(1)	1,600(800)	1,300	3,700	딸 군에 근무
32	35	4	(1)			0	군 공무원 *
33	52	4	2(2)	(900)	1,300(600)	2,800	두 딸 출퇴근노동
34	58	4	2(1)	1,700(400)	200	2,300	아들 중장비기사
35	66	3	2	900(2,000)	600	3,500	아들 방위근무
36	38	6	2	1,400	(300)	1,700	농외노동겸
37	74	2	2	(400)		400	소작료 없음
38	36	5	2	1,100(1,800)	100	3,000	
39	68	3	3	1,700	200	1,900	
40	43	7	1(1)	1,400	50	1,450	부인 출퇴근(공장)
41	32	5	(2)			0	출퇴근(서울), 가게 *

구성원 번호	연령	가족수	노동력	농지관계(단위: 평)			비 고
				논(소작지)	밭(소작지)	경지합계	
42	69	2	2	1,400	1,300	2,700	
43	40	5	2(1)	(1,700)	(700)	2,400	부인 출퇴근(공장)
44	61	1	1	400	800	1,200	아들 병으로 와있음
45	82	1	1	550(임대)		0	각종노동, 정신약함 *
46	54	2	1(1)	1,000	300	1,300	남편 농외노동
47	71	2	1(1)	750	700	1,450	아들 방송국 기자
48	52	2	1(1)	800(2,600)	200	3,600	딸 출퇴근(미용일)
49	60	2	2	900	100	1,000	
50	29	5	3	1,500	3,000	4,500	과수원
51	52	2	2	1,000(600)	600	2,200	
52	62	2	2	(3,000)		3,000	
53	50	3	1(1)	(3,200)		3,200	남편 목수, 부인 농사
54	66	5	3	1,400	2,500	3,900	과수원
55	65	1	1			0	상업 *
56	33	3	1(2)	900	400	1,300	자영(보일러), 모 농사
57	24	3	2(1)	2,300	800	3,100	딸 출퇴근
58	39	5	1(1)			0	출퇴근, 역전하역직 *
59	35	4	1(1)	1,200		1,200	출퇴근, 부인이 농사
60	47	3	1(1)	(2,000)		2,000	부부 농외노동겸
61	52	3	2	(1,000)	700	1,700	
62	38	6	3(1)	1,000		1,000	출퇴근(중장비일)
63	31	4	(3)			0	생선판매 *
64	68	3	3		3,500	3,500	부인이 농사
65	45	4	2			0	소 사육 *
66	68	1	(1)	330		330	가게
67	34	4	2	530(3,400)	(1,000)	4,930	

구성원 번호	연령	가족수 노동력	농지관계(단위: 평)			비 고
			논(소작지)	밭(소작지)	경지합계	
68	28	4 (1)			0	군인 *
69	26	2 (1)			0	군인 *
총 69호	총인구 267명 농업노동력 101명 농외노동력 43명		논 소유지 57,230 소작지 37,000 임대지 2,650 경작지 91,580	밭 33,050 3,300 500 35,850	합계 90,280 40,300 3,150 126,430	농가 56호 비농가 13호 농가호당 경지면적 2,276평(0.76정보)

1. 노동력수란에서 ( )안의 숫자는 농외취업자수
2. 비고란의 *표시는 비농가(경지면적 300평 미만)를 나타냄
3. 14번 농가는 50평 정도의 소규모로 여러 농가에 밭을 임대하여 계산의 편의상 명세화하지 않았음
4. 1989년 조사내용이므로 뒤 표들의 1992년의 내용과는 약간의 차이가 있음

〈표 4-1-2〉 한들마을의 가구원수별 빈도(1989)

가구원수	1	2	3	4	5	6	7	8	평균
빈도	5	13	11	16	13	5	4	2	3.87

가구원수별 빈도를 보면(〈표 4-1-2〉) 평균가구원수가 3.78명이며 2-5명의 가구원수가 많은 것으로 나타나고 있다.

한 가족단위로 보면 농사를 지으면서 일부 가구원이 농외취업을 하고 있는 농가가 많으며 농외취업가구원이 없는 농가도 경지가 많거나 노인가구가 아니면 일시적인 농외노동에 항상적으로 참여한다. 1983년에는 농외취업자의 대부분이 공장노동자나 기타 용원, 또는 임시적인 노동자로서 출퇴근하였다. 마을 안의 교육수준이 1980년대 들어 높아진 이후에 1989년에 들어서는 하급직 공무원 및 사무직 근무자들이 약간 증가하였으며 또한 자영업을 하는 사람도 눈에 띄고 있으나, 전반적으로는 생산직 노동자들이 주를 이루고 있다.

〈표 4-1-3〉 한들마을 경지규모별 농가분포(1989)

(단위: 정보)

규모	0.5미만	0.5-1	1-1.5	1.5-2	2이상	합계
농가수	18호	20호	15호	2호	1호	56호
비율(%)	32.1	35.7	26.8	3.6	1.8	100.0

마을의 농지는 총경지면적 12만 7천여평 가운데 논이 9만 1천여평으로 72%를 차지하고 있어 이 지역의 다른 마을에 비하여 논의 비중이 높다. 논의 경우에 특히 1980년대 들어 소작이 급증하고 있으며 1989년말에는 3만7천평이 소작화되어 있어 40.4%에 달하고 있다. 소작논은 거의 대부분 도시인들이 가지고 있다. 밭의 경우 소작이 많지 않아 10%미만이다. 농가호당 경지면적은 2,276평으로 0.76정보에 불과하여 전국평균치 1.12정보에 비하면 아주 작다. 경지규모별 농가분포를 보면(〈표 4-1-3〉), 대규모 경작농가도 없으며 전체적으로 영세한 편이다.

이 마을의 주요 생산기반인 논은 개천을 끼고 있고 비옥도가 높으며 제방시설도 잘 되어 있어 홍수 걱정은 없다. 그러나 개천의 물이 가뭄에는 부족하기 때문에 한해에 약하지만 관정을 파고 양수기 등을 동원하여 대처한다. 마을 논의 대부분은 1979년에 경지정리가 이루어져 900평 단위로 구획되었으며 몇 개의 단지를 이루고 있어 기계작업조건이 좋은 상태이다. 밭은 경지정리가 전혀 되어 있지 않다.

기계영농이 진행되기 전에는 농사를 짓기 위해서는 소가 필수적인 것이었으므로 대개 한 가구에서 한 마리씩 사육하였다. 1970년대 경운기가 도입되고 더욱이 농외노동을 많이 하게 되면서 소를 사육하는 농가는 전체적으로 줄고 그 대신 몇몇 농가는 5-10 마리 정도를 사육하고 있다.

마을 안의 기계화상황을 보면(〈표 4-1-4〉), 1980년대 초반 '경운기+이앙기+(바인더)+탈곡기' 결합형태에서 1990년대 초반에는 '트랙터

〈표 4-1-4〉 한들마을 농기계보유상황

종류 연도	경운기	트랙터	이앙기	바인더	탈곡기	콤바인	건조기
1983	11	1(1)	3(3)	3(2)	3(2)		
1988	18	1(1)	4(3)				
1989		3(3)	7(5)		2(2)	1	2(1)*

1. ( )안에 있는 숫자는 공동보유숫자임
2. 건조기 2대 가운데 하나는 고추건조기임

(경운기) + 이앙기 + 바인더 + 탈곡기(콤바인) + 건조기' 결합형태로 변하고 있으며, 특히 트랙터와 이앙기의 증가가 나타난다. 한들마을의 기계보유에서 특징적인 것은 공동보유 및 이용형태가 많다는 점이다.

밭은 많지는 않지만 아직도 기계화가 경운작업정도에 머물고 있어 많은 노동력을 필요로 하며, 다양하게 이용되고 있다. 1980년대 초반 이래 복숭아과수원을 하는 농가가 늘어나 현재 10여 호에 이르며, 1980년대 중반부터는 오이재배가 활발해져 현재 20여 호가 참여하고 있다. 마을 안에는 복숭아작목반과 오이작목반이 결성되어 공동구입 및 공동출하, 그리고 약간의 공동작업을 하고 있다.

한들마을의 주작목은 벼이며 거기다가 오이와 복숭아 그리고 약간의 고추와 기타 작물들이 추가된다. 여기서는 벼농사에서 노동과정을 살펴 보고, 경운정지, 이앙, 수확(특히 탈곡), 건조 등 주요 작업과정별로 기계를 이용하면서 나타나는 작업과정의 조직화 양상에 대해서 작업반별로 살펴 보기로 하겠다.

논농사는 제초제 사용 이후 김매기가 없어지고 또한 기계사용과 함께 이앙이 소수의 공동작업으로 이루어져 노동력이 없는 농가도 위탁작업을 통해 영농을 해 나갈 수 있게 되었다. 아직도 일부 농가는 손모를 내고 있다. 수확작업은 대개 품앗이와 가족노동 및 고용노동력에 의해 했는데, 1992년에도 품앗이를 통해 낫으로 베는 농가도 있으나

바인더작업이 많이 이루어지고 있다. 탈곡작업은 동력에 연결시켜 사용하는 탈곡기를 이용하여 하였으며 지금도 그렇게 작업하고 있다. 그리고 1990년 이후에는 콤바인으로 일부작업이 이루어지고 있다.

2. 경운정지작업 : 트랙터작업반

마을 안의 경운정지작업은 1970년대말 1980년대초 경운기가 들어오기 전에는 소를 가지고 하였다. 이 지역에서는 두 마리 소가 끄는 쟁기(겨리)를 사용하였고, 대개 농가에서는 한 마리의 소를 키웠다. 따라서 다른 농가와 짝을 이뤄 경운정지작업을 하였다. 그런데 마을 안 모든 농민이 소를 부릴 수 있지는 않았기 때문에 특히 논 삶을 때(정지작업)에는 소를 잘 부리는 사람(대개 40대 이상)은 이집 저집 불려 다녔다.

경운기가 들어오면서 경운정지작업에 일대 변혁이 이루어졌으며 아주 젊은 사람들이 작업을 하게 되었다. 노동능력이 열악한 농가는 임경작업에 맡기는 경향도 나타났다. 그러나 경운기로 경운정지작업을 하는 것이 너무 힘든 일이어서 젊은 사람들도 기피하는 경향이 있었다. 그러면서 트랙터가 도입되고 일정 작업을 해 나갔지만, 1980년대 중반까지만 해도 트랙터, 경운기, 소가 모두 경운정지작업을 하는 형상이었다. 1980년대 후반 들어 소로 작업하는 경우는 기계가 들어가기 힘든 논밭에 한정되어 갔으며, 점차 트랙터작업에 맡기는 농가가 늘어갔다. 기존에 있던 트랙터에다가 1990년에 기계화영농단으로 들어온 트랙터가 마을의 경운정지작업을 많이 해내고 있으며, 경운정지작업은 점차 트랙터에 의해 이루어질 것으로 보인다.

마을에 현재 운영되고 있는 트랙터는 3대인데, 그 가운데 하나는 경운정지작업을 많이 하였었으나 오래되어 낡고 힘이 약해서 현재는 탈곡작업에만 사용되고 있으며, 경운정지작업에는 2대가 이용되고 있다.

경운작업은 가을이나 이른 봄에 갈아놓는 것으로 그리 바쁘지 않을 때이고 어렵지 않은 일이라서 경운기를 가진 농가들은 직접 작업하는 경우가 많다. 그에 반해 정지작업(논삶기)은 경운기로 하면 오래 걸리고 힘도 들어서 1992년의 경우 한 농가를 제외하고 모두 트랙터작업으로 하였다. 따라서 트랙터작업은 정지작업 중심으로 이루어진다. 각 트랙터별로 작업상황을 살펴보자.

트랙터작업반1

22마력짜리 트랙터를 1980년에 12명의 회원이 공동부담하고 일정액을 보조 받아 마련하여 경운정지작업에 이용하여 왔다. 트랙터가 노후해서 트랙터작업반1은 1992년 봄에 기존의 트랙터 운영기금으로 45마력짜리 중고 트랙터를 새로 구입하여(450-500만원) 이용하고 있다. 이 트랙터는 두 사람(22번 농가 김응림, 34번 농가 김창옥)이 작업을 맡아서 한다. 이 트랙터는 트랙터작업반2의 기계에 비해 두배 정도의 능력을 지니고 있어 작업속도도 빠르며 마을 안 트랙터작업의 약 2/3를 감당한다. 그리고 비회원들의 작업도 상당히 많이 해 주며 작업료는 비회원의 경우 약간 더 받는다.

트랙터작업반2

마을 안 21농가가 기계화영농단을 결성하여 1990년 봄에 22마력 짜리 트랙터를 구입하면서 결성된 것이다. 자부담금은 21명이 6-20만원씩 경지규모에 따라 차등을 두어 공동부담하였다. 3년째 운영하고 있는데, 마을 안에 젊은 사람이 맡아서 작업을 한다. 1990년에는 한 사람(50번농가 유연선)이 작업을 도맡아 하였고, 1991년에는 두 사람(50번농가 유연선과 57번농가 윤명기)이 함께 했으며, 1992년에는 다시 한 사람(57번농가, 윤명기)이 작업하였다. 이들은 마을 안에서 열심히 일하는 젊은 영농후계자들이다.

〈표 4-1-5〉 트랙터작업반2의 작업상황

연도	작업 종류	위탁 농가수	작업면적 및 작업료		작업자	작업자임금
1990	경운	12호	15,576평(×30/35)	474,585원	50번	작업료의 20%
	정지	26호	40,015평(×35/40)	1,458,145원		
	합계	28호	55,591평	1,932,735원		386,547원
1991	경운	10호	17,967평(×40원)	718,680원	50번	작업료의 25%
	정지	27호	40,023평(×45원)	1,801,035원	57번	
	합계	27호	57,990평	2,529,715원		632,429원
1992	경운	14호	19,929평(×50원)	996,450원		작업료의 30%
	정지	20호	28,546평(×60원)	1,712,760원	57번	
	합계	24호	48,475평	2,709,210원		812,763원

1. 위탁농가 합계가 경운 정지 각각의 위탁농가수 합보다 작은 것은 두 작업 모두 위탁하는 농가가 10호 있기 때문이다.
2. 1990년도의 경우 회원과 비회원 간의 작업료의 차이를 두었다.
3. 작업자 번호는 마을구성원 번호임.

이 작업반의 트랙터 작업면적을 보면(〈표 4-1-5〉) 경운작업의 경우 점차 늘어 1992년에 2만평 정도의 작업을 하였지만, 마을의 농지 약 12만 7천 평에 비추어 볼 때 극히 일부만을 감당하고 있다. 경운작업은 각 농가가 가지고 있는 경운기로 많이 하고 있다. 정지작업의 경우는 모이앙 직전에 주로 하는 작업으로 거의 모든 농가가 트랙터작업에 의존한다. 1990년, 1991년에는 약 4만평 정도의 작업을 하여, 마을 논 9만여 평의 약 44%를 담당하였다. 1992년에는 2만8천5백 평 정도의 작업을 하였는데, 이처럼 줄어든 것은 작업반1의 트랙터가 작업을 많이 한 데다가 작업반2의 작업자가 자가영농 때문에 작업을 꺼렸기 때문이다.

첫해에는 회원의 작업과 비회원의 작업에 차등을 두어 작업료를 받았지만, 다음해부터는 차이를 두지 않고 해 나가고 있다. 위탁하는 농가들을 보면 노동력이 열악하든가(대개 노령) 기계가 없는 농가, 아니면 겸업으로 바쁜 농가, 그리고 일을 편하게 하려는 농가로 구분해 볼 수 있다. 마을 외부 농가의 작업을 한 경우도 있지만 대개 마을 사람들의 작업을 하고 있다.

작업은 경운과 정지로 나뉘어지는데 1992년의 경우 경운작업은 3월 하순과 4월 중하순에 집중적으로 이루어진다. 정지작업은 5월 중순부터 5월 말까지의 기간에 집중적으로 이루어졌는데 이는 기계모이앙 직전에 작업을 하기 때문이다. 이 시기에 트랙터작업자의 피로도가 가장 심하며 자가작업과의 경합이 심하다.

작업료는 매년 상승하였는데(경운; 평당 30원 → 40원 → 50원. 정지; 평당 35원 → 45원 → 60원) 이렇게 계속 오른 것은 워낙 처음에 작업료를 싸게 책정하였기 때문이다. 작업료는 수확 이후에 받으며 미수금문제는 그리 크지 않다.

그리고 작업자의 임금은 작업료총액의 일정비율로 정하고 있는데(1990년에는 작업료의 20%, 1991년에는 25%, 1992년에는 30%), 작업자의 불만토로와 요구로 인해 그 비율이 인상되었다. 트랙터작업의 경우 작업자 한 사람(1991년의 경우 두 사람)이 작업을 전적으로 도맡아 하고 트랙터관리도 하고 있다. 작업이 매우 힘든데다 작업자임금이 1990년도의 경우 하루 1만원 꼴밖에 되지 않았기 때문에 작업자의 불만이 많았다. 작업자들이 그런 정도의 임금으로는 도저히 작업을 못하겠다고 불만을 터뜨렸고 임원회의(작업자들도 참여)에서 작업자임금비율을 올리기로 결정하여 실시하였다. 작업료도 올리고 총작업료에 대한 작업자임금비율도 높여서 현재는 하루 4-5만원선에 이른다. 그런데도 트랙터작업자들은 자가영농이 많은 편이고 트랙터작업에 전념하여 자가작업이 부실하게 되어 갈등을 느끼고 있다.

특히 트랙터 작업의 경우 허리와 어깨에 통증을 가져오기 때문에 작업자들의 고통이 크며, 1990년의 주요 작업자가 작업을 그만두게 된 것도 몸이 아파서였다. 1992년의 작업자도 앞으로 보조(또는 공동) 작업자를 한 사람 정도 붙여주지 않으면 작업을 하지 않겠다고 말하고 있다. 자가작업이 너무 소홀해지고 결국은 집안사람(부녀자)들에게 일이 많이 돌아가고 그래서 작업자들은 부인(또는 모)의 성화에 시달리게 된다. 그리고 부득이한 사정으로 작업을 해 주기로 하고 하지 못하는 경우에는 즉각 다른 작업자가 작업을 대신하는 것이 필요하다. 마을에 트랙터가 여러 대 있어서 경합이 되면 모르지만 이 마을의 경우 그렇지도 않은 편이어서 어쨌든 트랙터작업자를 한 사람으로 고정해 두면 곤란한 경우가 발생한다.

상황이 이러해서 마을(영농단)로서는 트랙터작업자들을 가능한 한 많이 확보해 두는 것이 필요하다고 판단하였고, 1990년 봄에 기존의 작업자 두 사람에게 기계교육을 실시한 이후 1993년 들어서는 세 사람에게 기계운전을 교육하고 있다. 그리고 현재의 작업자는 먼저의 작업자와 다른 몇 사람을 회원으로 하여(뒤의 이앙작업반3의 5명과 다른 두 사람) 트랙터를 따로 구입하여 자신들의 작업을 중심적으로 해 나가려는 생각을 가지고 있다.

경운정지작업은 작업의 성격상 작업자 개인이 해 나가며 조직화의 양상이 회원제를 통해 기계구입비를 공동으로 부담하는 정도에 그치고 있다. 물론 작업에서 회원의 작업을 우선하는 경향이 있으나 마을 안에서는 회원, 비회원을 엄밀하게 구분하지 않고 있다.

한들마을의 경운정지작업은 각 농가가 소유한 경운기와 트랙터 2대로 이루어지고 있다. 경운작업은 경운기로 많이 이루어지지만 정지작업은 작업을 빨리 하고 좀더 편한 트랙터로 이루어진다.

4. 이앙작업: 이앙작업반

한들마을은 1960년대 이후 농업노동력의 유출이 극심하였고 특히 젊은 노동력이 없어 어려움을 겪고 있었다. 1970년대 말에 젊은 층과 노인층으로 나뉘어진 공동작업반이 구성되어 모내기를 하였다.

모내기공동작업반은 노동력이 부족해 지면서 마을의 노동력을 총동원하여 모내기를 하기 위해 조직된 것이었다. 그렇지만 서로 마음이 맞는 사람들끼리 조직되다 보니까 친목계를 중심으로 한 50대 중반의 팀과 젊은 사람들 팀으로 크게 양분되었다. 물론 그 외에도 소규모 품앗이작업팀이 형성되어 있었다. 그리고 이 때 마을 부녀자들의 모내기 참여가 일반화되었다.

기계이앙작업반1[5)]

농업노동력의 부족에 다각적으로 대응하던 1979년에 한들마을의 논이 집중되어 있는 '논(한들)'이 경지정리가 이루어져 기계화의 기반이 마련되게 되었다. 그에 따라 농업기계화의 필요성이 논의되고 정부에서 적극적으로 권장하여 1980년에 '대평농사조합'을 결성하고 모내기를 기계로 하기로 하였다. 농가호당 경지면적규모가 작지만 한 단지 안에 농지가 집중되어 있기 때문에 공동으로 이앙작업을 하는 것이 필요하다는 의견이 제시되었고, 마침 공동으로 할 경우에 지원을 받을 수 있어서 농사조합의 실행기구로서 기계이앙작업반을 구성하기에 이르렀다.

1980년 초에 정부(군청주관)의 보조로 이앙기 2대와 육묘상자, 그리고 각종 기계 및 설비를 마련하였다. 자부담금은 조합원들이 농지규모별로 할당하여 마련하였으며 1982년에는 농협융자로 이앙기를 한 대 더 구입하여 그 후 3대를 운영하였다. 1988년에는 이앙기 한 대가 수명이 다해 새로 한 대를 구입하여 현재 3대를 이용하고 있다.

---

5) 이 기계이앙작업반에 대해서는 요약된 형태로 발표한 바 있다. 윤수종, '한들마을의 기계이앙작업반', 『농민과 사회』, 1992년 여름, 창간 1주년 특집호, 1992.

이앙작업반1은 농지를 중심으로 하여 구성되어 있다. 그래서 마을 사람은 아니지만 단지 안에 논을 가지고 있는 농가가 구성원인 경우도 있다. 경지정리된 논의 위치에 따라서 1,2,3개의 단지로 나누어 단지별로 작업을 하고 단지구성원이 모여 전체 구성원을 이룬다. 1980년 이앙반을 조직하면서 47명 조합원의 농지를 중심으로 결성되었으며, 농지가 이동될 때에는 농지의 점유자가 조합원이 된다.

처음 구성할 때에는 조합원 모두가 이앙작업을 하였다. 그러나 이출하는 농가가 발생하고 새로이 작업을 맡기는 농가가 생기면서 변화가 나타나고 있다. 또 분가로 인해 농지이동이 있어 자녀들이 구성원으로 편입되기도 하였다. 조합원이 사망하거나 농지를 매도하는 경우는 자연 탈퇴하는 것으로 하였는데, 이출 농가가 속출하면서 농지를 새로 구입한 농가(경작할 경우) 및 그 농지의 소작인이 조합원으로 되었다. 또한 사망했을 경우에는 그 자녀들이 조합원을 승계하였다.

기계이앙작업반에 참여하고 있는 농가는 작업을 맡기는 농가로 볼 때, 마을 안의 농가 69호 가운데 21호에 달한다. 그리고 기계이앙작업을 하는 농가들은 대개 경지규모가 크므로 마을 안에서 기계이앙작업반이 하는 이앙비율은 매우 높다.

1988년 작업을 마치고 이앙작업에서 기계작업을 도맡아 하던 젊은 사람 넷이 탈퇴하여 따로 이앙작업을 하게 되고 또한 새로이 조합에 가입하려는 사람들이 생기게 되자, 회원자격을 강화하는 방안을 취하였다. 구성원에 있어서는 창립 당시의 조합원으로 하는 것을 원칙으로 하되 조합가입희망자는 분배한 금액을 납부하여야 조합에 가입할 수 있도록 하였다. 또한 조합원이라도 3년 이상 계속 조합의 이앙작업을 하지 않을 경우는 조합에서 제명하며, 개별적으로 이앙기를 구입하여 작업하는 사람에게는 공동출자금(및 비품) 일체를 주지 않는 것으로 하였다. 나아가 미가입된 논의 이앙작업을 하지 않기로 하였다.

이앙작업반1에는 조합장(회장) 밑에 총무 및 작업책임자들이 있다.

총무의 밑에는 각 단지별로 단지회장이 있으며, 이들은 각 단지별로 육묘작업을 통괄하며 단지 안에 조합원 및 비조합원들의 작업신청을 받아 작업량을 확정하며 여러 가지 수금을 담당한다. 또한 작업에서 인력동원 등을 실질적으로 담당한다.

3월 정도에 회의를 하여 묘판설치, 장소 등에 관해 토의하고 장소를 선정한다. 작업을 시작하기 며칠 전에 임시회의를 하여 작업에 들어가는 유류비용을 마련하는 방법, 작업인원의 확보문제, 이앙순서, 이앙작업의뢰비, 이앙 후 상자정리 등에 관해 토의하고 방식을 결정한다. 이앙이 끝난 6월 초에 다시 회의를 개최하여 작업미수금, 식사당번 미수자 등의 처리를 결정하고 이앙대금 수금일정을 정한다.

초창기에는 이앙기 융자금상환 때문에 회의를 자주 하는 편이었다. 연초에는 마을 회관에서 결산총회를 개최한다. 마을회의는 정기총회, 임시회의, 임원회의 등으로 나누어 개최되며, 이앙 관련 모든 비품은 마을창고에 보관하고 총무가 관리한다.

기계이앙에서 중요한 준비작업은 육묘작업이다. 손모로 모내기를 할 경우에는 보온못자리를 개별적으로 만들지만 기계이앙작업을 하는 경우에는 한들 마을에서는 공동육묘를 한다.

단지별로 조합원의 신청을 받아 육묘량을 결정하며 단지별로 묘판설치장소를 정하고 단지회원들이 함께 나와서 작업을 하는데, 작업인원은 작업면적에 따라 융통성 있게 대처한다. 묘판설치작업에서 기계를 이용하는 것은 상토를 파 나르는 작업에서 경운기를 이용하는 것이고 간단한 도구나 작업기계를 이용하는 정도이다. 작업은 주로 손으로 하며 남녀 간에 작업에 약간의 분화가 있다.

작업주는 이앙예상면적(육묘상자수)에 따라 작업의뢰비를 내며 이앙작업반에서는 작업의뢰비를 받고 작업주의 묘판을 설치하며 소요된 노동력에 대한 임금을 지불하는 방식을 취한다. 단위면적당 묘판설치비용을 정하고 각 성원은 이앙예상면적에 따라 묘판설치작업비를 내고, 자신의 작업일수를 계산하여 남녀별로 정해진 임금을 받는다. 실제로는 상쇄되어 차액을 내거나 받는다. 묘판설치작업을 공동으로 하는 작업인원은 수시로 조합원 가운데에서 동원된다. 작업을 의뢰하지 않고 작업에 참여하여 임금을 획득하는 사람은 없으며, 작업인원은 조합원에 한정된다.

이앙작업반1의 이앙작업의뢰자수는 계속 줄어드는 추세지만 작업면적은 줄어들다가 다시 1987년부터는 일정 수준을 유지하고 있다. 마을 사람들이 경작하고 있는 경지(논, 1989년 당시 9만1천여 평) 가운데 기계이앙작업반1에 의한 작업면적은 42,382평으로 46%정도에 달한다. 물론 마을 외부 사람의 것도 작업을 하기 때문에 정확한 비율은 아니지만 경지정리된 단지화된 논만을 볼 때는 50% 이상을 담당한다. 1992년에도 비슷한 작업량을 감당하였다.

이 작업반은 작업을 공동으로 실시하는데, 이앙기 3대를 이용하며 조합원 가운데 주로 남자들이 참여하여 작업을 한다. 이앙작업의 작업자는 작업반 구성원 가운데 일부 성원에 한정되어 있다(〈표 4-1-6〉). 물론 해마다 참가자에 변동이 있으나 중심이 되어 작업하는 성원들이 있으며, 10여명이 사실상 이앙작업을 거의 담당하고 있는 셈이다. 다른 농기계공동이용조직과는 달리 작업자가 수시로 동원되고 해마다 변화가 있는 것은 마을 안에서 노동력의 이동이 잦기 때문이며, 특히 노령층은 작업을 거의 하지 않고 있으며 젊은이를 중심으로 해서 작업이 이루어진다. 가구주가 노령인 농가의 경우에는 아들들이 주로 참여하고 있다. 작업인원은 꾸준히 줄어들고 있는 추세이다.

이앙작업은 대개 7-8일 정도에 걸쳐 이루어진다. 5월 중순경에 시작하여 5월 하순 경에 마무리하는데(〈표 4-1-7〉), 작업일이 약간씩 빨라지는 경향이 있다. 초창기에는 10명 정도가 작업에 참여하였으나 점차 7명 정도 선에서 작업을 해 나가고 있다. 작업의 막바지에 가면 남은 것을 하기 때문에 작업인원이 줄어든다. 집중적으로 작업을 하는

〈표 4-1-6〉 한들마을 기계이앙작업반1 구성원의 이앙작업 참여일수

일련 번호	구성원 번호	1980	1981	1982	1983	1984	1985	1986	1987	1988	1989
1	47	1									
2	*							0.5	1		
3	54										
4	*										
5	26										
6	27	11		7	5	6	4.5	5	4	5	4
7	이농										
8	37				6						
9	35	[6]	4			4	5	6	8.5	3	1
10	11	[5.5]	6	6	2	7	2	1.5	5	4	2.5
11	15		2					0.5	1.5	5	3
12	36										
13	이농	11									
14	16		3								
15	18	1(3)	6			1	1			1	7
16	14	7.5			1					3	5.5
17	폐농				1						
18	21	[7.5]	9	8	8	13	8.5	4	6		2
19	33	1	1	7	7	11	8.5	7	1.5	7	3
20	31	2				1			2.5	1	3
21	*										
22	9	[4.5]	5	7	5	1.5	3.5	2.5	3.5		
23	50					1					
24	*					1				1	
25	51							0.5			
26	22	5(1)	7	7	5	1	4.5				

일련 번호	구성원 번호	1980	1981	1982	1983	1984	1985	1986	1987	1988	1989
27	52					1					
28	13	2	1.5			1			4.5	2	3
29	25										
30	40					1	7	6	2	1	
31	28	2	6	7	9	10	6	5	4	1	
32	12		8								
33	34	6	2	7							2
34	42					1				1	1
35	59			7	1						
36	10	(4)				1			1	2	4
37	2		10	7		19					
38	1					1					
39	이농										
40	49					1			5		
41	3	1			4	1				1	
42	*					3					1
43	20					2					
44	이농										
45	이농										
46	*										
47	19										
48	5									1	
49	23		2	6			1				4
50	29				6	6	2.5	3	2.5	4.5	
51	이입									1	1
52	67									2.5	
53	*										

일련번호	구성원번호	1980	1981	1982	1983	1984	1985	1986	1987	1988	1989
54	이농							6.5			
55	38		4								
56	이농										
2총작업자수(명)			76.5	76	60	93.5	54	48	53	50	47
임금 4		[기계] 4천 (남) 3,500 (여) 3,000	5천	6천	6천	6천	6천	7천	7천	8천	1만5천

구성원번호란의 *표시는 이웃마을 사람임

것은 6-7일로서 이 때에는 3대의 이앙기를 움직이며 보통 7명이 작업을 한다.

이앙기 3대를 움직일 때에는 이앙기의 성능이 좋지 않아 작업속도가 느린 이앙기에는 2명이 작업을 하지만 정상적으로 작동하는 이앙기에는 4명이 한 조가 되어 작업을 한다. 그래서 4명의 작업조 2개와 2명의 작업조 1개가 작업을 한다. 10명이 이앙기 3대를 동시에 움직이며 4명은 기계를 조작하고 6명은 모를 운반하고 기타 보조작업을 한다.

기계의 고장이 잦고 어떤 경우에는 기계의 종류가 변하고 새로운 기계가 나와 부속품이 없어 고치지도 못하여 작업에 많은 지장을 초래하고 있다. 1989년에는 고장난 기계를 고칠 수가 없어 2대의 이앙기만으로 작업을 하였다.

비가 오는 경우에는 작업을 하지 못하며 작업일정을 하루씩 순연한다. 기계의 고장이 없을 경우에는 하루 보통 10시간의 이앙작업을 하며, 성능이 정상적인 이앙기에 4명이 한 조를 이루어 하면 하루 작업량은 약 2,000평 내지 2,500평에 달한다.

〈표 4-1-7〉 한들마을 기계이앙작업반1의 작업일별 작업인원

연도	작업일별 동원인원											
	5.12	5.13	5.14	5.15	5.16	5.17	5.18	5.19	5.20	5.21	5.22	5.23
1982						10	10	10	11	11	11	1
1983				9	10	9		9	8	8	5	2
1985			8	8	6	7	5		6.5	6	4	
1986				7	7	7	7		6.5	7.5	1.5	1
1987		7.5	6	6.5	7		7	7	7	2	1	
1989	5		8	7	7	7		6.5	4	2	0.5	
	(4)		(9)	(9)	(9)	(13)		(7)	(10)	(5)	(6)	

1989년도란의 ( )의 숫자는 공동보식에 참여한 여성노동력수임.

작업순서는 제비뽑기를 하여 단지별로 정한다. 열흘 정도면 기계이앙작업이 완료되기 때문에 이앙순서는 그리 큰 문제가 되지 않는다. 그리고 마을 안에 손모로 모내기를 하는 논도 있는데, 손모내기는 기계이앙작업이 다 끝난 뒤에 하기 때문에 기계이앙작업자들은 손모 모내기에도 참여한다. 오히려 기계이앙작업 때보다도 손모 심을 때가 더 바쁘다.

이앙작업반1에서는 작업인원이 줄어들고 그에 따라 보식이 잘 이루어지지 않게 되어 여자들을 동원하여 공동보식을 한다(〈표 4-1-7〉). 1990년까지 공동보식을 하였는데 1991년부터는 농가별로 보식을 하고자 하는 사람들만 한다. 이 이외에도 이앙작업을 위해서 기계를 사용하기 이전에 한 두 사람이 미리 기계를 수리하며, 이앙작업이 끝나고 손모작업도 끝난 이후 6월 중순 경에 날을 잡아 육묘상자를 세척하여 보관장소에 넣는 작업을 공동으로 한다.

이앙작업반1에서는 식사준비도 공동으로 한다. 기계이앙을 하는 농가에서 돌아가면서 주부가 나와서 식사를 준비한다. 식사당번을 정하

여 보통 4-5명이 모여 한 집에서 식사를 준비한다. 음식재료는 작업의뢰자들이 내는 식사비로 충당하며, 식사당번 미수자는 일정한 액수를 기계이앙반에 지불해야 한다.

물론 작업의 참여, 불참에 대한 차액계산은 전체적으로 정산할 때에 한다. 이앙작업반1에는 작업을 의뢰하고 작업에는 전혀 참여하지 않으면서 작업의뢰비만을 내는 농가가 있는가 하면, 작업을 의뢰하고 작업에도 참여하는 농가가 있다. 그러나 임금획득만을 위해 참여하는 사람은 없다. 작업에의 참여가 강제적인 것이 아니며 따라서 농가마다 필요에 따라 참여를 결정할 수 있는 융통성을 가지고 있다. 그렇지만 이것은 노령층의 작업기피와 청년층에의 집중으로 인해 작업반에 위기를 가져오는 요소가 된다.

또한 기계이앙작업반에서는 기계를 중심으로 하여 결성되면서 기계작업 및 기계보조 작업은 남자들이 담당하고 보식과 식사준비는 여성들이 담당하는 식으로 분업체계가 확립되었다. 그리고 기계를 중심으로 몇 사람이 조를 이루고 몇 개의 조가 작업을 해 나가는 방식을 취하고 있다. 이는 소수의 작업자 중심으로 이앙작업을 할 수 있게 되었음을 의미하며 부족한 노동력에 대처하는 방식으로 이해된다.

이앙작업반1의 수입은 이앙작업의뢰비(작업수수료)가 전부인데, 작업수수료는 일정하게 변화를 보이고 있다(〈표 4-1-8〉). 묘판설치작업은 사실상 노동력이 많이 필요하여 자가작업을 공동으로 하는 것이며 이를 통해서 기계이앙작업반이 수입을 올리지는 못한다. 초창기에는 이앙작업수수료에 융자금상환부분을 덧붙여 이앙비용이 나중에 보다 비쌌다. 초창기의 작업수입은 주로 융자금을 갚는데 사용하였고 심지어 성원들에게 일정액을 할당, 갹출하여 융자금을 일찍 상환하였다. 이렇게 해서 융자금을 다 갚은 후에는 이앙작업비는 오히려 낮아졌다.

〈표 4-1-8〉 한들마을 기계이앙작업반1의 작업수수료 변화양상

연도		1980	1981	1982	1983	1984	1985	1986	1987	1988	1989	1992
내역		30원	35	20	20	22	22	22	25	30	30	30
	융자금		20									
	이앙금		15		15	20	17					
	식대				5	2	5					
	비조합원				30	44	44	44	50	60	60	70

이처럼 조합원은 융자금을 상환하는 책임을 지고 있고 실제로 융자금을 상환하였기 때문에 조합에 속하지 않은 농지에 대해서는 조합에 속한 농지보다 높은 수수료를 책정하였다. 1984년 이후 비조합원의 이앙작업비는 조합원의 이앙작업비의 2배에 이른다. 비조합원의 작업은 초기에는 없었으며 1983년부터 일부 비조합원의 경지나 혹은 조합원이 가지고 있으되 조합에 속하지 않은 농지에 대한 작업을 하였으나 그 면적은 아주 미미하였으며 현재까지 비조합원의 작업은 극히 적다.

작업을 시작하기 전에 단지별로 몇 농가가 유류대와 식사비를 내며 이것으로 작업과정을 치루어 나가는데, 부족할 때에는 작업을 맡긴 농가가 일정액을 내서 작업에 지장이 없도록 한다. 작업이 다 끝나면 작업의뢰비용, 작업임금, 기타 지출비를 개별 농가별로 정리하고 작업을 의뢰하기만 한 농가는 작업수수료를 내고 작업을 의뢰하고 작업에 참여한 농가는 그 차액을 지불하거나 지불받는다. 대개 4-7일 정도 작업에 참여하는 주요 작업자들만이 일정액을 받고 대부분의 농가는 비용을 내게 된다.

1980년에는 기계작업자, 모운반자(남, 녀) 간에 작업임금에 차이를 두었고 모운반자 가운데에도 남녀 차이를 두었으며, 여자도 참여하였다. 그러나 1981년 부터는 남자들만이 이앙작업에 참여하였고 기계조작자와 모운반자 간에 임금차이를 두지 않았다.

주로 젊은 층이 기계작업을 감당하게 되면서는 작업임금이 낮은 것에 불만을 표시하게 되었고, 1989년에는 젊은 사람 4명이 이앙기를 구입하여 소수공동이용으로 자신들의 이앙작업을 하고 있다(이앙작업반2). 그래서 1989년에는 그간 점차적으로 인상하던 작업임금을 갑자기 크게 인상하였다. 이 임금은 인근 도시지역에서의 임시고용노동 품삯에 해당하는 수준이다. 젊은이들이 이앙기계작업을 하기 보다는 임금이 높은 임시고용노동에 참여하려고 하여 이앙작업을 기피하게 되었고, 그에 따라 인근 도시지역에서의 임시고용노동의 품삯에 해당하는 수준으로 임금을 인상하지 않을 수 없었다.

작업수수료 수입은 유류대, 기계수리비, 인건비, 식비 등으로 지출되며 잔액은 기계이앙반의 기금으로 적립된다. 이앙작업반1은 운영흑자를 기록하고 있으며, 적립금으로 1988년에는 새로 이앙기(152만원)를 한 대 구입하였다.

이처럼 기계이앙작업반1은 일정액을 적립하고 새로이 농기계를 구입하기도 하였다. 물론 처음 구성시에 보조를 많이 받았고 중간에 조합원들로부터 걷어서 자부담금을 마련하여 그 후 기계대금의 부담이 적었고 특히 작업자임금이 싸기 때문에 운영흑자를 기록할 수 있었던 것으로 보인다.

그런데 이앙수수료가 낮을 뿐만 아니라 작업비용(기계수리비 등)이 많이 들기 때문에 새로운 기계를 구입하려면 어려움을 겪지 않을 수 없다. 기계는 낡아가 성능이 떨어지고 있으며 이앙작업반 안에서도 성능이 좋은 기계를 이용하려는 성원들 간의 알력이 생기고 있다. 1989년에는 이앙기 한 대는 사용되지도 않았다. 즉 농기계를 원활히 대체하기에는 어려움이 있으며 그나마 값이 다른 농기계에 비해 비교적 싼 이앙기이니까 구입할 수 있었다.

이상과 같이 기계이앙작업반1은 육묘작업, 이앙작업, 보식작업, 육묘상자정리작업 등 거의 모든 작업을 공동으로 하고 있다. 물론 그 작업내용을 자세히 들여다 보면 노동능력이 있는 농가를 중심으로 하여 이루어지고 있으며 노동능력이 열악한 농가들은 위탁의 성격을 띠어 가고 있다.

기계이앙작업반1에서는 기계를 중심으로 결합됨으로서 여성노동과 남성노동 간의 분화가 발생하기도 하며, 또 실제 작업을 젊은 층이 주도한다. 실제 힘들고 중요한 작업을 젊은 작업자가 도맡아 해나가지만 그에 대한 대가는 근교도시 지역에 비하여 낮게 이루어지고 있다. 이에 대한 불만이 나타나고 있으며 소수의 젊은 작업자들은 자기들의 작업만을 하는 소수공동이용조직을 결성하고 남는 시간에 다른 작업을 하거나 농외노동에 종사하여 소득을 올리려고 한다. 이앙작업반의 내부 문제는 외부적인 충격과 함께 증폭되어 나타나며, 이 사례에서처럼 갑자기 작업임금을 대폭 인상하는 것으로 나타나기도 한다. 그렇게 될 경우에 작업반의 운영은 더욱 어려워 질 가능성이 많으나, 아직은 기본적으로 자가영농을 해결하기 위한 조직이기 때문에 작업수수료도 낮게 책정하고 있으며, 자가작업이라는 인식 아래 낮은 작업임금에도 불구하고 작업에 참여하고 있다.

경영수지를 맞추어 나가고 단지 전체의 이앙을 완수하여 위탁자를 포괄하려는 조직운영의도와 작업자에의 작업집중 및 낮은 작업임금 간의 모순은 더욱 증폭될 것으로 보인다. 점차 소수 작업자를 중심으로 작업이 이루어지고 이용자는 작업을 위탁하기만 하는 성격을 띠어 가는 경향이 있으며, 그에 따라 주요 작업자 가운데 일부가 탈퇴하여 소수농가끼리의 이앙기이용을 추구하며, 앞으로도 그럴 가능성이 있다. 1993년 들어 새롭게 이앙기를 구입하려는 사람도 바로 이 이앙팀의 주요 작업자이다.

기계이앙작업반2

이 팀의 성원들은 이앙작업반1의 주요 작업자들이었던 3명(29번농가 심천섭, 22번농가 김응림, 28번농가 심창섭)과 새로이 소작을 많이 하면서 농사를 적극적으로 하게 된 다른 한 사람(67번농가 안동균)이 다(〈표 4-1-9〉). 이들은 이앙작업반1에서 작업이 자신들에게 집중되는 것에 대해 불만을 품고 1989년에 탈퇴하여 새로이 이앙작업반을 구성하였으며, 이앙기를 공동으로 구입하여 공동작업을 해 나간다.

이들은 30대 초반의 젊은 사람들로서 경지면적이 비교적 넓은 농가에 속한다. 29번농가가 다른 농가에 비해 경지가 적은 편이나 이는 작업능력이 떨어지는 28번농가(29번농가의 부)의 작업을 하기 때문에 서로 상쇄된다고 생각한다.

육묘는 개별적으로 하고, 자가작업 중심으로 이앙을 하며, 이앙시에는 모든 성원이 나와 공동작업을 통해 빠른 기간 안에 작업을 하고 다른 농작업이나 농외노동에 종사하여 소득을 올리고자 하는 목적을 가지고 있다. 이들은 오이를 재배하는 농가들이다. 이 작업반의 작업과정을 보면, 각 농가에서 남녀 각각 1명씩 나와서 남자 4명은 기계작업 및 운반작업을 하고 여자 4명은 보식작업을 한다. 1992년의 경우 이 작업반은 작업반원의 작업 10,800평과 다른 농가의 작업 2,500평을 일주일에 걸쳐 하였다. 다른 농가의 것은 다른 이앙기로 잘 안돼서 이 작업반의 이앙기를 사용하여 하였으며 일정한 작업료를 받았다. 작업반원 간에도 작업면적에 차이가 있기 때문에 작업면적에 따라 일정 작업료를 계산하며 나중에 정산한다.

〈표 4-1-9〉 한들마을 기계이앙작업반2의 구성원(1992)

구성원번호	연 령	농경지면적	이앙작업시 출연 작업자	비 고
29	36	1,800	본인, 부인	
22	40	4,100	본인, 부인	* 트랙터1 작업자
67	37	2,600	본인, 부인	* 이앙기 운전자
28	73	2,300	본인, 며느리	29의 부

기계이앙작업반3

기계이앙작업반3의 성원들은 경운정지작업에서 영농단 트랙터작업자였던 그리고 현재 하고 있는 두 사람(50번농가 유연선, 57번농가 윤명기)과 오랫동안 시내에 나가서 기계정비기술을 익히고 현재 돌아와서 농사도 짓고 농외노동도 다니는 사람(46번농가 임상준), 그리고 구성원의 인척(50번농가의 매형인 2번농가)과 마을사람 한 사람(60번농가 이준희)으로 구성되어 있다. 기계작업은 두 사람(50번과 57번)이 중심적으로 하고 한 사람(46번)은 기계정비를 주로 해 나가며 다른 두 사람(2번과 60번)은 보조작업을 한다. 그리고 작업시에는 집안식구들(특히 부인들)도 보조작업자로 참여한다(〈표 4-1-10〉).

이들 가운데 구성원 50번은 작업팀1의 성원이었으나 작업이 집중되어 자가작업을 적절한 시기에 할 수 없고 밭농사도 소홀히 하는 것 때

〈표 4-1-10〉 한들마을 이앙작업반3의 작업상황(1992)

작업일	작업농지		노동력동원상황*		
	구성원번호	작업면적	남자노동력	여성노동력	총작업인원
1일째	57	1,500	1,2,3,4,5	1,2,3,3,4,5	10.5
	60	1,300			
2일째	50	2,000	2,3,4,5	1,3,3,4,5	8
	46	800			
	2	1,800			
3일째	공동소작지	2,400	2,3,4,5	1,3,3,4,5	8
4일째	45(비회원)	500	1,2,3,4,5	1,3,3,4,5	9
4일	10,300평		14.5명	21명	35.5명

* 노동력동원란에서 숫자는 경영주번호이며, 여성노동력에서 3이 반복되는 것은 처와 모가 함께 나온 것이다. 그리고 1일째 총작업인원에서 0.5는 조기작업자의 작업일을 0.5로 계산하여서 나온 것임.

문에 탈퇴하게 되었다. 구성원 57번은 1990년에 일정금액(38만원)을 지불하고 작업팀1에 가입하여 기계이앙을 1년 하였으나, 마찬가지로 작업이 자신에게 집중되는 것(그에 비해 낮은 임금)에 불만을 가지고 50번과 함께 이앙팀을 만들 것을 합의하여 탈퇴하였다. 마을 안 경지 정리된 논이 아닌 다른 지역에 논을 가지고 있던, 그래서 이앙작업반1에 애초에 가입하지 않았었고 계속 손모를 심었던 구성원 46번은 이 마을에 정착하여 농사를 일부 짓게 되면서 이들과 함께 이앙반을 만들 것에 약정하였다. 손모를 내려면 품앗이를 많이 하여야 하는데 농외노동에 많이 종사하기 때문에 품앗이를 할 수 없었으며, 또한 자신의 기계정비기술을 이용하면서 농사를 쉽게 하기 위해서 이앙작업반 결성에 적극 동참하였다. 이들은 마을 안에서 자주 만나서 술도 마시고 놀기도 하며 특히 구성원 50번과 57번은 마을의 주요한 영농후계자들이다. 이 세 사람 외에 구성원 2번(농외취업)은 친척관계를 통해 결합되었는데 작업반1에 애초에 가입하여 작업해 오다가 탈퇴하고 이 팀에 합류하였다. 구성원 60번(이준희)은 계속 손모를 내왔는데 자신이 농외취업(호텔청소)을 하여 농사를 짓기 어려워지게 되자 이들에게 간곡히 부탁하여 참여하였다. 아침 일찍 하는 일은 함께 할 수 있어서 작업에도 참여하겠다고 하여 같이 하게 되었다.

이렇게 해서 다섯 사람이 1991년 가을에 현금(130만원)을 주고 이앙기를 구입하였다. 이앙기값은 다섯 사람이 경지면적에 따라 갹출하였으며 거기에 육묘상자비용이 추가되었다(경지규모가 큰 사람일수록 많은 상자를 구비해야 하기 때문에 더 많은 비용이 추가된다).

이앙작업반3은 공동육묘를 한다. 한 곳에 성원들의 모판을 설치하며 함께 나와서 작업을 한다. 이앙작업의 경우 자가작업을 주로 하고 있으며, 1992년에는 1만여 평의 작업을 하였다. 이들은 4일 동안 자신들의 작업을 완결하는데, 구성원 57번은 트랙터로 마을의 정지(삶기) 작업을 하기 때문에 기계이앙작업에는 다른 네 사람과 그 부인들(또는 모)이 함께 나와서 작업을 하였다. 구성원 2번과 60번은 일요일인 작업첫날 이외에는 조기작업에만 참여하였다. 작업면적에 따라 작업주는 작업료를 내고 작업에 대해서는 모두 동일한 품삯으로 계산하여 작업료와 품삯을 상쇄·정산하였다.

이 작업반은 소수인의 공동보유·공동작업을 통해 운영해 나가는 조직인데, 한 구성원(2번)의 작업참여가 부실한 것에 대해(특히 그 부인) 다른 성원들의 불만이 높다.

기계이앙작업반4

이 작업반은 4호로 구성되어 있는데, 세 사람은 가까운 친척이고 다른 한 사람은 외지에서 10여년 전에 이 마을로 들어온 사람으로 농사를 짓고 있으며, 마을 안에서도 이들과 가까운 거리에 있고 기계작업을 담당하고 있다(〈표 4-1-11〉).

이들은 손모를 내던 농가들인데 1991년에는 기계이앙작업반2에 작업을 위탁하였었다. 1992년에 이앙기(138만원)를 공동으로 구입하였으며, 육묘상자는 개인부담하여 이용하고 있다. 이들은 논이 서로 가까운 곳에 있어서 육묘도 한 곳에 해서 공동으로 작업하며, 이앙기운전은 한 사람(이입농가)이 맡아서 하는데 이 사람은 이앙작업반5의 기계작업자였으나, 1992년에는 이 작업반의 작업자로 일하였다. 이 작업반은 자가작업을 중심으로 하고 있으며, 1992년에는 5,400평을 작업하였다.

〈표 4-1-11〉 한들마을 기계이앙작업반4의 구성원

구성원번호	연 령	작업면적	이앙작업시 출연 작업자	비 고
54	69	1,500	본인, 며느리	
신설농가	38	2,000	본인, 부인	54의 아들
56	37	900	본인, 부인	54의 조카
61	55	1,000	본인, 부인	* 기계작업자

기계이앙작업반5

이 작업반은 순소작농인 한 농민(25번 임홍순씨)이 운영하는 이앙기를 중심으로 되어 있다. 이 사람은 이웃마을(삼포)에 살던 지주(최주일; 춘천시내에서 화물차운송사업을 함)의 논을 약 3,000평 경작하여 왔는데, 환갑에 가까운 나이로, 품앗이를 하고 노동력을 사서 손모를 하였으나 너무 힘들어서 지주에게 불만을 토로하였다. 이에 지주는 불만을 무마시키기 위해 소작인에게 이앙기를 1989년에 사주었다.

그런데 이 사람은 자신이 직접 이앙기를 운전하기가 어려워 이 마을의 현재 트랙터2의 주요 작업자와 가깝게 살고 집안끼리 친하니까 같이 하자고 하였으나, 그는 자신이 작업을 도맡아서 하는 것이 싫어서 피하였다. 이에 다른 사람(1992년에는 이앙작업반4의 작업자)을 기사로 고용하여 작업을 하였다.

운전은 기계작업자가 하고 25번 농민은 모판을 운반하는 작업을 하며, 두 사람의 처가 보조작업을 하였다. 그런데 1992년에 작업자가 다른 작업반으로 가 버려서 이 사람은 마을 안의 다른 젊은이를 고용하여 이앙기계작업을 하였다. 그리고 또한 다른 마을 사람에게 이앙기를 빌려주기도 하였다.

이앙작업반6

이 작업반에 속한 사람들은 위 작업반들의 구성원처럼 결집되어 있지는 않은 농가들이다. 이들은 손모를 내는 사람들(〈표 4-1-12〉)로 품앗이를 주로 하고 고용노동을 일부 동원하여 모내기를 한다. 손모를 내는 마을사람은 12호이고, 이 마을에 있는 논에 손모를 내는 농가는 9호(1호는 시내 거주)이다.

이들 가운데 기계이앙을 하는 농가도 있으나 다른 마을에 농지를 가지고 있는 경우에 그 논을 손모로 내고 있다. 다른 마을에 있는 농지의 경우 그 마을에 있는 기계이앙팀과의 연결이 어려워 이처럼 마을 사람들을 품앗이로 동원하여 데리고 가서 작업을 한다. 이들은 일정정도 노동력을 지닌 농가들로서 마을 안에서 복숭아 봉지씌우기를 해 주는 조건으로 품을 동원하여 모내기를 하고 나중에 복숭아 봉지를 씌우는 일로 품을 앗는다. 물론 고용노동력을 동원하기도 한다. 이앙면적이 클수록 품앗이로 동원하는 비율이 높은 편이다. 예를 들어 한 농가의 경우 두 부부가 마을 사람들의 일을 많이 해주고 3,000평의 모내기를 품앗이일꾼으로 해 치운다.

마을사람이 내는 손모면적은 14,400평에 이르고 마을 안에 있는 논 가운데 10,000평이 손모로 이루어지고 있다. 마을의 논면적 9만1,500여평 가운데 일부 밭으로 전환하여 사용하는 것이 있으니까, 손모에 의한 작업면적이 아직도 10%를 넘고 있다.

노동력이 부족해지면 손모는 더욱 줄어들 것으로 보이는데, 문제는 다른 마을에 있는 농지이다. 경지가 멀리 떨어져 있어서 그 마을 안의 기계를 동원하여 작업을 하는데 어려움이 있으며, 또 그 경지가 있는 마을의 이앙팀에 참여하는 것도 쉽지 않다. 마을 간의 연계가 약하며 특히 기계이앙의 경우 단시일 안에 작업을 마쳐야 하는데, 그러려면 자주 접촉하는 사람들끼리의 작업이 훨씬 편하고 쉬울 것이다. 또한 대개 그렇게 떨어져 있는 농지의 경우 면적이 작기 때문에도 조직에 들어가기가 쉽지 않다.

이상과 같이 한들마을의 이앙은 여섯 개의 작업반이 이루어져 작업을 해 나가고 있다. 각 작업반마다 일정한 특징을 지니고 있으며, 전체적인 경향은 몇 농가(사람)가 조를 짜서 짧은 시간 안에 이앙을 해치우는 방식으로 전개되고 있으며, 그에 따라 여러 이앙작업반이 병존하는 양상을 띠어갈 것으로 보인다.

〈표 4-1-12〉 한들마을 손모이앙작업 구성원현황 및 작업면적(1992)

일련번호	구성원번호	작업면적	비 고
1	12	1,200평	
2	42	300평	
3	*	1,000평	* 이출했다 귀환한 농가
4	53	3,000평	
5	5	1,000평	
6	*	500평	이 마을에 살다가 시내로 이사간 농가
7	65	3,000평	다른 마을에 농지있음, 그 마을에서 이 마을로 이사옴
8	52	700평	다른 마을에 농지있음
9	4	500평	
10	24	700평	다른 마을에 농지있음
11	44	500평	다른 마을에 농지있음
12	51	1,000평	
13	20	1,500평	

5. 수확(탈곡) 및 건조작업

수확작업은 기계사용 이전에는 낫으로 베고 손으로 묶어서 볏가리를 만들어 쌓아 말린 후 집으로 가져와 족답탈곡기를 사용하여 탈곡하는 것으로 이루어졌다. 나중에는 논에서 직접 탈곡하게 되었다.

한들마을의 수확작업은 일부 콤바인작업이 이루어지고는 있으나, 손모를 내는 농가들은 여전히 낫으로 베고 있으며, 다른 농가들은 바인더작업을 한다. 몇년 전까지만 해도 벼베기와 묶기 작업은 거의 낫과 손으로 하였으며 노동력조달은 주로 품앗이로 하였다. 1990년대에 들어 이 마을에서는 바인더의 사용이 늘어나고 있으며 바인더작업의 수위탁도 활성화되어 있다. 현재 한들마을 안에 바인더를 가지고 있는 농가는 4호인데, 모두 개인적으로 보유하면서 1992년의 경우 두 농가는 수탁작업을 적극적으로 하였고, 다른 두 농가는 자가작업 중심으로 사용하였다. 자가작업을 주로 한 한 농가는 다른 해에는 수탁작업을 많이 하였으나 몸이 아파서 1992년에는 하지 않았다. 두 농가의 수탁작업량은 마을 안 전체 논면적의 약 40% 정도를 차지하고 있다.

1970년대 초반까지 한들마을의 탈곡작업은 족답식탈곡기를 중심으로 많은 노동력이 결합되어 이루어졌다.[6] 이후 족답탈곡기가 점차 동력탈곡기로 대체되었는데, 처음에는 소형탈곡기가 들어왔으나 점차 대형탈곡기로 대체되었다. 마을 안에 탈곡기가 부족할 때에는 다른 마을의 탈곡작업반이 한들마을에 들어와 작업을 하곤 하였다. 1980년대 들어서 경지정리(마을 논의 주요부분)가 이루어진 이후에는 마을의 농가들이 소형탈곡기를 구입하여 사용하였으며 점차 대형탈곡기도 도입·이용하였다.

이 과정에서 노동력의 결합과 탈곡기의 이용상 공동구입하여 회원제로 사용하는 이용반이 등장하게 되었다. 처음에는 여러 회원들이 모여 탈곡기를 공동으로 구입하여 회원이 거의 다 작업에 참여하는 작업반을 꾸려갔으나, 노동력이 부족해지면서 회원 가운데 일부 농가만 작업에 참여하는 식으로 바뀌어 갔다.

1980년대 후반에는 트랙터이용 탈곡작업반 하나와 경운기이용 탈곡작업반 둘, 모두 3개의 탈곡작업팀이 구성되어 작업을 하였다. 그 가운데 한 작업반은 1989년 해체되고 두 탈곡작업반과 새로이 1990년부터 콤바인작업반이 활동하고 있다. 이들을 중심으로 탈곡작업과정을 살펴 보고 각각의 변화와 현 상태를 기술해 보자.

---

6) 탈곡작업의 노동과정에 관해서는 윤수종, '한국농업생산에서 노동조직의 변화과정에 관한 연구', 서울대학교 사회학과 박사논문, 1990, 366-369쪽을 참조.

〈표 4-1-13〉 한들마을 벼탈곡작업반 구성원현황(1988년 가을)

일련번호/구성원번호		연령	노동력 수	경지 면적	논경작 면적	농기계보유상황 경운기/기타		비 고
작업반1								
1	22	37	3	3,200	2,200	0	트랙터	
2	34	58	2	2,300	2,100	*	탈곡기	
3	19	49	2	2,200	1,000	0		
4	33	52	2	2,800	900	0		논을 판매함
5	50	29	3	4,500	1,500	0	공	
6	32	32	2	6,500	3,500	0		
7	21	43	2	3,000	1,500	0	동	
8	31	53	3	3,700	2,400	*		
9	19	34	2	2,800	1,300	0	소	분가로 논 줄음
10	18	57	2	2,800	2,800	*		
11	36	38	2	1,700	1,400	*	유	분가로 논 줄음
12	20	54	3	2,300	2,300	*		
작업반2						1983년 논면적		최초구성시 성원
1	35	66	2	3,500	2,900	0	1,800	동일
2	42	69	2	2,700	1,400	*	1,900	동일
3	38	36	2	3,000	2,900	0	1,200	유○열(74), 분가
4	40	43	1	1,450	1,400	0	3,300	오○기(68), 분가
5	57	24	2	3,100	2,300	0	2,300	윤○선(66), 사망
6	27	44	2	4,300	3,800	0	3,800	이○식(70)
7	15	39	2	1,500	1,100	*	900	이○종(71), 분가
8	11	46	2	3,600	3,100	0	3,100	이○종(71), 사망
9	49	37	3	1,000	900	0	1,800	전○진(60)
10	51	52	2	2,200	1,600	0	1,400	동일
11	3	63	0	0	0	*	1,800	동일*비농가로 전환
12	12	54	2	2,300	2,000	*	2,600	동일

일련번호/구성원번호		연령	노동력수	경지면적	논경작면적	농기계보유상황 경운기/기타		비 고
작업반3								
1	29	33	2	1,500	1,500	0	탈곡기	1,2번 농가는 작업반1의 1번 농가와 1,800평의 논을 공동소작함
2	67	34	2	4,930	3,930	0	공동소유	
3	59	35	2	1,200	1,200	0		
4	60	47	2	2,000	2,000	*		

1. 경운기란의 0는 소유, *는 무소유
2. 작업반2의 비고란에 최초구성원이 다른 경우는 모두 현작업자의 아버지임.

탈곡작업반1

이 작업반은 트랙터를 이용하는 탈곡작업반이다. 이 트랙터이용탈곡작업반은 경지정리를 하면서 농사조합에 대한 지원으로 보조와 융자를 받아 구입한 트랙터에 탈곡기를 부착하여 작업하는 조직이다. 트랙터는 현금 비용을 들이지 않고 12명 회원이 보조와 융자로 구입하여 공동소유하며 이용·관리하고 있는데, 작업이익금으로 융자를 모두 갚고 계속 운영하고 있다. 탈곡기는 1984년에 트랙터 운영이익금으로 마련하여 공동사용하고 있다.

탈곡작업반1의 구성원들은 경지면적이 비교적 넓은 농가들이다. 또한 노동력도 기본적으로 갖추고 있으며 연령은 차이가 있으나 마을일을 적극적으로 하고 농사도 활발하게 하는 사람들이다(〈표 4-1-13〉). 트랙터를 공동소유하게 된 것도 처음에 트랙터구입시 보조를 받고 융자금에 대한 담보를 하는 과정에서 적극적으로 참여한 사람들이다. 물론 실제로 현금을 지불하면서 구입한 것은 아니었다. 마을이장(현재는 아님), 개발위원, 영농후계자, 영농단장, 새마을지도자 등 마을에서 주도적인 일을 하는 사람들이 중심이 되어 결성한 작업반이다. 트랙터를 공동으로 사용하고 있으면서도 7농가가 경운기를 구입하여 개인적으로 사용하고 있다.

탈곡작업반1은 회장이 있고 총무가 있으며 그 이하로 회원들이 있다. 회장은 작업반 운영을 총괄하여 지휘하고 총무와 함께 트랙터의 관리를 한다. 총무는 운영수지를 정리하고 기계작업을 담당한다. 총무가 다른 일이 있을 때는 회장이 기계조작을 담당한다. 탈곡작업시에는 회원을 두 개 조로 나누어 번갈아 가며 나와서 작업을 하는데, 회장과 총무는 회원들의 출결을 점검한다. 기계구입시 융자한 것을 모두 갚았으며 작업반은 기계를 특정인에게 임대해 주는 형식을 취하고 있다. 즉 작업반원 가운데 한 사람(22번 김응림씨)에게 임대를 주어 운영책임을 맡도록 하고 전체수익금 가운데 기계(작업반)에 30%를 제공하고 임차인 및 작업자들이 나머지를 분배한다. 기계고장시의 수리비나 부대비용은 임차한 작업자가 전적으로 책임을 진다. 작업반의 성원 가운데 적극적으로 일을 하는 사람에게 기계를 효율적으로 이용하도록 맡기는 것이며, 작업참여자는 모두 회원들이다. 이러한 방식을 택하는 이유는 기계기금을 확보하기 위해서이다.

작업반1은 회원들의 작업만을 한다. 1988년에 12일을 작업하여 약 800가마니를 탈곡하였는데, 하루의 작업량은 900평 단지 세 개 정도였다. 회원 12명을 2개 조로 나누어서 번갈아 가며 작업에 참여한다. 6명 가운데 3명은 경운기를 가지고 나와 작업을 하며, 트랙터작업반 6명 이외에 각 작업주인이 3-4명을 동원하여 9-10명이 탈곡을 한다. 트랙터에 탈곡기를 부착하여 사용하며 트랙터는 운반에는 쓰이지 않고 경운기가 운반을 한다. 대개 하루에 한 농가의 탈곡을 하는데 작업능률이 좋아 일찍 탈곡을 마친다.

기계를 이동하기가 편리하고 설치하는데 드는 노력이 거의 없기 때문에 작업능률을 크게 높일 수 있다. 그리고 회원의 작업만을 하기 때문에 미리 일정을 정하여 12일간 작업을 해 나간다.

탈곡작업반의 수입은 탈곡작업수수료로 벼 한가마니 탈곡에 대하여 일정량(1988년, 4되; 1992년, 6되)을 받는다. 작업반1은 1988년에는 약 800가마(80킬로 한 가마니)를 탈곡하여 32가마의 삯을 수수료로 받았으며, 작업자에 대해서는 일당 임금을 계산하여 분배하였다.

작업반1은 모든 성원이 참여하여 작업을 하였었으나 성능이 좋은 기계가 도입되고 노동력도 부족해지면서 작업반원이 2개 조로 나뉘어 작업을 하게 되었다. 그러면서 작업반에서는 한 작업반원에게 기계를 임대운영하는 방식을 취하고 있다. 이렇게 운영체제가 바뀌었어도 작업반원들로서 작업이 이루어지고 있으며, 모든 성원이 참여하지 않는다는 점이 전과 다를 뿐이다. 노동력부족에 대처해 고성능 기계로 바꾸어 작업인원을 축소하려는 경향이 나타난다. 특히 고정적인 작업자를 확보하기가 어려워지자 고정적인 작업자는 최소화하고 가족별로 보조노동력을 동원하도록 하고 있다.

탈곡작업반2

탈곡작업반2는 경운기에 동력탈곡기를 연결하여 사용하는 조직인데, 1981년 처음 구성 당시에는 친목계원들 중심으로 나이가 비슷한 12명으로 결성되었다(〈표 4-1-13〉). 이들은 1970년대에는 노인들 중심의 공동작업반을 구성하여 모내기작업을 하기도 하였다(당시에는 노인 중심의 공동작업반 이외에 젊은 사람들 중심의 공동작업반도 구성되어 마을 안의 모내기 작업을 하였다). 1983년에는 노인들 중심으로 탈곡작업이 활성화되어 있었는데, 당시 구성원의 경지규모를 보면 대개 1,500평 이상의 논을 경작하고 있었다. 12명 회원이 모두 참가하여 작업을 하였으나, 1985년을 전후로 노동력이 있고 경지면적을 확대한 농가 가운데 젊은 사람이 작업을 맡는 식으로 되었다. 노인들이 점차 탈곡작업과 같이 힘든 일을 할 수 없게 되면서 아들들이 대신 참여하게 되었다.

탈곡작업반2에는 회장이 있었으나 사망한 이후에 회장을 뽑거나 하지 않고 운영하며, 작업참여자 가운데 한 사람이 총무일을 맡아 작업일지 및 운영수지를 정리한다. 작업에서는 작업자들 간에 지시를 하고 지시를 받는 방식이 아니라 일정한 작업을 분담하면서 평등한 관계에서 해나간다. 처음 작업반을 구성할 당시에는 12명 회원이 모두 나와서 작업을 하였으나, 점차 5명 정도의 성원들이 작업에 참여하였고, 작업참여성원과 비참여성원 간의 구분이 생기게 되었다. 작업과정 및 작업에 관한 운영은 전적으로 작업참여자들이 결정하여 하지만, 작업반의 기계 및 운영기금의 사용 등에 관해서는 전체 회원의 의사를 결집하여 일을 해나간다. 이 작업반은 회원의 작업을 위주로 하면서 회원의 논과 가까이 있거나 하루 작업 중에 시간이 남으면 비회원의 작업을 하기도 한다.

1981년부터 1984년까지는 노인 중심으로 회원 12명이 모두 작업을 하였으나, 1985년에는 5명이 하였고 다시 1986년부터는 4명이 작업을 하고 있다. 5명이 할 때에는 한 사람씩 돌아가면서 쉬고 4명이 작업을 하였다. 1988년의 경우에는 고정적인 작업반원 4명이 있고 부득이한 일로 작업을 할 수 없을 때에는 회원 가운데 한 사람을 일당을 주고 고용하였다.

탈곡작업반2의 작업일정을 보면(〈표 4-1-14〉) 10월13일에서 10월 25일까지 13일 동안 계속 작업을 하였다. 이처럼 쉬지 않고 매일 작업을 할 수 있는 것은 회원의 작업을 하면서 중간에 비회원의 작업을 곁들여 하며 미리 일정을 정하고 작업을 해 나가기 때문이다.

기계를 이동하는 데는 시간이 많이 걸리지 않지만 설치하는 것이 번거로워 여러 필지의 작업을 할 경우에는 작업능률이 떨어지고 있다. 작업반원은 경운기를 가지고 나오는데, 한 대는 탈곡기에 연결하여 동력원으로 사용하고 다른 경운기는 운반에 사용하였다. 탈곡기에 연결할 때에는 석유를 많이 소비하므로 자기 경운기의 탈곡연결도 서로 돌아가면서 하였다. 실제 작업에 있어서는 작업반원 외에도 각 작업주인이 3-4명을 동원하여 작업을 하며, 최소 6명에서 최대 8명으로 작업을 한다.

〈표 4-1-14〉 한들마을 탈곡작업반2의 작업내용(1988년)

작업일	일련번호/구성원번호		동원노동력					작업면적	경운기이용				노동시간 (오전-오후)
			1.	2.	3.	4.	5.		1.	2.	3.	4.	
10.13	1	35	0	0	0	0		2,900	탈	운	운	운	6시-8시반
10.14	2	27	0	0	0	0		2,300	운	*	탈	운	6시-9시
10.15	3	비회원	0	*	0	0	0	750	운	*	운	탈	6시-9시
10.16	4	51	0	0	0	0		1,600	운	탈	운	운	6시-9시반
	5	40						1,400					
10.17	6	11	*	0	0	0	0	3,100	*	운	탈	운	6시-8시
10.18	7	42	0	0	0	0		1,400	탈	운	운	운	6시-6시
	8	비회원						3330					
	9	37						400					
10.19	10	38	0	0	0	0		2,900	운	탈	운	운	6시-7시
10.20	11	3	0	0	0	0		1,800	운	운	운	탈	6시-5시
	12	49의 조부						650					
10.21	13	15	0	0	0	0	*0	1,100	운	운	탈	운	6시-6시반
10.22	14	13	0	0	0	0		2000	탈	운	운	운	6시-4시반
10.23	15	49	0	0	0	0		1,000	운	탈	운	운	6시-6시
	16	40의 부						1,000					
10.24	17	40의 부	0	0	0	0		700	운	운	운	탈	6시-6시반
	18	27						1,500					
10.25	19	57	0	0	0	0		2,300	탈	운	운	운	6시-6시

1. 동원노동력 내용은 작업반원임.
2. 동원노동력란의 번호는 각각 구성원번호 1.38, 2.27, 3.15, 4.27, 5.13 농가를 표시함.
3. 경운기이용란의 번호는 노동력동원란 번호농가의 경운기. '운'은 운반작업, '탈'은 탈곡작업에 이용한 경운기임을 표시함.

비회원의 작업은 양이 적고 몇 농가 되지 않는다. 작업량이 많을 경우에는 하루에 다 하지 못하면 그 다음날 하기도 하였고 처음부터 나누어서 일정을 짜고 하기도 하였다.

작업반2는 주로 회원의 작업을 하나 비회원의 작업도 하는데 작업수수료는 같은 비율로 받았다. 탈곡수수료로 받은 벼는 한 집에 쌓아놓았다가 매상할 때에 모여서 풍구질을 한 뒤 매상하였다. 작업반의 4명 고정작업자가 일을 하기 어려울 때 회원 가운데 사람을 고용하였는데, 이 사람에 대해서는 일당(1988년, 1만 6천원)을 지불하였다. 작업자들 간의 노동에 대한 계산은 정확하게 하였다. 경운기비용은 각자가 부담하였으며, 매상을 한 뒤에 날을 잡아 고기와 술을 먹고 멀지 않은 곳에 놀러갔다. 다른 잡비를 지출하고 탈곡기 기금으로 약간을 남기고 나머지는 작업자들이 똑같이 (43만원씩) 분배하였다.

탈곡작업반2의 경우 농가로 구성되었던 탈곡작업반이 노동력이 부족해지고 기계의 성능이 좋아지면서 4-5명의 작업반원과 2-3명의 보조노동력의 결합으로써 작업을 할 수 있게 되었으며, 작업자를 중심으로 작업반이 운영되게 되었다.

이 작업반은 1989년까지 유지되다가 1989년 말 작업반 회의를 통해 해체를 결의하고 낡은 기계도 처분하고 나서 기금을 균등하게 분배하였다(구성원당 16만원). 이 작업반성원들은 1990년 이후 콤바인작업반과 다른 탈곡작업반(또는 다른 마을에서 들어온 탈곡작업반)에 탈곡을 위탁하였다.

탈곡작업반3

동력탈곡기를 경운기에 연결하여 사용하는 또 다른 작업반인 탈곡작업반3은 1987년에 젊은 사람들 4명이 탈곡기를 공동구입하여 구성한 작업반이다. 작업반의 구성원 가운데 경지면적이 넓은 사람은 소작을 많이 하는 농가들이다. 이 작업반은 젊고 노동능력이 있는 빈농들이 중심이 되어 작업반원의 탈곡작업도 하지만 주로 다른 농가의 작업을 해주고 삯을 받아 분배하려는 목적에서 구성되었다. 기계이앙작업 등으로 농작업을 쉽게 하게 되면서 이들 농가는 소작경지를 확대하여 현재는 비교적 많은 경지를 경작하고 있다.

소수로 구성되어 있어서 작업반원 모두가 직접 작업에 참여하며, 한 성원이 작업일지 및 운영수지를 관리한다. 이 작업반은 회원제로 하지 않고 신청하는 농가의 작업을 해 주며, 작업반원들의 작업 이외에는 모두 다른 농가의 작업을 하고 있다. 작업반1과 작업반2가 하지 않는 작업은 거의 다 작업반3이 하고 있으며 특히 작업반3은 수익을 올리기 위해서 마을에서 약간 떨어져 있는 논의 탈곡작업도 담당한다. 따라서 작업반1과 작업반2의 작업량은 일정한 편이지만 작업반3의 작업량은 해마다 변동이 있다.

작업반3은 14일 동안 작업을 하였는데 앞의 두 작업반과는 달리 계속해서 작업을 하지 않고 건너 뛴 날이 있다(〈표 4-1-15〉). 이는 그때그때 신청하는 농가가 있을 때 작업을 하기 때문이다. 또한 필지면적이 작은 경우가 많은 편이어서 작업을 하는데 애로가 있으나, 탈곡기가 새 것이라 고장이 적어 능률은 크게 떨어지지 않으며, 오히려 작업반2보다 능률적이다. 작업면적도 다른 작업반에 비하여 굴곡이 있는데 이는 기계고장으로 인한 것이 아니라 작업면적 확보가 잘 안된 것이다.

작업반원 4명은 모두 참여하며 각 작업주인이 2-4명의 보조노동력을 동원한다. 대체로 작업면적이 많은 농가는 3명을 동원하고 좀 적은 농가는 2명을 동원하고 있다.

작업반3은 작업수수료로 받은 벼를 수매하여 각종 비용에 충당하였으며, 작업자에 대해서도 임금을 계산한다(작업자들은 경운기가 있는 사람은 경운기를 가지고 참여하여 하루에 1만 2천원의 임금을 받았으며, 경운기를 가지지 않고 참여한 한 작업자는 품값을 하루 7천원으로 계산하여 받았다).

〈표 4-1-15〉 한들마을 탈곡작업반3의 작업내용(1988년)

작업일	일련번호/작업주번호		보조 인원	작업면적	수확량	삯	비고
9.24	1	4	3	3,050	86가마	32말	
	2	20					
	3	60					작업반원
9.25	4	53	2	1,500	43	17	
9.28	5	1	2	1,200		12	
9.30	6	*	2	1,200		11	이웃마을
	7	*					이웃마을
10. 2	8	52	3	3,200	94	34.5	
10. 3	9	*	2	1,800	60	23	*
	10	12					
10. 5	11	*	2	850	24	8	도시로 나간 농가
10. 9	12	29	3	3,000	90	33	작업반원
10.10	13	5	2	2,200	70	25	
	14	23					
	15	24					
	16	44					
10.11	17	9	2	2,100	65	20	
10.12	18	54	4	2,500	76	28	
	19	56					작업반원
10.13	20	67	3	2,600	65	21	작업반원
10.14	21	59	3	1,200		19	
10.15	22	48	3	500	17		

*표한 농가는 다른 마을에 거주하고 있으면서 이곳에 경지를 가지고 있다.

이 작업반은 1991년까지 변함없이 계속 유지되어 왔는데 1992년의 경우 주요 작업반원이 몸이 아파서 구성원의 변동이 있었다.

이 세 개의 탈곡작업반에 포괄되어 있는 농가는 28호(그 가운데 한 농가는 비농가로 전환하였다)로 마을 전체호수 69호의 40.1%이지만 농가 56호에 대한 비율(참여농가 27호로 계산)은 48%이다. 탈곡작업반에 직접 참여하여 작업을 하는 것은 모두 남자이며 여자들은 참여하지 않고 있다. 특히 이 마을에서는 보조노동에도 여자들이 참여하지 않으며 탈곡작업은 전적으로 남성노동에 의해서 해결된다.

이들 세 개의 탈곡작업반 가운데 두 개는 주로 회원의 작업을 해주고 있으며 다른 한 작업반은 신청하는 농가의 작업을 모두 해주고 있다. 이렇게 해서 마을의 모든 농가가 이들 세 개의 작업반을 통해 탈곡을 하고 있다. 마을 안 작업반이 다 감당하지 못할 때는 마을 외부의 탈곡작업반이 들어오기도 한다. 다른 마을에서 들어오는 탈곡작업반은 3-4일에 걸쳐, 하루에 한 두 농가의 탈곡작업을 드문드문 한다.

이처럼 탈곡시기가 되면 한들 마을 안에 이 세 개의 탈곡작업반이 형성되어 마을 안의 거의 모든 탈곡을 해나간다. 또 탈곡작업반에 반원으로서 작업에 참여하는 사람이 작업반1이 6명, 작업반2가 4명, 작업반 3이 4명으로 모두 14명이며, 보조노동력으로 동원되는 인원이 7-10명이 된다. 그래서 작업반이 동시에 작업을 할 때에는 21-24명이 동원되는데, 이는 마을 남성노동력의 거의 전부에 해당한다. 이 마을에서는 탈곡작업에는 여성은 참여하지 않는다.

동력탈곡기를 트랙터나 경운기에 연결하여 작업하는 탈곡방식은 앞에서도 보았지만 작업능력이 일정하여 위탁작업량이 많아지면 감당하기가 어려워진다. 게다가 노동력이 더욱 부족해지면 이러한 탈곡방식은 위기에 처하게 될 가능성이 있으며, 콤바인과 같은 기계가 도입되면 쉽게 바뀌게 된다. 평야지대에서는 콤바인의 도입이 확산되고 있어 이러한 방식의 탈곡작업은 찾아보기 힘들다. 한들마을에서는 1990년에 콤바인을 들여와 작업을 하고 있지만 아직 작업량은 크게 늘고 있지 않다.

콤바인작업반(및 건조작업반)

콤바인은 기계화영농단으로 1990년에 구입하여 이용하고 있다. 1990년 가을부터 콤바인수확작업을 시작하였는데 콤바인작업과 동시에 건조작업도 하고 있다. 작업량이 점차 늘고 있는 추세이다. 처음에는 회원 중심으로 하였으나 점차 마을사람들 가운데 신청자의 작업을 해주는 방식으로 전환하고 있다.

1992년에 콤바인작업반의 작업면적은 2만 3천여 평에 달하며 그 가운데 1만 8천여 평이 마을 안의 농가의 작업이다. 작업을 위탁한 18농가 가운데 마을 안의 농가가 15호에 이르고 있다. 콤바인작업반은 콤바인작업 시에 건조작업을 한다. 마을 안에 있는 농가의 콤바인작업을 할 경우 대개 건조작업도 함께 한다. 1992년도에 건조작업면적은 2만여 평에 달한다. 이렇게 수확 및 건조를 한 번에 하는 경우는 면적당 일정액의 작업료를 받는다.

작업은 5명 정도가 돌아가면서 하는데 기계조작자는 두 명이다. 따라서 연작업일수의 2/3이상을 두 사람이 담당한다. 작업자에 대해서는 일정액의 임금을 작업일수에 따라 지급한다.

〈표 4-1-16〉 한들마을 콤바인작업반의 작업상황(수확 및 건조작업)

연도	작업일수	위탁 농가수	작 업 량	작 업 료	작업자/일수	작업자임금
1990	11일	10호(1) 9호	탈곡 13,045평 건조 10,845평	1,758,300원	50/10, 21/9 57/3, 45/3 외	26×2만= 52만원
1991	9일	9호(1)	탈곡 11,337평 건조 7,397평	1,619,335원	50/9, 57/7 45/2, 16/2 외	21×2만= 42만원
1992	16일	18호(3)	탈곡 22,997평 건조 19,883평	4,046,040원	50/15, 57/16 16/7, 21/2, 45/2	47×3만= 141만원

( )안의 숫자는 마을 외부의 위탁농가수이다.

〈표 4-1-17〉 한들마을 건조작업반의 작업상황(수매시 건조작업)

연도	작업일수	위탁 농가수	작 업 량	작 업 료	작업자/일수	작업자임금
1990	10일	32호(6) 2	벼735가마(222) 옥수수160가마	735,000원 128,000원	50/9 21/9	18×2만=36만원
1991	12일	35호(6)	1,173가마(321)	1,290,300원	50/7, 57/7 21/4, 15/4	19×2만=38만원
1992	18일	38호(10)	1,832(503)	3,186,100원	50/15, 57/7 16/7, 15/1	30×3만=90만원

1. ( )안의 숫자는 마을 외부의 작업농가수 및 작업량이다.
2. 옥수수 건조의 작업료는 가마당 800원, 벼건조비는 1990년 가마당 1천원, 1991년은 1,100원, 1992년에는 회원 1,500원, 비회원 1,800원, 다른 마을 사람 2,000원이었다.

콤바인작업반은 정부의 벼수매 때에도 건조작업을 한다. 이것은 콤바인작업과는 별개로 이루어지는 것이다. 1992년도의 경우 위탁한 농가가 38호에 이르며 다른 마을에서도 10여 호가 작업을 위탁하였다. 건조작업의 주요작업자는 콤바인작업의 주요작업자들이며 2-3명에게 작업이 집중된다. 작업자에게는 일당이 지급되며, 작업료는 회원, 비회원, 다른 마을사람으로 구분하여 차등을 두고 있다.

전체적으로 콤바인작업과 건조작업에 위탁하는 농가와 위탁면적이 증가하고 있다.

이상과 같이 한들마을의 논농사는 기계화의 진전과 더불어 다양한 생산조직에 의해 이루어지고 있다. 이처럼 공동보유 및 이용이 활발하게 전개되고 있는 배경에 대한 연구가 필요하다고 생각된다. 평야 미작지대나 중산간 지역에서 논농사의 기계화와 더불어 개인수탁작업이 활성화되고 있는 것과는 대조적이라 하겠다.

그러나 이러한 공동보유 및 공동이용조직의 내적 모순은 수탁조직으로의 전화가능성을 전혀 배제하지 않는다. 조직 안에 주요 작업자가 형성되고 마을 안에서는 몇 사람이 주요 작업자로 등장하고 있다. 즉 미래의 작업자(오퍼레이터)조직을 연상할 수 있겠다. 이들은 앞으로의 마을의 영농담당자들이며 현재에도 이미 주도적으로 마을일을 해 나가고 있다.

한들마을에서는 이들 주요 작업자들이 몇 사람씩 집단을 이루어 자가작업을 중심으로 기계를 운영하는 조직으로 전환하는 경향이 보인다. 따라서 노령농가나 농외취업농가의 경우 영농에 애로가 있게 된다. 더욱이 벼농사의 소득이 수매량의 감소로 불안정하기 때문에 노동력이 있는 농가는 밭작물로의 전환을 시도하고 있다. 이 경우 기계작업자의 역할과 자가영농에의 집중 간에 경합이 생기게 된다. 한들마을에서는 이런 경우 작업자의 임금을 올리는 방식으로 작업자의 기계작업을 유도하지만 여전히 작업자의 불만을 무마시키기에는 한계가 있다.

다른 지역에서 나타나고 있는 기계품앗이 등과 같은 형태를 통해 기계작업자의 자가영농작업에 노동력을 조달하는 방식을 생각해 볼 수도 있겠다.

일정 지역 단위에서 자원을 합리적으로 이용하고 노동력을 효율적으로 배치하여 농업생산을 활성화시키는 것이 필요한데, 이처럼 다양한 생산조직을 그러한 변형계획 속에서 어떻게 위치지울 것인가하는 문제가 남는다. 어차피 개별농가 단위로 영농을 해 나가기는 더욱 어려워지는 상황 속에서, 생산조직을 매개로 한 농민들 간의 새로운 관계를 전망할 수 있겠다.

2절. 감물면 세 마을의 생산조직

감물면이 속해 있는 괴산군은 충청북도의 중동부에 위치하고 있으며 동쪽으로는 경상북도와 접하고 있다. 괴산은 소백산맥의 산간지에 있으며 남한강과 금강의 발원지이기도 하다. 대도시로부터 멀리 떨어져 있으며 부근 도시인 청주로부터도 한 시간 이상의 거리에 있는 오지이다.

행정구역상으로 괴산은 중원, 음성, 진천, 청원, 보은 등의 5개 군과 접하고 있고 경상북도의 문경과 상주와도 접하고 있으며, 1읍 3출장소 10면 277리 880반으로 이루어져 있다. 괴산군은 1990년까지는 13개 읍면(괴산읍, 증평읍, 감물면, 장연면, 연풍면, 청천면, 청안면, 도안면, 사리면, 소수면, 불정면)으로 구성되어 있었으나, 1992년 증평읍과 도안면이 증평출장소로 분리·승격되었다.

괴산지역의 강수량은 연간 1,448.9mm이고, 평균기온은 10.5도(최저 -20.8도, 최고 36.2도)로 전국적으로 중간지대에 속한다. 괴산지역은 일교차가 심한 편이며 일조시간은 6.2시간이고 강설일수는 13일, 상강일수는 97일, 강수일수는 91일(0.1mm)에 이르고 있다.

괴산군 안에는 1990년 현재 등록된 공장 88개가 약 4천여 명을 고용하고 있는 것으로 나타나고 있다. 100명 이상의 종업원을 고용하고 있는 사업체가 9개에 불과하며 반 이상이 20명 이하의 종업원을 고용하고 있는 영세사업체들이다. 이처럼 괴산지역은 산업시설이 빈약하며 출퇴근겸업의 기회가 아주 적다.

괴산은 경지율이 19%로 산간에 속하며 밭(9,129헥타)이 논(8,939헥타)보다 약간 많다. 호당경지면적은 1.3헥타로 전국평균치보다 약간 높다. 괴산의 총인구(93,773명) 가운데 농가인구(49,206)가 52.5%를 차지하여 농가인구비율이 낮은 편이다.

괴산지역의 농업생산은 식부면적크기로 볼 때 전체 식부면적(16,559

헥타) 가운데 반 이상을 차지하는 벼농사(8,349헥타)를 중심으로 하면서 두류(3,272헥타), 고추(1,910헥타), 참깨(1,257) 등을 재배하는 작목체계를 이루고 있다. 벼농사가 점차 수위탁작업에 의해 이루어지면서 이 지역의 농민들은 밭농사에 집중하고 있으며 여러 가지 작물을 재배하고 있다.

감물면은 괴산군 안에서는 동북쪽에 위치하고 있으며 22개 행정리, 56개의 마을로 이루어져 있다. 감물면의 경지상황을 보면 농경지 1,058정보(헥타) 가운데 밭이 54.8%를 차지하고 있다. 전체면적 가운데 경지율은 24.7%로 산간지역임을 보여주고 있으며, 호당 경지면적은 1.32헥타이다. 농가 가운데 60% 이상이 1정보 미만의 영세한 경지를 경작하고 있으며 겸업농가는 아주 적다. 면 지역의 수리안전답률은 아주 높아 90% 이상에 이르지만 경지정리율은 42%에 불과하다. 논은 경지정리가 상당히 진전되어 있으나 밭의 경지정리는 전혀 이루어지지 않고 있다. 농업기반은 점차 개선되고 있다. 1960년대까지 한해 상습지역이었으나 현재는 양호한 편이며 1968년 이담리를 시발로 경지정리는 계속되고 있다.

주요 농산물은 미곡, 고추, 봄감자, 참깨, 풋옥수수 등인데 식부면적별로 보면 벼가 압도적으로 많으며 고추, 참깨, 감자의 순이다. 축산농가는 비교적 적은 편이며, 젖소를 키우는 농가가 12호, 비육우를 사육하는 농가가 13호, 돼지사육농가 4호, 육계를 키우는 농가 5호가 있다. 작부체계는 벼+a형(담배, 고추, 감자, 오이)이며, 최근 재미 보고 있는 것은 감자로서 이모작으로 재배하며 오이는 담배후작으로 재배된다.

겸업조건을 보면, 청주·충주·수안보는 출퇴근 거리이지만 인근의 취업자는 빈약하기 이를 데 없다. 오성세라믹, 남경아스콘, 창성요업, 괴산연와 등이 있으나, 면 전체로 100여명이 취업중이다(오성세라믹에 5-60여명).

그러면 감물면에 있는 세 조사마을의 개황을 알아보자.

1. 마을 개황[7)]

1) 아랫미랏 마을

감물면 광전리에 위치한 아랫미랏(하미전) 마을은 경지정리된 논을 앞에 두고 산언덕에 밀집된 취락을 구성하고 있으며, 마을 앞에 있는 논은 이 지역에서 상당히 비옥한 편이다. 산언덕에는 밭이 있으며 언덕 너머에도 밭이 있고 계곡(작은 개울)에는 논이 있다. 마을 앞에 있는 논을 가로지르는 개울이 있는데, 개울 건너 쪽에 광지실이라는 마을이 있고 윗쪽으로는 상미전(윗미랏)이 접해 있으며, 아래쪽으로는 면소재지(오성리)와 접하고 있다.

산이 많은 지역이면서도 계곡을 따라서 논과 밭이 형성되어 있으며 마을가구들은 밀집되어 있다. 논은 마을 앞에 있는 것은 비옥도가 높은 편이지만 마을 뒤, 산 너머 있는 것은 그렇지 않다. 또 밭은 비옥도 차이가 크다. 산과 붙어있는 산정의 경우 일부 휴경하는 경우까지 발생하고 있다.

마을의 논은 1990년도에 경지정리되었으며, 경지정리된 논은 농업진흥지역으로 편입되어 있고 밭은 일정치가 않다.

수리조건은 매전저수지에서 물을 공급받고 있는데 관리는 농지개량조합에서 하고 있다. 수세가 신답의 경우 단보당 55킬로였는데 1988년 이후 (농민운동의 효과로) 5킬로로 줄었다. 최근 논에 벼 이외의 작물을 심는 농가가 늘어나고 있는데, 이 경우에도 수세가 부과되어서 농민들의 불만이 있다.

아랫미랏 마을은 35호로 이루어져 있는데 마을 한가운데 윗쪽으로 마을회관이 있고 양쪽으로 가옥들이 밀집되어 있다. 괴산군은 물론 감물면 안에는 연안 이씨와 김해 김씨가 많이 살고 있는데, 아랫미랏 안에

7) 1992년 조사.

이씨가 16호, 김씨가 6호 살고 있고 이 가운데 연안 이씨 12호, 김해 김씨 3호가 있다. 그리고 마을 안 가까운 친척관계에 있는 가구들이 있는데, 부모자식 관계에 있는 가구들이 2쌍, 형제관계에 있는 가구들이 3쌍, 그 외에도 4촌이나 가까운 인척관계에 있는 가구들이 많다.

〈표 4-2-1〉 아랫미랏의 마을구성원 현황(1992)

(경지면적 단위: 천평)

번호	이름	연령	가족수/구성	경지(논, 밭, 합계)	보유농기계/작목체계	비고(농외) 가축(소)
1	경갑수	56	4 부부+2	(0.8)	부인-농업노동품팔이	오진광업/ 자갈채취1
2	경규성	32	4 모+부부+1	(0.6) 0.9「1.5휴」	경,관,트(하우스작업용)	닭 2만수/ 밭휴경
3	경남현	44	4 부부+2	0.8〈0.3〉 0.6 1.5	경 품팔기도	정신미약 1
4*	김건태	36	6 부부+자녀4	1.8〈0.6〉 4〈2〉 5.8	경,건,이 벼/고6/하3백3동(감/오)	1
5	김동일	65	3 부부+1	1.5 0.9 2.4	트럭 벼/고/참	1
6*	김성열	47	5 부부+3	0.8〈1〉 5.1〈2.4〉 5.9	경,건 벼/담8/고3/오3	아들 감물면 1 직원
7*	김윤태	48	4 부모+부부	4.4〈3.4〉 5〈4.5〉 9.4	경,건,관 벼/담8/고3/감4/오4/옥4	1
8*	김인태	41	6 부부+3	2.1〈0.6〉 13〈10〉 15.1 임차지 1만평은 산전	경,트,건,관 벼2/담10/고6/ 하5백(5동/감/오)	2
9	김종국	56	3 부부+딸	0.48 (2.5) 0.48	부인 청주왕래(자녀)	
10*	김종영	67	5 부모+부부+1	4.5 4.2〈2.9〉 8.7	경,분,건 벼/담8/고3/오3	농개조(괴산) 근무
11	김한중	63	1(여)	0.75 0.75	품팔이 하기도	염소 3 1 퇴임
12	김항렬	50	5 부부+3	0.9 0.3 1.2		곱추/장님 아들 감물지서 근무, 영세민 1종

번호	이름	연령	가족수/구성	경지(논, 밭, 합계)	보유농기계/작목체계	비고(농외) 가축(소)
13*	박용권	42	6 부부+4	4.2〈2〉 121.5〈1.5〉 125.7	경,건,분 벼/담8/고3/오3	120밭 일부경작
14	엄선례	63	1(여)	1.5 0.6(1.4) 2.1	벼	이용승 처
15	원순자	54	3 본인+2	1.6〈0.75〉 0.6 2.2	벼	
16	원정상	77	2 부부			생활보호 대상자 ^
17	유월선	80	1	가게 하다가 팔고 아들에게 갔다가 귀환(진천)		영세민 1종 ^
18*	이경승	55	3 부부+1	2.5 3.6 6.1	경,건 벼/담9/고1	아들 오성세라믹 1
19	이규영	61	2 부부	0.8 1.7 2.5	경,분,건 벼/고1	의족 1
20	이금년	70	1 이호성 모	(4) (1.2)		아들정신미약 (이출 1)
21*	이기영	33	4 부부+2	2.6〈2.6〉 8〈3.5〉 10.6	경,트,건이,관,분 여/담9/고6/오3	후계자 2
22*	이기철	53	3 부부+1	2.1〈0.6〉 4〈2〉 6.1	경,건 벼/담8/고3	1
23	이문영	75	2 부부	「1.2」 1.2(「0.4」) 2.4	젊은 부인 주축 벼/고2/감	
24*	이수영	63	2 부부	2.5 4(4) 6.5	경,건,이(노후) 벼/고8	4
25	이언영	41	7 부부+4+모	0.86 3.6〈1.8〉 4.4	경,건 인삼1800(92)	닭 1만2천수
26	이원영	69	1 본인(여)	0.4 0.4	(6)박용권 모 벼 아들(박용복)이 도움 1	
27	이진승	61	2 부부	이한영 부모 92년부터 분가 정미소		상점 ^
28	이하영	63	2 부부	0.3 0.3	품팔이	생활보호 대상자 ^
29	이한분	56	1 본인	(1)		삼포일군 1 ^
30	이한석	28	7 모+본인+2+3	본인-오성세라믹 모-품팔이 매형부부-보일러건축		1
31*	이한영	36	4 부부+2	6〈6〉 5〈3〉 11	경,분,건,이,콤,곡건,관 벼/담8/고2/오3/인2천/하우스 6백(5동,감/오)	

번호	이름	연령	가족수/구성	경지(논, 밭, 합계)	보유농기계/작목체계	비고(농외) 가축(소)
32	이한정	33	3 모+부부	(0.45)	모-삼포일군;월급제 45만	괴산, 세라믹회사
33	조오영	36	4 부부+2	양조장에서 운전기사 하다 개인용달운전		거위8마리
34	조완식	59	2 부부	1.5 1(3) 2.5	경,건,관 벼	아들 뇌수술 1
35*	조윤식	63	3 부부+1	2.9(2.9) 2.2〈0.7〉 5.1	경, 건 아들(뇌마비) 귀환	아들부인 +2양품점

1. * 는 영농에 적극적인 농가
2. ^ 는 비농가 표시
3. 경지 란의 ( )는 임대지, 〈 〉는 임차지

인근마을과의 관계를 보면, 아랫미랏 사람들 가운데 광지실(앞 마을)에 경지를 가진 사람들이 있으며, 농번기에는 면소재지에서 노동력을 조달한다. 수탁작업을 하는 사람들은 이 마을 저 마을 다니면서 작업을 하기도 한다. 마을 사람들 가운데 다수는 각종 계모임을 통해 다른 마을 사람들과도 관계를 맺고 있다.

마을 농산물의 판로에 대해서 보면, 벼의 경우 올해 수매량이 대폭 줄어서 마을사람들은 판매걱정을 하고 있다. 수매 이외의 판매방식은 정미소에 도정을 하고 놔두면 정미소 주인이 들어오는 상인들에게 판매해 준다(위탁판매). 친척에게 주거나 친척/친지를 통해 직접 판매하기도 한다. 고추는 풋고추나 홍고추의 경우 농협이나 신협(농민회)을 통해 출하하며 건고추는 괴산시장으로 많이 내보낸다. 담배는 계약재배의 형식을 갖추고 있으며 가을/겨울에 전량 수매한다. 담배후작으로 재배하는 오이는 농협이나 신협을 통해서 출하한다. 작물의 수확기에는 상인들이 마을에 많이 내려오며 밭떼기로 사가는 경우(옥수수)가 있다. 일부 농민은 개인적으로 용달을 불러서 생산물을 싣고 가락농수산물시장에 가서 상회에 넘기기도 한다.

인근지역에 세라믹회사 등이 있으나 젊은 사람을 선호하기 때문에 노령인구의 취업은 어려운 형편이다.

마을사람들은 자녀들의 교육에 대해서 매우 신경을 쓰고 있는데, 중학교까지는 대개 면소재지에 있는 국민학교와 중학교에 보낸다. 그러나 고등학교 이상으로 가면 사정이 달라지는데, 부근에 목도고등학교가 있으나(통학거리 20분 이내) 많은 농가가 청주나 충주로 고등학교를 보내고 있다.

아랫미랏 마을이 속해 있는 광전리는 감물면 사무소가 위치해 있는 곳에서 1킬로미터 정도 떨어져 있는데(10분 이내 거리), 면소재지는 청주에서 왕래하는 버스가 3-40분 마다 있으며, 인근 도시인 청주까지는 1시간 이상 소요된다. 충청북도에서도 오지에 속하는 마을이라고 할 수 있다.

이 마을에는 마을 창고가 큰 것이 있지만, 마을회관이 아주 오래되고 낡아 있다. 겨울에는 마을회관에 모여서 식사를 하기도 하고 놀기도 한다. 그리고 마을 안에 노령자가 많아지면서 요즈음에는 노인회관을 지어달라는 노인들의 바램이 크다. 그래서 군(면)에 마을 노인들의 서명을 받은 노인회관 건립청원서를 만들어 보내려고 하고 있었다.

2) 윗미랏 마을

윗미랏 마을은 광전리 안에 있는 마을로 앞에는 광지실 마을이 있고 아래쪽으로는 아랫미랏(하미전) 마을과 접해 있다. 윗미랏 마을은 총호수가 30호이고 그 가운데 비농가가 7호나 된다.

윗미랏(상미전) 마을은 경지정리된 논을 앞에 두고 산언덕에 밀집된 취락을 이루고 있으며, 마을 앞에 있는 논은 이 지역에서 비옥한 편이다. 산언덕에는 밭이 있으며 뒤쪽에는 산이 있다. 이러한 지형적 조건으로 마을의 경지면적은 좁은 편이다. 그럼에도 이 마을은 감물면 안에서 부자마을로 소문이 나 있다. 그것은 젖소를 키우는 농가들이 있기 때문이다.

〈표 4-2-2〉 윗미랏의 마을구성원 현황(1992)

(경지면적 단위: 천평)

번호	이름	연령	가족수/구성	경지(논, 밭, 합계)	보유농기계/작목체계	비고(농외) 가축(소)
1	경선호	57	4 부부+2	1.6「1」 1〈1〉 2.6	경,이 복사차 고3, 참	방앗간 경영, 한우5
2	경시현	52	2 본인+1	청주에 삶, 아들 방위근무 감물면 재무계 근무, 왔다갔다		
3	경양수	65	4 부부+부부	3 3	경,이 복사차	장사
4	경을수	53	6 모+부부+2+동생	1.6〈0.8〉 1.2 2.8	경,이 고3,옥	한우1
5	경한수	61	2 부부	1.5(1.2) 0.3 1.8	고1	한우1
6	곽교원	32	4 부부+2	0.8〈0.8〉	경 오성세라믹	수몰지구이입5
7	곽동출	75	1 본인			영세민 *
8	곽상원	52	3 부부+1	0.5〈0.5〉 0.5	영세민, 미장일함	수몰지구이입 한우5
9	김광응	52	5 부부+3	1.4 1.5〈1.5〉 2.9	경 고3, 옥5백,들깨	한우1
10	김봉길	62	2 부부	2.5 1.5 4.0	경 고3, 참깨	
11	김오연	67	1 본인	(0.6) (0.4)		*비농가
12	김용훈	67	4 본인+부부+1	2.9〈2.9〉 1.5 4.4	경	수몰지구이입 한우1
13	김유복	57	2 부부	1.5〈1.1〉 2.1〈2.1〉 3.6	경,건 담5,고2	한우3
14	김진석	35	6 모+부부+3	0.9 2.5 3.4	경,분,건,트,콤,건 (과1.5)	한우10
15	신덕원	67	6 본인+부부+3	0.4 2.5 2.9	경,건 담6,고2	한우5
16	신정균	63	3 부부+1	0.8〈0.2〉 0.8 1.6	고1,참	한우2
17	신중호	32	2 모+본인	오른팔 불구	모 삼포밭 일군(월급 30만)	*비농가
18	안성환	33	4 부부+2	전도사		*비농가
19	이병렬	39	5 부모+부부+1	1.3「0.4」 5〈5〉 6.3	경,건 담6,고5,감/옥4	한우(비육)10
20	이병헌	38	4 모+부부+1	0.6 0.8 1.4	경 고2,콩3백	병약, 곱추(여) 한우2
21	이부근	51	2 부부	1.5〈0.9〉 3 4.5	경,건 담7,고2	한우2

번호	이름	연령	가족수/구성	경지(논, 밭, 합계)	보유농기계/작목체계	비고(농외) 가축(소)
22	이재철	51	1 본인(여)	(1)	병약	*비농가
23	이하경	59	7 부부+부부+3	2.7 2.5 5.2	경,건 담6,고2	한우2
24	이하신	57	4 부부+부부	2.7〈0.7〉 2.2〈1.5〉 5.2	경,건 담5,고2	*젖소 20두 한우2
25	이화영	55	3 모+부부+2	1.9〈1〉 2.5 4.3	경,건,트,이, 복사차	*젖소 30두
26	이효영	52	3 모+부부	0.9(0.5) 1.2 2.1	경 자가용	문광부면장 과수원
27	최광섭	37	4 부부+2	0.6 1.8 2.4	경,건	*젖소 30두
28	최완용	66	3 부부+1	1.5 1.5 3.0	경 고4,옥1/2작	한우3
29	최용준	53	1 본인(여)	임대했었는데 올해 논 판매		*비농가
30	최철구	40	5 부부+3	0.6 1.4〈0.8〉 2.0	경,건 자가용	*젖소 40두 전업농

경지면적 란에서 ( )은 임대, 〈 〉은 임차, 「 」은 위토임차

마을의 논은 1990년에 경지정리되었으며, 경지정리된 논은 농업진흥지역으로 편입되어 있고 밭은 일정치가 않다. 수리조건은 매전저수지에서 물을 공급받고 있는데 관리는 농지개량조합에서 하고 있다. 논은 경지정리가 잘 되어 있는 편이나 단지규모(600평)가 작으며 저수지의 물을 끌어다 쓴다.

이 마을에는 충주댐 건설후 그 지역에서 수몰가구로서 이입한 가구가 5호 있었다. 이들은 전도사 1가구와 4가구였는데 독실한 기독교 신자들이었으며 이 마을에 교회를 짓고 전도활동을 열심히 하고 있다. 한 가구의 가구주는 연령이 높았고 이입 후 얼마 안 있어 죽었다. 3가구와 전도사가 남아 있는데 현재 전도사는 이입시 전도사의 후임으로 와 있다. 현재 마을 안에 교회에 다니는 가구는 9호에 이르고 있다.

윗미랏 마을의 취락형태를 보면, 30호로 이루어져 있는데 마을 한가

운데 아랫쪽으로 마을회관이 있고 뒷쪽으로 가옥들이 밀집되어 있다. 뒷쪽 가옥들이 있는 오른쪽으로는 축사와 소운동장이 있다. 마을회관에는 음식을 장만할 수도 있게 해 놓고 있으며, 부인들이 와서 아저씨들의 점심을 공동으로 해 주기도 한다. 또한 술과 음료수, 기타 과자류를 갖다 놓고 노는 노인들이 사서 먹는 형식을 취하고 있다. 그리고 윗미랏 마을 안에는 연안이씨 7호, 김해 김씨 3호가 있다.

인근마을과의 관계를 보면, 윗미랏 사람들 가운데 광지실(앞 마을)에 경지를 가진 사람들이 있으며, 농번기에는 면소재지에서 노동력을 조달한다. 수탁작업을 하는 사람들은 이 마을 저 마을 다니면서 작업을 하지만, 이 마을의 경우는 마을 안에서 대개 이루어진다. 마을 사람들 가운데 다수는 각종 계모임을 통해 다른 마을 사람들과도 관계를 맺고 있다.

마을 농산물의 판로는 아랫미랏 마을과 차이가 없다. 벼의 경우 올해 수매량이 대폭 줄어서 마을사람들은 판매걱정을 하고 있다. 수매 이외의 판매방식은 정미소에 도정을 하고 놔두면 정미소 주인이 들어오는 상인들에게 판매해 준다. 이 마을의 한 농가가 이웃마을에 정미소를 가지고 있는데 그는 복사차로 운반하여 정미를 해 주고 판매도 해 준다. 인근의 산업조건, 교육조건, 교통조건 등은 아랫미랏 마을과 같다.

3) 유창 마을

유창(有倉)마을은 감물면 오창(五倉)리에 있다. 이곳은 고려때부터 조선초까지 수세창고가 있었던 곳이라, 류창(柳倉)이라 하였는데 그후 유창(有倉)으로 변하였다. 1914년 일제에 의한 행정구역 재편시 오간(五間)리 일부와 유창리를 병합하여 오창리라고 하여 감물면에 편입된 마을로 마을호수가 많을 때는 90여호에 이르렀으나 현재는 58호에 이르고 있다.

오창리는 감물면의 7개리 가운데 하나로 면의 북서쪽에 위치해 있으며 불정면과 접하고 있다. 오창리는 상유창, 하유창, 오간리로 나뉘어져 있는데, 상유창과 하유창이 유창마을을 이루고 있다.

유창마을은 4개의 하위자연부락으로 이루어져 있다. 이들은 남쪽에서 북쪽으로 길게 늘어져 있는데, 각각 사래울, 안산, 큰말, 하유창이라 불리운다. 사래울과 안산은 약 200미터, 안산과 큰말은 50미터 정도 떨어져 있으며, 하유창은 큰말에서 약 1.5km 떨어져 있으나 농업활동은 같이 하고 있다. 호수는 사래울 10호, 안산 15호, 큰말 19호, 하유창 14호로 유창마을은 총 58호로 이루어져 있다.

유창마을은 이 부근(감물면)에서는 비교적 큰 마을에 속한다. 마을 호수는 계속 줄어들고 있으며 하유창의 경우 다른 곳에서 이입하는 가구도 있는 편이나, 사래올, 안산, 큰말 등지에는 이입가구가 극히 적다. 그리고 이 마을에는 가까운 친척관계에 있는 가구들이 많다. 4촌 이내의 친족관계에 있는 가구들이 31가구에 이를 정도이다. 그리고 김해 김씨, 연주 현씨, 밀양 박씨 등이 여러 가구를 이루고 있는 동족부락이다. 김해 김씨가 21호, 연주 현씨가 18호로 양씨족이 중심을 이루는 양성 동족부락이라고 할 수 있으며, 밀양 박씨도 4가구가 있다.

이 마을은 오지로서 밭이 많으며, 1992년에 필지규모 900평 단위로 경지정리가 되었다. 소유권 때문에 실제 필지는 3-400평/6-700평 등 소규모로 되어 있는 것도 많으며, 농로가 불편하게 되어 있다. 경지정리를 계기로 밭이 논으로 바뀌고 기계작업이 증가하였으나 올해는 땅이 굳지 않아 손모도 많이 냈다. 논의 토질이 좋지 않은 편으로 특히 하천 변의 모래논이어서 물이 너무 쉽게 빠진다. 올해도 논의 25% 정도가 벼농사를 한 것이 아니라 밭작물을 재배하였다. 올해는 밭작물을 심고 싶었던 사람들도 경지를 고르게 하기 위해 벼를 재배한 경우가 있지만 앞으로 논에 밭작물재배가 더욱 늘어날 전망이다. 논의 비옥도가 낮아 벼수확량이 낮고(2백평당 70킬로짜리 4가마) 작은 규모로 경지정리가 되어 있어서 밭으로 전환하려는 사람들이 많다.

〈표 4-2-3〉 유창의 마을구성원 현황(1992)

(경지면적 단위: 천평)

번호	이름	연령	가족수/구성	경지(논, 밭, 합계)			보유농기계/작목체계		비고(농외) 가축(소)	
1	곽동희	58	2 부부	2	2	4	경	벼1.5/고2/옥6백		
2	김관수	42	6 부+부부+3	4(1)	2	6	경,분	벼5/고4		1
3	김만수	42	4 모+부부+1	5	4	9	경,분,이,건	벼4/고7	*	1
4	김선배	43	7 부모+부부+3	7〈5〉	5〈3〉	12	경,분,곡건,트,콤,관	벼5.4/고7/옥7		1
5	김영선	65	2 부부	2	1	3		벼2/고1		
6	김영원	67	2 부부	0.5「4」	0.2「1」	0.7				
7	김용부	51	3 부부	4〈1〉	5〈1〉	9	경,분,이,건	벼3/고8	모 이출(청주)6*	
8	김익수	35	5 부부+3	4(2)	4(2)	8	경,분,건,트,콤,관	벼3.5/고7/깨		1
9	김종국	58	3 조부+부부	5(2)	1	6	경,분,건	벼3천/고4단		1
10	김종근	55	2 부부	3(2)	2(1)	5	경,분	벼2/고5		1
11	김종면	36	5 모+부부+2	4(2)	4(2)	8	경,분,이,건,트,관	벼2.5/고6/담7/깨3		1
12	김종복	67	2 부부	4〈0.5〉	3	7	경,분,건	벼2/고5		2
13	김동수	51	3 부부	4〈1〉	5〈1〉	9	경,분,이,건	벼3/고8	모 이출(청주)6*	
14	김종식	55	2 부부	3(2)	2(1)	5	경,분	벼2/고4		1
15	김종원	42	5 부부+3	3〈1〉	3	6	경,분,이,콤,트	벼2.5/고3/감2		1
16	김종옥	58	2 부부	[1]	0.5	0.5			칠성면장	
17	김종진	63	1 본인	(원호대상자)			팔 한쪽 없음		부인이출	1
18	김종철	63	2 부부	5	5	6		벼2.5/고5		1
19	김종춘	52	4 조부모+부부	4	3〈2〉	7	경,분,트	벼3/고6		2
20	김한수	30	2 모+아들1	4〈2.5〉	3	7	경,분,이	벼4/고5	*	1
21	김현수	35	1 본인	[1]	[1]		삼촌(4) 일해줌. 품팔이		간질환자	
22	박광섭	52	2 부부	3	3	6	경,분	벼2/고3/감3/옥2		1

번호	이름	연령	가족수/구성	경지(논, 밭, 합계)	보유농기계/작목체계	비고(농외) 가축(소)
23	박규응	73	2 부부	1 1	벼1	
24	박무순	58	1 현종걸 처	[1] 0.3 0.3	(경) 고1	
25	박병섭	59	2 부부	2.5⟨1⟩ 2.5 5	경,분,이,탈 벼2/고3/감3	1
26	박원규	62	6 부모+부부+2	3 3 6	경,분 벼3/고5/감2	개30마리 8
27	박재형	58	2 부부	3 2 5	경,분,이 벼2/고3/감3	1
28	이기종	58	2 부부	2 1 3	벼1/고2	
29	이만순	65	1 원달현 처	[3] [2]	품팔이	아들보조
30	이상설	61	2 부부	1 0.6⟨0.6⟩ 1.6	벼1/고1.5	작년 서울서 이입
31	이춘우	33	5 부모+본인+2	4(3) 4 8	경,분,이,건,관 벼5/고7/담6/깨1	형수+1* 1
32	이효진	42	7 부부+딸	영세민	올갱이잡이	
33	전달배	50	6 부모+부부+2	3(1) 2 5		
34	전병기	36	3 부모+본인	5(3) 3 8	경,분,이,건 벼3/고6/감6	* 1
35	전정녀	72	1 현복동 처			
36	전중배	57	2 부부	3 3 6	벼2/고2/감2	1
37	전희만	63	2 부부	1 2 3	벼2/고1	1
38	전희용	52	1 * 부인 재가	영세민	품팔이	
39	지매화	65	1 본인	2 1 3	(경)	
40	지영화	63	1 현영호 모친	1 1(0.5) 2	(경,분) 벼1/고1	1
41	최복용	62	1 본인	1 1	경 한우비육	(서울서 이입) 5
42	현백운	72	1 본인	1 1		
43	현병기	32	6 모2+부부+2	6⟨5⟩ 5⟨2⟩ 11	경,분,건,이 벼8/고7	
44	현을분	70	2 모+딸 (김씨)		품팔이	아들 보조
45	현만복	70	3 부부+딸(36살)	1 2 3	벼1.5/고4	
46	현을용	72	2 부부	[0.4]		

번호	이름	연령	가족수/구성	경지(논, 밭, 합계)			보유농기계/작목체계		비고(농외) 가축(소)	
47	현종각	42	4 부부+2	3(3)	4〈1〉(3)	7	경,분,건	벼3/고6/담6	*	1
48	현종국	65	2 부부	2(1)	2(1)	4	경,분	벼2/고2		2
49	현종대	42	6 부부+2	2	2	4	경,분	벼3/고1		1
50	현종명	50	2 부부	4〈1〉	3〈1〉	7	경,분,이,건	벼4/고7		
51	현종범	36	6 부+부부+2/조모	4	5〈2〉	9	경,분,이,건,트	벼5/고6/담6	*	1
52	현종서	39	4 부부+자녀2	4	4〈1〉	8	경,분,건,트	벼4/고8		
53	현종성	62	3 부부+외손녀	2〈1〉	2	4	경,분	벼2/고4		1
54	현종순	60	2 부부	2	2	4	경,분	벼2/고5	*	1
55	현종욱	50	3 부부+아들	2	2	4	경,분	벼2/고5	(음성골재공장) 사슴 3	
56	현종일	41	7 부모+부부+3	3(1)	3〈1〉	6	경,분,이 과수원 1,300 미수확	벼3/고4.	*	2
57	현종쇠	58	3 부부+동생1*	3(1)	3〈1〉	6	경,분,이,건	벼3/고6		1
58	현종학	51	2 부부	3	3	6	경,분	벼3/고6		1

1. 가족구성에서 밑줄친 자는 항상적으로 농업에 종사하는 농업노동력, 음영은 보조노동력
2. 경지란에서 ( )는 임대, 〈 〉는 일반 임차, [ ]는 위토임차
3. 보유농기계란에서 ( )는 있으나 사용하지 않는 것
4. 비고란의 *표시는 탈곡기 사용한 탈곡농가

시장조건을 보면, 벼는 일부는 수매에 응하고 일부는 목도(또는 감물)에 있는 정미소에서 도정하여 자가소비용은 가져오고 나머지는 정미소에 위탁하여 판매한다. 12-3년 전까지 마을 안에 정미소가 있었으나 없어졌고, 현재는 목도의 정미소에서 차를 가지고 운반해주면서 정미해 준다. 운반을 해줄 경우는 도정료를 더 받는다. 고추나 다른 밭작물은 괴산시장이나 상인에게 판매한다.

인근지역으로의 취업은 활발하지는 않다. 마을이 약간 고립되어 있

으며 마을 안의 농사가 크고 고추, 담배 등의 이식 및 수확기에는 노동력이 부족한 실정이다. 다른 마을에 비해 상대적으로 젊은 노동력이 마을 안에 많다.

감물면 안에서도 유창마을은 교통이 아주 불편하다. 마을에 면소재지나 읍내를 연결하는 버스가 없을 정도이다. 현재 감물과 목도 사이를 연결하는 (마을을 지나는) 도로가 포장, 정비되고 있다. 국민학교도 멀리 떨어져 있다.

2. 취업구조

조사 지역의 인구구성을 보면(〈표 4-2-4〉), 20대의 비율이 아주 낮고 50대, 60대의 비율이 높은 것으로 나타난다. 마을마다 약간씩의 차이가 있으며, 윗미랏 마을의 경우 30대의 비율이 상대적으로 높은데, 이는 젊은이들이 여럿 축산에 참여하고 있기 때문이다. 특히 실질적인 취업인구인 20대 이상의 인구를 보면 50대 이상의 인구가 45.1%이고, 20-40대의 인구가 28.5%에 불과하다. 농촌인구의 노령화현상이 두드러지며 특히 20대의 비율이 극히 낮다는 것은 농업후계자의 문제를 극명하게 보여 준다.

다음으로 조사지역 세 마을의 농가 비농가구성을 보면(〈표 4-2-5〉), 123호 가운데 농가가 98호(79.7%), 비농가가 25호이다. 비농가는 대부분 나이가 많은 할머니이거나 경영능력이 박약한 사람들이다. 농가 98호 가운데 전업농가가 88호(89.8%)이고 겸업농가가 10호로 겸업농가가 적은데, 이것은 부근에 산업시설이 적어 취업기회가 아주 적기 때문이다.

유창마을의 경우, 이 마을에서 경지면적 300평을 기준으로 할 때 비농가는 7호에 이른다. 이들은 해체되어가는 가구들이거나, 건강상 농사를 지을 수 없는 가구들이다. 그리고 300평 기준으로 볼 때 농가이

〈표 4-2-4〉 감물면 세 마을의 연령별 성별 인구구성

연령	아랫미랏				윗미랏				유창				합계			
	남	녀	소계	비율	남	녀	소계	비율	남	녀	소계	비율	남	녀	소계	비율
70이상	3	2	5	4.5	3	6	9	8.6	14	15	29	16.8	20	23	43	11.1
60-69	7	12	19	17.1	7	7	14	13.3	12	19	31	17.9	26	38	64	16.5
50-59	6	13	19	17.1	9	8	17	16.2	18	14	32	18.5	33	35	68	17.5
40-49	7	5	12	10.9	4	5	9	8.6	10	10	20	11.6	21	20	41	10.5
30-39	8	8	16	14.4	11	10	21	20.0	10	10	20	11.6	29	28	57	14.7
20-29	4	1	5	4.5	2	4	6	5.7	1	1	2	1.3	7	6	13	3.3
19미만	16	19	35	31.5	17	12	29	27.6	17	22	39	22.5	50	53	103	26.5
합계	51	60	111	100.0	53	52	105	100.0	82	91	173	100.1	196	193	389	100.1

〈표 4-2-5〉 감물면 세 마을의 지역별 전겸업별 농가 비농가구성

마을		아랫미랏	윗미랏	유창	계
농가	전업	22	18	48	88
	겸업	3	5	2	10
	소계	25	23	50	98
비농가	농업노동자	2			2
	비농업자	5	7	4	16
	무직	3		4	7
	기타	-			-
	소계	10	7	8	25
총계		35	30	58	123

긴 하지만 1천평 미만의 소규모 경지를 경작하여 실질적으로 농사를 짓는다고 하기 어려운 가구들(5호)이 있다. 이들은 나이가 들어 농사일을 거의 할 수 없지만 채마밭 정도 가꾸고 자신의 농지를 임대하는 경우가 대부분이며 다른 직업을 갖고 있는 경우도 있다.

〈표 4-2-6〉 감물면 세 마을의 주민 전체직업별 인구수

직업별	농업취업자	비농업취업자	학생수	무직자	계
아랫미랏	54	10	24	23	111
윗미랏	54	7	22	22	105
유창	109	4	36	24	173
계	217	21	82	69	389

주민 전체 직업별 인구수를 보면(〈표 4-2-6〉), 전체 인구 389명 가운데 217명이 농업에 종사하고 있어 농업종사자수가 55.8%를 차지하고 있다. 비농업취업자수는 21명에 불과하다. 이 지역은 주위에 취업할 만한 곳이 많지 않은 편이라서 비농업취업을 위해서는 도시로 아주 나가버리는 것이 일반적이다. 아랫미랏이나 윗미랏에 비해 유창은 특히 비농업취업자가 적은 것으로 나타나고 있다.

세 마을은 약간의 차이를 보이고 있는데, 아랫미랏에는 노동능력이 열악한 사람들이 많은 편이다. 나이가 많아서 일을 할 수 없는 사람, 곱추라든가 의식불명인 사람, 정신이 약한 사람들 그야말로 폐질화된 노동력의 저수지라는 느낌을 준다. 그런데 여러 작물을 재배하고 있어서 농번기의 노동력부족이 심각하다. 윗미랏의 경우는 비교적 젊은 노동력도 있으나 축산에 집중하고 경종농업의 규모는 적정선에서 유지하고 있다. 그래서 아랫미랏에 비해 농번기의 노동력부족은 덜 심각한 편이다. 유창마을은 비교적 노동력이 많은 편이지만 경지규모가 크고 노동력을 많이 필요로 하는 고추와 담배를 재배하기 때문에 일시적인 노동력부족이 나타난다.

이 세 마을에는 농번기에는 다른 마을에서 노동력이 유입된다. 마을 안에 고용노동에 종사하는 아주머니들이 있지만 아랫미랏과 윗미랏 농가들은 노동력이 부족할 때에는 면소재지에서 많은 사람들을 동원한다. 면사무소가 있는 지역의 여자들이 고추수확과 담배심기 때에 이

마을에 들어와서 고용노동에 종사하며, 담배수확에서는 남자들이 들어와 품팔이 농작업을 한다. 담배수확은 뜨거운 여름에 하는 일이라 매우 힘들며, 작업과정상 수확(담배따기)은 남자들이 하고 여자들은 집에서 조리(엮어서 묶기)작업을 하는 식으로 분화되어 있다. 면소재지에서 들어오는 사람들은 농사를 짓는 사람들의 경우 대개 벼농사 정도 하는 사람들이며, 이 마을의 고추나 담배농사철에는 작업을 하지 않는 사람들이다. 유입되는 사람들은 농사를 짓지 않는 사람들이 더 많으며 특히 여자들이 많이 들어와 작업을 한다. 유창마을의 경우는 목도지역에서 아주머니들이 유입된다. 이들 외부유입노동력이 마을의 임금상승을 주도한다.

유창마을의 경우 농업일고의 임금은 1992년에 15,000원+식사=18,000+a(차비:4천-8천)이었다. 1991년의 경우 남자 1만 4천원, 여자 1만 2천원이었으나 1992년에는 1만 5천원으로 되었다. 마을 안에 남자로서 고용노동에 참여하는 사람은 한 사람으로 2만원의 임금을 받는다. 남자들을 고용하기는 어렵다. 이 마을에 유입되는 노동력은 주로 목도(불정면, 이 마을과 드나드는 길이 있다)와 감물의 아주머니들인데, 이들은 농사를 짓지만 밭농사를 안 짓는 사람들이거나 농사를 짓지 않는 사람이다. 이들을 불러올 때에는 택시로 태워오고 데려다 줘야 하며 택시요금은 1회 편도 4천원씩이다(여러 사람 타고 오가며, 차가 있는 사람은 차로 온다).

비농업취업자의 취업상황을 보면(〈표 4-2-7〉), 21명 가운데 자영업자는 방앗간이나 상점을 경영하거나 복사차를 가지고 용달사업 및 장사를 하는 경우이다. 공공기관 직원들도 6명이 되는데 면사무소에 근무하는 사람이 많은 편이고, 공장노동 종사자들은 대개 부근에 있는 세라믹회사나 자갈채취공장에 취업하고 있다. 막노동인부는 보일러시공일과 미장일을 하는 사람 외에 부부가 올갱이를 잡아 살고 있는 사람들이다. 윗미랏에는 교회가 있는데 전도사가 와 있다.

〈표 4-2-7〉 감물면 세 마을의 비농업취업자(겸업자 포함) 취업상황

취업상황	자영업	피고용			기타	계
		공공기관직원	공장노동	막노동인부		
아랫미랏	2	3	4	1		10
윗미랏	2	2	1	1	1	7
유창		1	1	2		4
계	4	6	6	4	1	21

부근에 취업할만한 곳이 많지 않기 때문에 비농업취업자가 적으며, 특히 세라믹회사나 자갈채취공장 등에서는 젊은 노동력을 선호하기 때문에 유휴노동력이라고 할 수 있는 장년층이 취업하기는 어렵다.

3. 농업경영 실태

1) 농업노동력

조사지역의 경영주 연령별 농가분포를 보면(〈표 4-2-8〉), 50-60대 경영주가 3-40대 경영주 보다 훨씬 많으며, 70대 경영주도 5호나 되고 있다. 즉 농업경영주의 연령이 아주 높아 60대 이상의 경영주가 전체 98호 가운데 30호에 이르고 있다. 그리고 50대 경영주 가운데 겸업농가가 많은 것이 특징적이며, 이들은 공공기관에 주로 근무하고 있다.

〈표 4-2-8〉 감물면 세 마을의 경영주 연령별 전겸업별농가수

연령별	30-39		40-49		50-59		60-69		70이상		계		총계
전업/겸업	전업	겸업	전업	겸업	전업	겸업	전업	겸업	전업	겸업	전업	겸업	
아랫미랏	4	-	6	-	4	1	7	2	1	-	22	3	25
윗미랏	6	2	3	-	5	3	4	-	-	-	18	5	23
유창	8	1	9	-	15	1	12	-	4	-	48	2	50
계	18	3	18	-	24	5	23	2	5	-	88	10	98

〈표 4-2-9〉 감물면 세 마을의 농업취업자 연령별 성별 구성

마을 연령	아랫미랏			윗미랏			유창			총계			
	남	녀	합계	남	녀	합계	남	녀	합계	남	녀	합계	비율
70이상	2	-	2	1	1	2	7	7	14	10	8	18	8.3%
60-69	6	11	17	6	5	11	11	18	29	23	34	57	26.5
50-59	4	10	14	7	7	14	15	14	29	26	31	57	26.3
40-49	6	4	10	3	4	8	10	10	20	19	18	37	17.1
30-39	4	5	9	8	8	11	9	7	16	21	20	41	18.9
20-29	2	-	2	1	3	5	-	1	1	3	4	7	3.2
계	24	30	54	26	28	54	52	57	109	102	115	217	100.1

마을별 농업취업자의 성별연령별 구성을 살펴보면(〈표 4-2-9〉), 연령별로는 50대, 60대가 가장 많은 비율을 점하고 있다. 50대 이상이 61%를 차지하고 있을 정도로 농업노동력의 노령화가 두드러지며, 특히 20대 농업노동력 인구가 남녀 합해서 세 마을에 모두 7명에 불과하다. 경종농업을 중심으로 하는 아랫미랏과 유창의 경우 농업노동력의 노령화는 더욱 심각하다.

농업노동력을 남녀별로 나누어 보면 여자가 더 많으며, 3-40대의 경우 남여 비율차이가 별로 없는데 5-60대는 여자의 비율이 훨씬 높다.

2) 농지기반

이 지역은 논의 경우 경지정리가 되어 있다. 아랫미랏과 윗미랏 마을은 1990년대에 들어 경지정리되었는데 표면상태를 평평하게 하고 논둑이나 농로를 직선으로 하는 방식으로 이루어졌다. 유창의 경우 1992년에 경지정리가 이루어졌는데 밭이 논으로 많이 전환되었으나 물이 너무 빠져 버려서 논으로 사용하기에는 부적당한 경우가 많다. 그래서 밭으로 계속 사용하고 있다.

〈표 4-2-10〉 감물면 세 마을의 경지별 필지수별 농가분포 및 필지당 면적

(단위: 명)

필지수		0	1	2	3	4	5	6	7	8	9	10	11이상	합계	면적	호당 필지수
아랫미랏	논	10	3	4	8	4	3		1	2				89	562	
	밭	14	5	4	1	3	4	1		1	1		1	83	950	
	합계	10	3	1	2	1	4	2		4	1	2	5	171	754	6.8
윗미랏	논	8	2	6	6	3	2	1	1		1			77	508	
	밭	9	2	5	7	3	1	2	1					69	718	
	합계	8		1		3	3	4	5	3	2		1	146	609	6.6
유창	논	13	4	5	10	7	6	4		1	4	4		210	559	
	밭	11	9	7	9	10	7	3	1			1		160	633	
	합계	7	4	2	2	6	3	7	7		4	7	9	370	591	7.3
총계		25	7	4	4	10	10	13	12	7	5	11	14	687	635	7.0

1. 농가호당 필지수임.
2. 기타 경지는 제외함

아랫미랏이나 윗미랏의 경우 600평 단위로, 유창의 경우 900평 단위로 경지정리되었다. 그러나 소유권 때문에 단위필지도 다시 세분되는 경향이 있다. 농가별로 보면(〈표 4-2-10〉), 4-7필지를 경작하는 농가가 많은 것으로 나타나며, 10필지 이상의 농지를 경작하는 농가가 25호에 이른다. 농가호당 필지수가 7개인데, 문제는 필지당 평균면적이 635평밖에 되지 않는다는 점이다. 그것도 논의 경우 마을마다 차이는 있으나 550여평 정도이다. 밭은 산언덕에 펼쳐져 있어서 필지당 면적이 오히려 크다. 이처럼 소규모필지로 세분되어 있을 뿐만 아니라 분산되어 있다.

수리관계를 보면, 아랫미랏과 윗미랏의 경우 괴산농지개량조합에 소속되어 주위에 있는 저수지의 물을 공급받고 있다. 유창의 경우는 양수장시설을 설치하고 마을에서 자치적으로 운영하고 있다.

유창마을의 수리시설(양수장)은 군청관할로 되어 있으나 실질적으로

는 마을에서 자치관리하고 있다. 유창마을 양수장은 마을에서 500미터 떨어진 곳에 있고 물사정이 좋아 양수기를 사용하지 않는다. 양수장은 5년 전에 3억5천 만원 규모의 공사로 만들어졌는데, 자부담 10%에 보조 및 융자로 하여 건설하였다. 이 마을만 사용하고 있으며 관리인을 두고 있다(월 15만원 × 4개월, 통상 5-9월 2명 근무). 수세는 양수장의 경우 평당 35원이고 농지개량조합의 경우 단보당 5킬로(300평에 5000원, 평당 17원)이다. 유창마을은 남북쪽으로 길이 나 있는데 아직 포장이 되지 않고 있다.

3) 농업생산

먼저 이 지역의 마을별 작물별 식부면적과 생산액을 살펴보자.

아랫미랏의 작목체계를 식부면적 크기순으로 보면(〈표 4-2-11〉), 벼, 담배, 고추, 감자, 오이 등이 이 마을의 주요 작물임을 알 수 있다. 식부면적으로는 벼가 압도적으로 많아 4만5천여 평으로 35.5%를 차지하고 있으며, 벼, 담배, 고추 등 주요 세 작목이 8만 4천여 평으로 66.5%를 차지하고 있다.

생산액별로 보면, 담배, 고추, 벼, 오이 등의 순으로 나타난다. 벼농사보다는 밭농사의 소득이 높다는 것을 알 수 있다. 1992년에 우박피해로 담배와 고추의 수확량이 무척 줄어서 담배와 고추의 생산액이 낮게 나타났지만 정상적으로 수확을 하면 담배와 고추에 의한 생산액이 압도적인 비중을 차지하게 된다.

이러다 보니 벼농사는 위탁하고 밭농사에 집중하게 되며, 논에다가도 밭작물을 심으려고 하는 것은 당연한 일일 것이다.

윗미랏 마을은 작목수는 많지만 벼, 옥수수, 고추, 담배 등이 주요한 작물이며 다른 작물들은 재배면적이 아주 적다. 특히 이 마을은 축산을 하기 때문에 사료용 옥수수(사료풀)나 호밀을 재배하는 것이 특징적이다(〈표 4-2-12〉).

〈표 4-2-11〉 아랫미랏 작물별 식부면적 및 생산액

(평, 만원)

작물별	식부면적	비율	생산액	비율
벼	45,020	35.5	5,205	20.7
담배	24,000	18.9	6,280	25.8
고추	15,300	12.1	5,700	23.4
감자	9,500	7.5	2,115	8.7
오이	5,800	4.6	2,250	9.2
인삼	3,800	3.0	0	0.0
율무	3,400	2.7	340	1.4
참깨	2,200	1.7	225	0.9
콩팥	1,600	1.3	95	0.4
기타	16,300	12.8	2,301	9.5
합계	126,920	100.1	24,331	100

〈표 4-2-12〉 윗미랏마을의 작물별 식부면적 및 생산액

(평, 만원)

작물별	식부면적	비율	생산액	비율
벼	38,850	38.4	4,850	29.5
옥수수	15,600	15.4	975	5.9
고추	12,920	12.8	5,050	30.7
담배	9,400	9.3	2,120	12.9
사료풀	4,700	4.6	350	2.1
토마토	2,500	2.5	100	0.6
참깨	2,200	2.2	300	1.8
콩팥	2,000	2.0	127	0.8
기타	13,100	12.9	2,595	15.8
합계	101,270	100.1	24,331	100.1

식부면적 크기순으로 보면 벼, 옥수수, 고추, 담배, 사료풀 등이 이 마을의 주요 작물임을 알 수 있다. 식부면적으로는 벼가 압도적으로

많아 3만9천여 평으로 38.4%를 차지하고 있으며, 벼, 옥수수, 고추 등 주요 세 작목이 6만 7천여 평으로 66.6%를 차지하고 있다.

생산액별로 보면, 아랫미랏과 유사하다. 그리고 기타 란이 생산액이 많은 것은 예를 들어 가지를 1,170평 재배하여 1천만 원의 소득을 올린 농가가 있는 등 식부면적은 작아도 생산액이 많은 작물들이 있다.

유창의 작목체계를 식부면적 크기순으로 보면(〈표 4-2-13〉), 벼, 고추, 참깨, 담배, 옥수수, 감자 등이 이 마을의 주요 작물임을 알 수 있다. 식부면적으로는 벼가 압도적으로 많아 11만 5천여 평으로 52.8%를 차지하고 있으며, 벼, 고추, 참깨, 담배 등 주요 세 작목이 90% 이상을 차지하고 있다.

생산액별로 보면, 고추, 벼, 담배, 참깨 등의 순으로 나타난다. 벼농사보다는 밭농사의 소득이 높다는 것을 알 수 있다. 유창마을의 경우 벼농사와 고추재배가 마을의 주요작물이며 주요 소득원이다. 아랫미랏에 비해서는 작목수가 적으며, 윗미랏의 농가들이 축산을 많이 하는 것에 비하면 유창마을은 상대적으로 단순한 작목체계를 가지고 있다.

〈표 4-2-13〉 유창마을의 작물별 식부면적 및 생산액

(단위: 평, 만원)

작물별	식부면적	비율	생산액	비율
벼	114,690	52.8	13,320	29.5
고추	57,610	26.5	19,220	48.4
참깨	12,160	5.6	1,380	3.5
담배	11,570	5.3	3,900	9.8
옥수수	4,500	2.1	540	1.4
감자	2,200	1.0	530	1.3
콩팥	2,150	1.0	100	0.3
기타	12,250	5.6	760	1.8
합계	217,130	100.0	39,750	100.1

〈그림 4-2-1〉 작부체계 및 작업과정

농지 종류	작목	시기별 작업내용 (1 2 3 4 5 6 7 8 9 10 11 12월)
논	벼	못자리 모내기 약제살포 수확/건조
밭	고추	파종/포트이식 심기 약제살포 수확
	담배	파종 포트 심기 매기 순치기/수확 조리
*	옥수수	파종 수확

* 옥수수는 후작임.

* 점선은 노동력수요가 적은 작업이고 실선은 노동력수요가 많은 작업을 표시.

총괄적으로 이 지역의 작부체계와 작업과정을 도식화하면 〈그림 4-2-1〉과 같다. 이 지역의 주요 작목은 벼, 고추, 담배, 감자 등이며 담배후작으로 오이 및 옥수수가 재배된다.

벼농사의 경우 수위탁작업을 통해 작업이 대개 이루어지고 있어서 실제로는 마을 안의 몇 사람에 의해서 작업이 이루어진다. 농기계의 공동보유 및 이용이 활발한 유창의 경우에는 자가작업으로도 많이 해결한다. 고추와 담배는 노동력을 많이 투하해야 하는 작목이며 두 작물을 다 할 경우 부부노동력 이외에 고용노동력을 사용해야 한다. 고추, 담배, 오이 간에는 작업일정상 노동력 경합이 발생한다. 특히 담배후작인 오이재배는 고추수확과 겹치기 때문에 노동력경합이 심하다. 따라서 노동력이 있는 농가라야 오이를 후작할 수 있다.

4) 농업경영유형

작목구성별 농업경영유형을 살펴보면(〈표 4-2-14〉, 〈표 4-2-15〉, 〈표 4-2-16〉), 아랫미랏의 경우 벼+고추 재배가 기본이 되며 그 위에

〈표 4-2-14〉 아랫미랏의 농업경영유형 구성

작목구성	벼	벼 기	벼 고	벼 고 담	벼 고 감	벼 고 깨	벼 고 담 오	벼 고 감 오	벼 고 감 담 오	벼 고 감 담 오 옥	벼 고 감 담 오 인	닭	닭 인	기타	합계
농가수	4	5	2	2	1	1	4	1	1	1	1		1	1	25

고:고추, 담:담배, 감:감자, 깨:참깨, 오:오이, 옥:옥수수, 인:인삼, 기:기타.

감자, 담배, 오이 등을 재배하는 농가들이 주축을 이루고 있다. 오이와 옥수수는 담배의 후작으로 재배되고 있어, 마을 농가의 경지이용율이 높은 편이다. 거의 모든 농가가 벼를 재배하고 있으며, 닭을 키우는 농가는 양계장을 하는 농가로 각각 2만수와 1만2천수를 사육한다. 한우를 사육하는 농가가 있으나 대개 한 두 마리씩 키우고 있다.

마을의 작물별 경작상황을 보면, 벼농사를 짓는 농가가 25호, 담배를 경작하는 농가가 10호(총89단, 1단은 300평), 고추를 재배하는 농가가 14호, 인삼을 경작하는 농가가 2호, 비닐하우스를 하는 농가가 3호, 닭을 기르는 농가가 2호 있다. 이 마을은 담배의 후작으로 오이나 옥수수를 경작하는데, 부부노동력이 갖추어진 농가는 대개 오이를 하고 노동력이 부족한 농가는 노동력 수요량이 적은 옥수수를 재배한다. 오이를 재배하는 농가는 8호, 옥수수를 재배하는 농가는 1농가이다. 그 외에 감자를 재배하는 농가도 5호 되는데 그 가운데 3농가는 비닐하우스에 봄에는 감자를 심고 가을·겨울에는 오이를 심고 있다.

윗미랏 마을은 대개의 농가가 벼를 기본작목으로 하고 고추를 재배하는 경영유형을 지니고 있다. 아랫미랏 마을에 비해 작목수는 적은 편이며, 후작의 오이가 전혀 이루어지지 않는다. 대신 윗미랏 마을에서는 여러 농가가 한우를 몇 마리씩 사육하며, 4농가는 젖소를 집중적

〈표 4-2-15〉 윗미랏의 농업경영유형 구성

작목구성	벼	벼 기	벼 고	벼 한	벼 젖	벼 과	벼 고 한	벼 고 담	벼 고 옥	벼 고 깨	벼 고 콩	벼 고 담 깨	벼 고 옥 깨	벼 고 담 한	벼 고 담 젖	기타	합계
농가수	1	1	1	2	3	1	1	4	2	3	1		1	1	1		23

한:한우, 젖:젖소, 과:과수원.

으로 사육하고 있다. 젖소사육은 원유생산이 중심이 되는 것으로, 약간의 벼농사만을 하면서 30-40두를 키운다. 벼농사를 하는 농가가 23호로 모든 농가가 벼농사를 조금이라도 하고 있으며, 담배경작농가가 6호, 고추재배농가가 13호에 이른다.

농지가격은 1992년에 논이 최고 2만7천원까지 거래되었고, 밭은 상전이 2만원선이다. 마을땅으로 논 600평과 밭 3단(900평)이 있는데 마을 사람에게 소작을 주고 있다. 마을밭은 산밑에 있는 것이어서 임차를 희망하는 농가가 적다. 마을땅에서 얻는 소작료로는 마을경비에 충당하고 있다.

농지의 임대차를 보면, 논은 보통 '어울이'라고 하여 타작후 반을 나누는 방식이 일반적이며 도지로 할 경우에는 1단보당 8말-1가마(쌀)를 받고 있다. 도지는 보통 후도지로 하고 있다.

주변에 삼포밭에 주로 일급이 많지만 월급제로 고용되는 경우도 있다. 삼포밭일은 이른 봄부터 가을까지(소독, 제초 등) 계속 있어서 5-6개월은 작업한다.

이 마을의 주작목은 벼, 고추, 담배, 옥수수, 오이 등이고 과수원(사과)을 하는 농가가 2호 있으며, 젖소를 기르는 농가가 4호 있고 한우를 10마리 기르는 농가가 2호, 5마리 키우는 농가가 4호 있고 농가는 대개 한우를 한두 마리씩 기르고 있다. 전반적으로 마을의 특성은 복합영농 형태를 취하고 있다.

〈표 4-2-16〉 유창의 농업경영유형 구성

작목구성	벼	벼 고	벼 고 담	벼 고 감	벼 고 옥	벼 고 깨	벼 고 한	벼 고 과	벼 고 담 깨	벼 고 감 옥	벼 고 옥 한	고	한	기타	합계
농가수	2	26	3	4	2	1	1	1	2	1	1	1	1	1	50

유창마을의 작목은 벼+고추가 기본이며 그 위에 담배나 감자 등이 부가된다. 벼+고추 유형의 재배농가가 26호로 농가의 반 이상을 차지하고 있다. 그 대신 이 마을은 경지규모가 큰 편이다. 즉 벼와 고추를 비교적 많이 식부하여 농업소득을 올리고 있다. 한우사육도 아랫마을에 비해 그리 활성화되어 있지 않은 편이다. 벼농사를 하는 농가가 44호이고, 고추농사를 하는 농가가 46호, 감자재배농가가 6호, 담배재배농가가 5호에 이르고 있다.

경지규모별 농가분포를 보면(〈표 4-2-17〉), 1.0-2.0정보를 경작하는 농가가 가장 많아 약 40%에 가깝다. 0.5정보(1,500평) 미만을 경작하는 농가도 15%가 넘고 있다. 마을별로 특징을 보면 아랫미랏의 경우 경지면적의 차이가 다른 마을에 비해 크다. 농사를 적극적으로 짓는 농가와 노동력이 열악한 농가 간의 구분이 명확하며, 적극적인 농가들

〈표 4-2-17〉 감물면 세 마을의 경지규모별 농가수

(단위: 정보)

마을	비농가	-0.5	0.5-1.0	1.0-2.0	2.0-3.0	3.0-5.0	5.0-	소계	합계
아랫미랏	10	5	7	5	3	3	2	25	35
웃미랏	7	3	2	17	1			23	30
유창	8	7	12	17	9	5		50	58
계	25	15	21	39	13	8	2	98	123
비율		15.3%	21.4	39.8	13.3	8.2	2.0	100.0%	

〈표 4-2-18〉 감물면 세 마을의 수도작경지면적(벼식부면적)별 농가구성

(단위: 정보)

마을	비농가	-0.5	0.5-1.0	1.0-2.0	2.0-3.0	3.0-5.0	5.0-	소계	합계
아랫미랏	11	9	11	3	1			24	35
윗미랏	7	11	11	1				23	30
유창	14	10	16	16	2			44	58
계	32	30	38	20	3			91	123
비율		33.0%	41.8	20.0	2.2			100.0%	

은 임차를 통해 경지규모를 확대하고 있다. 그에 비해 윗미랏 마을은 1-2정보층에 집중되어 있는데, 이는 경종농업과 축산을 복합경영하기 때문인 것으로 보인다.

벼식부면적별 농가구성을 보면(〈표 4-2-18〉, 벼 재배농가 가운데 75% 정도가 1정보 미만의 소규모 식부에 그치고 있다. 아랫미랏과 윗미랏 마을의 경우 특히 농가별 벼 식부면적은 대부분 1정보 미만으로 영세하다. 윗미랏과 유창 마을의 경우 논에다 밭작물을 심는 경우가 많으며, 그에 따라 벼 식부면적은 더욱 적게 된다.

물론 이 지역은 논농사에다가 밭농사를 함께 하며 벼농사의 비중이 평야지대에 비해 크지 않다. 그러나 기계작업이 활성화된 벼농사의 농가별 식부면적이 영세하다는 것은 농작업 과정상의 문제점을 안고 있다.

5) 농지소유 및 이용

마을의 경지상황을 보면 〈표 4-2-19〉와 같다. 마을별로 보면 아랫미랏의 경우 임대지와 임차지가 전체 경지 가운데 상당량을 차지하고 있다. 마을 안에 임대와 임차가 활발하게 이루어지고 있음을 보여준다. 그에 비해 1-2정보의 경종농업과 축산을 주로 하는 윗미랏의 경우 임대지 면적도 적고 다른 마을에 비해 임차지 비율도 낮게 나타나

〈표 4-2-19〉 감물면 세 마을의 경지현황

(단위 : 평)

마을	소유지	임대지	임차지	경지
아랫미랏	93,390 30호 3,113(평균)	19,700 10호 1,970	55,150 15호 3,677 (42.8%)	128,840 25호 5,153
윗미랏	70,110 23호 3,048	7,690 6호 1,282	26,300 14호 1,879 (29.4)	88,720 23호 3,857
유창	159,400 52호 3,065	13,600 8호 1,700	72,870 29호 2,512 (33.3)	218,670 50호 4,373
계	332,900 105호 3,170	40,990 24호 1,708	154,320 58호 2,661 (35.4)	436,230 98호 4,451

임차지 란의 ( )안 숫자는 경지에 대한 임차지 비율.

고 있다. 지역 전체로는 경지면적 가운데 임차지가 35.4%를 차지하고 있다.

유창마을은 비교적 경지면적이 넓은 편이며, 임차지도 상당한 양에 이른다. 그런데 이 마을에는 위토임차가 상당히 많다. 이것은 제사상을 차려 제사를 지내고 벌초를 하는 것으로 임차조건이 매우 좋다. 전에는 빈약하거나 종손인 종족에 집중되었으나 점차 젊은 사람들에게로 넘어가는 경향이 있다. 위토라 하더라도 조건이 좋은 경우는 약간의 도지가 있기도 하다.

보통의 임차지의 경우, 논에서는 '어울이'라고 하여 보통 탈곡 후 반으로 나누고 있다. 밭에서는 '도지'라고 하여 비옥도에 따라 경지면적당 일정금액을 수확 후 받는다(후도지). 밭은 보통 1천평당 최열등지는 15만원 정도, 최우등지는 50만원 정도에 이른다(300평당 1-1.5가마). 그리고 삼포는 더욱 높아 70-80만원 선에 이른다. 나이가 많아 농사를 지을 수 없는 가구(비농가화)의 농지가 주로 임대되고 있다.

여기서 자료를 제시하지는 않지만 경지규모별로 소유규모상황을 보면, 경지규모가 큰 농가일수록 소유규모가 큰 것으로 나타나고 있다.

경지규모별 임차규모상황에서도 경지규모가 큰 농가일수록 임차규모가 큰 것으로 나타나고 있다. 즉 경지규모가 큰 농가는 소유면적도 많고 임차면적도 많다는 것이다. 윗미랏의 경우 축산을 하고 경종농업에 덜 집중하여서 그런지 임차확대를 통해 경지규모 확대를 꾀하는 농가가 두드러지지 않는다. 조사마을들 안의 임차자 상황을 보면 농가 98호 가운데 58호의 농가가 임차를 하고 있으며 1정보 미만 규모를 임차한 농가가 40호에 이르고 있다.

임대차와 무관한 농가 13호와 자작농가 31호를 제외하고 123호 가운데 79호(64.2%)가 지주소작관계에 편입되어 있다. 조사마을들 안의 지주가구는 24호인데 이 가운데 11호는 전혀 경작을 하지 않고 농지만을 임대하고 있다. 이 지주들은 농업경영을 하기 어려운 사람들로 할머니들이거나 노동능력이 없는 가구이다. 경작지주는 11호로 대개 일부 농지를 임대하고 자가영농을 하고 있는 농가들이다. 이들은 자작농가로 농외취업을 하거나 노동능력이 열악한 가구들이다.

이처럼 마을 안에 살고 있는 지주는 대개 노동능력(경영능력) 부족으로 임대하는 가구들이며, 할머니들은 자기 소유의 농지를 임대주고 소작료수입을 얻고, 자신은 농업노동 품팔이를 해서 얻는 소득으로 생계를 유지한다.

자작농가들은 실은 영농에 적극적이지 않거나 노동력이 부족한 농가들이다. 가지고 있는 논을 위탁작업을 통해 경영하거나 집에서 먹을 것만을 경작하는 가구들이 대부분이다. 기본적으로 소유지만을 경작해서 가계비를 충당하기가 어려울 정도로 규모가 영세하다.

농가 98호 가운데 58호(59.2%)가 소작농이다. 순소작농은 드물고 대개 자소작, 소자작농가들이다. 소작을 하는 농가들은 기본적으로 부부노동력을 갖추고 그 이상의 농업노동력을 갖춘 가구들도 있다. 자작농보다도 자소작(소자작)농들이 경지규모가 큰 것으로 나타나고 있다. 자가영농만으로는 생계를 유지하기 어려워 경지를 임차하며, 아랫미랏 마을에서는 연작피해 때문에 소작농지를 얻어 작물을 돌려짓기(윤작)하려고 소작을 한다. 이 지역의 마을사람들이 임차하고 있는 농지는 마을 안의 임대가구의 농지 이외에도 다른 지역의 지주들의 농지가 많이 포함되어 있다. 마을사람이 임대한 농지면적은 40,990평으로 전체 임차면적 154,320평의 26.6%에 불과하다. 즉 임차지의 74.4%는 외지인 소유의 농지이다.

이 지역의 경지규모별 농지상황을 총괄적으로 보면 〈표 4-2-16〉과 같다. 농가 평균경지면적은 4,451평(1.48정보)으로 전국 평균치 보다 약간 크다. 마을별로 보면 아랫미랏이 크고 윗미랏이 작은 것으로 나타나고 있다. 소유면적을 보면 123호 가운데 105호가 농지를 소유하고 있으며 소유농지 평균 규모는 3,170평에 이르고 있다. 소유규모는 아랫미랏이 다른 마을에 비해 조금 크지만 큰 차이는 없다. 조사지역의 임대면적상황을 보면 24호가 4만여 평을 임대하였는데, 평균임대면적은 1,700여평으로 영세하다. 임차면적은 상당히 많아 전 경지면적의 35.4%를 차지하고 있다. 평균임차면적이 2,661평인데 아랫미랏은 임대면적과 임차면적이 모두 많다. 그리고 경지규모가 큰 농가일수록 임차면적이 많은 것으로 나타나고 있다. 아랫미랏 마을의 경지규모가 큰 것은 임차를 통해 규모확대를 하였기 때문이다.

6) 농기계보유 및 이용

이 지역 마을들의 기계화정도를 보면, 벼농사의 경운정지, 이앙, 방제, 수확 등의 작업은 전적으로 기계로 하고 있으며, 건조작업은 일부 농가만이 기계로 하고 있다. 육묘작업은 농가별로 하고 있으나 방제 이외의 다른 주요 농작업은 기계를 가진 농가 이외에는 대개 위탁하게 된다.

밭의 경우에는 기계화하기 어려운 작업들이 많다. 경운정지는 기본적으로 트랙터와 경운기로 해결하고 약제살포도 방제기를 사용한다.

상품성이 높은 고추와 담배는 거의 건조기로 말리지만 다른 밭작물의 건조는 태양건조로 한다. 밭농사에서 가장 손이 많이 가는 작업이 이식작업, 제초작업, 수확작업 등인데 이러한 작업부문은 아직 기계화 수준이 낮다. 대개 농기구들을 사용해서 손으로 작업을 하지 않으면 안된다. 최근 밭농사의 기계화가 일부 진전되고 있기는 하나, 작업기구 수준을 넘기가 어렵다.

마을사람들이 보유하고 있는 농기계를 보면(〈표 4-2-20〉), 경운기는 농가 98호 가운데 78호가 가지고 있어 경운기 보유율은 아주 높다. 주요 농기계의 보유대수를 보면 트랙터가 11대, 이앙기가 16대, 콤바인이 5대, 곡물건조기 3대이다. 밭농사 지역이라 관리기가 도입되기 시작하고 있으며, 고추/담배건조기가 31대에 이른다. 경운기는 현재 거의 운반용으로 이용되고 있을 뿐이다. 트랙터라는 훨씬 고성능의 기계가 나오면서 경운기의 경운정지작업은 급속히 사라져 간다.

트랙터, 이앙기, 콤바인 등을 보유한 농가는 대개 수탁작업을 한다. 트랙터 가운데는 젖소를 키우는 농가의 경우 운반용으로만 사용하기도 하며, 탈곡기는 유창마을에서만 주로 사용되고 다른 마을에서는 거의 사용되지 않고 있다. 그리고 트럭을 가진 가구가 5호 있는데, 농사일에 사용하는 것도 있지만 정미소운영이나 장사 등에 주로 이용되고 있다.

〈표 4-2-20〉 감물면 세 마을의 농기계보유실태(보유대수)

마을 \ 기종	경운기	트랙터	이앙기	콤바인	분무기	탈곡기	건조기	관리기	트럭
아랫미랏	17	4	5	1	13	3	16(1)*	6	1
윗미랏	23	2	4	1	13	2	8(1)*	0	2
유창	38	5(2)	7(5)	3	32(3)	7(4)	17(1)*	5(1)	2
합계	78	11(2)	16(5)	5	58(3)	12(4)	31(3)*	11(1)	5

1. 건조기의 경우 ( ) 안의 수치는 건조기 16대 가운데 곡물건조기수를 표시.
2. 다른 농기계란의 ( ) 안의 수치는 보유농기계 가운데 공동보유대수를 표시.

아랫미랏과 윗미랏 마을의 경우 농기계보유의 특징은 공동보유하며 이용하는 것이 없고 모두 개인적으로 운영하고 있다는 점이다. 기계를 많이 가지고 있는 농가들은 기계화영농단 이름으로 농기계를 보조도 받아 구입하였지만 개인적으로 운영하고 있다. 그에 비해 유창마을에는 농기계공동보유이용이 활발하게 이루어지고 있다(뒤의 생산조직 항을 참조).

농기계의 보유기종결합형태를 보면(〈표 4-2-21〉), 농가 98호 가운데 경운기나 트랙터만을 가지고 있는 농가가 27호에 이르며, 농기계보유 농가 75호 가운데 47호가 농기계를 결합보유하고 있다. 농기계의 결합보유율이 높은 것을 알 수 있다. 특히 이 지역은 경운기＋건조기(＋기타) 보유형태의 농가가 32호로 많은데, 이것은 고추나 담배를 하는 농가가 많기 때문이다. 농기계를 가지고 있지 않는 가구가 48호에 이르는 반면에, 3가지 이상 주요 농기계를 결합보유하고 있는 농가는 20호에 이른다. 일관기계화체계(경＋트＋이＋폼＋건)를 이루고 있는 농가는 3호이며, 트랙터＋콤바인(＋기타)이라는 주요 수탁농기계를 결합보유하고 있는 농가는 6호에 이른다.

트랙터, 이앙기, 콤바인, 곡물건조기 등은 소수농가만이 가지고 있고 자가작업만으로는 기계를 충분히 이용할 수 없어서 결국은 기계를 가

〈표 4-2-21〉 감물면 세 마을의 농기계보유 기종결합유형

유형 / 마을	없음	경	트	경+트	경+이	경+건	경+트 +콤	경+이 +콤	경+이 +건	경+트 +이 +건	경+트 +이 +콤+건	소계	합계
아랫미랏	18	2	1			8		1	3	1	1	17	35
윗미랏	10	9			3	6	1			1		20	30
유창	20	16		1	6	3	2	1	6	1	2	38	58
합계	48	27	1	1	9	17	3	2	9	3	3	75	123

유창마을의 경우 공동보유이용도 개별적으로 계산함.

지지 않은 농가의 작업을 수탁하게 된다. 또한 경운정지, 이앙, 수확 등에 사용하는 주요 농기계를 가지고 있지 않은 농가는 이들 소수 농가들에게 작업을 위탁하지 않을 수 없다. 이처럼 주요 농기계는 몇몇 농가가 집중적으로 보유하고 작업을 하기 때문에, 기계로 작업을 하는 벼농사의 경우 특히 수위탁작업이 활발하게 이루어지고 있다.

5. 농업생산조직의 실태

1) 수위탁관계

마을별로 수위탁작업 현황을 보면(〈표 4-2-22〉), 경운정지의 경우 아랫미랏은 마을 안 전체논밭 식부면적의 60.7%, 윗미랏은 52.2%, 유창은 44.4%가 수위탁작업으로 이루어지고 있다(여기서 논의 경우 경운작업과 정지작업을 위탁하는 경우 작업면적은 두 배로 계산되지만, 다른 한편 밭의 경우 후작은 거의 경운정지 위탁이 없어 상쇄된다). 논은 경운작업과 정지작업이 구분되어 작업이 이루어지며 밭작물에서 전작작물의 경우는 정지작업만을 위탁하게 된다. 그리고 후작작물을 심는 경우에는 위탁을 거의 하지 않고 간단한 농기구나 관리기로 정지작업을 하고 파종한다. 실질적인 기계작업면적에 비추어 볼 때 위탁면적 비율은 더욱 높은 것이다.

이앙작업의 수위탁 비율은 더욱 높게 나타나고 있는데, 유창마을의 수위탁율이 낮은 것은 공동보유이용을 통한 자가작업이 많기 때문이다. 그리고 수확(콤바인)작업의 수위탁율이 가장 높게 나타난다. 이앙기나 콤바인을 보유하고 있는 농가가 아니면 거의 대부분 작업을 위탁한다. 유창의 경우 탈곡기를 이용한 수확탈곡작업이 이루어지고 있으나 다른 마을의 경우는 모두 콤바인작업으로 해결한다. 위탁자수에서 알 수 있듯이 아랫미랏과 윗미랏에서는 농기계보유자 이외에는 모두 작업을 위탁하였다.

〈표 4-2-22〉 감물면 세 마을의 주요 작업별 위탁면적 및 위탁자수

위탁 / 마을	작업종류	위탁자수	위탁면적	마을식부면적	위탁비율
아랫미랏	경운정지	18	77,140평	126,920평	60.7%
	이앙	17	29,690	45,020	66.0%
	수확	21	36,500	45,020	81.2%
윗미랏	경운정지	17	52,850	101,270	52.2%
	이앙	20	30,350	38,850	78.1%
	수확	22	38,850	38,850	100.0%
유창	경운정지	36	96,500	217,130	44.4%
	이앙	28	49,750	114,690	43.4%
	수확	29	56,180	114,690	49.0%
합계	경운정지	71	226,490	445,320	50.9%
	이앙	65	109,790	198,560	55.3%
	수확	72	131,530	198,560	66.2%

건조 위탁은 윗미랏에서 11호가 680×40킬로를 위탁함.

특히 수위탁작업은 벼농사 작업에서 광범하게 이루어지고 있다. 경운정지작업의 수위탁도 논농사 작업과정에서 많이 이루어지고 있다. 밭의 경우 경운기로 작업하기도 하고 관리기 정도로 작업하기도 한다. 그에 비해 논의 경우(벼식부 시) 특히 정지작업은 모두 트랙터를 이용하고 있다. 이것은 정지작업은 단시간 안에 일을 마쳐야 하고 또 작업이 힘들고 기계에도 무리가 가기 때문에 경운기로 하기에는 힘들고 따라서 농민들이 트랙터작업을 선호하기 때문이다.

그리고 위탁농가 가운데 주요 농작업 전부를 즉 경운정지+이앙+수확(+기타)을 위탁하는 농가의 비율이 높다(〈표 4-2-23〉). 위탁농가 76호 가운데 45호에 이르며 특히 윗미랏과 아랫미랏은 더욱 두드러진다. 여기서도 유창의 경우 비율이 낮은 것은 공동보유이용이 활성화되어 있기 때문이다.

〈표 4-2-23〉 감물면 세 마을의 위탁작업 결합유형

유형 마을	안함	경	이	수	경+이	경+수	이+수	경+이 +수	경+수 +건	이+수 +건	경+이 +수 +건	소계	합계
아랫미랏	16			1	1		1	6	3	1	1	19	35
윗미랏	10		1	1		1	1	7	1	2	6	20	30
유창	21	9	1	3	3	3	2	12		1	3	37	58
합계	47	9	2	5	4	4	4	35	4	4	10	76	123

경:경운정지, 이:이앙, 수:수확, 건:건조.

(1) 아랫미랏

마을 안 경운정지작업의 주요 수탁자인 31번 농가는 마을 안 수탁면적의 54.0%를 담당하고 있으며, 마을 전체 식부면적 가운데 32.8%를 담당하고 있다. 그 다음으로 수탁작업을 많이 하는 4번(유창) 농가는 이웃 유창마을 사람인데, 대형농기계(트랙터, 콤바인)를 갖추고 감물면 안에 여러 마을들을 돌아다니면서 수탁작업을 한다. 이 두 사람이 수탁작업의 88.5%를, 마을 전체 식부면적의 53.4%의 작업을 담당하고 있다. 25호 농가 가운데 19호 농가가 위탁을 하였으며, 한 농가가 평균 4,060평을 위탁하였다(〈표 4-2-24〉). 밭의 경운정지는 자가소유의 경운기로 일부 하기도 하지만 점차 트랙터작업에 위탁하는 경향이 눈에 두드러지게 나타나고 있으며, 관리기로 대체작업하기도 한다.

경운정지작업의 위탁료는 평당 50원선이며 농지의 위치나 작업조건에 따라 달라지며 외부에서 들어오는 경우 60원씩이었다. 물론 경운작업과 정지작업을 다 할 경우는 100원 또는 120원이었다. 이앙작업의 수위탁은 경운정지작업이나 콤바인작업보다는 덜 집중되어 있다. 그리고 이앙작업 수위탁의 특징은 수탁자들이 모두 마을사람이라는 점이다. 이는 이앙작업은 짧은 기간 안에 작업을 해야 하고 하루 작업면적이 경운정지작업이나 콤바인 작업에 비해 제한되어 있으며, 또한 작업

〈표 4-2-24〉 경운정지 수탁자별 수탁상황(논밭) (아랫미랏)

수탁자	위탁자수	수탁면적	수탁면적비율	마을식부면적대비비율
31번	12	41,650평	54.0%	32.8%
4번 *	4	26,600	34.5	21.0
*번**	1	5,350	6.9	4.2
21번	2	3,060	4.0	2.4
4번	1	480	0.6	0.3
합계	19(중복1)	77,140	100.0%	60.7%(126,920)

* 표시한 수탁자는 유창 마을 사람임.

** 표시한 수탁자는 광지실(이웃마을) 사람임.

〈표 4-2-25〉 이앙 수탁자별 수탁상황(아랫미랏)

수탁자	위탁자수	수탁면적	수탁면적비율	마을식부면적대비비율
4번	6	12,780평	43.0%	28.4%
31번	7	9,800	33.0	21.8
13번	2	4,600	15.6	10.2
21번	2	2,510	9.4	5.6
합계	17	29,690	100.0%	66.0%(45,020)

시 모운반이 필요하여 여러 지역이나 다른 마을로 다니면서 작업을 하기가 어렵기 때문이다.

마을 안 25호 농가 가운데 이앙작업을 수탁한 농가는 17호이며(〈표 4-2-25〉) 4호는 자가작업으로 해결하였다. 그 외 농가들은 기계품앗이나 가까운 친척이 그냥 해주는 식이었다. 이앙작업료는 보통 평당 70원이었는데, 작업조건에 따라 80원을 받기도 하고 또 50-60원씩 받는 경우도 있었다. 한 농가가 평균 약 1,750평의 작업을 위탁하였으며, 31번 농가와 4번 농가가 각각 6,7호의 이앙을 수탁작업해 주었다.

콤바인수확작업의 수위탁상황을 보면(〈표 4-2-26〉), 마을 안 25호 농가 가운데 21호가 작업을 위탁하였다. 이 마을의 경우 손으로 수확

〈표 4-2-26〉 수확 수탁자별 수탁상황(벼수확) (아랫미랏)

수탁자	위탁자수	수탁면적	수탁면적비율	마을식부면적대비비율
31번	11	19,810	54.3%	44.0%
4번 *	4	7,480	20.5	16.6
증평인*	3	2,510	6.8	5.6
* *	1	2,500	6.8	5.6
문광인*	1	2,100	5.8	4.7
백양인*	1	2,100	5.8	4.7
합계	21	36,500	100.0%	81.2%(45,020)

* 표시한 수탁자는 다른 마을 사람임. 4번농가는 유창사람임

하여 탈곡기로 탈곡하는 농가는 없다. 마을에 콤바인을 가진 사람이 한 사람인데, 이 사람은 마을 안 11농가의 2만여평의 작업을 수탁하여, 마을 안 수탁작업의 54.3%, 마을 전체 수탁작업의 44%를 감당하고 있다. 그외의 수탁자는 다른 마을이나 지역에서 들어오는 사람들이다. 마을 전체 식부면적의 81.2%가 위탁작업을 통해 이루어지며 나머지는 자가작업으로 이루어진다.

콤바인작업의 작업료는 100원 또는 120원이었다. 콤바인작업의 경우 벼가 쓰러져 있을 경우 작업료를 더 받는다. 마을에서는 평당 170원을 받은 사례도 있다. 건조작업은 콤바인과 곡물건조기를 보유하고 있는 31번농가가 수탁작업을 하며 영농후계자인 21번농가도 수탁작업을 하였다.

이상의 수위탁작업을 다시 수탁자별로 정리해 보면, 마을 안의 주요 수탁자들은 네 사람으로 그 가운데 두 사람(4번, 13번)은 이앙만을 수탁하고 한 사람(21번)은 정지, 이앙, 건조 등을 조금씩 수탁하면서 자가작업에 집중하며, 경운정지, 이앙, 수확, 건조 등을 모두 수탁하는 사람(31번)이 있다. 이앙만을 수탁하는 사람 가운데 4번농가는 논 1,800평, 밭 4,000평을 경작하며 10년전부터 이앙작업을 수탁해 왔는

데, 1990년도에 이앙기를 갱신, 구입하여 현재 연간 약 20일 정도 작업한다. 1992년에 마을의 이앙작업을 해준 농가를 보면 친척들 것을 주로 해 주었다(같은 김씨들). 이 마을에 사는 김씨들은 연안 이씨들과 경쟁(또는 갈등)관계에 있는 것으로 보이며 수위탁관계에서도 그것이 엿보인다. 이앙만을 수탁하는 13번농가는 논 4,200평, 밭 13,500평(일부는 휴경, 산전 있음)을 경작하고 있는데, 4년 전부터 이앙수탁작업을 하는데 요즈음은 약 2만여 평을 수탁한다. 마을 안에서 한 작업량은 4,600평에 지나지 않으며 감물면 전체를 다니면서 작업하고 있다. 마을 안에는 10여년 전부터 4번농가가 이앙수탁작업을 계속해 오고 있으며 여러 가지 기계를 가지고 있는 31번농가는 이씨들 작업을 주로 하여 이 수탁자가 마을 안에서 확보할 수 있는 이앙작업량은 극히 적다. 그래서 이웃마을들을 돌아 다니면서 이앙수탁작업을 한다.

정지, 이앙, 건조를 조금씩 수탁하는 21번농가는 자가영농에 중심을 두고 있기 때문에 수탁작업을 많이 하지 않으며 특히 기계품앗이를 적극적으로 하여 노동력조달에 힘쓰고 있다.

영농단으로 기계를 보조받아 구입한 31번농가는 논 6,000평(모두 임차지), 밭 5,000평(3,000평 임차)을 경작하고 있는데, 각종 농기계를 보유하면서 수탁작업을 적극적으로 하고 있다. 작년까지는 수탁작업을 활발히 하였으나 올해는 자가작업에 집중하느라고(비닐하우스) 수탁작업을 줄였다. 또한 올해부터 부모와 분가하여 독립적으로 경영을 하면서 부모의 노동력이 감당하였던 노동력을 확보하기 위해서 수탁작업을 줄인 것으로 보인다. 그럼에도 마을 안 수탁면적 가운데 경운정지와 수확은 반 이상을 감당하고 있다. 트랙터작업은 15-20일 정도를 마을, 면소재지, 이웃마을에서 주로 하고 있고, 콤바인작업은 25일 정도를 보조자를 데리고 하는데 올해는 5-600만원을 벌었다. 보조자는 면소재지에 사는 친구로 농사를 많이 짓고 있다. 보조자의 수확작업을 해주고도 2만5천-3만원의 임금을 준다. 31번농가는 자가경작지가 많고 밭농사도 하여 노동력이 많이 필요하기 때문에 마을 아주머니들과 기계품앗이를 많이 한다.

그 다음으로 다른 마을 사람으로 이 마을에 와서 수탁작업을 많이 하는 사람으로는 4번(유창)농가가 있다. 4번농가는 이웃 유창마을에 사는 사람인데, 대형농기계(트랙터, 콤바인)를 갖추고 감물면 안에 여러 마을들을 돌아다니면서 수탁작업을 한다. 이 마을 안에서는 같은 김씨들의 작업을 주로 수탁한다.

그 외에 경운정지작업과 수확작업에서 다른 마을사람들이 들어와 작업을 하는데 작업량은 미미한 편이다.

수탁작업료는 대개 벼를 수확한 후 특히 벼수매 후에 받는다. 그런데 평수를 정확하게 계산하지 않고 하는 경향이 있다. 또한 작업지경쟁이 있어 작업료를 깍아주는 경향이 있다(예를 들어 평당 70원이라고 했을 때, 1,690평의 작업에 대해 1,690 × 70 = 11만 8,300원을 받아야 하는데 10만원 정도만 받고 마는 것이다). 그리고 미수금도 일부 있으나 그리 큰 문제는 아니다. 위탁을 하던 농가는 계속 위탁하는 경향이 있고 계속 같은 수탁자에게 위탁하는 경향이 있기 때문에, 서로간에 얼마라고 하지 않은 채 주는 대로 받고 알아서 주는 그런 관계도 성립한다.

이상의 수위탁작업현황을 볼 때, 기계화가 가능한 벼농사의 경우 두 세 사람이 마을의 주요 작업을 거의 담당하는 방식으로 작업이 이루어지고 있다. 이러한 현상은 앞으로의 농업의 변화 및 개선과 관련하여 주요한 변화라고 할 것이다.

(2) 윗미랏

마을 안 수위탁작업 현황을 보면, 먼저 경운정지의 경우(〈표 4-2-27〉) 마을 전체 논밭 식부면적의 52.2%가 위탁작업으로 이루어지고 있다(여기서 논의 경우 경운작업과 정지작업을 위탁하는 경우 작업면적은 두 배로 계산되므로 과다평가될 가능성이 있다).

마을 안의 경운정지작업의 주요 수탁자인 14번 농가는 마을 안 수탁면적의 68.9%를 담당하고 있으며, 마을 전체 식부면적 가운데 35.9%를 담당하고 있다. 그 다음으로 수탁작업을 많이 하는 31번 농가는 바로 접해있는 아랫미랏 마을에 사는 사람인데, 각종 농기계를 갖추고 있으며 감물면 안에 여러 마을들을 돌아다니면서 수탁작업을 하고 있으며, 광전리 안에서 가장 많이 한다. 이 두 사람이 수탁작업의 96.2%를, 마을전체 식부면적가운데 50.2%의 작업을 담당하고 있다.

위탁상황을 보면, 23호 농가 가운데 17호 농가가 위탁을 하였으며, 한 농가가 평균 3,109평을 위탁하였다. 밭의 경운정지는 자가소유의 경운기로 일부 하기도 하지만 점차 트랙터작업에 위탁하는 경향이 눈에 두드러지게 나타나고 있다.

경운정지작업의 위탁료는 평당 70원선이며 농지의 위치나 작업조건, 작업료 지불시기에 따라 차이가 있다. 경지정리가 안 된 지역의 작업은 평당 80원을 주고 작업을 위탁한 사례가 있다. 그리고 작업 즉시 위탁작업료를 지불하는 경우 평당 50원을 주기도 하였다.

이앙작업의 경우 수위탁은 정지작업이나 콤바인작업보다는 덜 집중되어 있다. 그래도 마을 안에서 이앙수탁을 적극적으로 하는 두 농가가 수탁한 것이 수탁작업면적 가운데 72.5%를 차지하며, 마을 전체 식

〈표 4-2-27〉 경운정지 수탁자별 수탁상황(논밭) (윗미랏)

수탁자	위탁자수	수탁면적	수탁면적비율	마을식부면적대비비율
14번	11	36,350	68.9%	35.9%
31번 *	4	14,500	27.3	14.3
* *	1	1,000	1.0	1.0
21번 *	1	1,000	1.0	1.0
합계	17	52,850	100.0%	52.2%(101,270)

* 표시한 수탁자는 다른 마을 사람임. 31번과 21번은 아랫미랏 사람임.

부면적 가운데 56.6%를 차지할 정도이다(〈표 4-2-28〉). 이 마을의 경우 이앙수위탁에서도 다른 마을 사람들이 들어와 하였다. 그러나 이들은 모두 아랫미랏 사람들로 거리가 가깝기 때문에 작업을 하는 데는 별 문제가 없으며 사실 마을사람과 진배없다.

마을 안 23호 농가 가운데 이앙작업을 수탁한 농가는 20호이며 3호는 자가작업으로 해결하였다. 이처럼 2-3대의 이앙기로 마을 안의 이앙이 거의 이루어지고 있으며, 따라서 5-6명의 작업에 의해 마을 이앙이 이루어진다고 할 수 있겠다. 이앙작업료는 보통 평당 70원이었는데, 작업조건에 따라 다른 경우도 있었다. 농지가 멀리 떨어져 있는 경우 평당 100원을 받은 사례가 있으며, 가까운 친척의 작업을 무료로 해 준 사례도 있다. 또 트랙터와 콤바인 수탁작업에 적극 나서고 있는 농가는 육묘, 이앙, 시비작업을 함께 위탁하는 이른바 부분위탁을 하기도 하였다.

콤바인수확작업의 수위탁상황을 보면(〈표 4-2-29〉), 마을 안 23호 농가 가운데 논농사를 하는 22호 모두가 작업을 위탁하였다. 즉 수확작업은 전적으로 위탁작업으로 해결하고 있다. 마을 안에서 콤바인을

〈표 4-2-28〉 이앙 수탁자별 수탁상황(윗미랏)

수탁자	위탁자수	수탁면적	수탁면적비율	마을식부면적대비비율
4번	9	15,650	51.6%	40.3%
3번의 자	4	6,350	20.9	16.3
13번 *	3	4,550	15.0	11.7
31번 *	1	1,500	4.9	3.9
21번 *	1	1,000	3.3	2.6
25번 *	1	800	2.6	2.1
1번의 자	1	500	1.7	1.2
합계	20	30,350	100.0%	78.1%(38,850)

* 표시한 사람은 아랫미랏 사람들임.

가지고 있는 14번 농가는 마을 안 15농가의 2만5천여 평의 작업을 수탁하여, 마을(수탁)작업의 63.4%를 담당하였다. 아랫미랏에 사는 31번 농가가 다음 1만1천여 평으로 28.9%의 작업을 감당하였다. 이 두 사람이 마을 작업의 92.3%를 해치운다(자신의 것까지 합하면 100%).

콤바인작업의 작업료는 평당 120원이었다. 100원인 경우는 한 사례뿐이고 경지정리가 안 된 곳이나 벼가 쓰러진 경우에는 150원씩 하였다.

이 마을 안의 건조작업은 콤바인을 가지고 있는 아랫미랏의 31번 농가(아랫미랏)가 곡물건조기를 보유하고 건조를 해 주며, 14번 농가도 건조를 해 준다(〈표 4-2-30〉). 이 두 사람이 건조작업 수탁량의 약

〈표 4-2-29〉 수확 수탁자별 수탁상황(벼수확) (윗미랏)

수탁자	위탁자수	수탁면적	수탁면적비율	마을식부면적대비비율
14번	15	24,600	63.4%	63.4%
31번 *	5	11,200	28.9	28.9
4번 *	1	2,000	5.1	5.1
21번 *	1	1,000	2.6	2.6
합계	22	38,800	100.0%	100.0%(38,850)

* 표시한 수탁자는 다른 마을 사람임. 21번과 31번은 아랫미랏, 4번은 유창사람.

〈표 4-2-30〉 건조 수탁자별 수탁상황(벼건조) (윗미랏)

수탁자	위탁자수	수탁작업량	
31번 *	5	333개×40킬로	63.4%
14번	4	312개×40킬로	28.9
21번 *	1	20개×40킬로	5.1
25번	1	15개×40킬로	2.6
합계	11	680개×40킬로	100.0%

* 표시한 수탁자는 아랫미랏 마을 사람임.

95%를 담당하고 있다. 마을 안에 건조를 위탁한 농가는 11호이며, 농가당 약 62개(*40킬로) 정도를 위탁하고 있다. 건조는 아직 일반화되어 있지는 않으며 따라서 수탁건조량은 총생산량의 반 정도에 이른다. 수탁작업료는 40킬로 가마당 1천원이다.

마을 전체로 보면, 농가 23호가 모두 작업을 위탁한다. 주요작업을 할 수 있는 기계를 모두 갖춘 농가가 없으며, 마을 안의 주요 수탁작업자인 14번 농가도 트랙터, 콤바인작업을 중심으로 하고 있어 이앙작업은 위탁을 하고 있다.

작업위탁은 대개 한 가지 작업을 위탁하는 형태로 나타나고 있으며 이앙작업과 경운정지 및 수확(건조)작업은 작업의 성격상 동일인(이나 조직)이 수탁하기는 어렵다. 이앙작업 직전에 정지(로타리)작업을 해야 하는데 트랙터작업자는 이것을 하느라 이앙작업을 할 수 없다. 그리고 위탁하는 이유에 대해서는 노동력이 부족하거나 기계가 없기 때문이라는 의견이 압도적이다.

이상의 수위탁작업을 다시 수탁자별로 정리해 보자. 마을 안의 수탁자들은 다섯 사람인데 그 가운데 세 사람은 이앙작업만을 수탁한다. 이들은 마을 안 수탁작업의 75% 이상을 담당하고 있다. 다른 한 사람(25번 농가)은 이앙과 건조작업을 수탁하지만 그 양이 극히 적고 수탁작업을 적극적으로 하지 않는 축산농가이다. 전에는 이앙수탁작업을 활발히 했던 농가이다.

이앙작업을 수탁하는 농가를 보면, 주로 마을 안의 작업을 하고 있으며 마을 안의 주요수탁자인 14번 농가는 트랙터, 콤바인을 영농단자금으로 구입하여 개인적으로 운영하며, 수탁작업에 적극적으로 나서고 있다. 트랙터로 연간 약 60일 정도 작업하는데, 면내(15분 이내거리)에서 주로 작업을 하며 윗미랏 마을 안에서 1992년에 3만6천여 평을 수탁하였으며, 전체작업면적이 10만평 정도에 달한다. 수확작업에는 2조식 소형 콤바인을 사용하여 연간 약40일 정도 수탁작업을 한다.

이 사람은 건조기도 마련하여 건조작업을 수탁하기도 한다.

이처럼 이 마을에는 경운정지와 수확 및 건조를 하는 주요 수탁자 한 사람과 두 사람의 이앙수탁자가 마을 벼농사의 주요작업을 거의 담당한다. 물론 이들이 감당하지 못하는 부분은 이웃마을 사람들이 들어와서 작업을 해 낸다.

작업료는 면 안에서 기계를 가진 사람들이 모여 회의를 한 뒤 결정하며, 트랙터작업료는 겨울철에 정하고, 콤바인작업료는 콤바인 작업 들어가기 직전에 결정한다. 작업료는 대체로 윗미랏이 아랫미랏에 비해 약간 높은 것으로 생각된다.

(3) 유창

마을 안 위탁자상황을 보면, 아랫미랏이나 윗미랏과는 달리 이 마을에는 공동보유이용하는 농기계가 많기 때문에 수위탁작업의 비율이 전반적으로 낮다. 또한 마을 안의 농가 가운데 적극적으로 수탁작업을 하는 농가는 마을 이외에 감물면 전체를 돌아다니면서 작업하기도 한다. 한 수탁자는 1992년 가을에는 철원까지 가서 콤바인수탁작업을 하고 돌아 왔다.

〈표 4-2-31〉 경운정지 수탁자별 수탁상황(논밭) (유창)

수탁자	위탁자수	수탁면적	수탁면적비율	마을식부면적대비비율
4번	16	48,800	50.6%	22.5%
51	10	21,200	22.0	9.8
8	6	17,200	17.7	7.9
11	7	4,800	5.0	2.2
* *	3	3,100	3.2	1.4
31	1	1,400	1.5	0.6
합계	36(중첩)	96,500	100.0%	44.4%(217,150)

* 다른 마을 사람임.

먼저 경운정지작업의 수위탁상황을 보면(〈표 4-2-31〉), 마을 농가 50호 가운데 36호(72%)가 전체 식부면적 21만7천여 평 가운데 10만여 평이 조금 덜 되는 작업(44.4%)을 위탁하고 있다. 이 마을의 경우 1992년에는 경지정리를 하면서 농작물을 재배하였기 때문에 논의 경운정지작업을 하지 않는 경우가 많다. 또한 논의 경우 경운작업은 하지 않고 정지작업만 하는 경우가 많다. 그래서 수위탁작업량이 아주 작게 나타나고 있다. 마을 안의 경운정지작업 가운데 대부분을 마을 사람들이 수탁하고 있으며 세 사람이 전체 수탁량의 90% 이상을 감당하고 있다.

유창마을에는 공동보유이용조직을 통한 이앙작업이 활발하게 전개되고 있다. 따라서 수탁작업은 다른 마을에 비해 적게 이루어지고 있다(〈표 4-2-32〉). 마을 안 28호의 농가가 5만여 평의 이앙작업을 수탁하고 있으며 영농단과 한 농가가 전체 이앙수탁면적의 반 이상을 감당하고 있다. 그리고 공동보유이용조직의 수탁작업량이 개인수탁작업자의 작업량 보다 많은 것으로 나타나고 있다. 공동보유이용조직의 경우

〈표 4-2-32〉 이앙 수탁자별 수탁상황(유창)

수탁자	위탁자수	수탁면적	수탁면적비율	마을식부면적대비비율
8번	7	16,100	32.5%	14.0%
영농단 **	7	11,800	23.7	10.3
군부대*	7	7,750	15.6	6.8
20번 **	4	4,600	9.2	4.0
15번 **	2	3,900	7.8	3.4
음성인*	1	3,000	6.0	2.6
제월인*	1	1,600	3.2	1.4
50번 **	2	1,000	2.0	0.9
합계	20	49,750	100.0%	43.4%(114,690)

* 다른 마을 사람임.

** 공동보유이용조직의 작업자임.

〈표 4-2-33〉 수확 수탁자별 수탁상황(유창)

수탁자	위탁자수	수탁면적	수탁면적비율	마을식부면적대비비율
4번	12	24,280	43.2%	21.2%
8	12	22,500	40.0	19.6
15	5	7,700	13.8	6.7
* *	1	1,700	3.0	1.5
합계	36(중첩)	56,180	100.0%	49.0%(114,690)

* 다른 마을 사람임(경운정지의 다른 마을 사람과 동일)

기계운전자가 있으며 다른 성원들은 이 기계작업자와 조를 이루어 공동작업을 해 나간다.

특히 1992년의 경우 이 마을은 경지정리 직후라 논에 기계가 들어가지 못하는 경우가 많았기 때문에 손모를 많이 했다. 그리고 군부대의 모내기 지원도 있었는데 8천여평의 작업을 군부대가 하였다.

수확작업은 마을 안 29농가가 식부면적의 49%에 달하는 5만6천여평의 작업을 위탁하였다(〈표 4-2-33〉). 마을 안의 두 사람이 80% 이상의 작업을 수탁하고 있으며 처음으로 중형콤바인을 구입한 한 농가가 약간의 작업을 수탁하고 있다. 유창마을은 아직도 낫으로 수확하여 동력탈곡기로 작업하는 농가가 17호(이 가운데 일부 작업을 콤바인작업자에 위탁하기도 한다)나 되었다. 마을 안에 젊은이들이 많이 있고 다른 작업과 노동력경합이 없을 때에는 노동력이 풍부한 편이기 때문에 이러한 수확탈곡작업이 여전히 유지되고 있다.

유창마을에서도 다른 마을과 마찬가지로 경운정지 및 수확작업에 비해 이앙작업은 여러 사람이 수탁하는 것으로 나타나고 있어 수탁작업의 집중도가 훨씬 덜하다. 주요 수탁자 가운데 경운정지, 이앙, 수확작업을 모두 수탁하는 사람은 한 명(15번)이며(1993년에는 한 사람이 추가될 것), 수탁작업을 가장 적극적으로 하는 사람은 경운정지작업과 수확작업을 하고 있다.

유창마을에서 수탁작업을 적극적으로 하고 있는 4번농가는 트랙터와 콤바인을 대형으로 마련하여 감물면 안에서 뿐만 아니라 다른 지역에도 가서 작업을 하며 1992년 가을에는 철원에 가서 콤바인작업을 하기도 하였다.

수위탁작업의 경우 이앙이나 콤바인작업은 혼자 하지 못하고 조작업을 해야만 한다. 이앙은 수탁작업자가 운전을 하고 운반 등은 작업주가 나와서 보조작업하는 식으로 해 나가며, 공동보유이용조직의 경우 공동작업을 한다. 콤바인의 경우에는 기계보유, 운용자가 보조작업자를 고용하여 해 나간다.

2) 품앗이

마을 안에서 노동력이 조직화되는 전형적인 형태는 품앗이다. 품앗이가 가장 많이 이루어지는 것은 담배이식과 담배수확, 고추이식 등이다. 고추수확에서도 품앗이는 많이 이루어지지만 고용노동을 더 많이 사용한다.

남자들이 주로 하는 품앗이 작업이 있으며 여자들이 주로 하는 품앗이 작업이 있다. 담배재배농가들에서는 남녀가 함께 참여하는 품앗이가 이루어진다. 고추재배를 하는 농가는 고추재배농가끼리, 담배재배를 하는 농가는 담배재배농가들 끼리 품앗이를 하는 경향이 있으며, 또한 연령층별로 구분되기도 한다. 젊은 아주머니들끼리 조직되는 품앗이가 가장 일도 잘 하며 또 이들 농가들은 경지규모도 큰 편에 속한다. 고추와 담배를 모두 재배하는 농가일수륵 품앗이에의 참여도가 높으며, 이런 농가의 경우에는 고추수확의 경우처럼 품앗이로 동원할 수 있는 인원이 적은 작업과정에서는 고용노동을 사용하기도 한다.

품앗이는 일시적이고 두 농가 간에 이루어지는 것이 기본적 형태이지만, 몇몇 농가간에 일정한 조직성을 지니고 계속해서 매년 나타나는 경우도 찾아 볼 수 있다. 이러한 품앗이조직을 살펴보면 〈표 4-2-34〉와

〈표 4-2-34〉 품앗이 상황표

마을	구분	인원	주요작업	특성	성별
아랫미랏	품앗이1	5-6	고추 이식·수확		여자
	품앗이2	10	담배작업	담배재배농가	남자
윗미랏	품앗이1	5	고추 이식·수확	교인	여자
	품앗이2	3-6	담배작업	담배재배농가	남녀
	품앗이3	4	송아지 분만	젖소사육농가	남자
유창	품앗이1	10	고추 이식	고추재배농가	여자
	품앗이2	10	담배작업	담배재배농가	남녀
	품앗이3	7-8	비닐피복·두둑짓기·벼수확	청년층	남자
	품앗이4	5-6	감자수확	감자재배농가	여자(하유창)
	품앗이5	5-7	고추작업	고추재배농가	여자(하유창)
	품앗이6	5	이앙, 비닐하우스 작업	현씨	남자
	품앗이7	8	여러 작업	친목계원	남자

같다.

표에 나타나 있는 것은 일부만을 나타낸 것이다. 이 지역은 밭농사가 많고 노동력 수요가 많기 때문에 품앗이를 하지 않고는 농사를 할 수가 없다. 특히 손노동의 품앗이는 여성들이 대부분 담당하며, 남성들은 특정 작업에서만 품앗이에 참여한다. 기계화가 진전되면서 품앗이도 손노동의 품앗이만이 아니라 기계를 중심으로 품앗이를 하게 되고 이것은 농기계공동보유 및 이용 조직으로 발전한다.

3) 기계품앗이

기계를 가진 사람은 대개 경지규모가 크며 이 지역의 경우 논농사뿐만 아니라 밭농사도 많이 하기 때문에 노동력이 많이 필요하다. 그래서 기계보유자들은 밭농사의 노동력을 조달하기 위하여 기계가 없거나 기계작업을 하지 못하는 농가의 작업을 해주고 노동품을 받는 기계품앗이를 하고 있다.

아랫미랏의 경우 기계를 가지고 기계품앗이를 하는 농가는 세 농가(21번, 31번, 8번)이다. 이들의 기계작업에 대해서 다섯 농가가 손노동으로 품을 갚았다. 상대는 아주머니들로서 트랙터로 거름을 하루 실어다 준 대가로 밭매기와 고추심기 작업 2일의 품을 받는다든지, 반나절 정도의 관리기작업을 해준 대가로 담배일 하루의 품을 받는 식으로 하였다.

특히 아랫미랏에서 농기계를 많이 가지고 있는 31번 농가의 경우 마을의 네 아주머니와 기계품앗이를 한다. 그 아주머니들은 농사일이 있을 때는 거의 매일 31번 농가의 일을 해주게 된다. 이러한 품앗이에 있어서도 아주머니들이 손노동의 품을 기계일의 평가 품갯수에 비해 많이 해 주게 되면 품값을 계산해서 받는다.

예전에 많이 행해지던 소품앗이도 일부 남아 있는데, 한 농가가 아주머니의 밭의 정운정지(소부리고 삶기)작업을 해 주고 고추수확과 밭김매기에서 열흘치의 품을 받았다. 담배농사를 하는 농가 간에도 소품앗이가 행해지고 있다.

그런데 31번 농가는 영농단 보조 및 융자(자부담 일부)를 통해 마련한 기계로 마을 사람들과 일부의 마을 외부 사람들의 작업을 수탁하고 있다. 또한 밭농사도 많이 하고 있어서 노동력이 필요하여 기계품앗이를 통해 노동력을 많이 조달한다. 이렇게 기계품앗이를 하는 것에 대해서, 마을의 작업을 하도록 영농단 보조를 받았는데 자신의 영농을 위해서 기계품앗이를 한다고 해서 마을 안의 다른 사람들이 불평을 한다. 특히 김씨들과의 반목이 있는 것으로 보이며, 수탁작업에서 유창의 4번농가가 하는 작업량이 제법 되는 것이 이를 보여주는 것 같다.

윗미랏 마을의 경우 밭농사가 적어 노동력수요가 적은 편이기 때문에 기계품앗이를 하는 농가들은 없다.

유창 마을의 경우 기계품앗이가 광범하게 나타나고 있다. 이 마을에서도 아랫미랏 마을과 유사하게 기계작업을 해주고 밭농사의 노동품을 받는 방식으로 이루어지고 있는데, 주로 아주머니들과 기계작업자 간에 이루어진다.

트랙터로 경운정지작업을 해주고 품을 받은 농가가 5호, 관리기로 두둑짓기작업을 해준 농가가 1호, 이앙을 해주고 품을 받은 농가가 1호(경운정지도 함)로 6호의 농가가 기계로 작업을 해 주었다. 이들의 작업에 대해 노동품으로 갚은 사람은 8명으로 그 가운데 6명이 아주머니들이다. 기계작업을 하루 종일 해준 경우에는 4일의 품으로 받기 까지 하였지만, 대개 경지가 적은 농가들이기 때문에 한 두 시간이나 한나절 정도의 일을 해 주고 하루 내지 이틀의 품을 받고 있다. 또한 가까운 친척 간에 서로 돕는다는 생각으로 하는 경우도 있다.

4) 공동작업반

공동작업반은 조직화된 품앗이라고 할 수 있다. 이 지역에서는 담배재배농가들이 자신들만이 하는 작업을 공동으로 하기 위해서 공동작업반을 이루어 일을 해 나간다.

먼저 아랫미랏에서 담배를 하는 농가들은 공동작업반을 이루어 서로 돌아가면서 작업을 한다. 1992년에는 조리하는 방식(작게 묶던 것을 크게 묶음)이 변하면서 노동력이 덜 들어 공동작업반 형식의 조직화가 느슨하게 이루어졌지만 담배재배농가간의 조직화된 품앗이는 여전히 많이 이루어지고 있다. 실제로 담배를 하는 농가들이 이 마을에서는 노동력도 있고 영농의욕이 그나마 있는 농가들이다.

이들 담배재배농가들은 일정을 잡아서 작업을 해 나가며 각 농가에서 주로 부부노동력이 출연하며, 품 갯수의 차이는 다른 일로 받는다. 1992년에는 10농가 가운데 9농가가 조직화된 품앗이를 통하여 담배농사의 이식 및 수확작업을 하였다. 각 농가별로 보면 7농가에서 부부노동력이 나오고 2 농가에서 1명씩 나와서 16명이 팀을 이루어 작업을 하였다. 윗미랏마을에서는 담배를 재배하는 여섯 농가가 이와 같은 작업반을 구성하여 작업한다.

유창마을에서도 담배를 재배하는 5농가가 공동작업반을 구성하여 작업을 한다. 각 농가에서 부부노동력이 출연하여 남자 5명은 따는 작업을 하고 여자 5명은 꿰서 다는 조리작업을 한다. 각 농가는 일주일에 한번 씩 따는데 하루에 두 집씩 따기 때문에 일주일에 2일반~3일(하루 종일)의 작업을 공동으로 하면 된다. 1991년의 경우 4농가가 담배를 하여서 하루에 한집씩 일주일에 4일(반나절일이긴 하지만)을 작업을 해야 했다. 다섯 농가가 공동작업반을 구성하여 작업함으로써 다른 일을 할 수 있는 시간을 확보할 수 있게 되었으며, 특히 고추소독이나 벼소독 등을 원활히 할 수 있다. 이처럼 공동작업반을 구성하여 노동력을 결집함으로써 작목간 노동력경합의 문제를 해결한다.

5) 농기계공동이용조직

이 지역의 세 마을 가운데 유창마을에서는 농기계공동이용형태가 다양하게 나타나고 있다. 아랫미랏과 윗미랏 마을에서는 공동이용의 형태를 찾아보기 힘들며, 개인보유 개인이용형태나 개인보유 수탁형태가 주를 이루고 있는 것과는 색다른 것이다. 물론 유창마을에서도 개인보유 수탁형태가 이루어지고 있다.

먼저 유창마을에서 나타나고 있는 농기계공동이용형태를 기종별로 살펴보자.

마을 안에 트랙터는 5대가 있는데, 대형인 2대를 보유한 농민은 수탁작업을 적극적으로 하고 있다(〈표 4-2-35〉). 나머지 3대는 중형인데, 하나는 개인보유이지만 다른 2대는 사촌간, 형제간에 공동이용하고 있다. 사촌간인 두 사람이 이용하는 트랙터는 공동구입하여 자가작업을 각각 10일 정도 하고 수탁작업을 10일 하여 총 30여일 작업한다. 형제간인 두 사람이 이용하는 트랙터의 경우 공동구입하였으나 동생이 전적으로 작업하고 형의 일을 그냥 해주는 형식을 취하고 있다.

〈표 4-2-35〉 유창마을 트랙터이용형태

구분	보유자	형태	작업상황			
			작업일수	작업면적	자가작업	수탁작업
트랙터1 (중형)	11번* 19번	공동(4촌간)	30일		20일	10일
트랙터2 (중형)	52번 51번*	공동(형제)		3만평	2만평	1만평
트랙터3 (중형)	15번	개인	1992년 가을에 구입하여 사용 많지 않음.			
트랙터4 (대형)	4번	개개인	수탁작업을 활발하게 함.			
트랙터5 (대형)	8번	영농단으로 구입	200일		7일	193일

* 보유자의 번호는 마을구성원 번호임.

** 표시는 공동보유자 가운데 주요 기계작업자임.

〈표 4-2-36〉 유창마을 이앙기 공동이용상황

구분	보유자	관계	작업상황			
			작업일수	작업면적	자가작업	수탁작업
이앙기1	13,3,20	공동(4촌간)	25일		3일	22일
이앙기2	50,56	공동(6촌)	12일		2일	10일
이앙기3	54,57,58	친척				
이앙기4	15,25,27	이웃		10,600평	6,700평	3,900평
이앙기5 이앙기6	11,31,34,51	영농단		17,540평	12,800평	4,740평
이앙기7	43	*개인보유이용				

* 보유자란의 숫자는 구성원번호임.

이앙기의 이용형태를 보면(〈표 4-2-36〉), 마을 안에 있는 이앙기 7대 가운데 한 대를 제외하고 모두 공동보유·공동이용을 하며 수탁도 병행한다. 6대 가운데 2대는 영농단이 운영하고 있으며(뒤에서 다룰 것임), 다른 4대는 친척 간의 공동보유이용, 이웃 간의 공동보유이용의 형태를 취하고 있다.

이 이앙기공동이용조직 구성원들은 자가작업을 중심으로 운영하고 있으며 기계의 성능이 좋고 노동능력이 있는 팀은 수탁작업을 활발하게 한다. 물론 조직 안에 이앙기를 주로 운전하는 작업자가 있으며, 자기작업을 할 경우에는 작업주가 운전하기도 한다.

유창마을에서는 낫으로 수확해서 반자동탈곡기로 탈곡하는 농가들이 있다. 탈곡기를 사용하여 탈곡을 하는 농가는 비교적 벼농사면적이 크고 노동력이 있는 농가들이다. 이들은 다른 밭작물 재배면적도 많지만 벼수확 및 탈곡시에는 농사가 거의 마무리되어갈 때라서 노동력이 여유가 있으며, 이 때에 몇 농가가 공동보유탈곡기나 개인이 보유하는 탈곡기를 중심으로 결합하여 탈곡작업반을 구성한다. 이러한 탈곡작업반들은 자가작업을 중심으로 탈곡을 하며 원하는 농가의 탈곡도 해 주고 탈곡량에 대해 일정한 삯을 받는 방식으로 작업해 나간다. 1992년에는 17호의 농가가 탈곡기를 이용하여 탈곡을 하였는데 4개의 탈곡

〈표 4-2-37〉 유창마을 탈곡기 및 기타 농기계 공동보유 · 이용상황

구분	공동보유이용자	관계	작업량/작업일수	비고
탈곡기1	3,13,20	사촌	5일	공동이앙
탈곡기2	34,51,52	친척 및 이웃	2일	
탈곡기3	47,50,54	친척		
탈곡기4	43, ?			
분무기1	1,13,20	사촌		
분무기2	31,49	이웃	25일	
분무기3	45,55	부자		
관리기	31,34	이웃	10,000평	

* 탈곡기2와 3은 개인이 보유하면서 공동작업 및 이용팀을 이룸.

작업반이 작업을 주도하였다(〈표 4-2-37〉).

그 외에도 분무기나 관리기를 공동으로 구입하여 공동이용하는 조직도 있다.

6) 기계화영농단

기계화영농단의 운영을 보면 일정한 회원(단원)구성을 필요로 하지만, 형식적으로만 회원을 구성하고 개인적으로 운영하는 경우가 많다. 이 지역에서도 각 마을에 기계화영농단으로 기계를 도입하여 개인적으로 운영하는 경우가 많다. 아랫미랏과 윗미랏의 경운정지 및 콤바인 작업의 주요 수탁자들이 바로 영농단으로 기계를 구입해서 개인적으로 운영하고 있다. 유창마을에도 주요 수탁자 가운데 한 사람이 영농단으로 농기계를 구입하여 개인적으로 운영하고 있다.

그런데 유창마을에는 이앙기를 공동이용하는 영농단이 활동하고 있다(〈표 4-2-38〉).

1988년 6명이 소규모 기계화영농단을 꾸려 이앙기 2대와 육묘상자 3천개로 시작하였다. 두 사람은 2년 동안 같이 하다가 이출하였고, 현

〈표 4-2-38〉 유창마을의 기계화영농단 구성원 현황

(경지단위 :천평)

농가	연령	가족수/구성	경지(논, 밭, 합계)			보유농기계	비고/가축(소)
11	36	5 모+부부+자녀2	4(2)	4(2)	8	경,분,이,건,트,관	1
51	36	6 부+부부+자녀/고모	4	5〈2〉	9	경,분,이,건,트	1
31	33	5 부모+형수+조카1	4(3)	4	8	경,분,이,건,관	작업주도 1
34	36	3 부모+본인	5(3)	3	8	경,분,이,건	1
*	37	3 부모+본인					이출/사고이후
*	36	3 부모+본인					이출/해외취업

1. * 표시한 농가는 이농, 탈퇴.
2. 경지 란에서 ( )는 임대지, 〈 〉는 임차지를 표시함.

재는 4명이 운영해 나가고 있다. 이들은 연령이 비슷하고 마을 안에서 적극적인 젊은이들이다.

처음에는 마을 이앙을 거의 담당하였으나 이앙기가 점차 낡고 단원들이 자가작업만을 하고 다른 작목에 신경 쓰게 되어 작업면적은 축소되었다. 올해는 영농단원의 경지(논을 밭으로 많이 사용하였기 때문에 이앙작업량은 논면적에 비해 훨씬 적었다) 12,800평과 영농단원의 친척의 논 4,740평을 수탁작업하여 총 17,540평을 작업하였다. 올해 작업량이 가장 적었는데 기계의 노후 때문이기도 하지만 경지정리 직후라 작업하기가 어려워 기피한 때문이기도 하다.

육묘는 개별적으로 하고 이앙작업만을 공동으로 한다. 2명씩 조를 이루어 작업을 해 나가며, 약 15일 정도 작업한다. 구성원 가운데에서도 한 사람이 주로 작업한다. 이들은 다른 작물의 재배 및 수확에 있어서도 품앗이 형식으로 공동작업을 흔히 한다.

영농단 운영 2년만에 융자금은 다 갚고 현재는 기금이 약 50-60만원에 이르고 있다. 현재의 기계가 노후하여 이앙기를 새로 구입하려고 생각하고 있다. 현재 영농단 기금으로는 이앙기 1대구입비의 반액에 그치므로 단원간에 갹출하여 마련하려고 한다. 이 영농단은 잘 운영되고 있는 사례인데, 영농단원들은 기계의 교체시에도 정부의 지원이 있었으면 좋겠다고 말하고 있다.

7) 기타 조직

이 지역에는 젊은 농가경영주들은 농민회에 많이 속해 있다. 농민회가 작목반 활동을 통해 고추 및 오이출하를 열심히 하기 때문에 농민들이 농민회에 대한 관심이 높다. 그리고 유창마을에는 농심회라는 친목조직이 6-7년 전에 결성되어 활동을 시작하였다. 결성의 계기는 농약구입을 원활히 하기 위해서 였으며, 농약 및 종자구입 등을 공동으로 하고 있다. 이 조직이 기반이 되어 농민회원들이 늘어났고 작목반 활동도 활발하게 이루어져 왔다.

그리고 아랫미랏과 윗미랏은 농지개량조합에 속한 저수지에서 물을 공급받고 있는데 반해, 유창마을은 마을에서 양수장을 관리운영한다. 양수장조직은 수리계의 형식을 취하고 있으며 마을 안의 두 사람이 양수장의 물관리를 도맡아 하고 있다.

그 외에 이들 마을 안에는 각종 사회조직들이 다양하게 있다. 농민들은 대개 단위농협에 조합원으로 되어 있고 일부 농민들은 신협에도 가입해 있다. 농협으로부터는 각종 자금을 융자받고 농산물 출하를 통해서도 관련을 맺는다. 고추, 감자 등이 주요 출하품목이다. 신협도 신용사업을 하는데, 신협은 주로 농민회의 고추, 오이 판매 등을 통해 농민들과 관련을 맺는다. 그리고 마을 안에 담배재배농가들은 연초조합에 가입해 있고 연초조합으로부터 자재비나 약 등을 융자로 공급받고 수확 후에 갚고 있다.

각종 계들도 많았으나 몇년 전 계가 고리대금업을 하는 것에 대해 문제가 일어 많은 계들이 깨졌다. 현재는 친목계, 동갑계, 혼상계 등이 잔존하고 있다. 그리고 부녀회와 노인회가 움직이고 있다.

3절. 와우리의 생산조직

와우리가 속해 있는 담양군은 평야지대로서 총경지면적 11,624ha (1992년) 가운데 논이 9,247ha로 79.6%를 차지하고 있어 미작평야지대라고 할 수 있겠다. 농가호수는 11,206호로 호당 평균경지면적은 1,037ha이다. 이 평균경지면적은 전국 평균에 비해서는 작은 편이다. 미작을 하는 면적이 8,798ha로 전체 논 가운데는 95.1%에 해당하고 전체 경지면적에서는 75.7%를 차지하고 있다. 즉 전체적으로 미작이 주종을 미루고 있다고 하겠다. 그런데 이 지역은 도시와 비교적 근접하고 상품작물들이 확산되어서 1994년 현재 시설원예 생산이 628.9ha의 경지에서 이루어지고 있다. 전체 경지면적에 비교해 볼 때 그 비중은 작지만 다른 지역에 비교해서는 상당히 활발하게 이루어지고 있는 것이다.

특히 시설원예면적 가운데에서도 반 이상에 딸기 재배가 이루어지고 있으며, 그외 수박, 메론, 토마토 등이 재배되고 있다. 딸기는 군내 거의 모든 면에서 생산되고 있어 담양군의 주요작목이라고 할 수 있다.

시설원예작목들은 기술 및 정보교환과 출하 등을 공동으로 해결하는 것이 필요하기 때문에, 이를 위해 작목반이 결성되어 활발하게 활동한다. 1994년 현재 담양군 안에 딸기작목반은 92개에 달하며 2천1백여 농가가 참여하고 있다. 나아가 군에서 일정하게 주도하여 군단위 딸기생산자모임을 결성해 나가고 있다.

와우리가 있는 봉산면의 면적은 19.5km^{2}로 담양군의 4%를 점하며 경지면적이 10.1ha이며, 호당경지면적은 0.8ha이다. 총가구수는 1,317가구로 4,443명이 거주하고 있으며 상업적 농업, 특히 시설원예의 비중이 매우 크다.

그리고 봉산면은 광주근교 농촌지역으로 생활권이 광주에 가깝고 비옥한 토지와 담양호의 수리시설에 기반을 두고 이루어진 비옥한 곡창지대를 형성하고 있으며, 시설원예주산지로 딸기, 수박, 토마토 등이 생산되고 있다. 기곡리(방축, 연산, 상덕, 송산) 등 일부지역을 제외하고는 모두 딸기재배를 하고 있다. 그외 고추(도고, 유산, 양지), 수박(대추, 곡정, 신한, 탄금, 유산), 화훼(제월, 와우), 그리고 일본과 계약재배하는 오이(신평, 봉학) 등의 시설원예단지들이 있다. 수리시설로는 댐이 2, 저수지 8, 보 6, 양수장 1, 관정 380개이며, 광주호와 담양호의 수혜로 수리안전율이 99%에 이르고 있다.

봉산면은 9개리 24개 자연부락으로 이루어져 있으며, 소득은 높은 편이다. 광주와는 10여분 거리로 젊은 사람이 다른 지역에 비해 많은 편이다. 이는 출퇴근이 가능하다는 점과 높은 소득 때문이라고 생각된다. 봉산면에는 40분 간격으로 광주에서 차가 들어오며(102번), 택시요금은 1만원 정도이다. 조사대상 마을인 와우리에도 40분 간격으로 시내버스(26번)가 들어온다. 이들의 노선은 서방시장을 거쳐 대인시장, 양동시장 등과 연결된다.

그리고 봉산면에는 17개의 공장이 있다(레미콘 석재, 플라스틱, 블럭공장 등). 이들 가운데는 최근에 설립된 것들이 많으며 농촌 노동력을 일부 흡수하기도 한다. 와우리는 봉산면 소재지에서 서남방 5km 지점에 위치해 있으며 광주시와 접해 있는 마을로 일찍부터 상업적 농업이 발전하였다.

1. 와우리의 영농활동[8]

와우리는 와우 1, 2, 3구의 세 개 행정리로 되어 있다. 조사대상은

8) 1994년 조사. 담양군은 전반적으로 미작이 중심이지만 도시 근교적인 성격을 일부 지니고 있으며 시설원예를 많이 하는 특성을 갖고 있어서, 시설원예작물 재배상황을 면밀히 파악하였다. 그 가운데에서도 담양군에서 가장 두드러진

와우 1구에 한정하였다. 이들 각 자연부락은 각기 다른 마을이름을 가지고 있으며(와우, 신편, 봉학) 자연부락 단위의 공동성이 일정하게 남아 있다. 물론 딸기작목반의 경우 와우리 전체로 구성되어 있듯이 각 자연부락을 넘어서는 공동성도 일부 확인할 수 있었다. 그러나 지연적으로 다른 취락을 구성하고 있고 세 자연부락 가운데 와우1구가 중심이 되고 있으며 가장 큰 마을이어서 와우1구에 한정하였다.

와우리(와우 1구)는 담양지역에서도 상업적 영농으로 잘 알려진 마을로 마을 안의 리더들을 중심으로 1960년대 중반부터 오이재배를 시작으로 토마토재배, 딸기재배, 최근의 화훼재배의 전개로 이어지듯이, 상업적 농업의 틀 속에서도 끊임없이 작목전환을 시도하면서 전진해 온 마을이다. 그래서 담양의 전진적인 모습을 가장 잘 보여 줄 수 있는 마을이라고 생각된다.

1) 인구구성 · 노동력구성 · 취업구조

와우리의 가구수는 113호로 96호가 농가이고 17호가 비농가이다. 남성이 경영주인 가구가 82호이고 여성이 경영주인 가구가 31호에 이르는데, 경영주의 평균연령은 56.7세로 아주 높은 편이다. 또한 경영주의 학력은 국졸 이하가 72.5%를 차지하고 있다. 더욱이 경영주가 노동

것이 딸기 작물이었다. 세계화, 국제화의 물결 속에서 대응할 수 있는 작목으로서 딸기를 생각해 볼 수 있었다. 군내에 딸기를 재배하는 마을은 많이 있었는데, 이 마을들을 모두 조사할 수 없어서 그 가운데서도 일찍부터 마을 단위에서 자율적으로 새로운 작목개발을 하면서 딸기재배를 하고 있는 마을로서 봉산면의 와우리 마을을 사례마을로 선정하였다. 이 마을이 속해 있는 봉산면에 대한 영농상황을 면사무소를 방문하여 확인하고 마을에 대한 기초조사를 3회에 걸쳐 실시하였다(1994년 10월 8일, 10월 22일, 11월 5일). 이러한 기초조사를 기반으로 설문지를 만들어 전남대 인류학과 학생 16명 및 연구조교와 함께 마을 전 농가에 대한 설문조사를 하였다(1994년 11월 12일). 그리고 이 마을의 영농상황 및 고용노동력조달방식에 대해서는 전남대 사회학과 학생들이 1987년과 1991년에 조사한 것들이 있어서 부분적으로 이용하였다.

능력이 없는 가구가 15호에 이르고 있다.

마을의 인구구성을 보면(〈그림 4-3-1〉), 총 353명 가운데 남자가 162명, 여자가 191명으로 여자가 많다. 여자가 많은 것은 농촌마을 일반의 현상인데 이 마을은 여자의 비율이 다른 마을에 비해 좀더 높은 것으로 보인다. 이는 여성들의 경우 출퇴근노동의 형태로 광주에 취업한 경우가 많은 데 비해 남성들은 완전히 이출하는 것도 하나의 원인이 된다. 그러나 전체적으로는 여성노령층의 수가 많기 때문에 여성의 비율이 높은 것이다.

인구구성의 특징을 보면, 50대 연령층이 많고 20-40대의 청장년층이 적은 것은 다른 농촌마을들과 유사하다고 하겠다. 특히 가장 활동적일 수 있는 35-49세층이 적은 것으로 나타나고 있다. 상대적으로 50대층(남성 55-59세층, 여성 50-59세층)은 두터운 것으로 나타나 농촌의 노령화현상을 보여준다. 55-59세층은 대개 경영주세대로서 이들이 가장 많은 수를 차지하고 있는데 이들이 10년 정도 지나면 경영일선에서 후퇴하게 되면 마을 영농의 경영주체들이 상당히 감소할 것이다. 그래도

〈그림 4-3-1〉 와우리의 인구구성

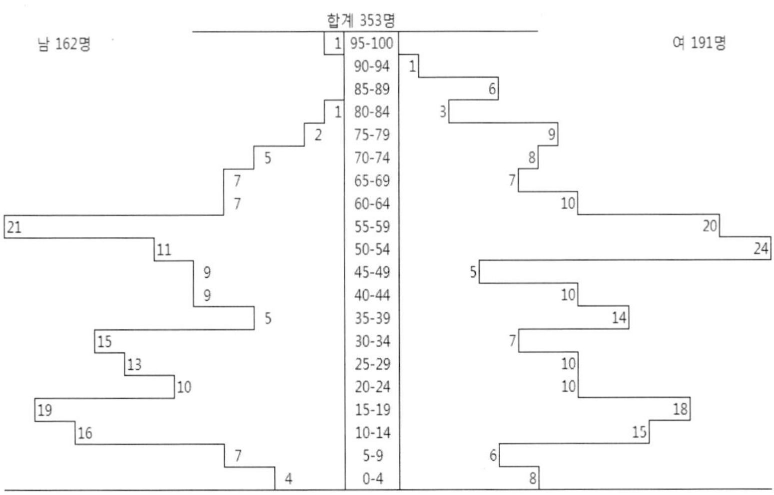

와우리의 경우 30대층 남자들(특히 30-34세층)이 다른 마을에 비해서는 상대적으로 많다. 20대 미만층은 급속히 줄어드는 추세를 나타내고 있는데, 이것은 출산력의 감소도 원인이 있지만 농촌 내부의 새로운 가족형성이 잘 안되고 있다는 것을 의미한다. 전체적으로 60세 이상층이 남자는 25명, 여자는 44명, 총 69명으로 마을 전체인구의 19.5%를 차지하고 있다. 이것은 다른 농촌마을에 비해 낮은 비율이다.

이 마을은 청장년층의 비율이 비교적 높은 편으로 젊은 층의 이농이 전체 농촌과 비교하여 상대적으로 적다. 문제는 25-34세층이 영농을 계속할 것인가 하는 것이다. 그리고 10대의 취학연령층이 많은데 이는 광주와 인접하여 통학이 용이하기 때문이기도 하다. 와우리 마을에 현재 거주하는 가족단위 가구원수를 보면(〈표 4-3-1〉), 1인가구가 21호, 2인 가구가 22호에 이르고 있다. 1인가구와 2인가구가 43호로 50%에 가까운 것으로 나타나고 있는데, 이는 단신가족과 부부가족이 많다는 것을 보여준다. 또한 3인가족이 가장 많고 대체로 5인가족 이내이며, 호당 가구원수는 3.12명으로 전국 농가 평균가구원수(1990년도 3.9명)보다도 훨씬 적다. 전반적으로 가족구성원수가 아주 적다.

농촌가족의 단순화경향은 가족형태별 구성을 통해 살펴보면(〈표 4-3-2〉)

〈표 4-3-1〉 와우리의 동거가구원별 가구수 및 구성비

동거가구원수	1	2	3	4	5	6	7	8	9	계
가구수(호)	21	22	27	20	17	3	1	1	1	113
구성비(%)	18.6	19.5	23.9	17.7	15.0	2.7	0.9	0.9	0.9	100.0

〈표 4-3-2〉 와우리의 가족형태별 가구수 및 구성비

가족형태	단신가족	부부가족	부부+자녀	부모+부부+자녀	기타	계
가구수(호)	21	15	60	13	4	113
구성비(%)	18.6	13.3	53.1	11.5	3.6	100.0

더욱 분명하게 나타난다. 가족이 매우 단순하며 해체과정에 있는 가족형태가 많이 나타난다. 인구구성에서도 보았듯이 남성노령층에 비해 여성노령층이 많다는 것은 할머니들이 혼자 사는 경우가 많다는 것이다. 부모+부부+자녀 라는 직계가족형태도 13가구나 되지만 단신가족과 부부가족이 36호에 이르고 부부+자녀 가족도 자녀의 일부만이 남아있는 형태이다. 부부+자녀 가족 가운데는 부모+아들, 시어머니+며느리, 부+딸 등 전형적인 가족형태가 아닌 가족들이 적지 않다. 이러한 형태상의 특징은 가족구성의 단순화 및 해체현상을 보여줄 뿐만 아니라, 농업생산과 관련해서는 가족단위에서 농업노동력의 확보 문제와 직결된다.

마을 가구의 영농종사자수를 가구별로 보면(〈표 4-3-3〉), 영농종사자가 없는 가구들은 비농가인 경우가 많고 대개 1-2명의 영농종사자를 확보하고 있다. 전체 영농종사자는 171명에 이르고 있는데, 그나마 이 마을은 영농종사자가 2명인 가구가 반을 넘고 있어 부부노동력을 근간으로 하는 영농을 어느 정도 감당해 나갈 수 있다고 생각된다. 농가 97호 가운데 65호가 2인의 가족노동력을 농업노동력으로 확보하고 있다. 기본적으로 가족노동력은 부부를 중심으로 한 2인에 한정되는 것으로 생각되며, 이에 기초한 노동력조달 및 영농방법이 제시되어야 할 것이다. 그리고 앞으로 영농을 이어갈 사람이 있느냐는 질문에 10호도 안 되는 농가만이 있다고 대답하고 있다. 이는 앞으로 영농후계자 문제가 심각함을 보여 준다.

〈표 4-3-3〉 와우리의 가구당 영농종사자수별 가구수 및 구성비

영농종사자수	0	1	2	3	4	계
가구수(호)	18	26	65	1	3	113(171명)
구성비(%)	15.9	23.0	57.5	0.9	2.7	100.0

농가1호는 광주시내에 있는 아들이 와서 농사지음.

와우리에는 지금까지 6명이 농민(영농)후계자로 선정되어 지원받았는데, 모두 시설원예로 딸기와 화훼를 사업작목으로 하는 농민들이다. 농민후계자 가운데 한 사람은 이농하였으며, 농민후계자들은 대체로 마을에서 적극적으로 영농을 하는 사람들이다.

이 마을 안에서 자영업을 하는 사람들은 많지 않은데 광주와 가까워 직접 광주의 상설시장을 많이 이용하기 때문이다. 마을 안에 간이주유소, 슈퍼, 약국 등을 경영하는 가구들이 있으며, 다른 자영업을 하는 3가구는 광주에서 하면서 여기서 거주하기만 한다.

마을에는 가구원의 일부가 농외취업을 하는 경우가 나타나는데, 경영주가 겸업 취업한 경우는 드물고 대부분 젊은 가구원이 광주로 출퇴근 노동하고 있다. 전체적으로 30여명에 이르는데 파악된 사례들을 보면 대부분 20대 미혼여성들이 많다. 직종도 대체로 서비스직종이거나 제조업체 근로자인 경우가 많다.

2) 농지현황

와우리의 농지현황을 보면(〈표 4-3-4〉), 경지면적은 26만 9천 평에 이르는데 그 가운데 96.6%가 논이다. 따라서 와우리의 영농에서는 밭의 개념이 아주 약하다. 다른 한편 논에 다양한 상업작물을 재배하는 방식으로 나아간다. 농가호당 평균경지면적은 2,805.3평으로 전국수준(3,400여 평)에 비추어 작은 편이다. 그러나 시설원예를 중심으로 하기 때문에 경지면적의 크기만으로 영농규모를 판단하여 이 마을에 적용해서는 곤란하다.

와우리는 임차면적이 6만6천여 평으로 전체 경지면적 가운데 24.5%를 차지하고 있다. 이것은 전국적인 임차수준 보다는 낮은 것이다. 임차농가당 임차면적은 1,573.8평이다. 또한 임대농지도 적지 않아 소유면적 가운데 12.3%에 해당하는 2만7천여 평이 임대되고 있으며, 이것은 다른 농촌지역에 비해 높은 것이다. 임대가구당 임대면적은 1,283.3

평으로 임차가구당 임차면적 보다는 작다. 전반적으로 임대차농지의 규모는 전국 수준과 마찬가지로 소규모 농지의 임대차가 이루어지고 있다고 할 수 있겠다.

와우리의 영농규모를 일단 경지규모별 농가구성을 통해 살펴보면 (〈표 4-3-5〉), 매우 영세하다고 할 수 있다. 다른 평야 미작지대에 비해 아주 영세한 것으로 3,000평 미만의 경작농가가 전체농가 가운데 70%에 이르고 있다. 또 전국적으로 1985년 이후 미작지대에서 나타나는 대규모경작의 단초도 거의 보이지 않는다. 그것은 기본적으로 이

〈표 4-3-4〉 와우리의 농지현황

	논	밭	계
소유농지 (1)	211,600	7,550	219,500 (1)/(4) = 81.5%
평균	2,404.6	343.2	2,494.3
임대농지 (2)	26,580	370	26,950 (2)/(1) = 12.3%
평균	1,329.0	370	1,283.3
임차농지 (3)	65,070	1,030	66,100 (3)/(4) = 24.5%
평균	1,626.8	343.3	1,573.8
경지면적 (4)	260,150(96.6%)	8,910(3.4%)	269,310(100.0%)
평균	2,767.6	371.3	2,805.3

1. (4) = (1) − (2) + (3)
2. 평균은 해당 가구당평균임

〈표 4-3-5〉 와우리의 경지규모별 농가구 수 및 구성비

경지규모 (평)	비해당	0 ~1000	1000 ~1500	1500 ~2000	2000 ~2500	2500 ~3000	3000 ~4500	4500 ~6000	6000 ~9000	9000~	계
가구수 (호)	17	15	8	17	12	15	15	8	4	2	96
구성비 (%)		15.6	8.3	17.7	12.5	15.6	15.6	8.3	4.2	2.0	100.0

마을이 상업적 영농으로서 시설원예에 집중하기 때문이다. 그리고 실제로 와우리의 농가별 영농규모는 시설원예의 규모를 고려하여 파악해야 한다.

3) 지주소작관계

와우리의 지주소작별 영농형태를 보면(〈표 4-3-6〉), 다른 농촌마을과는 판이한 성격을 드러내고 있다. 가장 특징적인 것은 지주자작 농가와 순소작 농가가 많다는 것이다. 보통 다른 지역의 경우 이 형태들은 5% 이내에 머문다. 이처럼 와우리에는 마을 내부에서 농지의 임대차가 활성화되어 있으며, 또한 농지가 없는 농가도 적극적으로 영농을 한다는 얘기다. 농지의 임대차가 활성화된 것은 시설원예 재배의 경우 연작피해를 막기 위해 식부필지를 바꿔가야 하기 때문이고, 작은 면적을 빌려서라도 시설원예작물을 재배하면 얼마든지 영농이 가능하고 소득도 일정하게 올릴 수 있기 때문에 소유지가 없는 사람들도 임차하여 영농에 종사하기 때문이다.

〈표 4-3-6〉 와우리의 영농형태(지주소작)별 가구수 및 구성비

영농형태	비해당	지주	지주자작	자작	자소작	순소작	지주소작	계
가구수(호)	16	4	14	38	27	11	3	97
구성비(%)	-	3.5	12.4	33.6	27.8	9.7	2.7	100.0

그러면 지주소작관계를 지주와 소작농으로 나누어 각 농지별로 분석해 보자.

(1) 임대농지 · 지주 분석

임대를 하는 이유로는 대부분의 임대주는 노동력부족을 들었다. 임대하고 전혀 농사를 짓지 않는 사람들은 노인들로서 경영을 하기 어려운 경우이고 자작을 하면서도 임대를 하는 경우는 딸기재배 등에 집중

하면서 일부 농지를 임대하고 있다. 임대가구는 21호로 23필지의 농지를 임대하고 있다. 이들이 임대한 농지는 한 필지를 제외하고는 모두 벼농사를 하는 것으로 나타나고 있다. 호당 평균 임대면적은 1,283.3평이고 필지당 임대면적은 1,171평인데, 작게는 370평에서 2,700평에 걸쳐 있고 900평 한 단지 이상을 임대하는 가구가 많다.

소작인과의 관계를 보면 친척과 지인이 대부분이며 모르는 사람에게 임대를 주는 경우는 거의 없는 것으로 나타나고 있다. 대부분의 필지가 마을사람에게 임대되고 있다. 계약기간은 대체로 1년으로 하고 있는데 명확히 정하지 않는 것으로 보인다. 소작료의 수납시기는 드문 경우를 제하고는 수확 후에 받고 있다. 소작료는 관행적으로 900평 1단지당 4-5섬으로 하고 있다. 물론 이는 벼농사용으로 하는 경우이고 시설원예를 할 경우에는 8섬 정도를 받는다. 이는 시설원예가 기본적으로 비옥한 땅에 해야 하기 때문이다.

(2) 임차농지 · 소작농 분석

와우리에서는 40호의 농가가 57필지의 농지를 임차하고 있는데, 2필지 이상의 농지를 임차하는 농가가 임차농 가운데 30%에 달한다. 임차농가당 평균 임차면적은 1,573.8평인데 필지당 임차면적은 1,121.9평으로 필지당 임대면적과 비슷하다. 이는 기본적으로 이 지역의 필지가 900평 단지와 좀 더 큰 것들로 구성되어 있기 때문이다. 900평 한 단지를 임차하는 경우가 임차 필지의 30%에 달한다. 농가 단위로 보면 3,000평 이상 6,000평까지 임차하는 농가도 있으며 이 농가들은 임차를 통한 상향이동의 가능성을 보이는 층이라고 할 수 있겠다.

〈표 4-3-7〉 와우리의 임차지의 용도

용도	벼	딸기(+벼)	화훼	육묘답	기타	합계
빈도	25	21	8	2	1	57
비율	43.9	36.8	14.0	3.5	1.8	100.0%

마을 사람들이 임차하는 경지의 용도를 보면(〈표 4-3-7〉) 벼농사용도 많지만 딸기, 화훼 등 시설원예를 하기 위한 것이 더 많다. 지주와의 관계를 보면 친척이나 지인이 대부분이다. 나아가 지주의 거주지를 보면 이 마을은 다른 마을들에 비해 마을 안의 거주자가 많다. 57명의 지주 가운데 마을 안에 있는 사람이 19명이고 다른 농촌 마을에 있는 사람이 5명이어서 합해서 44.1%에 이른다. 이는 마을 내부에서 농지의 임대차가 활성화되어 있다는 것을 보여준다. 물론 여전히 도시에 거주하는 지주가 반 정도(28명)에 이르고 있다. 그런데 임대자의 경우 마을 안에 임대할 경우 대개 벼농사를 짓는 것으로 나타났다. 그러니까 벼농사 이외의 임차자는 대부분 외지인 소유의 땅을 빌려 농사를 짓는다는 얘기다. 특히 시설원예의 경우 몇 년 정도 계속 영농을 하는 것이 필요하기 때문에, 소작지를 회수할 가능성이 없는 외지인소유의 땅을 임차하는 비율이 높은 것이다.

계약기간은 명확히 하지 않은 것이 많지만 화훼를 재배하는 경우는 일정한 기간을 정하기도 한다. 소작료의 납부시기는 대개 수확 후이지만 임대지에 비해서 임차지는 좀더 다양한 편이다. 이 마을에서는 소작하는 것을 '묶갈림'한다고 한다. 특히 딸기재배를 하는 경우 '육묘답'이라 하여 딸기모를 키우는데 토지를 빌어 쓰는데, 지질의 문제 때문에 창평, 고서 등 타 지역의 토지를 현금으로 빌어 쓴다. 연작을 하면 잘 안되기 때문에 육묘답으로 사용하지 않았던 논을 빌려야하기 때문이다. 육묘답의 경우 보통의 소작료의 약 2배를 지불한다. 1986년의 경우 보통 논의 소작인 경우 단지당(900평) 5-6섬, 육묘답의 경우 12섬 정도였다. 1993년도에는 각각 4-5섬과 8섬 정도니까 소작료가 약간 낮아 졌다고 한다. 그런데 최근 육묘를 직접 하기 보다는 사다가 쓰는 경향이 늘고 있어서 육묘답 임차는 점차 줄어들고 있다.

소작을 하는 이유로는 자작지의 협소함을 들고 있지만 또한 상업작물재배와 친지의 이농지관리를 이유로 드는 농민도 상당수에 이르고 있다.

4) 작물별 식부면적 및 생산량

마을 농가의 식부작물수를 보면 대부분의 농가가 3가지 이하의 작목을 재배하는 것으로 나타나고 있다. 여러 가지 작물을 재배하는 것이 아니라 한두 가지 작목을 집중적으로 재배하는 전문적인 영농화의 경향을 보인다고 할 수 있겠다. 그리고 이것은 앞서 보았듯이 부부를 중심으로 한 가족노동력으로 대처할 수 있는 방안이기도 하다.

식부작물구성을 좀더 자세히 살펴보면(〈표 4-3-8〉), 벼만을 단작재배하는 농가는 13호이다. 딸기나 화훼만을 전적으로 하는 농가도 있으나 대부분의 농가가 벼+딸기+화훼 라는 작목구성의 부분집합을 이루고 있다. 아직은 벼+딸기가 주종을 이루고 있으나 점차 벼+딸기+화훼 → 벼+화훼 → 화훼 라는 진행방향을 보이고 있다. 이는 마을 농민들의 작물변화를 보여주는 것이다. 상업작물재배는 1967년에는 11농가, 1984년에는 69가구, 1986년에는 79가구가 참여하였는데, 1994년에는 83농가가 딸기 및 화훼를 비롯한 상업작물재배에 참여하고 있어 점차 확산되어 온 것을 알 수 있다.

와우리 단위의 작물별 식부면적 및 생산액을 정리한 것이 〈표 4-3-9〉이다. 벼 작목을 식부하는 농가가 86호로 가장 많으며 총식부면적에

〈표 4-3-8〉 와우리의 식부작물구성별 농가수 및 구성비

식부작물 구성	비해당	벼	딸기 (+벼)	화훼	벼 +딸기	벼 +화훼	벼 +딸기 +화훼	벼 +딸기 +기타	기타	계
농가수 (호)	17	13	10	3	45	4	11	5	5	96
구성비 (%)	-	13.5	10.4	3.1	46.9	4.2	11.5	5.2	5.2	100.0

딸기(+벼)는 딸기+이모작 벼

〈표 4-3-9〉 와우리의 작물별 식부면적 및 생산액

식부작물	벼	딸기	화훼	기타	합계
식부농가수	86	75	20	26	93
총식부면적(평)	207,790평(72.8%)	45,660평(16.0%) 대형18동(7호) 소형220동(72호)	17,050평(6.0%) 대형40동(15호) 소형25동(9호)	15,020평(5.3%) 대형7동(5호) 소형18동(5호)	285,520(100.0%) 대형55동(23호) 소형247동(71호)
농가당 식부면적	2,416.1	608.8	852.5	416.5	3,070.1
총생산액(만원)	47,410	96,250	32,700	7,315	183,615
농가당 평균생산액	551.3	1,283.3	1,721.1	562.7	1,953.4

대한 벼식부면적의 비율도 82.8%에 이르고 있다. 벼의 생산액은 과장되었음에도 불구하고 딸기 생산액의 절반에도 못 미치는 것으로 나타나고 있다. 벼농사의 경우 농가당 식부면적은 2,400여평으로 식량 이외에 상품화할 수 있는 여력이 있다. 그래서 수매 문제가 여전히 농민들의 관심사 가운데 하나이다.

딸기농사의 경우 마을 안의 75농가가 참여하고 있다. 건강한 노동력을 지닌 농가는 모두 참여한다고 볼 수 있다. 벼농사가 작업을 위탁하고 약간의 관리만을 하면서도 경영할 수 있는 반면에, 딸기재배는 적극적으로 농사일을 하지 못하면 할 수 없는 작목이다. 즉 많은 손노동력을 필요로 하며 가족노동력으로 부족할 때에는 고용노동력을 사용한다.

딸기시설의 경우 대형은 7농가에 18동이 있을 뿐이고 대부분의 농가는 소형 시설동을 지니고 있어 마을 전체적으로 220동이 있다. 농가당 600여평에 평균 3.2동의 설비를 갖추고 있는 것으로 나타나고 있다. 딸기재배의 경우 벼재배에 비해 면적은 1/4 정도여도 소득은 오히려 두배 정도에 이른다. 딸기재배는 건강한 노동능력을 지닌 농가에서 이루어지며 가족노동력수와 재배동수는 관련이 있다. 논농사를 하면서 동계에는 딸기재배를 한다.

화훼는 몇 년 전부터 시작된 작목으로 20여 농가가 1만 6천여 평에서 재배하고 있다. 농가당 식부동수는 딸기 식부동수와 비슷하지만, 딸기의 경우와는 달리 대형하우스가 소형하우스의 거의 두 배에 달한다. 딸기에서 화훼로 작목이 변화하면서 시설하우스는 소형에서 대형으로 변하고 있다. 따라서 농가당 식부면적이 딸기재배의 경우보다 좀 넓고 소득도 좀 더 높다. 전체적으로 마을 단위에 300여개가 넘는 비닐하우스 시설이 있으며 이들 작물재배소득만으로도 농가당 소득이 2천만원에 근접하고 있다.

와우리는 시설원예에 집중하기 때문에 다른 지역에서 흔히 나타나는 벼농사+축산의 복합영농 형태가 거의 나타나지 않고 있다. 마을에 있는 전체 소가 16마리에 불과하고 7마리를 키우는 농가가 하나 있고 그외는 한 두 마리를 키우고 있다. 그 외에 메추리 2천수를 사육하는 농가와 흑염소 30마리를 사육하는 농가가 있다.

5) 농기계보유실태 및 농작업수위탁상황

와우리의 보유 농기계를 보면(〈표 4-3-10〉), 각종 기계를 골고루 갖추고 있다. 트랙터, 이앙기, 콤바인, 건조기 등은 벼농사용의 기본 기계로서 마을 안의 몇몇 개인이 보유, 운영하면서 수탁작업을 한다. 그런데 와우리의 경우 다른 지역과 특이한 것은 트럭, 관리기, 연무기 등

〈표 4-3-10〉 와우리의 농기계기종별보유수

기종	경운기	트랙터	이앙기	콤바인	건조기
보유수	52	8	11	4	4
기종	**트럭**	**분무기**	**관리기**	**연무기**	**기타**
보유수	12	30	24	9	3

을 많이 가지고 있다는 점이다.

와우리에서는 딸기재배를 위한 고랑켜기 작업을 하는데 트랙터를 이용하며 화훼 및 하우스 내부 작업을 위해서 관리기를 많이 사용한다. 또한 비닐하우스 안에 약을 뿌릴 때 연무기를 사용한다. 그리고 자재의 운반이나 기타 다양한 운반용도로 트럭을 많이 사용한다.

농기계보유상황을 가구별로 살펴보면(〈표 4-3-11〉), 농기계를 전혀 보유하지 않은 가구가 40%정도나 된다. 여기에는 비농가(17호)도 포함되어 있는데 농가 가운데에서도 29호가 농기계를 전혀 가지고 있지 않은 것으로 나타난다. 한편 두 기종 이상의 농기계를 보유한 농가가 40%에 이른다. 여러 가지 농기계를 결합보유하고 있는 농가도 나타난다. 그러나 벼농사 작업의 주요농기계인 트랙터, 이앙기, 콤바인 등을 결합보유하고 있는 농가는 3-4호에 이르며, 이들은 농작업을 수탁한다.

와우리에서는 1982년에 청장년층이 주도하여 기계화영농단을 구성하여 공동작업, 공동이용을 하였다. 그러던 것이 영농단이 해체되면서 영농단에 가입하여 활동하던 무토지소유자 한 사람이 그 기계들을 양도받아 3명이 1조가 되어 한 마지기당 일정액을 받고 작업을 해 주었다(1986년). 1991년과 1994년에도 마을에 기계화영농단 명목으로 기계가 들어왔는데 기계의 관리에 어려움이 있어 개인적으로 운영하고 수탁작업을 한다. 또한 1994년에는 한 사람이 기계화전업농으로 선정되어 트랙터를 구입하였다.

이 마을에서는 개별 기계작업자가 수탁작업을 하며 이웃마을 사람

〈표 4-3-11〉 와우리의 농기계보유종류수별 가구수 및 구성비

농기계보유 종류수	0	1	2	3	4	5	합계
가구수(호)	46	21	18	12	12	4	113
구성비(%)	40.7	18.6	15.9	10.6	10.6	3.5	100.0

〈표 4-3-12〉 와우리의 위탁작업상황(1994)

위탁작업종류	경운정지	이앙	이앙+육묘	수확
위탁농가수	69호	60호	8호	79호
위탁작업량	165,484평	140,679평	13,960평	195,380평
농가당 평균	2,398	2,344.7	1,747.5	2,473.2
단지당작업료	9만원	6만원	18만원	9만원

단지는 900평을 말함.

이 들어와 작업을 하기도하지만, 위탁영농회사 등의 작업은 없다.

마을 안 위탁작업상황을 보면(〈표 4-3-12〉), 경운정지작업의 경우 69호의 농가가 16만5천여 평을 위탁하였고, 이앙의 경우 60호 농가가, 수확의 경우 79호의 농가가 작업을 위탁하였다. 농가당 평균 위탁면적을 볼 때, 경운정지, 이앙, 수확 각 작업에서 큰 차이가 없다. 이는 위탁할 때는 주요한 모든 작업을, 그리고 식부면적 전체를 위탁한다는 것을 의미한다.

이앙+육묘 형태의 위탁은 육묘과정이 힘들기 때문에 작업료도 높다. 보통 경운정지작업이나 수확작업은 단지당 9만원을 받으며, 이앙은 6만원선에 머물고 있다. 벼 총식부면적이 207,790평인 것에 비추어 볼 때 수확같은 경우는 거의 위탁작업에 의존하고 있다. 경운정지나 이앙도 자신이 직접 기계작업을 하지 않는 한 작업을 위탁하는 방법 이외에 묘안이 없다.

수탁자들은 몇몇 사람에 한정되어 있는데 이들도 트랙터, 이앙기, 콤바인 등을 모두 결합보유하면서 수탁작업을 하는 경우는 거의 없다. 트랙터+콤바인은 수탁자로서 가능한 작업결합형태인데 여기에 이앙까지 하는 것은 힘들다. 트랙터작업이 이앙과 거의 동시에 이루어지기 때문이다. 그러나 위탁자의 위탁작업종류수를 보면 3가지 즉, 경운정지, 이앙, 수확을 모두 위탁하는 농가가 위탁농가 가운데 56%(위탁자

84명 가운데 세 가지를 위탁한 사람이 47명)를 차지한다. 물론 이들 농가도 한 사람에게 세 가지 작업을 다 맡기기 보다는 서로 다른 사람에게 맡기지만 위탁자의 입장에서는 모두 위탁하는 것이다. 어쨌든 벼농사의 경우 기계작업자를 중심으로 실제 작업이 거의 이루어지고 있다. 이처럼 와우리의 벼농사는 소수의 기계작업자들을 중심으로 이루어진다고 할 수 있다. 이는 딸기재배에 노동력을 집중할 수 있게 해주면서 동시에 벼농사의 작업을 조직화할 수 있는 단초를 제시한다고 하겠다.

6) 노동력 존재형태 · 고용노동력 조달방식

(1) 노동력의 존재형태 및 변화추이

마을 논농사의 주요 농작업은 기계작업으로 하고 자신이 기계가 없을 경우에는 위탁한다. 시설원예작물의 재배에도 기본적으로 가족노동력이 근간이 되지 않으면 영농을 할 수 없다. 마을 안의 가족노동력으로서 영농종사자는 171명에 이르고 있다.

가족노동력 형태 이외에 마을 안에는 고용노동력 형태도 나타나고 있다. 무토지소유자나 생활보호대상자들이 일정기간 임금(현물)을 받고 노동력을 제공하는 품팔이형태(상용고)가 1986년경에는 있었다. 생활보호대상자인 모씨는 여성으로 당시 나이는 69세였는데 추수 후 쌀 6섬을 받기로 하고 ㅂ씨에게 노동력을 제공하였다. 이런 가구가 약 10여호 되었었다. 모씨는 봄, 여름, 가을에 논농사를, 겨울에는 딸기 재배에 노동력을 제공하였으며, 딸기재배기간 동안에는 현금으로 일당임금을 받았다. 1994년에 들어서는 이러한 고용형태는 찾아보기 어려웠다.

현재 가장 널리 행해지고 있는 고용노동형태는 일고이다. 논농사에서는 일고의 형태가 거의 나타나지 않고 있다. 1994년 현재 마을 안에서 농업피고용에 종사하는 사람들은 할머니들로서 그 수도 몇 사람을 넘지 않는다. 일고노동자는 아침 9시에 일을 시작하여 오후 6시 정도에 마치는데, 점심은 고용주가 제공한다. 단순노동이어서 특별한 숙련을 필요로 하지 않는다. 그런데 딸기재배와 화훼재배에 많은 노동력이 필요하므로 외지에서 노동력을 동원하게 된다.

와우리에서는 1967년에 오이가 처음 3천평 정도 재배되기 시작하였는데 당시는 일고노동자를 거의 고용하지 않고 하였다. 1975년경부터 토마토가 재배되기 시작하였는데 이 때에는 약간의 일고노동자가 투입되기 시작하였다. 1979년부터 딸기재배가 시작되었다. 이러한 작물의 변화는 작물간 경쟁으로 경쟁력이 저하되면서 새로운 작물로 대체해 나가야만 했고 또 일정기간 연작을 하면 지질 문제상 작목을 전환할 필요도 있었기 때문이었다. 오이나 토마토는 기술이 중요한 반면, 딸기는 노동력이 중시되는 작물이다.

그런데 딸기재배는 계절에 따른 노동력수요량의 변화가 크다. 3-6월경에는 딸기의 수확기로서 가장 많은 양의 노동력이 필요한 시기이다. 9월은 벼수확기로서 기계를 사용함으로 많은 노동력이 필요하지는 않다. 10월 중순~하순은 딸기 정식기간으로 많은 노동력이 필요하다. 이 시기에는 다른 농사일이 거의 끝나가기 때문에 노동력을 확보하는데 큰 어려움이 없다. 그리고 3-6월 사이는 비교적 풍부한 노동력이 있는 시기여서 싼 임금으로 고용할 수 있는 잇점이 있다.

〈표 4-3-13〉 와우리의 시설원예 고용노동력수요량

작목	시설동수 대형/소형	고용노동력수						
		설치	육묘	정식	관리	수확	합계	호당평균
딸기	18/220	915 50호	1,740 46호	1,278 56호	505 15호	8,930 63호	12,922 66호	190.0명
화훼	40/25	365 10호	425 12호	235 11호	502 11호	699 14호	1,945 17호	114.4명
합계		1,280	2,165	1,963	1,007	9,629	14,867	

시설 · 원예 고용노동력수요량은 딸기가 연간 1만 3천여명, 화훼가 2천여명 정도이다. 연간 합계 약 1만 5천여명의 노동력이 고용된다(〈표 4-3-13〉). 딸기의 경우 1동당 54.3명 정도의 고용노동력이 필요하며 호당 약 190명이 필요하다. 화훼의 경우 1동당(대형이 많음에도 불구하고) 30명 정도의 고용노동력이 필요하다. 특히 딸기의 수확시기에는 많은 노동력이 필요하다. 딸기는 노동력수요규모가 시차에 따라 굴곡이 심한 양상을 나타내는데 반해, 화훼의 경우는 굴곡이 덜 한 것으로 나타나고 있다. 딸기재배의 경우 노동력수급조절이 어려운 데 비해 상대적으로 화훼는 더 적게 소요되고 일정한 수요가 지속되는 특징을 보인다.

대부분의 고용노동력은 여성노동력으로 일 자체가 여성이 할 수 있는 일이다. 따라서 임금은 낮게 책정되고 낮은 임금에도 불구하고 풍부한 노동력이 존재하므로 낮은 임금을 계속 유지할 수 있다.

일고노동자들의 임금은 일률적으로 정해지는데 약 7-8년 전부터는 신농회(딸기작목반)에서 초봄에 그 해의 임금수준을 결정한다. 이 결정은 신농회 총회에서 이루어지는데 회원 과반수 이상의 찬성으로 의결된다. 전에는 일률적으로 결정되지 않았으나 대부분의 농가가 신농회에 가입한 이후에는 이러한 임금결정이 이루어진다. 만일 이 임금수준을 위반한 경우에는 신농회의 공동제재를 받게 되며 작목반에서 하는 주요 시설자재의 공동구입에서 제외시킨다. 임금은 1981년 2,500원에서 1982년 3,000원으로 오른 뒤 고정되어 1987년까지 이어지다가 그 이후 증가하기 시작하여 1993년에 임금은 일당 1만2천원이었고, 1994년에는 1만3천원이었다. 점심은 주인집에서 내며 임금결정을 위반할 때에는 작목반에서 탈퇴를 강요한다. 트럭을 사용하여 인부를 동원하기도 하며 광주에서 올 경우에는 시내버스를 이용해 오는데 차비조로 일정액을 더 준다. 3-4동 정도에는 4-5명이, 5동 정도면 10여명이 작업해야 하는데, 계속 같은 사람이 같은 집 작업을 하는 경향이 있으며, 몇 년 째 지속하기도 한다. 부근 농촌마을이나 면소재지에서 오는 노동력에 비해서 광주에서 오는 노동력의 경우 연속성이 좀 떨어진다.

(2) 고용노동력 조달방식

① 유입지

노동력 유입은 딸기재배 시작부터 수확기까지 4-5개월 동안에 대규모로 이루어지며, 특히 딸기의 수확기인 3-5월까지는 딸기 1동을 기준으로 약 90명의 고용노동력을 사용하고 있다. 노동력의 유입은 교통로를 따라 이루어지는데, 크게 두 방향으로 나뉘어진다. 첫째는 담양지역으로 고서, 창평, 봉산, 삼지, 양지, 해령 등이고, 둘째는 광주지역으로 용전, 운암, 우치, 효령, 태령 등지이다.

담양지역에서 유입되는 노동력은 쌍교에서 집결하여 와우리로 유입되는데, 쌍교까지는 담양군내 버스를 이용하여 유입되기도 한다. 양지나 태령 등은 와우리의 인근마을로 과거에는 와우리 고용노동력의 주요 공급지였으나 이 지역에서도 시설원예가 시작되면서 현재는 그리 많은 노동력을 제공하지는 않고 있다.

광주에서는 시내버스 26번 노선을 따라 유입되는데 집결지는 26번 종점인 태령이다. 갑자기 많은 노동력이 필요한 4-5월에는 무등경기장 앞에서 광주 지역의 부녀노동자를 유입고용하기도 한다. 이 때는 대부분 소개나 친척이 아니라 그 지역의 일일 노동시장을 활용하고 있지만, 이런 경우는 그리 많지 않다.

노동력수요가 심하지 않을 때 특히 정식 때에는 면내 군내 다른 농촌마을에서 노동력을 조달하지만, 수확 때처럼 많은 노동력이 필요할 때에는 광주에서 본격적으로 노동력을 조달한다.

② 유입경로

노동력을 공급받는 방식으로 세 가지를 구분할 수 있다. 첫째, 이웃을 고용하는 경우가 있다. 마을 안 농가 대부분이 딸기농사를 짓게 되면서 마을 안에서 몇 가구가 이웃의 일에 고용노동력을 공급하고 있다. 둘째, 친척을 고용하는 경우가 있다. 이 마을 사람의 친척을 매개로 해서 오게 되는데, 이들은 해마다 와우리에 와서 일을 한다. 친척이라고 표현하지만 노동관계나 임금 등에서는 다른 사람들과 차이가 없다. 세째, 소개의 방식이 있다. 먼저 연결된 사람이 또 한 사람을 데리고 오는 방식이다.

딸기재배농가는 소개에 의한 방식에 주로 의존하지만 이 세 가지 방식을 함께 사용하여 노동력을 조달한다. 소개에 의해 고용노동에 참여한 경우 그 다음해에 그 고용주에게 다시 와서 일한다는 보장이 없으며, 단순노동이기 때문에 바로 그 사람(숙련노동자)을 다시 고용할 필요는 없는 것이다. 이러한 고용의 불안정성은 부녀자이기 때문에 가능하다고 한다. 또한 농한기여서 비교적 싼값에 고용노동력을 구입할 수 있다. 최근 이웃마을에 공장이 생기면서 와우리로 일하러 오던 아주머니들이 안 오게 되어 그 사람들을 정기적으로 고용해 왔던 한 농가는 새로이 고용노동력을 조달하는데 애를 먹었다. 친인척 및 소개를 통해서 일단 유입되면서 이들은 일정한 연줄을 형성한다. 그 가운데에는 여러 사람을 모아 올 수 있는 '놉제비'가 있으며, 마을 안의 딸기재배농가는 이들의 명단 및 연락처를 확보해 두고 있다가 필요시에 전화연락 등을 통해 연결한다. 최근에는 재배농민이 차를 가지고 고용노동력을 운송하기도 한다. 농한기이긴 하지만 나이가 많은 여성노동력으로서 값싼 고용노동력을 확보하는 것이 딸기재배의 관건이다. 점차 고용노동력 조달이 어려워지면서 노동력이 덜 소요되는 작물로의 전환을 모색할 수 밖에 없다.

7) 농업생산조직

와우리 농민들은 이상과 같은 생산활동을 해 나가면서 농민들 상호간에 또는 다른 조직과 관련을 맺지 않을 수 없다. 마을민들 내부에서

〈표 4-3-14〉 와우리 농민의 농업생산관련조직에의 참여상황

종류	품앗이	작목반(신농회)	저온저장고	단위농협	축협
참여호수	59	75	16	91	8
종류	광주원예조합	절화조합	부녀회	야냉저장실	친족(동족)계
참여호수	52	19	72	3	51
종류	친목계	혼인계	상포계	기타	
참여호수	71	30	50		

자율적으로 움직이는 조직화 양상으로는 품앗이, 작목반, 저온저장고, 부녀회, 야냉저장실, 기타 각종 계를 들 수 있다(〈표 4-3-14〉).

품앗이에 참여한다고 응답한 농가가 59호로 전농가의 과반수를 넘고 있다. 대체로 경영주에게 질문하여 여성의 품앗이 참여가 저평가된 것으로 보인다. 실제 품앗이 참여율은 훨씬 높을 것이다. 실제로 10월 중순-10월 말까지의 딸기 정식기에는 품앗이를 많이 한다(정식품앗이). 농기계를 가진 농가는 벼농사의 작업을 해 주고 대신 딸기작업으로 받는 기계품앗이를 하기도 한다.

와우리에는 몇 개의 작목반이 있다. 가장 활성화되어 있고 마을 사람들 대부분이 참여하는 딸기작목반(신농회)이 있다. 딸기작목반은 와우 2,3구의 딸기재배농가도 포함하고 있다. 신농회(작목반)는 청장년층이 주도하여 만들어 왔다. 1967년부터 11명이 신농회를 구성하여 상업작물재배를 시작하였다. 작물은 오이 → 토마토 → 딸기 → 화훼로 변화되어 가고 있는데, 이 조직이 항상 중심에 서 있었다. 최근에 화훼재배가 증가하면서 딸기작목반과 화훼작목반이 구분되어 활동하고 있다. 작목반에 가입할 때는 가입비(1-3만원)를 내며 작목반에는 작목반장과 총무가 있다. 이들은 일정한 보수(작목반장: 60만원, 총무: 50만원)를 받지만 마을일이라는 책임감과 작목반원의 리더로서의 역할을 중시한다. 작목반장은 공식적으로는 임기가 2년이지만 지금까지 세 사람이

네 번 반장직을 수행하였다. 상당한 리더쉽과 결단력, 그리고 일정한 기술습득능력을 지니고 특히 성공적인 출하를 하기 위해서는 능력이 있는 사람이 반장일을 맡지 않을 수 없다. 마을회의 보다도 작목반 회의가 더 활성화되어 있고 참여율도 높다.

작목반은 자재의 공동구입, 공동출하를 주요한 사업으로 한다. 더 나아가 작목반은 와우 딸기가 획득해온 인지도를 지키기 위해 노력한다. 그래서 딸기의 빛깔과 외양을 윤나게 하려고 호르몬을 투여했던 사건 등을 작목반이 주도하여 정리하였다. 즉 와우딸기는 저공해 딸기로서 인식을 높이고 있는데 농약을 하거나 다른 약물을 투여할 경우 작목반에서 탈퇴시킨다. 이러한 일은 자주 일어나지는 않는 일이지만, 어쨌든 조직이 그 감시역할을 하고 있는 것이다. 또한 일정한 정도 임금을 통제하는 역할도 한다. 딸기재배시 고용노동력의 임금은 매년 작목반 회의에서 결정되며, 작목반원들은 서로 이 임금을 지키려고 노력한다. 일이 급하기 때문에 어느 집에서 모르게 일당을 조금 올려주는 경우도 발생하는데, 이러한 경우는 작목반에서 규제를 가한다(작목반 탈퇴강요). 그런데 정해진 일당을 올려주는 것이 아니라 다른 형식(차비, 여분의 딸기를 주는 것, 기타 선물 등)으로 주기 때문에 실제 작목반에서 규제를 하는 경우는 발생하지 않는다.

딸기 출하는 전량을 작목반을 통해 공동출하하며 가격도 서울 농산물시장에서 경매가격으로 결정된다. 판매는 주로 도매상이 담당하고 약 90%의 물량이 서울로 출하되고 있다.

화훼작목반은 1993년에 5개 마을을 포괄하는 조직으로 결성되었는데, 절화조합과 일정한 관련을 맺고 기술정보 교환과 출하 등을 해 나간다. 와우리에서는 19호 농가가 이 작목반에 속해 있다.

그 이외에도 토마토작목반이 면단위로 구성되어 있다. 봉산토마토작목반이란 이름으로 1992년에 조직되었으며 11개 마을의 46가구가 10.2헥타의 토마토를 재배하고 있다. 와우리에서 토마토를 생산하는 농가들은 이에 가입하고 있다.

관에서 만든 쌀작목반은 형식적인 것에 그치고 단지 기계지원과 수매에 활용하고 있다.

여러가지 조합과의 관련을 보면 다른 지역과 다른 특성은 원예조합과 관련을 맺고 있는 농민들이 많으며 다른 한편 축협과 관련을 맺고 있는 농가는 적다. 화훼농가들이 주로 참여하는 절화조합도 있다. 이들 조합은 자금을 조달하는데 주로 관련을 맺고 있으며, 생산활동과 직결되는 경우는 그리 많지 않다. 농협의 경우 냉동묘를 재배 공급하기도 하고, 절화조합의 경우 생산재배기술에 대한 교육을 단지 단장을 통해 실시하기도 한다. 이 마을은 오랫동안 상품작물 재배를 해 오면서 농민들 간에 협력관계가 재배기술 및 판매를 중심으로 형성되어 왔고, 그 과정에서 전통적인 혈연 내지는 친족적인 공동성이 큰 의미를 지니지 못하게 되었다. 그리고 여러 가지 계 활동을 하고 있는 농민이 많이 있지만 생산활동과 관련되지 않고 있다.

5장

농업생산자조직

1절. 죽향담양딸기생산자연합회

1. 담양군의 농업 및 딸기생산현황

담양군의 농업은 전반적으로 미작이 중심이지만, 도시 근교적인 성격을 일부 지니고 있으며 시설원예를 많이 하는 특성을 갖고 있다. 그 가운데에서도 담양군에서 가장 두드러진 것이 딸기 작물이다. 세계화, 국제화의 물결 속에서 대응할 수 있는 작목으로서 딸기를 생각해 볼 수 있겠다.

1) 담양군의 생산지원활동

정부는 농업을 재편해 나감에 있어 일정한 영농규모와 영농능력을 지닌 전업농 중심의 정책을 추진해 왔다. 이러한 전업농 중심 육성대책의 일환으로 농민후계자를, 그리고 1990년대 들어서는 기계화전업농을 선정 · 육성하면서도, 다른 한편으로는 위탁영농회사 및 영농조합법인을 육성하고 있다. 그러면 담양군에서는 이러한 정부의 정책이 어떻게 관철되고 있는지 몇 가지를 살펴 보겠다. 먼저 영농담당주체를 어떻게 육성하고 있는지 그 상황을 알아보자.

(1) 농업주체 육성

농민후계자 선정 및 육성정책은 1981년부터 실시되어 왔는데, 담양군의 경우 1981년 8명에서 시작하여 1985년에 59명으로 늘었다가 1991년에는 다시 11명 수준으로 줄었으며 1994년에 59명을 선정하였다. 이처럼 농민후계자 선정수는 연도에 따라 굴곡을 보이고 있는데, 1994년까지 총 444명의 농민후계자를 선정육성하고 있다(〈표 5-1-1〉). 이들 가운데는 이농하거나 다른 농촌지역으로 이사간 경우도 있으며 전입하기도 하였다. 농민후계자에 대해서는 일정액을 지원하고 있으나 사후 관리는 제대로 이루어지지 않고 있다. 물론 이농하는 경우는 지원비를 회수하고 있다.

정부의 전업농육성책의 주요 대상이라고 할 수 있는 이들 농민후계자들의 사업작목별 구성을 살펴보면(〈표 5-1-2〉), 시설원예와 한우가 가장 높은 비중을 차지하고 있다. 시설원예를 주작목으로 하는 후계자는 124명(27.9%)인데 이들은 대개 딸기를 재배하며 최근에는 화훼를 하는 경우가 증가하고 있다. 한우 이외의 낙농, 양돈, 양계 등을 포함할 경우 축산을 주작목으로 하는 후계자는 158명(35.6%)이나 된다. 그리고 복합영농을 하는 후계자의 경우도 대개 시설원예+축산의 형태를 띠고 있다. 더욱이 경종농업으로 분류된 경우에도 딸기재배를 하는 경우가 많다.

〈표 5-1-1〉 담양군 농민후계자 선정육성상황

연도	1981	1982	1983	1984	1985	1986	1987	1988	1989	1990	1991	1992	1993	1994	합계
인원	8	7	10	26	59	49	59	23	11	12	10	54	57	59	444

전입자는 포함하지 않음

〈표 5-1-2〉 담양군 농민후계자의 면별/사업작목별 구성

면별	인원	사업작목별 구성													
		시설원예	복합영농	경종농업	원예	특작	과수	낙농	한우	양돈	양계	양토	사슴	멧돼지	염소
담양읍	44	17	4	5	1			4	11	1		1			
봉산면	45	21	7	8	5			3			1				
고서면	45	18	4	7	1		1	4	10						
남 면	21		6	5		1		1	6				1		1
창평면	38	11	8	3	1		2		9	1	2			1	
대덕면	32	2	8	3	1	1	4	3	9	1					
무정면	43	17	5	6	3		1	4	6	1					
금성면	31	6	5	5	1		1	3	9	1					
용 면	22	2	7	4	1			2	6						
월산면	34	6	6	4				1	16		1				
수북면	43	12	9	4	1	1		3	13						
대전면	46	12	4	2	1	5		2	20						
합 계	444	124	73	56	16	8	9	30	115	5	4	1	1	1	1

따라서 전반적으로 담양군의 농민후계자들은 딸기를 중심으로 한 시설원예와 한우 및 낙농을 중심으로 한 축산을 하고 있다고 할 수 있다. 최근 들어 축산부문에서는 새로운 가축의 사육이 증가하고 있으며 과수의 경우에는 단감이 대부분이다. 이러한 작목구성은 담양군의 농업특성을 보여 준다고 할 수 있으며, 특히 앞으로의 농업을 일정하게 담당할 후계자들의 사업작목이라고 볼 때 이들 작목을 어떻게 발전시키고 이 작목들을 중심으로 농민들을 어떻게 결집할 것인가가 농업정책의 주요한 방향이 되어야 할 것 같다.

농민후계자 선정육성사업에 이어서 1992년부터는 우수한 후계자 가

운데 전업농가를 선정하여 5천만원의 지원을 해주고 있으며 1994년까지 담양군에서는 22명의 전업농이 선정되어 지원을 받았다. 이들도 대개 시설원예와 축산을 하는 농민들이다.

(2) 농업기계화

농업주체에 대한 육성정책과 더불어 농업기계화추진정책이 또 하나의 주요한 생산활동지원정책이다. 농업기계지원사업은 주로 융자와 보조의 형태로 이루어지는데, 융자는 일반 농민에게 구입자금을 일정한 담보로 융자해 주는 것인데 담보 문제 때문에 상층농민들에게 편중될 가능성이 높다. 보조는 공동이용조직을 활성화한다는 의도하에 실시되는 조직 단위에 대한 지원사업이 주를 이루어 왔다. 이것은 기계화영농단의 육성을 중심으로 이루어져 오다가 1990년대에 들어서는 위탁영농회사에 대한 지원사업도 겸해 나가고 있다.

담양군은 벼농사를 많이 하는 지역으로 기계화가 진전되어 있고 기계화영농단은 1980년부터 설립되기 시작하여 계속되고 있고 위탁영농회사는 1991년부터 설립되고 있다.

먼저 담양군의 기계화영농단 조성상황을 보자(〈표 5-1-3〉).

〈표 5-1-3〉 담양군의 기계화영농단 조성현황

구분＼년도	1980	81	82	83	84	85	86	87	88	89	90	91	92	93	94	계
조성	1	3	8	11	10	6	7	15 (2)	10 (3)	19 (10)	19 (11)	30 (15)	34 (23)	25	11	209 (64)
폐지	1	3	8	11	10	1	1	(1)								
현재						5	6	14 (1)	10 (3)	19 (10)	19 (11)	30 (15)	34 (23)	25	11	173 (63)

1. (　) 안은 소규모영농단 상황임.
2. 1980-1987년까지 조성된 영농단은 농기계 내용연수 경과로 폐지

기계화영농단 지원사업은 1980년부터 시작하였으며 1987년부터는 대규모영농단과 소규모영농단으로 구분하여 지원해 왔다. 1994년까지 209개의 영농단이 지원 설립되었으며 그간 농기계의 내용연수 경과로 폐지되고 있어 1994년 현재 173개의 영농단이 운영되고 있는 것으로 나타나고 있다. 1993년 이후부터는 대규모영농단만을 육성하고 있으며 위탁영농회사 설립을 추진하면서 영농단 사업은 축소되고 있다.

기계화영농단은 이앙기, 콤바인, 트랙터 등을 주요 기계로 보유하고 있다. 애초 영농단은 공동작업 및 이용조직을 활성화하기 위해서 추진된 것이었지만 일부 영농단을 제외하고 대부분 특정 개인이 기계를 도맡아 개인수탁작업의 형태로 운영하고 있다.

이러한 변화상황에 일정하게 부응하기라도 하듯 1993년 이후에는 기계화전업농을 선정지원하고 있다. 일정규모의 영농을 하는 개별농민에 대해서 기계자금의 30%를 보조하는 방식으로 지원하고 있다.

기계화영농단 지원사업의 연장선 상에서 대규모위탁작업을 할 수 있는 회사조직으로서 위탁영농회사에 대한 지원육성이 1990년 들어 시작되었고 담양군에도 5개의 위탁영농회사가 설립되었다(1994년말 현재). 위탁영농회사들은 5-7명의 구성원이 트랙터, 이앙기, 콤바인, 건조기 등 주요 기계를 몇 대씩 보유하면서 경운정지, 이앙, 수확, 건조 작업등 농작업을 위탁·수행한다.

농기계 마련은 구성원들이 지니고 있던 농기계를 현물로 출자하고 일부는 새로이 구입한다. 현금도 출자하여 설립자금으로 사용하거나 운용자금으로 사용한다. 위탁영농회사들은 부대시설로서 격납고, 육묘장, 정비작업장(창고), 사무실 등을 갖추고 있으며, 주요 농작업의 작업료는 관행 작업료와 비슷하거나 약간 낮은 수준이다. 그런데 특이할 만한 것은 농작업 이외의 소득사업을 하고 있으며 이러한 소득이 운영수지 개선에 중요한 의미를 지닌다는 점이다. 기존의 농기계를 농한기에 활용하는 것과 공동육묘장처럼 개인이 하기 힘든 것을 운영하는 것이다.

(3) 농업기반조성

농업기반조성 사업은 경지정리사업과 수리시설의 관리, 나아가 농업진흥지역 설정 등을 통해 이루어지고 있다. 담양군의 경지정리는 총 9,247ha의 논면적 가운데 8,082ha가 경지정리 가능한 면적인데 1993년말까지 59.5%에 달하는 4,806ha가 경지정리 되었다. 경지정리사업은 계속 진행되고 있으며, 단지규모를 얼마나 크게 할 것인가 하는 문제가 제기되고 있다.

수리시설은 소형관정까지 포함하면 2,232개에 달하지만 중요한 수리시설로는 저수지 114개(농조관리 45개), 보 71개(농조관리 53개)가 있으며, 주요시설들을 농조에서 관리하고 있다. 마을 단위나 몽리민들이 관리하는 수리시설이 아직도 많은 것으로 나타나고 있다.

최근 들어 농지문제와 관련하여 농업진흥지역을 설정하여 전용을 막으려고 하는데, 담양군에서는 76.5%에 달하는 농지가 농업진흥지역으로 설정되었다. 실은 진흥지역을 선정하여 이 지역 안의 농지를 경영하는 농민에게 지원을 강화하겠다는 취지이지만, 현실적으로는 이 농지 이외에 다른 농지는 전용을 허용한다는 의미로 받아 들여지고 있다.

(4) 담양군 농업의 특징

담양군은 평야지대로서 총경지면적 11,624ha(1992년) 가운데 논이 9,247ha로 79.6%를 차지하고 있어 미작평야지대라고 할 수 있다. 농가호수는 11,206호로 호당 평균경지면적은 1.037ha이다. 이 평균경지면적은 전국 평균에 비해서는 작은 편이다. 미작을 하는 면적이 8,798ha로 전체 논 가운데는 95.1%에 해당하고 전체 경지면적에서는 75.7%를 차지하고 있다. 즉 전체적으로 미작이 주종을 이루고 있다고 하겠다. 그런데 이 지역은 도시와 비교적 근접하고 상품작물들이 확산되어서 1994년 현재 시설원예 생산이 628.9ha의 경지에서 이루어지고 있다. 전체 경지면적에 비해 볼 때 그 비중은 작지만 다른 지역에 비교해서는 상당히 활발하게 이루어지고 있는 것이다.

특히 시설원예면적 가운데에서도 반 이상에 딸기 재배가 이루어지고 있으며, 그 외 수박, 메론, 토마토 등이 주종을 이루고 있다. 딸기는 군내의 거의 모든 면에서 생산이 이루어지고 있어 담양군의 주요 작목이라고 할 수 있다. 그리고 시설원예작목들은 기술 및 정보교환과 출하 등을 공동으로 해결하는 것이 필요하기 때문에, 이를 위해 작목반이 결성되어 활발하게 활동한다.

1994년 들어서는 정부의 지원정책 변화와 더불어 담양지역에서도 영농조합법인이 생기고 있다(〈표 5-1-4〉). 1994년과 1995년(6월말 현재)에 주로 설립되었고 12개의 영농조합이 있다(계속 설립되고 있다). 다른 지역에 비해서 영농조합법인이 별로 많이 설립되지 않고 있다.

〈표 5-1-4〉 담양군 영농조합법인 현황(1995)

이름	구성연월일	구성원수	작목	출자액(현금)	면별
운암	1992. 3.30.	6	과수	9천 5백만원	고서면
무정딸기	1994. 2. 2.	16	채소(딸기)*	1천 2백만원	무정면
축향한우	1994. 6.27.	5	한우	5천 만원	월산면
담양축향한우	1994. 7. 2.	5	한우	1천 5백만원	담양읍
정우	1994. 7.19.	5	복합	3천 만원	고서면
담양영일양돈	1994. 7.25.	5	양돈	1천 5백만원	수북면
도고쟁이시설고추	1994. 8.23.	7	채소	7백만원	봉산면
담양한우	1995. 1.13.	6	한우	1천 2백만원	담양읍
창평시설원예	1995. 1.21.	11	딸기*	5백만원	창평면
대덕단감	1995. 3.18.	7	단감	7백만원	대덕면
가마골흑염소	1995. 3. 7.	5	흑염소	3백만원	용 면
대전방울회	1995. 6.26.	14	방울토마토	1천 4백만원	대전면

특히 이 지역의 주요 상품작물인 딸기와 관련한 영농조합은 2개에 지나지 않는다. 면별로도 집중되지 않고 있다. 축산부문과 특산품 부분에 주로 설립되고 있는 특징을 보이고 있다.

이처럼 딸기와 관련해서 담양군내의 영농조합은 그리 문제가 되지 않는다. 실제로 딸기생산 및 출하는 마을 단위의 작목반을 중심으로 하여 이루어지고 있다. 1994년 담양군의 작목반 현황을 보면(〈표 5-1-5〉), 딸기작목반이 압도적으로 많다. 딸기작목반원이 1,900여명에 이르고 있으며 재배면적은 346.6ha에 이르고 있다. 쌀작목반은 22개로 되어 있으나 형식적으로 리 단위나 몇 개 리를 묶어 관에서 구성하였다. 실질적인 활동은 거의 없고 대개 이장이 작목반장으로서 수매 시에 수매

〈표 5-1-5〉 담양군 작목반 현황(1994년)

품목별	작목반수	작목반원수	면적/규모
쌀	22	883	691ha
딸기	92	1,890	346.6
토마토	16	371	81.3
오이	1	27	6.5
메론	2	38	6.4
수박	1	65	16.2
화훼	1	18	3
풋고추	1	45	10.1
가지	1	20	1.2
감	1	10	12.7
포도	2	34	29.3
표고버섯	1	15	63
한우	1	149	783두
비육우	1	22	296두
합 계	143	3,587	

정책을 전달하는 기능을 한다. 담양에서 딸기작목반 다음으로 실질적으로 많고 움직이는 작목반은 토마토작목반이다. 다른 작목들에도 1-2개의 작목반들이 있다. 이 작목들은 대개 시설하우스에서 재배된다.

담양은 이와 같이 딸기작물 재배가 왕성한 지역으로서 일찍부터 작목반들이 활발히 활동해 왔다. 최근 들어서 개방화의 압력 속에서 버텨 나갈 수 있는 작목으로서 딸기 작목이 주목받아 왔고, 또한 지방화라는 외침 속에서 지역 단위로 농업발전을 계획하기 시작하면서 주목받았다. 그런 와중에 이 지역의 특산품이라 할 수 있는 딸기를 전국에 홍보하여 가격교섭력을 강화하고 지역농업발전을 선도할 수 있게 하기 위해서는 조직화가 필요하다는 인식이 생겨나게 되었다.

2. 결성과정

1994년 4월경에 군농민회장과 농민후계자연합회장 등 농민단체장들이 딸기생산자협의체 구성을 군수에게 건의하였다. 당시 군수는 젊은 사람으로서 군단위 농민사업을 적극적으로 할 생각을 지니고 있었다. 4월 45일 농촌지도소에서 딸기야냉 육묘법에 대해 작목반장들을 대상으로 한 교육이 있었는데, 여기서 군수는 생산자협의체 구성의 필요성에 대해서 설명하였다. 그리고 군의 주도하에 각 읍면별로 작목반장들과 접촉하여 5월25일 군청회의실에서 딸기작목반 대표자회의를 갖고 『죽향담양딸기』 생산자협의체 결성을 결의하였다. 이 회의에 생산농대표들로서 작목반장들이 68명 참석하였고 읍면 산업계장들, 군수, 농촌지도소장, 산업과장 등이, 그리고 농협에서도 경제지도과장 외 1명이 참석하였다.

이 회의에서 이미 구성되어 활동하고 있는 작목반조직을 기초로 읍면·군 단위 조직을 구성해 나가되 딸기생산농가의 자율적 협의체조직으로 운영하기로 하였다. 행정당국에서는 행정적 재정적 지원을 통해 조직의 육성과 지속적인 발전을 도모하기로 하였다. 나아가 장차 『죽향담양딸기』 생산자조합으로서 발전해 나가면서 법인화를 추진하기로 하였다.

조직결성 추진은 군에서 계획한 대로 하는 방향에서 의견을 모았다. 조직의 명칭은 읍면단위는 『죽향담양딸기』 ○○읍면 생산자협의회로 하고 군단위는 『죽향담양딸기』 생산자연합회로 하기로 하였다. 먼저 읍면단위 조직을 만들어 갔다. 읍면단위에 있는 작목반 대표들을 축으로 하여 작목반별 대표 2명을 구성원(반장, 총무)으로 하여 조직해 나갔다. 읍면별로 작목반수가 2개 이하일 경우에는 작목반원을 구성원으로 하는 것으로 하였다. 군단위 조직은 읍면별 협의회(임원)를 구성원으로 하여 구성하였다. 읍면단위에는 회장, 부회장, 총무 1명씩을 각각 두기로 하였다. 군단위 임원은 회장 1명, 부회장 3명, 사무국장 1명, 감사 2명을 두자는 군의 제안에 대해 논의과정에서 부회장을 4명으로 늘리는 방안을 검토하여 결정하였다. 이것은 지역별로 일정하게 안배하여 조직의 전체적인 균형을 이루어 나가자는 의도에서 였다. 담양읍, 금성면, 용면에서 1명, 봉산면, 고서면, 무정면에서 1명, 남면, 창평면, 대덕면에서 1명, 월산면, 수북면, 대전면에서 1명 씩 4명을 해당읍면 회원들에 의해 선출하는 방식으로 결정하였다.

그리고 협의체 구성 토의과정에서 생산자조직은 반드시 필요하며 오히려 늦은 감이 있다는 의견들이 지배적이었다.

1994년 6월 3일부터 6월 13일까지 읍면별 협의회가 결성되었다(〈표 5-1-6〉). 대개 읍면 사무소 회의실이나 농촌지도소 상담소에서 회의를 열고 각 협의회별로 임원들을 선출하였다. 회장, 부회장, 총무를 각각 1명씩 선출하였는데 작목반장들이 거의 대부분 임원으로 선출되었고, 정기총회일과 월례회 날짜를 정하였다. 각 협의회 별로 참석인원은 달랐지만, 대체로 10여명 이상의 농민들(대개 작목반장들)과 관련기관 관계직원들이 참석하였다.

〈표 5-1-6〉 죽향담양딸기 읍면 생산자협의회 구성 결과(1994년)

읍면별	작목반 현황			읍면별 협의회 구성			
	작목반수	농가수	면적	구성일자	장소	참석인원(농민들)	회원수
담양	10	177	46.7	1994. 6. 8.	읍사무소 회의실	15	20
봉산	13	420	68.0	1994. 6.13.	면사무소 회의실	18	18
고서	7	95	18.3	1994. 6. 3.	농촌지도소상담소	50	10
남면	3	17	2.6	1994. 6. 3.	구산산장식당	17	17
창평	15	192	31.0	1994. 6.13.	면사무소 회의실	12	24
대덕	1	27	3.8	1994. 6. 7.	면사무소 회의실	13	24
무정	10	130	28.8	1994. 6. 8.	면사무소 회의실	1	20
금성	10	170	32.9	1994. 6.10.	면사무소 회의실	16	20
용면	6	99	20.3	1994. 6. 9.	면사무소 회의실	6	6
월산	4	180	33.0	1994. 6. 7.	농촌지도소상담소	10	8
수북	13	158	28.0	1994. 6. 8.	면사무소 회의실	19	27
대전	10	195	33.2	1994. 6. 7.	면사무소 회의실	10	187
계	92	1,890	346.6ha			187	471

이렇게 읍면단위 협의회를 구성한 뒤 1994년 7월 6일 죽향담양딸기 생산자연합회를 결성하였다.

3. 조직구성

『죽향담양딸기』 생산자 연합회 및 협의회의 조직체계를 보면, 먼저 연합회의 경우 연합회 임원(연합회장, 부회장 4명, 사무국장, 감사 2명) 가운데 사무국장이 실무를 총괄하며 사무국장 밑에 총무부, 구매부, 판매부, 홍보부를 두고 있다. 연합회는 군, 농촌지도소, 농협 등의 측면지원을 받는 것으로 하고 있다. 연합회 임원들은 협의회 임원들 가운데 선출된 사람들로 구성되었다. 임원들은 40대가 주를 이루고 있을 정도로 젊은 사람들로 구성되었다.

연합회의 하위조직이면서 실상 농민들과 직접적으로 연결하는 조직으로서 읍면별 협의회는 각 읍면별로 두고 있다. 사실상 딸기재배규모 및 재배농가수에 있어서 면별 차이가 큰 것을 감안할 때 읍면별 구성은 너무 행정편의적인 발상이 아니었나 생각된다. 읍면협의회는 협의회장, 부회장, 총무 등을 두고 92개의 작목반과 연결된다. 1,900여 딸기생산농가들은 마을 단위로 작목반 활동을 통해 딸기를 생산 및 출하하고 있다.

읍면별협의회 임원들은 대개 작목반장들로서 좀더 활동적인 사람들이다. 36명의 임원 가운데 5명이 농민후계자들이다. 임원들의 딸기재배면적은 300평에서 1,800평을 재배하는 사람까지 매우 다양하다. 600-900평을 재배하는 임원들이 많은 비중을 차지하고 있는 편이다. 연령으로 보면 30대가 13명, 40대가 11명, 50대가 10명 그리고 60대도 2명이 있다. 40대 이하가 24명으로 임원들이 젊은 편이라고 할 수 있다. 딸기재배를 해서 어느 정도 기술을 익히고 마을 단위에서 작목반장을 하거나 작목반 총무를 할 정도의 사람들이다.

이처럼 젊은 사람들이 임원으로 많이 참여하기 때문에 협의회 및 연합회의 활동은 매우 적극적이다. 현재는 농민회 사무실과 사무실을 공동으로 사용하고 있다.

그런데 이렇게 하향식으로 조직을 했을 경우 실제 생산농민들과 얼마나 연계를 지니고 있는가 하는 것이 관건이다. 농민들은 마을 단위 작목반을 통해서 그리고 농협의 계통출하를 통해서 딸기를 판매하였다. 여기서 연합회구성은 농협의 이해와 부딪치는 것으로 인식되었고, 작목반 간에도 다양한 차이가 있어 군단위에서는 물론 읍면별 단위에서도 모든 작목반이 참여하는데는 어려움이 많았다.

〈그림 5-1-1〉『죽향담양딸기』 생산자연압회 조직체계도

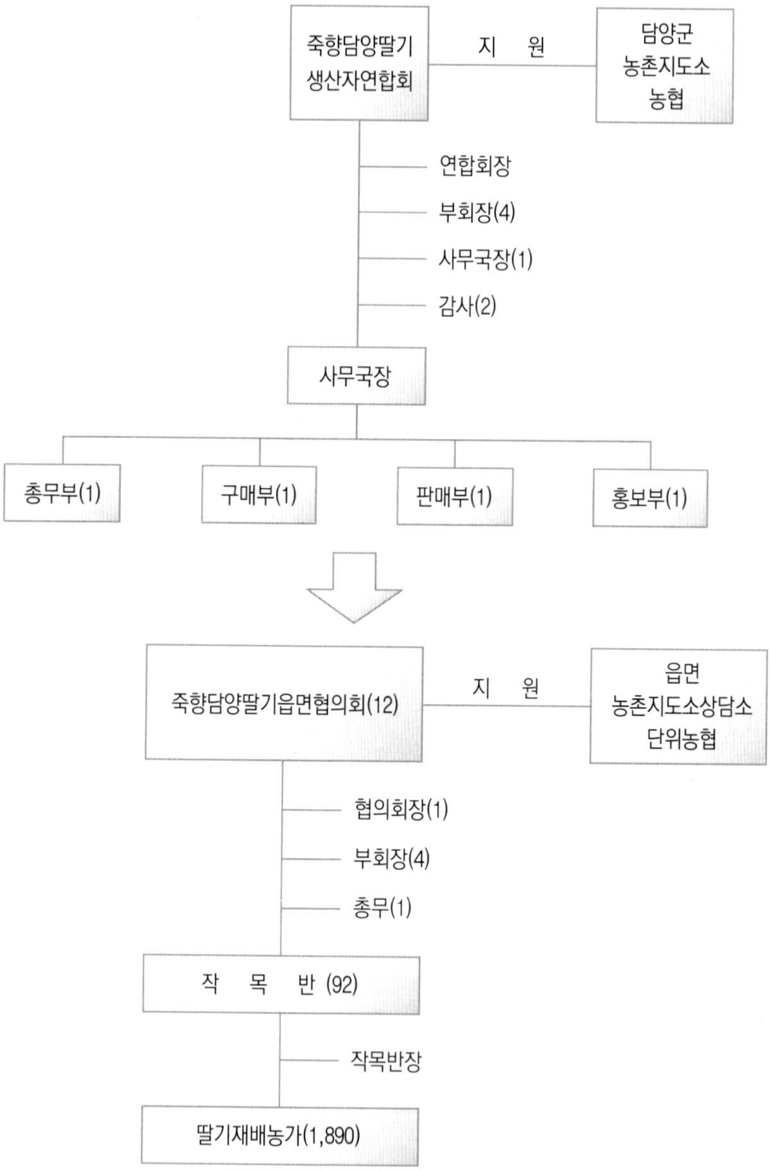

특히 농협은 조직 결성과정의 주도권을 군에게 뺏긴데다가 딸기의 출하과정에서 계통출하를 통해 수수료를 챙겨오던 터라 연합회 및 협의회 결성 및 활동에 대해 못마땅하게 생각하였다. 농협은 자금지원 및 대출을 미끼로 지역의 마을 작목반원들에게 유무형의 압력을 행사하면서 연합회 활동을 하지 못하도록 하였다.

이러한 문제가 생기자 군관계자들과 읍면 단위조합장, 그리고 연합회 임원들 및 협의회 임원들이 모여서 회의를 하였다. 연합회 임원들은 조속히 조직결속력을 강화하고 사업을 확장해 나가자고 주장하였다. 이러한 주장 및 활동에 대해서 농협측은 반대의사를 지니고 있었다. 회의 석상에서 농민들과 농협관계자들 간의 고성이 오가고 하였다. 군 관계자들은 이런 상황에서 전혀 조정역할을 하지 못하였으며, 오히려 농협의 주장에 대해 암묵적으로 동의를 표하는 것처럼 보였다. 전임 군수의 경우 자신이 주도한 것이고 담양군의 이미지를 제고하는 방향의 일환으로 연합회 결성을 적극적으로 권장하고 행정적으로 지원하였으나, 지방자치제에 의해 선출된 군수는 오히려 지역유력집단들(농협도 그 대표격이다)의 심중을 읽듯이 그들의 이해를 대변하는 것처럼 농민들의 눈에는 비쳤다.

그래서 농민들은 그러면 연합회의 활동 가운데 상표단일화와 상자공동구입 문제를 연합회에서 취합하고 농협에 그 구매를 대행토록 하겠다고 제안하였다. 그러면 농협이 그렇게 반발하고 나서지는 않을 것이라고 생각하면서. 그러나 지역 단위농협들은 이러한 요구도 받아들이지 않았다. 단위 농협 간에 통일성을 기할 수 없기 때문에 군 단위 연합회의 요구를 통일적으로 수행할 수 없다는 것이었다. 여기서 농협 군지부는 단위농협 간의 이견과 차이를 조정하고 통합해 내는 기능을 전혀 수행하지 못하고 있었다. 지방자치제가 풀뿌리 뽑는 민주주의로 전락한 현장을 목격한 농민들은 (그래도 착하게) 다음 번 지방자치선거나 조합장 선거에서는 정말 좋은 사람(농민의 이익을 대변하는 사람)을 뽑아야 겠다고 (마음 속으로) 다짐했다고 한다.

이러한 과정에서 연합회는 조직정비를 하는 작업에 들어갔다. 1995년 개최된 연합회 월례회의에서, 생산자조직의 필요성을 이해하고 적극적인 참여의사가 있는 작목반(농가)으로 조직을 정예화하기로 결의하고 읍면의 행정지원을 받아 읍면협의회 단위로 조직정비에 들어갔다. 읍면과 협의회에서 작목반장 회의를 소집하여 정비계획을 알리고, 작목반별 회의를 거쳐 참여여부를 결의하는 방식으로 하였다. 이미 회비를 납부한 농가를 대상으로 참여의사를 파악하고 회비를 납부하지 않은 농가도 참여의사가 있는 경우 회원으로 인정하기로 하였다. 이렇게 하여 1월말까지 정비작업을 마쳤다.

정비작업을 마친 결과 연합회(협의회) 가입 작목반은 11읍면협의회에 77개 작목반으로 확정되었다. 1,260여 농가가 248ha의 경작면적을 지니고 회원으로 연합회에 가입하였다. 대전면의 경우 10개 작목반이 모두 가입하지 않아서 대전면협의회 자체가 없어졌다. 일부 작목반이 미가입한 읍면도 있는데, 봉산면의 경우 7개 작목반이 미가입하였다. 그 외 수북면의 5개 작목반, 무정면의 2개 작목반, 창평면의 1개 작목반이 미가입하였다.

대전면의 경우 모든 작목반이 참여하지 않았다. 이것은 대전면의 딸기재배가 지닌 특성에서 기인하는 측면이 있다. 대전면은 광주지역 공판장 및 시장에 주로(80%) 출하하며 생산딸기의 품종은 보교조생으로 광주지역 소비자들이 선호하는 것이다. 대전면의 딸기가 광주의 딸기시세를 좌우한다. 특히 대전면은 지리적으로 광주시와 근접해 있고 일찍부터 작목반 활동이 강하였다. 다른 읍면의 딸기들이 주로 서울 등 거리가 먼 대도시로 출하되는 것과는 대조적이다. 또한 광주라는 좁은 시장을 상대로 하기 때문에 물량의 집중과 이완이 심하다. 이러한 불안정한 상황에 더욱 기민하게 대처하기 위해서 대전면 작목반들은 작목반 단위로 대처해 나간다. 이처럼 시장관계에 있어 자신감이 있고, 또 군이나 면에서 통제력이 약한 상태에서 작목반들은 독자적 활동으로 나아가려고 한 것이다. 물론 여기에는 농협 등이 개재하였다.

다른 면들 가운데 가장 특이한 현상을 보이는 곳이 봉산면이다. 봉산면 협의회의 경우 13개 작목반 가운데 7개 작목반이 미가입하였다. 그런데 다른 지역의 미가입 작목반들이 작목반원 숫자가 적고 노령층인데 비해서 봉산면의 경우는 가입하지 않은 작목반이 규모도 크고 유명한 작목반들이다.

가장 대표적인 작목반으로 와우리작목반(와우1구)을 들 수 있다. 와우리에는 몇 개의 작목별 작목반이 있다. 가장 활성화되어 있고 마을 사람들 대부분이 참여하는 딸기작목반(신농회)은 와우2,3구의 딸기재배농가도 포함하고 있다. 신농회(작목반)는 청장년층이 주도하여 만들어져 왔다. 1967년부터 11명이 신농회를 구성하여 상업작물 재배를 시작하였다. 작물은 오이 → 토마토 → 딸기 → 화훼로 변화되어 가고 있는데, 이 조직이 항상 중심에 서 있었다. 최근에 화훼재배가 증가하면서 딸기작목반과 화훼작목반이 구분되어 활동하고 있다.

작목반에 가입할 때는 가입비(1-3만원)를 내며 작목반에는 작목반장과 총무가 있다. 이들은 일정한 보수(작목반장 - 60만원, 총무 - 50만원)를 받지만 마을일이라는 책임감과 작목반원의 리더로서의 역할을 중시한다. 작목반장은 공식적으로는 임기가 2년이지만 지금까지 세 사람이 네 번 반장직을 수행하였다. 이들은 마을 안에서 농업기술의 측면에서 선도하고 있으며 특히 작목전환의 선두주자들로서 역할을 한다. 상당한 리더쉽과 결단력, 그리고 일정한 기술습득능력을 지니고 특히 성공적인 출하를 하기 위해서는 능력이 있는 사람이 반장일을 맡지 않을 수 없다.

마을회의 보다도 작목반 회의가 더 활성화되어 있고 참여율도 높다. 작목반은 자재의 공동구입, 공동출하를 주요한 사업으로 한다. 더 나아가 작목반은 와우딸기가 획득해온 인지도를 지키기 위해 노력한다. 그래서 딸기의 빛깔과 외양을 윤나게 하려고 호르몬을 투여했던 사건 등을 작목반이 주도하여 정리하였다. 즉 와우딸기는 무공해 딸기로서 인식을 높이고 있는데 농약을 하거나 다른 약물을 투여할 경우 작목반에서 탈퇴시킨다. 이러한 일은 자주 일어나지 않는 일이지만, 어쨌든 조직이 그 감시역할을 하고 있는 것이다. 또한 일정한 정도 임금을 통제하는 역할도 한다. 딸기재배시 고용노동력의 임금은 매년 작목반 회의에서 결정되며, 작목반원들은 서로 이 임금을 지키려고 노력한다. 일이 급하기 때문에 어느 집에서 모르게 일당을 조금 올려주는 경우도 발생하는데, 이러한 경우는 작목반에서 규제를 가한다(작목반 탈퇴강요). 그런데 정해진 일당을 올려주는 것이 아니라 다른 형식(차비, 여분의 딸기를 주는 것, 기타 선물 등)으로 주기 때문에 실제 작목반에서 규제를 하는 경우는 발생하지 않는다.

딸기의 출하는 전량을 작목반을 통해 공동출하하며 가격도 서울 농산물시장에서 경매가격으로 결정된다. 판매는 주로 도매상이 담당하고 약 90%의 물량이 서울로 출하되고 있다.

이처럼 마을 단위의 작목반이 활성화되어 있고 자신들의 상품성인 지도를 특정하게 지니고 있는 경우에는 연합회 참여를 꺼린다. 실제로 와우리는 보교조생이라는 품종을 많이 재배하는데 최근 좀더 재배하기 어렵고(고온유지 필요) 새로운 품종인 여봉 딸기를 재배하는 다른 작목반의 딸기가 받는 가격을 받고 있다. 이러한 자신감과 자신들이 지금까지 얻어온 (딸기)명성을 왜 버리느냐 하는 생각에서 처음부터 연합회 활동에 들어오지 않으려고 하였다. 또한 옆에서 농협은 자신들의 구판매사업을 지키려는 생각에서 가입을 막았다. 이러한 여파가 미쳐 봉산면은 담양 안에서 가장 많은 딸기 재배지역이지만 연합회에 가입은 인지도가 낮은 작목반들이 주로 참여하게 되었다(〈표 5-1-7〉).

〈표 5-1-7〉 죽향담양딸기생산자연합회 참여작목반현황

	전체 작목반 현황			죽향담양딸기생산자연합회가입		
	작목반수	농가수	면적	작목반수	농가수	면적
담양	10	177	46.7	10	177	46.7
봉산	13	420	68.0	6	110	20.2
고서	7	95	18.3	7	95	18.3
남면	3	17	2.6	3	17	2.6
창평	15	192	31.0	14	166	27.7
대덕	1	27	3.8	1	27	3.8
무정	10	130	28.8	8	92	20.2
금성	10	170	32.9	10	175	32.9
용면	6	99	20.3	6	99	20.3
월산	4	180	33.0	4	180	33.0
수북	13	158	28.0	8	122	22.4
대전	10	195	33.2	0	0	0
합계	92	1,890	346.6ha	77	1,260	248.1ha

이런 것들을 고려할 때 군단위 연합회의 건설은 생산농민들의 다양한 편차와 이해관심을 고려하면서 이루어져야 한다. 즉 농민들의 이해관심과 일치해 나갈 때 조직은 힘을 갖게 되는 것이다.

그리고 결성 취지자체에 찬성하고 농가당 1만원씩 부담금을 내야 한다는 부담도 있었지만, 무엇보다도 농협과 경합하게 되는 것이 문제였다. 연합회는 결국 공동구입과 출하를 관장하게 되는데 이는 농협의 역할(제대로 하지 않았지만)이기 때문이다. 농민들은 그동안 농협과의 관계가 있고 따라서 농협에 잘 못 보이면 이로울 것이 없기 때문에 주저하기도 하였다. 농협이 각종 지원이나 농자재공급 등을 독점하고 있기 때문에 나타나는 현상이다. 또 와우작목반처럼 잘 되고 있는 작목반의 경우 군단위 조직결성에 소극적일 수 밖에 없는데, 이는 와우작

목반이 그동안 획득한 기득권(상표인지도) 상실을 우려하기 때문이다. 그리고 이것은 또한 이 협의체 조직이 주로 유통에 관여하기 때문에 사실상 유통의 전단계로서 가장 중요한 선별작업에 대한 통제를 할 수 없기 때문이다. 와우작목반의 경우 선별작업과 생산과정에까지 일정한 관리통제를 할 수 있기 때문에 고유 상표인지도를 유지할 수 있는 것이다.

4. 사업

연합회는 재배기술, 정보의 교환, 생산, 출하, 자재의 공동구입, 공동판매, 포장의 규격화 및 디자인 개발, 품질의 등급화, 판매촉신을 위한 홍보 및 행사개최 등을 자신의 기능 및 사업으로서 제시하였다. 이 가운데 실행한 몇 가지를 살펴보겠다.

연합회와 협의회는 정기총회(매년 2월), 임시총회, 그리고 매월 월례회를 개최하고 있다. 1994년 7-8월 월례회의를 통해 연합회는 1995년 포장재공급사업을 하기로 하여 작목반별, 협의회별로 소요량을 8월에 조사하였다. 1994년 말에 소요량을 파악하여 1995년 봄에 공급하였다. 애초에 신청은 40만개 정도를 받았다. 그런데 이런 사업을 하던 농협이 자신들의 사업을 상실한다는 우려에서 (조합장들이) 반대하였다. 군에서 조정하였고 군관계자, 조합장들, 읍면협의회장들이 모여서 협의를 하였으나 농협은 자신들의 주장을 굽히지 않고 적대적으로 나왔다. 군은 이 과정에서 전혀 조정역할을 하지 못하였다. 농협 측에서는 직원들로 하여금 작목반별로, 개인별로 연합회 사업에 참여하지 말도록 종용하고 다녔다. 그래서 결국은 농협의 회유에 굴복하지 않은 작목반이나 농민들만이 구매하였고 신청갯수의 반인 40만개를 공급하고 말았다. 연합회에서 취합하여 농협에게 일을 하도록 넘기려 해도 농협은 군단위 규격을 통일해 낼 수 없었다. 단위조합별 독립채산제를 내세웠고, 단위 조합별로 다양한 규격을 사용하기 때문이라는 것이었다. 농협군지부에서도 이러한 단위조합별 차이를 일정하게 통합할 통제력을 지니지 못하였고, 결국은 농협은 자신들끼리의 합의도 만들어 내지 못하면서 연합회의 사업을 방해하고 있었다.

연합회는 또한 1994년 12월 23일에 딸기재배농가 200여명을 대상으로 군민회관에서 회원농가 교육을 실시하였다. 생산자조직의 필요성과 역할, 시설원예작물 유통개선과 상품성 향상 방안, 생산자조직 육성 사례발표(곡성 소득작목 영농조합법인) 등에 대한 교육을 하였다. 그러나 이러한 교육은 농민들을 동원하여 생산자조직의 필요성을 심어주자는 의미였던 것으로 생각된다. 실제 농민들이나 작목반들 간의 영농교육은 활동을 통해 농민들끼리 해 나가는 것일 수 밖에 없다.

이와 관련해 작목반 간 경쟁이 바람직하며 또한 연합하더라도 우수작목반이 평가절하 되지 않는 조치가 필요하다. 오히려 신규 작목반이나 기술 및 경영능력이 떨어지는 작목반이 따라와 표준화되도록 해야 할 것이다. 또한 표준화된다고 해서 특출난 작목반의 상품이 표준화된 기준에 따라 평가받지 않는 방식이 필요하다. 그러한 상품은 그것대로 특정한 가격경쟁력을 계속 지니게 되도록 말이다. 상표가 표준화된다고 해도 같은 상표 안에서 다양한 차별화가 이루어질 수 있는 방안 모색이 필요하다.

5. 연합회의 방향

이 조직은 현재는 협의회, 연합회 조직이지만, 조직결성에 적극적인 성원들은 앞으로 이를 영농조합법인으로 끌어갈 생각이다. 어쨌든 마을단위의 작목반 조직과의 유기적 관련을 맺고 나아가 상품의 등급화, 표준화를 실현해 가면서 나아가 지역상표인지도를 확장해 가야하는 과제가 놓여 있다.

영농조합화를 하는데 있어서 문제는 조합원규모를 어느 범위에서 할 것인가 하는 것이다. 임원들만 할 것인지 회원 전부로 할 것인지 하는 문제가 아직 결정되지 않고 있다. 현재 1,200여명의 회원도 사실상 일괄 관리하기 어려운 실정이다. 군 단위라는 행정적인 발상과는 다른 발상도 생각해 볼 수 있을 것이라고 생각된다.

그리고 읍면협의회를 활성화하고 재정을 읍면협의회에서 감당하는 방식으로 하면서 연합회는 각 읍면협의회의 유대를 강화하는 방향으로 나아가야 할 것이다. 연합회의 기능이 활발해지지 않으면 읍면단위로 분할될 소지가 항상 있는 것이다. 이는 연합회 단위의 사업을 개발하는 것이 필요함을 의미한다. 실질적인 농민과의 연계는 작목반을 통해 읍면협의회 수준에서 가능하기 때문에, 작목반 수준의 요구들을 상향식으로 취합하는 통로를 만들어 가는 것이 필요하리라고 생각된다.

또한 농협의 사업과 차별화시킬 수 있는 사업을 개발하는 것이 필요할 것이다. 일부 회원 작목반(담농작목반)에서는 영농조합으로 전환하여 집하장과 저온저장고 운영을 시도하고 있다. 연합회 차원에서 이러한 사업을 전개해 나가려는 구상이 필요하다고 생각된다.

농협으로서도 작목반을 통해 농민들이 다 마련한 농산물을 전표정리나 해주는 식의 계통출하에서 벗어나지 않으면 안된다. 실질적인 영농능력을 키울 수 있는 사람들을 농협에서 키우는 것이 필요하다고 생각된다. 그러면 그런 인력이 연합회나 작목반 조직과 연계되어 활동할 수 있을 것이기 때문이다.

연합회로서는 나아가 기술교육을 농민적 차원에서 강화하는 것이 필요할 것이다. 속칭 전문가를 불러다 하는 교육보다는 활발한 작목반과 좀 덜 활발한 작목반 간의 교류, 작목반 성원 가운데 우수한 인력을 다른 작목반에 파견하는 등 농민들 안에서 실질적인 기술 및 경영능력을 지닌 인자들을 발굴하는 작업이 필요할 것이다.

『죽향담양딸기』 생산자 연합회 정관

제1장 총 칙

제 1 조(목적) 「죽향담양딸기」 생산자 연합회는 (이하 "연합회"라 한다) 딸기 생산 농가의 소득향상과 권익신장을 위한 공동사업을 추진하고 지역농업 발전에 공헌하며 생산농가 상호간의 친목을 도모한다.

제 2 조(사무소) 연합회의 사무실을 담양읍 관내에 둔다.

제 3 조(사업) 연합회는 제1조의 목적을 달성하기 위해서 다음 각호의 사업을 시행한다.

1. 재배농가 및 읍면협의회의 딸기 생산, 판매와 관련된 애로사항 타개
2. 딸기 생산 재배기술 정보교환
3. 생산, 출하, 자재 공동 구입 및 시설
4. 포장의 규격화와 디자인 개발
5. 품질의 등급화 추진
6. 출하지역 및 시장조정과 정보교환
7. 판매촉진을 위한 각종 행사 개최 및 홍보
8. 기타 필요한 부대사업

제2장 조 직

제 4 조(회원의 자격) ① 연합회의 회원은 읍면별 협의회 임원으로 한다.
② 회원의 자격은 읍면별 협의회 임원으로 선임된 날로부터 발생한다.

제 5 조(자격의 상실) 회원이 다음 각호의 1에 해당할 때는 그 자격을 상실한다.

1. 읍면 협의회 임원의 자격을 상실하였을 때
2. 회원의 의무를 이행치 아니하거나 연합회의 명예를 손상하여 총회의 자격상실 결의가 있을 때
3. 연합회에 대한 의무를 이행치 아니한 읍면 협의회의 임원에 대하여는 총회의 의결를 거쳐 연합회원의 자격을 상실한다.

제 6 조(권리와 의무)

1. 회원은 각각 1개의 의결권을 가진다.
2. 읍면 협의회는 연합회가 필요로 하는 부담금을 납부할 의무가 있다.
3. 회원은 소속 협의회원을 대리인으로하여 의결권을 행사하거나 회의에 참석하여 발언히게 할 수 있다.
4. 읍면 협의회장은 매년 정기총회 개시 7일전까지 주요 사업계획을 연합회장에게 보고하여야 한다.

제 7 조(회의) ① 회의는 정기총회와 임시총회로 구분한다.

② 정기총회는 매년 2월중에 개최하며 회원전체를 참석대상으로 한다.

③ 월례회의는 매월 첫째주 금요일로 하고, 필요시 연합회장이 변경할 수 있으며 연합회 임원과 읍면 협의회장을 참석대상으로 한다.

④ 임시총회는 필요시 연합회장이 소집하며 회원 전체를 참석대상으로 한다.

제 8 조(총회의 의결사항) 다음 각호의 1에 해당하는 사항은 총회의 의결을 얻어야 한다.

1. 정관과 규정의 제정 또는 의결
2. 회의 자격상실 결의
3. 임원의 선임과 해임
4. 예산의 의결과 결산의 승인
5. 사업계획 수입 및 변경에 대한 승인
6. 회원의 부담금에 관한 사항

7. 기타 연합회장이 필요하다고 인정하는 사항

제 9 조(의결정족수) 회의는 회원 과반수 이상의 출석으로 개의하고 과반수의 찬성으로 의결한다.

제10조(의사록) 총회의 의사에 관하여는 의사록를 작성하여 임원의 서명을 받아야 한다.

제11조(임원) ① 연합회는 다음의 임원을 둔다. 회장 1인, 부회장 4인, 사무국장 1인, 감사 2인

② 부회장은 담양읍, 금성면, 용면에서 1명, 봉산면, 고서면, 무정면에서 1명, 남면, 창평면, 대덕면에서 1명, 월산면, 수북면, 대전면에서 1명을 각각 선출하며 당해읍면 회원만이 선출자격을 갖는다.

제12조(임원의 임기) ① 임원의 임기는 2년으로 하되 연임할 수 있다

② 임원이 궐위된 경우 2개월 이내에 다시 선임하여야 하며, 이 경우 임기는 잔여임기로 한다.

제13조(임원의 임무) ① 회장은 연합회를 대표하며 그 업무를 총괄한다.

② 부회장은 회장을 보좌하며, 회장 유고시 그 직무를 대리한다.

③ 사무국장은 회무와 회계를 관장한다.

④ 사무국장은 회무에 필요한 장부와 서식을 비치하고 회장과 부회장의 결재를 받아 집행하여야 한다.

⑤ 감사는 정기총회전까지 사무국장으로부터 회계결산보고를 받아 적정여부를 감사하고 날인하여야 하며 필요시 수시 감사를 할 수 있다.

제 3 장 회계와 자산

제14조(운영비) ① 연합회의 운영비는 읍면협의회의 부담금 또는 기타 수입으로 충당한다.

② 협의회별 부담금은 생산 농가수를 감안 매년 정기총회에서 결정한다.

③ 협의회 부담금은 분기납으로 하며, 매분기 첫월 10일까지 사무국장에게 납부하여야 한다.

제15조(회계) ① 회계년도는 매년 1월1일부터 12월 31일까지로 한다.

② 사무국장은 매년 정기총회시 감사의 승인을 받은 결산서를 제출하고 보고하여야 한다.

③ 사무국장은 회계에 필요한 장부와 집행에 필요한 서식을 비치하고 회장과 부회장의 결재를 받아 집행하여야 한다.

부 칙

제1조(시행일) 이 정관은 총회의 의결을 받은 날로부터 시행한다.

2절. 해남생명농업실현영농조합

해남군은 최남단에 위치하고 있는 군으로서 1읍 13개 면에 면적은 865.8㎢, 인구 15만1천명으로 이루어져 있다. 해남은 간척지가 많아 양질의 쌀이 생산되고 있으며, 마늘의 주산지로서도 유명하다.

해남에 유기자연농업의 흐름은 1960년대에 있었다. 1960년대 초반 협업적 사고 속에서 자연농업적 방식이 추구되다가 쇠퇴하였고, 1980년대 말에 들어 기독교인들을 중심으로 '정농회'의 이념이 확산되면서 다시 등장하기 시작하였다.

1986년부터 마을단위 자연농업 교육을 실시해 오면서 1988년 3월 해남정농회를 설립하였다. 해남정농회에는 비기독교인들도 상당수 있었다. 정농회는 신앙적인 믿음에 기초하여 정농의 이념을 공통기반으로 하고 있었다. 정농회 교육은 따라서 이론 및 농법 중심이기 보다는 이념교육에 치우치는 성향이 있었다.

이러한 상황에서 정농회원들을 중심으로 유기자연농업 교육의 필요성을 느끼게 되었고, 해남정농회를 통하여 교육내용과 자원을 지니고 있는 '유기농협회'와 연결되게 되었다. 주로 교육지원을 통해 연결되면서 1990년 7월에 사단법인 한국유기농업환경연구회 해남지회가 결성되었다. 이 유기농 지회의 구성원에는 정농회 구성원이 대부분 참여하고 유기농 교육을 받으면서 신규로 가입하는 성원들이 부분적으로 있었다. 1990년에 교육을 강화하는 과정 속에서 유기농업의 교육내용만으로는 부족하다는 인식 속에서 '자연농업' 쪽과도 연계가 이루어지기 시작하였다. 유기농 교육이 현대과학에 기반한 효소농법을 주장하는 것에 비해 자연농업은 미생물 발효에 근거한 농법으로서 실질적인 생산력 증진 및 효과가 있었다. 당시에 자연농업 쪽은 법인화되지 못한 상태에 있었지만 해남지역에서 자연농업교육을 반복적으로 하면서 연결되었다. 그러나 자연농업교육을 받으면서 신규회원들이 부가되기는 하였지만 성원들은 정농회를 하던 사람들이 주류를 이루고 있었다.

이렇게 자연스럽게 현지의 필요에 의해서 세 가지 흐름을 담아내기 시작하면서 유용하고 필요하다면 어느 흐름이라도 수용할 필요가 있다고 농민들은 생각하게 되었다. 이에 1992년 12월에 '해남생명농업실현연구회'로 발전적으로 합치면서 군단위 조직을 결성하게 되었다. 정부의 지원체계가 영농조합법인 중심으로 진행되면서 그에 발맞추어 조직을 법인화하여 1993년 3월 12일에 '해남생명농업실현영농조합법인'을 출범시켰다.

1. 조직구성

해남생명농업실현영농조합의 조직구성원 상의 특징은 정회원, 준회원제도를 두고 있는 점이다. 준회원을 위해 유기농업의 필요성에 대한 교육과 충분한 현장실습 프로그램을 갖추어 놓고 있다.

정회원이 되려면, 우선 농작물경작의 경우 유기물함량 5% 이상의 중성토양 논밭을 만들어 소유하는 1차관문을 통과해야 한다. 또 3년 이상 유기농법으로 농사를 짓고 유기농업협회 등에서 실시하는 자연·유기농업에 대한 10여일의 교육을 수료하는 2차관문을 통과하면 정회원의 자격을 부여받을 수 있다. 정회원의 자격을 엄격하게 규정한 것은 유기농업운동은 결국 사람이 중요하기 때문이다. 유기·자연농업 교육에 50명 이상의 농민이 참여하지만 결국 1-2명 밖에 실천하지 않는다. 생명농업에 대한 확신과 의지, 그리고 기술을 갖춘 농민들이 모여야만 된다고 생각해서 이렇게 제한을 두게 되었다.

정회원은 실천회원으로서 회비를 내며, 준회원은 비실천회원으로서 가입서만을 낸다. 비실천회원으로서 3년 이상 교육 및 견학을 한 경우 정회원이 될 수 있다. 준회원은 공동구입에는 참여하지만 출하에서 배제된다(일부가 출하하고 있다).

전체 참여농민들 가운데 60%가 기독교인들이다. 그러나 기농이나 카농 활동을 하던 사람들을 오히려 배제하면서 조직되어 왔다. 이사들은 비신앙인이 많다. 자연농업교육 5박6일, 유기농업교육 3박4일, 정농회 교육 3박4일을 받은 후에 회원 가입자격이 생긴다. 회원들의 연령으로 볼 때 50-70대 연령층이 주를 이루고 있다. 30대가 4-5명, 40대가 20여명이고 다른 사람들은 그 이상의 연령층에 속한다. 황산과 현산의 경우 젊은 층이 다른 곳에 비해 비교적 많으며 이 단지들을 군단위 조합과 갈등적이지만 활동적이다. 연령층이 높은 것은 영농경력이 중시되며 특히 유기농업은 투기성 농업이 아니기 때문에 오히려 높은 연령층에 맞는 것이라고 할 수 있다. 노령층이나 여성들도 교육을 많이 받고 있으며, 농약피해를 경험한 사람들이 유기농업에 관심을 많이 가진다. 그에 비해 젊은 사람들은 교육을 받더라도 유기농으로 전환을 하는 경우가 거의 없다. 초창기 활동인자들은 중농 이상의 경지규모를 가진 사람들이었으나(이들이 주축을 이루고 있어서 연령층이 높기도 하다), 나중에 포괄되는 농민들은 중하층에 속하는 경우가 많다. 신규 젊은층들도 규모가 작은 편이다. 그래도 전반적으로 경지규모가 증가하여 회원 가운데 2/3는 1ha이상의 경지규모를 지니고 있다.

해남생명농업실현영농조합의 조직을 보면 회장과 부회장 3명, 그리고 총무가 실질적인 일을 주관한다. 군단위 영농조합은 유통,가공을 주로 담당하고 교육, 견학 등을 활발히 전개한다. 그리고 면 단위 생산단지 간의 조정 및 결합 역할을 수행한다. 부회장은 3명이 있는데 각각 정농회, 유기농, 자연농 세 곳과의 관계를 담당한다. 생산단지 안에서 생산되는 것들을 계약재배하거나 출하할 때 이들이 관여하여 일을 처리한다.

생산단지는 하나의 면이나 두 개의 면으로 구성되어 있으며 영농조합법인을 설립한 곳이 많다. 영농조합법인 설립은 면 단위로 지원이 있기 때문에 그에 대응한 것이다. 면 단위 또는 생산단지 간에는 약간

〈그림 5-2-1〉 해남생명농업실현영농조합법인 조직

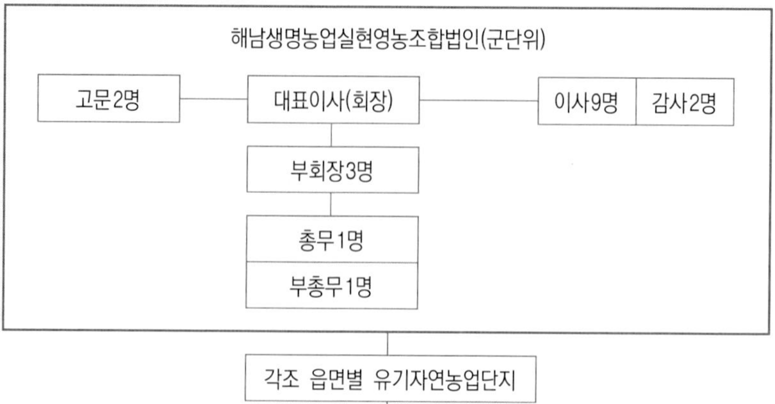

조	읍면별	정회원수	준회원수	주요작목	법인설립여부
1조	해남읍	5명	10명	쌀6(1) 쌀+콩2(1) 쌀+야채2	설립
	삼산면		5명	쌀2 쌀+야채1 야채2	설립
2조	현산면	8명	15명	오이13 쌀5 쌀+마늘, 야채, 오이, 감 각1 오+야1	설립(유기농업)
	송지면	2명	4명	쌀2 유자+감1 한우+야채1 쌀+마늘+포도1 야채1	
3조	북평면	4명	7명	쌀2 쌀+마늘1 쌀+잠목1 야채1 마늘1 유자+감자2 감+마늘1 파+감자1 버섯+마늘1	설립
4조	옥천면	3명	10명	쌀1 쌀+감1 수도작+고추1 쌀+고추+감1 고추1 단감1 미상2 수도작5	
5조	계곡면	1명	10명	쌀1 쌀+고추1 감1 수도작1 수도작+우유2 유정란1 토종닭1 고추+유정란+배추1 미상2	설립
6조	마산면	2명	9명	쌀4 쌀+양돈1 단감2 고추+야채2 미상2	설립
7조	황산면	2명	6명	쌀1 쌀+고추1 묘목+감1 미상5	설립(자연농업)
8조	문내면	2명	2명	마늘+고추+야채4	
	화원면	1명	3명	쌀+고추+야채1 쌀+양파1 쌀+고추+양파1	
합계	11개 읍면	30명	81명		7개 읍면 결성

의 차이도 있다. 예를 들면 현산면은 유기농업을 중심으로 하고 오이 재배를 많이 하는 반면, 황산면은 자연농업 쪽을 중심으로 하고 있다.

면단위영농조합(단지)은 생산단지의 성격을 띠고 있다. 그 안에서 개별 농민들이 유기자연농법으로 농사를 짓고 있다. 그런데 농민들은 여러 마을에 분산되어 있으며 개별적으로 영농을 한다. 생산단지 별로는 현산면처럼 작목반 활동을 열심히 해 왔던 지역은 지금도 오이작목반원들끼리 회의도 하고 견학도 할 정도로 유대를 지니고 있다.

군단위 체계를 먼저 구성하고 활동하였으나 면단위 지원체계에 대응하기 위하여 면단위 영농조합을 결성하였고, 또한 군단위 통솔이 어려워 생산단위를 면단위로 하고 내부교육도 점차 면단위로 해 나가는 방향을 취하였다. 면 단위는 작목별 체계화라기 보다는 연락망 체계의 성격을 띠고 있다.

2. 조직활동

설립 초에는 흩어져 있는 농가에 대한 교육과 선진지 견학, 유기농산물의 개별적 판매에 그쳤지만, 1994년 말에는 각 면별로 유기자연농업단지를 조성하여 규모화, 단지화를 시도하고 있다. 1991년까지는 외국산 미생물을 사용했지만 1992년부터는 고급유기질퇴비, 칼슘퇴비, 인산퇴비, 유산균, 아미노산영양제 등을 만들어 사용하고 있으며, 식물성 해충기피제 및 살충제, 식물성 영양제 및 살균제를 사용하는 수준에 이르고 있다. 개인이 직접 황토와 뻘에 쌀겨, 깻묵, 계분, 우분, 돈분 등을 섞어 고급퇴비를 사용한 땅에서 고품질 유기농산물을 생산 판매한다.

해남생명농업실현영농조합은 대지 5천만원 상당과 출자금 710만원 등 6천여만원의 자산을 지니고 있으며 전조합원이 균등출자, 균등분배 방식을 취하고 있다.

1) 교육 및 견학

유기자연농업에 있어서는 교육이 매우 중요하다. 해남생명농업실현영농조합의 경우 수많은 교육을 통해 농법 뿐만 아니라 유기자연농업의 의미에 대한 인식 및 지식을 높여가고 있다.

1986년부터 유기자연농업의 필요성에 대해서 마을 단위로 교육을 하면서 공감대를 형성해 냈고, 1988년 들어서는 정농회를 통한 유기농업 교육을 하기 시작하였다. 1990년에는 집중적으로 유기농업교육을 실시하였다. 주로 자연농업주창자들이나 유기농업 선도자들이 이 지역에 와서 농민들을 모아 놓고 소개하는 수준이었다. 이렇게 해서 1990년에는 정농회 회원들이 급속히 늘어 90여명이 넘게 되었다. 1991년 들어서는 회원간에 교육이 가능하게 되었고, 1992년에는 교육내용이 점차 구체화되어 경작하고 있는 작물들에 대한 교육이 이루어지기 시작하였다. 1994년에 들어서는 회원간의 상호교육이 발전하기 시작하였고 나아가 이제는 다른 곳에서 교육을 받으러 오기까지 하게 되었다.

교육은 이처럼 별도의 교육프로그램 속에서 진행되기도 하였지만, 정기총회 등 회의모임에서도 거의 빠짐없이 유기자연농업교육이 함께 이루어졌다. 따라서 수많은 교육이 이루어지고 있음을 알 수 있다.

연도별 교육내용

1986년 11월부터 자연부락 단위 자연농업교육 실시.

1988. 2.12. 유기농업교육, 고도리 모 장소, (토양유기물과 작물성장, 유기질비료제조와 효과), 참여인원 42명, 정농회의 이념 및 회 운영을 소개.

1988. 8.23. 중앙단위교육, 목포시 삼양동 모 장소, 18명 참가, 좌담교육, 가을채소재배와 유기물퇴비제조의 복합영농, 직거래 유통센타설치운영에 관한 교육.

1989. 1. 9.-12. 2회 중앙교육 참석(정농회14차 총회), 서울, 3명.

1990. 3.13. 1차 유기자연농업교육 실시, 오전 산이면사무소, 23명 참석, 오후 해남읍사무소, 31명. 한국유기농업협회 이사의 강의.

1990. 5.10.-11. 2차 유기자연농업교육 실시, 해남읍 성동 삼애농민교육원, 25명 참석, 농촌지도소 원예계장의 마늘·고추 재배 방법, 정농회장의 정농회 이념 및 방향 설명, 마늘병충해 방제교육, 유기농업환견연구회 전문이사의 유기농업교육(밤 10시까지). 11일 유기농업실제 교육.

1990. 8.30. 유기농업교육, 계곡농협 회의실, 140여명 참석.

1990. 8.30. 마산농협에서 자연농업교육, 130여명, 자연농업회장의 교육.

1990. 9.19. 유기농업교육, 옥천농협 130여명, 미생물 배양과 퇴비 만드는 현장 실습.

1990. 9.27. 자연농업교육, 군민회관 소강당, 자농(자연농업)회장, 해남농협 부담으로 개최, 자연농법의 이론과 슬라이드 교육.

1990.10.11. 유기농업교육, 삼애농민교육원, 본회 52명의 회원이 유기농업을 실시할 수 있는 구체적 방법을 교육.

1990.10.14. 유기농업교육, 삼산농협 170여명, 유기농업 벼 재배교육.

1990.11. 1. 자연농업교육, 황산농협 120여명, 자농회장, 자연농법의 이론과 슬라이드 교육.

1990.11. 2. 자연농업교육, 삼애농민교육원, 본회 55명의 회원, 자농회장, 자연농법의 이론과 슬라이드 교육.

1991. 2. 8. 양어양축 전문연찬 교육, 황산면 이목리 회원집, 36명, 미꾸리 양식에 대한 전문적인 기술교육 및 토종닭 사육 교육.

1991. 3. 8. 수도작 전문연찬교육, 현산면 황산리 회원집, 38명, 수도작의 품종개량과 무농약관리방법, 흙설탕·현미식초 농법 교육, 발효인산의 제조와 효과 등에 관한 토론.

1992. 4.20. 자연농업 사랑방 개최, 황산농협 회의실, 17명, 당면한 농사교육 및 효소 토착미생물 배양교육.

1992. 4.25. 유기농업 단기교육, 황산농협 회의실, 80명, 유기농업의 이론과 실제.

1992. 5.15.－17. 유기농업교육, 해남농협 2층, 60명, 15일－유기농업의 이론과 실제, 유기농업시설재배, 16일－유기질퇴비만들기와 야채재배, 발효사료제조와 양돈사업, 17일－유기농 수도작재배와 고추재배, 유기농 과수재배.

1992.11.16. 단감나무 재배교육(정농회), 해남농협, 45명, 단감나무의 정지작업 및 시비와 관리.

1993. 1.30. 단감나무 유자나무 참다래 전정 현지교육, 북평면 산마리 회원의 단감, 유자, 참다래농장, 54명. 각 작목별 강사 초빙.

1993. 2.15.－17. 제112차 유기농업정기교육 실시, 삼애농민교육원, 52명, 15일－유기농업의 이론과 실제, 유기농업 딸기재배, 16일－유기질퇴비제조와 채소재배, 유기농과수재배, 17일－유기농의 실천철학.

1993. 3.19. 유기농업교육 실시, 산이농협, 정농회 부회장. 몇 명.

1993. 4.19. 옥천리 대산면 회원 10명 부부의 야간교육 및 좌담회, 회장 현실적인 유기농업 실천방법 등 교육.

1993. 4.20. 북평면 이진리 회원 10여명 저녁좌담회 및 교육 실시.

1993. 4.22. 현산면 오이작목반원 17명 회원집에서 야간교육 및 좌담회 개최, 회장.

1993. 4.23.	유기농업교육, 선명회사무장 16명 교육(감초정 식당), 회장 교육담당 - 유기농업의 필요성 그리고 먹거리와 건강, 유기농업의 실천방법 및 땅만들기와 작물선정, 해남의 유기농 현실.
1993. 5.11.	현산면 오이작목반원 17명의 부부간의 교육, 삼애농민교육원, 정농 부회장, 유기농업으로 오이재배와 땅만들기.
1993. 7. 5.	감나무 여름전정 교육, 옥천면 백호리 회원집, 강사 - 경남 창녕 지회장, 오전에는 과수원에서 실습교육, 오후에는 옥천농협에서 이론교육.
1993. 8.24.	우리밀살리기운동본부의 밀재배교육, 삼애농민교육원, 40명.

1994. 3.21.	무독성 농약 살충제 "비오킬" 설명회, 농촌지도소 강당, 78명, 벼다수확 재배의 비결 - 벌교 부회장, 흙설탕 발효제 제조 및 사용법 - 제주도 이사, 비오킬의 성능과 사용법-동성제약 유통부장.
1994. 5. 4.	일본 쓰루다 선생 초청강연회, 해남읍사무소, 70명, 일본의 유기농업 보급과 현실, 기술과 경영의 합리화. 야간에는 대흥사 동백산장에서 자연농법 사랑방 개회, NHK취재, 5일에는 최만근 직파재배 벼농사를 촬영.
1994. 9.29.	포도재배농가 교육, 삼애농민교육원, 21명, 유기농업협회 이사, 포도재배의 실제적 이론과 준비상황 전반, 1만 1천평 정도 재배계획.
1994.10. 1.	현지교육, 고흥군 남양면 주교리 현지농민교육, 20여명 참석, 환경보존형 농업으로 전개하자는 논의.
1994.10.12. - 13.	유기농업의 현황 및 발전방향에 관한 심포지움 참석, 농촌진흥청 농업기술연구소, 회장 참석, 미국, 대만, 소련, 일본의 유기농업현황 및 우리나라의 유기농 발전계획 등을 발표하고 발전방향에 대한 토론 가짐.

1994.11.15.－19. 회장, 일본자연농업실천현지 농민교류회 참석.

1994.11.28.－30. 자연농업 중소농육성대책 교육, 해남 4명, 현산 4명, 마산 3명 참석.

또한 외부에서 이 지역으로 견학을 오거나 와서 교육을 받고 갔다. 그 내용을 살펴보면 다음과 같다.

외부사람들의 이 지역 견학 및 교육

1993. 4. 5.－ 8. 일본 다마가와 농협장의 인솔로 13명이 해남에서 미꾸리양식에 관한 교육 및 부화실습을 황산면 회원집에서 실시하였다.

1991. 4.25.－27. 미꾸리양식 실습교육－타지역 교육생(경부1, 경기2, 전북1)이 본회 회원집에서 양식기술을 습득하고 치어를 분양받아갔다.

1993. 7. 7. 일본 구주지역 그린코푸(생협) 임원20명 본회 방문하여 민진홍 댁과 이정현 회원의 미꾸리양식장과 김동수 돈사와 채소밭 견학후 좌담회.

1993. 7.26.－30. 일본 다가마와 농협 초청으로 이정현, 황득옥 회원이 현지지도차 방일하여 현지지도를 하고 그곳 농업 등을 견학함

1993. 8. 5. 일본 그린코푸 회원 30여명이 본회 방문하여 황산농협 2층에서 황산지역 회원들의 경비부담으로 좌담회 개최.

1994.10.28. 진흥청 농업기술연구소 연구관이 본회를 방문하여 현산 오이하우스(황장복)와 황산 미꾸리양식논(이정현), 문내 배추밭(박충길), 해남 밭(황득옥)을 둘러 보고 시료를 가져감.

교육에 못지 않게 유기자연농업의 선진지를 견학하는 것이 중요한 활동 가운데 하나이다. 견학은 교육효과를 지니고 있을 뿐만 아니라 회원들의 단합을 위한 좋은 계기가 되었다. 더욱이 관광을 겸하는 경우도 있다. 요즈음 농촌에서 놀이문화가 일일관광이라고 하여, 고속도로 휴게소에서 쉬고 명승지에서 사진 한판 박고 고속도로를 달리는 차안에서 춤추며 노는 그런 방식으로 자리잡아가고 있는 세태에서, 해남생명농업실현영농조합에서 하는 견학을 겸한 관광방식은 매우 건강한 것이라고 생각된다.

견학은 여러 농가들이 가는 집단적인 형태와 개인이나 2-3명이 가는 형태가 있다. 집단적인 견학에도 30-40명이 모여 몇 군데 선진지를 견학하는 방식이 있는데 이 때 관광을 겸하기도 한다. 그 외 특별한 작목을 재배하려는 농가나 특정사업과 관련한 해당회원들만의 견학이 있다.

개인적인 견학은 한 두 사람이 초청을 받아 가는 경우이다. 또한 해남영농조합이 알려지면서 다른 지역이나 일본 등지에서 견학을 오기도 한다. 그러면서 점차 교류를 확대해 나가 판매계약도 하게 되고 기술교류도 하게 된다.

견학현황

1989. 8.18. 1차선진지견학, 16명, 함평군 나산면 삼죽리 동축부락 19농가의 화훼단지, 영암군 반남면 청송리 김충록씨 미꾸리양식농가, 성전 유자하우스, 연동 삼부농장.

1990. 8.28.-29. 2차 견학 37명(여7명). 28일-보성 벌교 유기농 수도작농가, 여천 율촌 유자원, 경남 고성 한남용 희망농원, 함양지회 임원들과 담화. 29일-함양지회 회원 감나무 밭 및 자연양계장 견학, 남원 무농약포도원(블랙 올림피아).

1991. 4. 3. - 4.	3차견학, 42명. 3일-장성 남면 백운교회 자연농업양계장, 전북 완주 왕궁신협 양돈장 및 사료공장. 4일-충남 홍성 풀무학교, 홍성지회 신용금고, 된장・고추장 공장. 아산 종천 양계장 및 발효사료급여처, 풍농 비료공장.
1991. 4.30.	4차견학, 마늘가공추진위원들 대전의 신창산업가공공장 견학하고 염장 및 판매방법 등을 협의하고 귀가.
1993. 4.12. - 13.	5차견학, 32명, 12일-정읍 개인메기양식장, 청주 개인 딸기농장, 하남시 톱밥우사와 퇴비공장, 13일-통일전망대 관광, 구리시 회이사 농장 및 퇴비공장.
1994. 7.12. - 13.	6차 견학, 54명, 해남군청 대형버스 지원, 12일-전북 신태인읍 유기농 포도농가 3농가, 경기도 구리시 유기농 품질보증1호 김호기 농장, 13일-강원도 화천군 하남면 계성리 12농가의 야채(가지)・과수・양계・양돈 등 자연농업실천농가견학 후 화천군 부군수와 대화, 평화의 댐 관광, 충북 중원군 윤경환 씨의 고추・미니토마토・수도작 견학, 충북 음성군 수경재배농장.
1994. 8.29.	7차 견학, 포도심은 농가 17명이 전북 신태인읍 유기농 포도농가 5농가 견학.

1991. 7.26. - 31.	견학-일본 뽀란, 대지를 지키는 회, 사이다마목장 등 유통시설(현 회장).
1992. 1. 4.	가공공장 견학, 3명, 충남 홍성 된장공장 견학.
1993. 7.26. - 30.	일본 다가마와 농협 초청으로 현 회장과 총무가 현지지도차 방일하여 현지지도를 하고 그곳 농업 등을 견학함.

---

2) 생산

현재 11개 읍면에 설립된 8개 유기자연농업단지에서는 쌀, 고추, 배추, 유자, 당근, 오이, 양파, 마늘, 감, 한우, 돼지고기, 유정란 등을 생산하고 있다. 1990년 들어 과수, 축산 등으로 전환하는 경향을 보인다. 우리밀도 생산하기 시작했다.

유기농업단지에서는 작목별로 결합하기도 하지만 단일품목작목반을 배제한다. 생산단지는 마을단위로 집약하는 방식이라기 보다는 면단위에서 분산된 개인들의 결합체이다. 면 단위에서 여러 작물들을 생산하고 개별품목으로 판매하기 보다는 Set판매를 실시한다. 유기자연농업은 소면적 다품목 생산을 지향하기 때문에 작물이 다양하며, 실제로 작물이 다양할 수록 활동이 활발하다. 북평의 경우 파, 마늘, 콩, 고추 등 여러 작목을 하며 활동이 적극적이다. 벼단작경향을 지닌 지역일수록 활동이 둔하다.

회원들의 작목은 매우 다양하며 한 농가가 여러 작물을 경작하는 특성을 지니고 있다. 물론 모두 다 유기자연농법으로 경작하기 보다는 화학농법과 유기자연농법을 병행하고 있다. 왜냐하면 유기자연농법으로 전환하려면 최소 3년에서 5년 정도가 소요되기 때문이다.

유기자연농업에서 중요한 미생물을 처음에는 유기농업협회에서 판매하는 것을 구입하여 사용하였다. 점차 투자를 해서 토착미생물을 개발하였고, 1992년부터는 구입하지 않고 만들어 사용하고 있다. 축산도 자연농업에 근거해 확산되고 있는데, 축산가공공장과 연계를 할 예정이다.

1991-1992년에는 가공사업으로서 마늘염장가공사업을 전개한 바 있다. 일부 회원(14명)이 다른 가공공장을 견학하기도 하면서 운영하였으나 수입마늘의 여파로 실패하여 조직 성원들의 어려움이 있었다.

1995년에는 정부의 지원을 받아 두 개의 단지에 토착미생물공장, 예냉시설(저온창고), 자연농법식 축사 및 비닐하우스 작업을 시작하였다. 그런데 이 지원사업단지조성 시 단지 간 갈등이 있었다. 행정당국(시군)은 해남지역에서 2개 단지를 지원하려고 하였다. 각 단지당 2억 5천만원을 지원하는 형식이었다. 본 조합에서는 해남, 황산, 현산, 마산

4개의 단지가 지원하였다. 서류심사에서 마산은 탈락하고 해남은 다음번에 하기로 하였다. 이 과정에서 당장의 2단지 지원을 서로 먼저 받으려고 행정당국에 로비를 하곤 하였다. 황산과 현산 단지로 결정되고 사업을 벌이고 있다. 군 단위 및 단지들 간에 자체 조정을 해 나가야 할 것으로 보인다.

유기농업은 초기에는 과다노동력이 투입되어 생산비가 높지만 점차 낮아진다. 따라서 과학농업의 생산력이 높다 하지만 그것이 지닌 한계를 극복할 수 있다고 한다. 현재 제초작업시에 노동력이 많이 필요한데 규모가 작기 때문에 아직은 큰 문제가 되지 않는다. 부부가 영농을 하는 것을 전제로 경작1ha + 가축(돼지 30두 또는 닭 1,200수 또는 한우 15두) 정도를 기본 영농규모로 설정하고 있다.

유기자연농업에 있어서 가장 중요한 것은 과연 어느 정도 유기자연농법에 기초한 것인가 하는 것이다. 기본적으로 성원들 각자가 책임질 일이지만 과연 유기자연 농산물인가를 판단하는 문제가 있다. 지금은 끊임없는 교육을 통해 생산농민들의 농법을 개선해 나가고 있으며, 군 단위에서는 개별 생산농민들에 대해 일정한 감시역할을 하고 있다.

3) 판매

해남생명농업실현영농조합은 경실련 소비자생협과 한살회, 남순천농협, 그리고 백화점 등에 물품을 공급하고 있다. 1994년의 경우 쌀 80kg 한 가마니에 17만 5천원에 판매하고, 찹쌀을 21만원에 공급하고 있다.

판매사업은 1992년 들어 본격적으로 전개되었다(〈표 5-2-1〉). 1991년에 백화점의 유기농판매전, 염장마늘 이외의 마늘 판매 이후, 1992년 들어서는 판매가 늘었으며 1993년과 1994년에는 출하처도 다양해지고 점차 직거래 수요처에서 영농조합에 거래를 요구하는 경향이 나타나고 있다. 점점 더 다양한 농산물들이 출하되고 있으며, 광주지역

〈표 5-2-1〉 유기자연농산물 연도별 판매실적

연도별	거 래 처	품 목	금 액	성 장 율		비 고
				계속	연도별	
1990	화니백화점 유기농협회유통부	쌀, 고구마, 버섯	1,816만원	100%	100%	광주 서울
1991	경실련생협 동부소비조합	마늘, 양파	1,200만원	66%	66%	서울
1992	한살회, 경실련 남순천농협	쌀, 고구마, 콩, 배추, 마늘, 고추	3,350만원	184%	279%	서울 순천
1993	한살회, 경실련 남순천농협 전주제일교회 자농회 롯데백화점	쌀, 마늘, 양파, 고추, 고구마, 유자, 마늘, 고추장, 배추, 참다래	8,440만원	433%	237%	서울 전주 남순천
1994	한살회,경실련 남순천농협 우리밀살리기운동본부	쌀, 밀, 고구마, 배추, 마늘, 양파, 고추, 콩, 감자, 유자, 대추, 감, 참다래	1억8,695만원	1,029%	221%	서울 남순천
1995 (계획)	LG유통 광주성원백화점 등		3억5,000만원			광주 순천

에서는 일본으로 수출하는 남순천 농협을 통해 판매하고, 서울 지역에는 다양한 통로를 통해 판매되고 있다. 1994년에는 판매액이 1억 8천만원에 이르게 되었다. 1994년 5월에는 영농조합과 청록원, 진흥청, 단국대학교 식품연구팀과 산학농연의 체계를 구축하여 수원 169로 신개발한 '비린내 안나는 콩'을 계약 체결하였다.

유통은 군단위에서 담당하는데 가격을 30% 높게 보장하며 소비자와 직접 거래하는 방식을 취한다. 중류이상의 가정은 자연농산물을 선호한다(백화점, 용산역, 경마장 등에서 판매전 행사, 단체들 판매행사에도 참여한다). 고객을 확보하는 방법으로 방문 확인, 상담을 하기도 한다. 우리밀의 경우 유기농업 유통본부에서 우리밀운동본부와 연계해서 판매해 준다. 현재 판매방식은 유기농업협회의 탁배(託配)를 이용한다. 유통자금이 없어서 자체적으로 할 수가 없다.

황산단지의 경우 이러한 탁배 방식에서 독립하여 운영하였으나 어려움을 겪고 있다. 자금회전이 즉각적으로 이루어질 것으로 예상하였으나 그렇게 되지 않기 때문이다. 협회는 자금을 가지고 여유있게 처리를 해주었다. 그러니까 단지 내부에서 다시 군단위로 통합하고자 하는 경향이 생기고 있고 통합하자는 의견이 나왔고 다시 군단위 영농조합으로 들어오기로 하였다. 개별생산하여 공동출하하지만, 고유한 상표는 없다. 직거래를 하고 소비자들이 상표(브랜드)에 신경을 쓰지 않기 때문에 아직은 필요성을 느끼지 못하며, 오히려 정농회, 유기농, 자연농 쪽의 상표를 그대로 사용해도 아무 문제가 없기 때문이다. 확장이 되면 독자적 상표가 필요할 수도 있을 것이다.

정농회, 유기농, 자연농이라는 세 흐름이 생산에서 통합되어 있지만, 판매에 있어서는 분할되어 있다. 3명의 부회장들은 각각 정농회, 유기농, 자연농 쪽을 분담하고 있다. 정농회쪽은 경실련과 함께 생협을 운영하는데 무농약쌀을 주로 판매(직거래)한다. 유기농 쪽은 위탁판매를 하는데 쌀과 채소를 위주로 한다. 자연농업 쪽은 축산물을 주로 판매하고 채소도 판매한다. 해남생명농업실현영농조합은 이들 각 조직들과 필요한 농산물을 계약재배하거나 직거래 판매하고 있다. 자연농업과 경실련(정농회)에 판매하는 것은 계약재배를 한 것들이다(경실련은 일부 계약).

구성원별로 보면 주로 정회원의 농산물을 판매하는데, 1993년부터는 준회원의 농산물도 판매하고 있다. 1-2차례 농약을 친 농산물을 청정농산물로, 그리고 잡곡류를 유기농, 자연농 쪽에 출하한다. 위탁할 경우 협회나 자농회의 브랜드가 나온다. 이렇게 유기자연농산물로 판매하지 못한 것은 지역 농협을 통해 출하한다. 특히 오이의 경우 그런 일이 있는데, 이 경우 유기자연농산물로 평가받지 못해 값을 제대로 받지 못한다. 1996년에 가락동 농수산물 시장에 유기자연농산물 판매장이 개설되면 좀 나아질 것으로 기대하고 있다.

4. 다른 조직단체와의 관계 및 발전방향

해남생명실현영농조합은 농협과의 관계가 좋은 편이다. 오히려 농협의 회의실 등을 활용하며 농민들 교육시 농협에서 일정한 지원(강사료 지불 등)도 하고 있다. 특히 해남농협, 황산농협, 현산농협은 남은 오이를 계통출하해 준다. 물론 가격이 유기농산물로서 보장받지 못하는 문제가 있다.

유기자연농업은 워낙 농협이 직접 감당할 수 없는 문제이고 더욱이 그 출하도 직거래 형식으로 해 나가기 때문에 농협의 계통출하와는 별개로 이루어지고 있어서 농협으로서는 위협을 느끼지 않는 것으로 보인다.

농촌지도소는 그동안 증산정책이란 기조 속에서 과학(화학)농법을 고집하여 유기자연농업에 반대해 오다가 최근에 환경계가 설치되어 직원이 교육까지 받으러 왔다. 또 상위기관인 농촌진흥청은 일선 농민들을 도와준다는 미명하에 검사, 시료를 가져가면서 일선 농민들에게 요구하고 있다. 농민들로서는 도와주려면 직접 나와서 하거나 일선 기관에 지시하여 전답을 조사·보고하도록 하기를 바라고 있다.

아직도 전반적으로 증산정책이 중심을 이루고 있는 상황에서 유기자연농업에 대한 인식은 낮은 편이지만 점차 개선되고 있다. 그러나 지원체계는 여전히 미흡한 실정이다. 해남생명농업실현영농조합은 기존의 관변 단체 및 조직들을 부분적으로 활용하지만, 기본적으로 자생적인 특성을 지닌 유기농협회, 자연농중앙회, 정농회 등과 연결되고, 그것들과 연결된 판로들을 확보해 나가고 있다.

해남생명실현영농조합의 활동은 대규모영농화를 실현해 가는 정책 속에서 중소농의 존립방식으로서 유기자연농업을 실시하려는 것이다. 그러기 위해서는 생산농민들과의 연계가 무엇보다도 중요하다. 지금까지는 교육 및 판매 등을 중심으로 활동해 왔지만, 더욱 농민들의 생산활동과 관련된 사업을 전개함으로써 안전한 농산물을 공급할 수 있어야 할 것이다.

조직으로서는 운영자금 부족으로 자체 사무실과 직원도 없이 정기화물 탁송을 이용, 개별적으로 물류를 처리하였으나 1996년부터는 자체운송체계를 가질 예정이다. 이를 위해서는 지속적이고 안정적인 판매망 확보가 중요한데, 그동안의 소비자생협의 공급처에 물량을 확대하는 것 뿐만 아니라 LG유통, 광주 성원백화점에도 납품할 예정이며, 이러한 거래처를 더욱 확보해 나가야 할 것이다. 앞으로 벼의 직파재배, 포도·유자·매실 등의 과수도입, 유기발효톱밥돈육의 위탁가공을 통한 자체브랜드화 추진 등 날로 확대되는 사업물량을 예상해 볼 때 직원채용이 불가피할 것으로 보인다. 그리고 연중 지속적인 판매와 소비를 바라는 생산자와 소비자의 공동요구를 해결하기 위하여 저온저장고가 필수적으로 요구되고 있다.

생산자들의 자생조직이 소비자조직과 연계해 나가야 하며 그러기 위해서는 도시의 소비자생활협동조합의 정착이 무엇보다도 필요하고, 그것과의 연계를 더욱 확장해 나가야 할 것이다. 그 과정에서도 생산농민들의 긍정성에 대해서 도시소비자들이 확인할 수 있는 방법을 강구할 필요가 있을 것이다. 또한 모든 회원들이 비록 소규모 생산이지만 고품질의 농산물을 생산하여 높은 가격을 실현하는 방안들을 강구해 가는 집단적 기업가정신을 습득해 가야 할 것으로 보인다.

3절. 무안양념채소영농조합

영농조합법인은 1990년 제정된 농어촌발전특별조치법 제6조에 근거를 두고 설립되었다. 정부는 농어촌발전종합대책의 일환으로 영세농·겸업농 중 계속적인 영농을 희망하는 농가들을 영농조합법인이라는 공동영농조직으로 육성할 것을 결정하였다. 이후 42조원에 달하는 구조개선사업이 착수되면서 영농조합법인에 대한 여러 측면의 지원이 이루어짐으로써 법인의 숫자는 급속도로 증가하였다. 5인 이상의 농업인들이 모여 자율적으로 법인을 설립할 수 있도록 하고, 설립법인에 대해 일정한 지원을 해 주게 되자 우후죽순으로 늘어난 법인수는 1996년 말에 3,483개소에 달하게 되었다. 그 이후 더욱 급속히 증가하다가 1997년말 이후 주춤하고 있다.

그런데 당초 의도와는 달리 많은 영농조합법인들이 유명무실해지고 운영이 부실하다는 지적이 나오고 있다. 개별영세경영의 한계를 탈피하기 위한 협동조직으로서 영농조합법인의 사회적 필요성은 누구나 인정할 수 있는 바이지만, 불합리하고 비효율적인 운영체계로 말미암아 많은 영농조합법인이 제 기능을 다하지 못하고 있는 것이 현실이다. 생산·유통·가공부문의 협동을 통해 협동조직체로서 활동하는 곳도 적지 않지만, 상당수의 법인들은 정부의 지원만을 노리고 만들어지거나 영세한 법인체로서 운영부실로 곤란에 처해 있다. 따라서 이들을 어떻게 하면 합리화하고 효율적인 조직으로 탈바꿈시킬 것인지가 매우 중요한 과제로 제기되고 있다.

이러한 문제점에도 불구하고 각종 영농조합들은 새로운 농업주체의 결집형태라는 위상을 지니고 있기도 하다.[1] 이와 관련하여 적극적으로 활동하고 있는 대규모영농조합법인의 사례를 통해 영농조직의 전

1) 농업주체로서 영농조합의 위상과 관련하여 윤수종, '농촌사회의 변화와 농민의 대응', 『6월 민주항쟁과 한국사회 10년, 2』, 당대, 1997을 참조.

개방향에 대한 함의를 찾아 보려고 한다.[2] 여기서는 농민운동을 하던 활동가들을 중심으로 하여 대규모로 운영되고 있는 무안군 양념채소류유통 영농조합법인(무안양념채소영농조합)의 운영과 지역농민과의 관계를 살펴 보고자 한다.

1. 무안지역의 자연적 · 사회적 조건[3]

1) 무안지역의 자연적 조건

무안지역은 한반도의 서남해안지방에 위치하고 있다. 이 지역은 다도해를 안고 있는 반도로 구성되어 있으며 남쪽에는 영산강이 흐르고 서남단에는 목포항이 자리잡고 있다. 영산강과 호남선을 끼고는 몽탄면, 일로읍, 삼향면이 위치해 있는데 이곳에서는 주로 벼농사와 시금치, 마늘 등 채소농사가 활발히 이루어지고 있다. 그리고 국도 1호선(광주와 목포간 도로)을 끼고는 무안읍, 청계면, 삼향면 일부가 자리잡고 있는데, 이곳은 양파와 마늘, 시금치 농사가 발달해 있다. 특히 무안읍은 국내 최초의 양파 주산지로서 겨울과 봄에는 논과 밭이 온통 양파로 뒤덮인다. 무안읍에서 북쪽으로 10km쯤 가면 현경면 소재지가 나오는데, 그 서쪽에 자리한 망운면과 운남면에 양파 · 마늘단지 및 대단위 양돈단지가 있다. 현경면은 마늘의 최대산지이며 그밖에도 쪽파, 알타리무, 월동배추, 김장배추, 수박 등을 대량 생산하고 있다. 현경면 북쪽으로는 해제면이 위치해 있는데 여기서는 양파와 마늘이 고루 생

---

2) 영농조합법인의 유형화에 대해서는 농협조사부(연구자 김준오), 『영농조합법인의 유형화에 대한 연구』, 1996을 참조. 영농조합을 포함한 자생적 생산자조직의 운영에 대해서는 농협조사부(연구자 박민선), 『자생적 생산자조직의 조직운영과 회원참여에 관한 연구』, 1996을 참조.

3) 농정연구포럼(발표자:배종렬), 『영농조합법인의 현황과 발전과제』, 1997년, 농정연구포럼. 무안지역의 소개와 무안양념채소영농조합의 조직결성과정에 대해서는 이 발표문에서 많이 인용하였다.

산되고 있으며 간척지 쌀도 많이 생산되고 있다. 현경면의 서남쪽은 다도해의 신안군과 접해 있는데, 신안군은 (〈표 5-3-2〉, 〈표 5-3-3〉에서 보듯이) 양파·마늘 모두 무안군에 이은 전국 제2의 주산지로서 동으로는 함평군과 접해 있다. 함평군도 전국 제4위의 양파주산지이며 마늘생산도 전국 10위권에 드는 곳이다.

이곳 무안 서북부 4개면은 산이 적고 구릉지대로 되어 있어 양파·마늘의 전국 최대 주산지일 뿐 아니라, 안개가 적기 때문에 여름철(8, 9월) 쪽파가 많이 재배된다. 이 곳의 생산량은 전국의 90% 가량을 차지한다. 이밖에도 월동배추와 알타리무, 그리고 여름철에는 고추와 수박이 대량 생산되는 곳이다.

무안지역의 기후는 서남해안 특유의 온난한 기후를 보이는 편인데, 전국에서 안개가 가장 적은 지방이기 때문에 양파·마늘 재배에는 최적의 조건이라 볼 수 있다. 강수량은 양파의 이식 직후에는 부족한 편이지만, 동남쪽에는 영산강이 흐르고 서북지역에는 지하수가 발달되어 있으므로 이를 이용한 관수시설이 비교적 많이 설치되어 있어 다른 지역에 비해 한해의 피해가 심하지는 않다.

2) 무안지역의 사회경제적 조건

무안지역은 갑오농민전쟁 전후로는 동학교도가 비교적 많은 고장이었으며, 갑오농민전쟁 때는 배상옥 장군의 인솔하에 많은 농민들이 이 전쟁에 참여하였다. 인접한 목포는 1997년에 '개신교 목포 선교 100주년'을 맞이한 오랜 기독교 역사를 간직하고 있는 지방인데, 그 영향으로 무안지방에도 개신교 교회가 많은 편이다. 일제시대에는 농민들의 소작쟁의가 치열했고 1926년 1월에는 전국 최초의 농민조합이 결성되었다. 8·15 이후 1970년대에 이 지역에서는 농민운동이 다시 활발해졌다. 무안지역의 농민운동은 이웃 함평군, 해남군, 강진군보다 늦게 시작되었지만, 1978년에 결성된 무안군기독교농민회는 한국기독교농민회의 중추적 역할을 담당해 왔다. 무안지역 농민들은 1980년대 중반을 거치면서 함평무안농민대회, 1987년의 양파·마늘 제값받기투쟁, 1988년의 고추전량수매투쟁 등을 통해 활발한 농민운동을 전개해 왔다.

이 지역의 협동조합으로는 9개의 단위농협과 농협군지부, 그리고 축산업협동조합, 임업협동조합이 있으며, 수산업협동조합의 경우에는 무안군, 목포시, 영암군, 나주시, 함평군이 공동으로 조직되어 있다. 신협은 5개읍면에, 새마을금고는 4개 읍면에 개설되어 있다.

1998년 11월말 현재 영농조합법인은 군에 신고된 것은 66개이지만 신고를 안한 것이 많이 있다. 영농조합이 원할 경우만 군에 신고하도록 되어 있기 때문이다. 유통과 관련해서는, 양파·마늘을 가장 많이 수매·비축하는 30여 저온저장업체가 12,000여평의 저온저장고를 소유하고 있으면서 양파·마늘의 35% 정도를 거래하는 것으로 나타나 있다(1995년도 농산물유통공사의 조사결과). 그리고 양파·마늘, 쪽파, 무, 배추, 수박 등을 밭떼기로 수매하여 유통시키는 수집상이 많이 있는데, 이들 가운데 일부(36명)는 농산물수집상무안군협의회에 가입되어 있으며(1996년말), 그 이외에도 약 250명의 수집상이 있다. 특히 무안읍과 함평읍에 수집상이 많이 있었다.

무안산 채소류의 가까운 소비시장은 광주농산물도매시장과 목포농산물도매시장이지만, 오히려 대부분의 소비시장은 서울의 가락동농산물도매시장, 대구 및 인천 등지의 대형농산물도매시장이다. 농산물 산지유통의 현황을 보면, 무안산 양파의 경우 수집상이 32%, 저장업체가 35%, 농협알선판매가 5%, 도매시장 직접출하가 30% 정도를 차지하고 있는 것으로 조사되었다(1996년말).

특이한 것은 4월중순~7월초의 3개월과 9월~10월의 2개월, 즉 양파·마늘의 수확기와 이식기에 무안읍 터미날에는 새벽 인력시장이 개장되는데, 성수기에는 3,000여명의 인부(대개 60세 이상의 여자)들이 목포시, 나주시 등 인근 지역에서 모여든다. 최근에는 광주, 해남, 강진 등에서도 차량을 이용하여 노동력이 조달되고 있다. 최근 평상시에도 13,000여평의 저온창고와 기타 가공시설에서 500명 정도의 인부(여성)들이 일하고 있다.

3) 무안군의 농업현황

무안군은 총면적 가운데 경지율이 43%로 전국에 비해 아주 높다(1996년 통계). 밭이 논 보다 조금 많으며, 수리안전답율이 88%로 아주 높은 편이다. 경지정리율이나 기계화율을 볼 때 농업조건은 좋은 편이라고 할 수 있다.

전체 2만 3천여 가구 가운데 76.6%인 1만3천6백여 가구가 농가이고, 전체 인구 가운데 농가인구의 비율은 82%나 된다. 전형적인 농업지역이라고 할 수 있으며, 호당경지면적은 1.3ha로 전국평균에 근접한다. 작목별 소득점유율을 보면(〈표 5-3-1〉), 식량작물인 벼 소득이 31.4%인데 마늘과 양파의 소득이 48.4%를 차지하고 있다. 양돈소득도 15.3%를 차지할 정도이다. 벼는 어디에서나 기본적인 식량작물로서 그리고 안정 작목으로 재배한다고 볼 때, 무안군의 농업은 마늘과 양파에 집중되어 있다고 할 수 있다. 이러한 조건은 바로 마늘과 양파의 생산이나 유통 및 가공을 위한 시설이나 조직이 필요하다는 것을 보여주고 있다.

〈표 5-3-1〉 무안군의 작목별 소득 점유율

계	식량작물	원예	축산	특작	과수	비고
100% 백만원 (237.052)	31.4 벼 (27.4)	48.4 마늘,양파 (31.2)	15.3 양돈 (8.0)	3.2	1.1 단감 (0.75)	

자료 : 무안군 농촌지도소(1996)

4) 무안군의 마늘, 양파 생산현황

마늘과 양파의 소득은 무안지역 농가소득의 대부분을 차지하고 있다. 일부에서 축산을 하는 경우도 있지만 무안지역의 모든 농민들이 함께 할 수 있는 사업으로는 마늘과 양파가 가장 적절하다고 할 수 있다.

전국적인 생산현황과 비교해 보면 전남지역의 양파, 마늘 생산은 큰 비중을 차지하고 있다. 마늘의 경우 전국 생산농가의 20%가, 그리고 생산면적은 1990년의 경우 근 30%가 전남지역에 있다. 양파의 경우는 그 비중이 더욱 높아, 농가비중은 27%, 면적비중은 40% 정도에 이른다. 전남 안에서도 무안지역이 점하는 비중은 높은 편이다. 특히 양파의 경우 생산량으로 보면 전국 생산량의 24% 정도에 이르고 있을 정도이다. 더욱이 점차 그 비중이 증가하고 있는 실정이다. 1994년의 경우 무안지역의 양파는 전국생산량의 26%에 달하며 경남 창원이 20%로 이들 두 지역이 조직적으로 결합한다면 생산조절도 가능할 정도이다. 무안 인접지역으로 함평군의 엄다면, 함평읍, 손불면, 신안군일부(지도, 임자)를 포함하면 37%로 막대한 영향력을 행사할 수 있다.

전남지역의 마늘 주산지로는 무안, 해남, 신안, 고흥 등을 꼽을 수 있으며 수확면적으로 전국 점유율이 22.27%에 이르고 있다(고흥의 풋마늘, 해남의 쪽마늘생산지, 나주 일부).

1990년대 들어선 이후 마늘, 양파의 생산동향을 살펴보자(〈표 5-3-1, 5-3-2〉). 먼저 양파의 주요산지별 재배면적을 보면, 무안지역이 전국에서 가장 많이 생산하고 있으며, 인근에 있는 신안군, 함평군, 그리고 남쪽으로 고흥군, 해남군이 그 뒤를 잇고 있다. 한 마디로 이 지역은 양파의 전국적인 집중적 생산지인 셈이다(〈표 5-3-2〉, 〈표 5-3-3〉). 마늘의 경우 무안군이 전국에서 가장 많이 생산하고 있다. 신안군, 고흥군, 해남군이 뒤를 잇고 있다. 함평군에서도 적지 않은 양이 생산되고 있다. 실은 무안군, 함평군, 신안군 지역, 그리고 남쪽으로 고흥군과 해남군은 마늘과 양파의 주요 생산지로서 생산조직 뿐만 아니라 유통조직의 활동이 중요한 지역이라고 할 수 있다.

〈표 5-3-2〉 무안지역 마늘양파 생산농가 및 면적(호, ha) (농업총조사)

지역	연도	마늘		양파	
		농가	면적	농가	면적
전국 (가)	1980	1,132,380	43,091	110,807	7,881
	1990	845,563	52,744	87,410	9,283
전남 (나)	1980	233,108 (나/가 20.6%)	9,603 (나/가 22.3%)	29,043 (나/가 26.2%)	3,277 (나/가 41.6%)
	1990	160,451 (나/가 20.0%)	15,554 (나/가 29.5%)	23,709 (나/가 27.1%)	3,622 (나/가 39.0%)
무안 (다)	1980	12,825 (다/나 5.5%) (다/가 1.1%)	1,173 (다/나 12.2%) (다/가 2.7%)	7,452 (다/나 25.7%) (다/가 6.7%)	1,771 (다/나 54.0%) (다/가 22.5%)
	1990	13,015 (다/나 8.1%) (다/가 1.5%)	3,820 (다/나 24.6%) (다/가 7.2%)	6,826 (다/나 28.8%) (다/가 7.8%)	2,214 (다/나 61.1%) (다/가 23.9%)

〈표 5-3-3〉 마늘주산지의 수확면적 및 점유율(1990-1991, 농업총조사)

주산지	수확면적 (ha)	점유율 (%)	주산지	수확면적 (ha)	점유율 (%)
무안군	3,820	7.24	고흥군	2,349	4.45
남해군	2,838	5.38	태안군	1,843	3.49
해남군	2,806	5.32	서산군	1,745	3.31
신안군	2,773	5.26	북제주군	1,358	2.57
의성군	2,486	4.71	창녕군	1,160	2.20
전남주산지 합계	11,748	22.27%	전국합계	52,744	100.0

무안군의 마늘, 양파 생산의 연도별 추이 및 소득추이를 보면(〈표 5-3-4〉), 마늘의 경우 10여년 동안 재배면적이 급속히 증가하였고, 양파의 경우는 그 증가폭이 상대적으로 적다. 생산량은 재배면적에 비례하며 큰 굴곡이 없는 데 비해서, 가격은 등락폭이 너무 커서 소득도 해매다 엄청난 차이가 난다. 생산의 문제도 있겠지만, 이 표에서 알 수 있듯이 마늘과 양파의 경우 가격등락폭을 최소화하기 위한 조절이 필요하다. 특히 가격의 등락이 심한 조건에서 농민들을 위한, 생산과 연계된 유통조직의 필요성이 제기된다.

이처럼 무안지역은 양파와 마늘의 주산지로서 엄청난 양의 물량이 재배, 생산되고 출하된다. 그런데 이러한 많은 양의 물량을 농협이 제대로 계통출하를 하지 못한다. 그래서 상인들이 많이 수집하며 농협이

〈표 5-3-4〉 무안군의 마늘 · 양파 연도별 생산 및 소득현황

작목 / 연도	마 늘				양 파			
	재배면적 (ha)	생산량 (톤)	수확기 가격 (원/kg)	소득원 (억원)	재배면적 (ha)	생산량 (톤)	수확기 가격 (원/kg)	소득원 (억원)
87	1,576	13,013	600	78	1,606	60,674	105	64
88	1,741	16,713	900	150	2,209	84,213	150	126
89	2,098	20,560	1,400	288	1,918	81,515	130	106
90	2,743	26,881	1,400	376	1,817	81,765	220	180
91	3,827	38,000	500	190	2,277	105,000	230	242
92	3,748	42,877	800	343	2,710	132,440	100	132
93	3,691	43,923	900	395	2,023	96,457	260	251
94	4,440	51,640	1,600	826	2,383	126,503	350	443
95	4,861	61,151	1,100	673	2,911	165,927	150	249
96	4,746				2,546			

자료 : 무안군

수집하더라도 지역의 대상인에게 넘겨 버리곤 하였다. 이러한 상황에서 마늘, 양파의 수집기능 및 출하기능을 감당하는 것이 중요한 문제가 되지 않을 수 없었다.

2. 조직결성 과정과 지원사업

1) 조직의 결성과정

무안지역은 1987년, 1988년에 농민운동이 활발히 전개되었고 농민들은 마늘·양파 생산비보장을 요구하였다. 1987년 7월 4일에는 마늘·양파 생산비보장대회를 300여명의 농민들이 모여 개최하였고 전량수매를 요구하였다. 7월 26일에는 (망운)면 단위에서 양파생산비보장 및 전량수매촉구대회를 개최하기까지 하였다. 이렇게 생산비 보장을 요구하는 농민들의 요구가 빗발쳐 오르는 가운데, 1988년 6월에는 운남면 하전리 농민들이 양파종자가 꽃대가 나와서 농사를 망쳤다고 양파종자 판매상에게 피해보상을 요구하기도 하였다. 1989년 들어서는 면단위 농민회가 속속 결성되었고, 4월 1일 무안군농민회 결성대회가 600여명의 농민이 결집한 가운데 개최되었다.[4] 여기서 농민생존권쟁취 및 마늘·양파 제값받기 '89영농발대식'이 치러졌고, '무안군 마늘·양파 생산자협회'를 결성하자는 의견이 제시되었다. 농민회 산하 협동사업준비위원회는 농자재구매사업(비닐공동구매)을 펼쳐 나가면서 농민들을 결집하였고, 10월 들어 용정면 수양리에서 마늘·양파생산자협회 준비위가 발족하였다. 12월 말에는 이 협회에서 농민송년회를 열어

---

4) 1985년 소몰이시위를 시작으로 대중화된 농민운동은 87년 88년을 거치면서 군단위조직이 활발히 건설되었다(허헌중, '대중노선에 입각한 대중조직운동의 전개를 위하여', 『전환』, 1987 그리고 장상환, '농민운동의 현단계와 과제', 『현 정세와 민족민주운동의 진로』, 두리, 1989 참조). 이 지역에서는 그 이후의 전개과정이 주목된다.

100여명의 농민이 모여 앞으로의 진로에 대해 논의하였다. 1990년 들어 농민들은 농협의 민주화를 제기하면서 농협이 마늘양파 생산자협회 구성에 적극적으로 지원하도록 요구하였다.

이처럼 이 지역에서 양파·마늘을 중심으로 생산자들이 결집하려는 움직임이 일찍부터 전개되어 왔다. 1989년 무안농민회에서 생산자협회 결성을 결의하면서 시작된 이러한 논의 및 실천의 배경에는, 생활상의 요구로부터 시작하여 농민들을 결집한다는 생각, 농민이 분산되어 있고 동일하지 않아 농민 일반을 결집하기에는 어려움이 많다는 사실, 생산에 기반하지 않은 조직은 힘을 가질 수 없다는 사실들이 자리하고 있었다. 이러한 생각은 생산에 기반을 둔 작목별 농민조직을 결성해 나가려는 시도로 이어졌다.

그러나 농민들의 요구에 대해서 농협이나 군 당국에서는 사업을 하지 않으려고 하였다. 당시에 활동가들 가운데는 농협에 이사나 감사로 있던 사람들도 있었기 때문에 결성하자는 의견 자체에 대해서는 농협도 적극적으로 반대의견을 내세우지는 못하였다. 특히 당시에는 이장단이 생산자협회 결성에 대해서 적극적으로 추진하려고 하였다. 그러나 농협은 적극적으로 나서지 않았으며, 지방행정당국은 스스로 이러한 위험부담이 있는 사업에 개입하지 않으려고 하였다. 그리고 농민운동 활동가들 가운데 핵심적인 활동가들이 활동을 할 수 없는 상태에서 활동이 정치적인 활동에 일부 집중되다 보니까 협회결성 활동이 매듭지어 지지 못한 채 유예되고 있었다.

농민운동활동가들이 다시 활동할 수 있게 되면서 다시 생산자결집을 생각하게 되었다. 1993년에 들어 기존에 농민운동에 적극적이었던 농민들이 결집하여 사업을 벌이기로 하였다. 그리하여 무안양파마늘원예농협 설립 준비위원회를 9월 15일에 발족하였다. 전문조합 형태로 광역조직화를 생각하였으나 읍면별 단위영농조합법인을 만들어 우선 군단위 조직을 결성하기로 하였다.

이처럼 처음에는 양파·마늘의 품목별 전문조합을 조직하기 위해 준비위원회가 구성되었으나 농림수산부의 인가를 얻어내기까지 많은 시간이 소요되어야 했으므로 영농조합법인을 결성키로 수정했다. 이와 함께 정부지원사업인 양념채소생산유통지원사업을 지원받으려 했는데 무엇보다 군수, 군공무원, 군농어촌발전심의위원들의 심의를 거치기가 대단히 어려운 난제였다. 여기서 준비위원장을 중심으로 준비위원회는 현장의 농업관련단체와 연대하여 마을단위를 순방하면서 설명회를 개최하고 생산자조합의 필요성을 적극 홍보하였다. 하지만 농협이 품목별생산자조합결성에 대해 거부반응을 보임에 따라 읍면단위로 영농조합법인들을 결성하고 그 연합조직을 구상하게 되었다.

관공서직원과 일반농민들은 처음에 농민회원들이 30여 억원을 지원받아 사업한다는 것에 많은 의구심을 갖고 있었다. 따라서 군단위 영농조합을 결성하려는 주도자들은 마을단위 교육을 통해 '더 이상 싸움만으로는 안 된다'라며 농민들에게 경제사업을 할 것을 설득하였다. 이렇게 거부와 파괴라는 기존의 농민운동의 방향은 구성과 새로운 생성의 방향으로 나아가게 되었다.[5] 이제 농민운동의 방향과 관련해서는 정부의 지원사업을 적극적으로 활용하면서 사업을 전개해 나가려는 흐름이 있었고, 다른 한편으로는 생명농업을 축으로 하여 새로운 시도들이 광범하게 전개되기 시작하였다. 그리고 지역농협과 군당국은 (전에 거부와 저항으로 일관하던) 농민들이 이렇게 사업을 전개하려는 것에 대해 달갑게 생각하지 않고 있었다. 적극적인 협의는커녕 미온적인 반응을 보이고 있었다. 그것은 또한 사업의 결정권이 상부에 있기 때문이기도 하였다. 따라서 조합결성을 생각한 농민들(및 주도자)은 지역단위 농협이나 지역행정당국 보다는 오히려 도나 농수산부와 교섭하여 사업전개를 협의하고 지원받는 쪽으로 일을 추진하였다.

5) 농민운동의 방향전환에 대해서는 윤수종, '농민운동의 전개와 새로운 과제', 『농민과 사회』, 1997년 가을호 참조.

이런 과정에서 우선 하위단위 영농조합들을 결성해 나갔다. 무안 지역에는 두 개의 영농조합이 이미 결성되어 활동하고 있었다. 운남영농조합은 1991년 6월에 결성되었고 풀빛유통(영농조합)은 일찍부터 유통사업을 하고 있었다. 이들 두 조합을 포함하여 1993년 11월 말에 다른 9개 영농조합법인을 설립하고, 그것들을 결합하는 연합조직형태로 하여 1993년 12월 9일에 무안군양념채소류유통사업영농조합법인(무안양념채소영농조합)을 설립하였다. 이렇게 하여 1993년 12월초에는 150여명의 조합원으로 산하 11개 영농조합을 결성하고 연합회 형식의 무안양념채소영농조합을 결성하여 모두 법인등기를 완료하였다. 이와 함께 도청과 농림수산부과 교섭하고 군당국의 지원을 얻어 정부지원사업을 하게 되었다.

1993년 12월에 사업을 본격적으로 시작하였으며 1994년 1월에 부지를 매입하고 시설사업을 시작하였다. 사업의 기반은 역시 생산농민들이었고 생산농민들의 지지를 확보해 나가는 것이 필요하였다. 그래서 농민들을 교육하는 일이 우선적으로 필요하였으며 교육내용은 '유통구조의 개선'에 초점을 맞추었다. 특히 양파, 마늘, 고추 등 무안지역의 주 작목을 중심으로 유통구조를 개선할 수 있는 방안이 있으며, 광역조직화하여 품목별생산자조직으로 발전해 갈 수 있음을 농민들에게 알리는 계기가 되었다.

1997년 12월말 산하 19개의 영농조합법인과 589명의 조합원을 갖는 규모로 성장하였으며 출자금은 7억 2,800만원에 이르고 있다.

2) 정부의 지원내역

무안양념채소영농조합은 농민운동활동가들이 중심이 되어 결성되었다. 1980년대 거부와 투쟁으로 일관했던 농민들은 점차 새로운 대안을 만들어 가는 운동으로 전환해 나갔다. 정부의 지원을 '미끼'로 생각하고 무조건 거절하던 것에서 이제는 지원을 받아서 '무엇인가'를 하려고 하였다. 물론 정부의 지원이 지역농민들을 분할시키고 무엇인가 새로운 것을 지속적으로 하려는 농민들의 기를 꺾어 놓는 일도 많지만.

그리고 정부에서도 1990년대 들어 막대한 농업자금을 지원하기 시작하였다. 그런데 실제 농민들 가운데 그간 농민운동을 해 오던 인자들이 가장 활발한 농민들이었기 때문에 정부에서도 이들과 접속하지 않고는 농정을 펴기가 어려웠다. 또한 이들이 대개 젊고 새로운 생각을 지녔기 때문에 이들이 주로 지원대상이 될 수 밖에 없었다.

어쨌든 이러한 배경에서 이 지역 농민활동가들이 정부의 지원을 적극적으로 받아 새로운 실험을 시도하였고, 정부도 스스로 주도할 수 없는 바에야 이들에게 주도권을 줄 수 밖에 없었다. 그리하여 무안양념채소영농조합은 다른 조합이나 조직에 비해 엄청난 국가의 지원을 받으면서 활동해 왔다(〈표 5-3-5〉).

무안양념채소영농조합은 지원받은 자금을 한편으로는 조합원들에게 개별적으로 지원하고 다른 한편으로는 자체 공동시설의 건축에 사용하였다. 1994년 양념채소 지원사업을 통해 구입한 자동소포장기로 양파를 1kg~4kg씩 소포장하여 LG유통, 뉴코아백화점, 한화유통, 거평유통 등에 공급해 소비자들로부터 좋은 평가를 받았다. 그 후 1995년 지원사업의 자금은 기계를 구입하고 시설을 확충하는데 사용하였다. 다시 1994년과 같은 종류의 1996년 지원사업을 통해 마련한 기계설비를 기반으로, 1997년에는 양파, 마늘의 고품질화를 위한 계약재배를 실시하고 있으며 육묘, 기계화에 의한 이식, 수확, 저장, 가공, 판매까지 체계화할 계획이다.

이상에서 처럼 무안양념채소영농조합은 거의 100억원에 가까운 지원(95억3,600만원)을 받아 운영해 나가고 있다. 이에 대해 한 곳에 너무 지나치게 지원해 주는 것이 아니냐는 비판도 있다. 그리고 이러한 지원액을 여러 곳에 분산 지원할 경우 효과가 더 좋을 수도 있다는 지적도 나오고 있다.

〈표 5-3-5〉 무안양념채소 영농조합에 대한 정부지원내역

1994년도 양념채소생산유통지원사업 (사업비 32억 6,800만원) ① 농가생산지원사업 • 관수시설 : 46.86ha 조합원 66명에게 지원 • 비가림시설 : 20.26ha 조합원 61명에게 지원 • 건가시설 : 117동 조합원 117명에게 지원 • 공동육묘장 : 3개소 2,100평 ② 공동시설 저온창고 400평, 선별장 164평, 집하장 205평, 최첨단 자동소포장기 (스페인과 독일로부터)
1995년도 농산물포장센타사업 (총사업비 30억원) ① 포장기계라인 • 규모 - 7억 5천만원 (설비업체 : 삼성항공, 샘트론코리아) • 기계의 유형 - 국산, 독일산, 호주산 ② 저온창고와 예냉시설 781평, 선별장 200평, 집하장 300평.
1996년도 양념채소생산유통지원사업 (총사업비 32억 6,800만원) ① 농가생산지원사업 • 관수시설 : 30ha 조합원 42명에게 지원 • 비가림사업 : 15ha 조합원 63명에게 지원 • 건가시설 : 167동 조합원 167명에게 지원 • 밭정지사업 : 8ha 조합원 9명에게 지원 ② 공동시설 저온창고 200평, 집하장 120평, 프로그육묘장 500평, 육묘장관리실 50평, 교육장 140평, 깐설 1동, 양파탈피기 1대, 양파이식기 1대, 양파수확기 1대.

3. 조직구성과 사업운영

1) 조직구성

무안양념채소영농조합은 초기 구성에서 4년여 운영되어 오면서 더욱 확장돼 왔다. 먼저 초기의 조직구성을 살펴보자. 무안양념채소영농조합의 조직구성은 '조합원(생산농민) - 읍면영농조합 - 무안양념채소영농조합'의 틀로 출발하였다.

생산농민들(1990년 무안군 마늘 1만3천여 농가, 양파 6,800여 농가)은 개별적으로 영농작업을 한다. 물론 경영은 가족중심으로 하고 있지만 생산과정에서는 품앗이, 고용노동력조달 등을 통해 해 나가지 않을 수 없다. 특히 수확시기에는 많은 고용노동력을 조달하여야 한다.

조합원들은 읍면영농조합들을 매개로 하여 무안양념채소영농조합과 연결되고 있다. 현판식을 한다든지 무안양념채소영농조합에서 특정한 행사를 하면 약 200여명의 농민들이 참석하고 있다. 이것은 대단한 동원력이라고 할 수 있겠다. 영농조합기본출자(출발당시)는 조합원당 50만원이며, 작목반, 마을단위 지역조합의 대표들의 추천이 있어야 가입할 수 있도록 하고 있다. 출자금은 지원사업을 하면서 그 일부를 내도록 하는 형식을 취하였다.

읍면영농조합들은 면 안에 몇 개 마을을 포괄하는 것들로서 초기에 결합한 11개 영농조합들은 과거에 농민운동을 하던 농민들이 주도하여 결성하였다. 읍면영농조합에 참여한 성원들은 60세 이상도 약간 있으나 주도자들은 대개 40-50대들이다. 또 젊고 경지규모가 넓은 농민들이 적극적이다. 처음 결성해 나갈 때 군단위 조합의 주도자(전 전농의장)는 과거에 농민운동을 하던 사람들을 사업을 함께 할 것을 권유하고 만들어 나갔다. 그러나 일부는 이러한 경제사업이 굴복하는 것이 아닌가 하고 의구심을 보이며 결합하지 않기도 하였다. 그러나 전반적으로 생산농민들에 기반한 사업으로 나아가려는 방향에 동의하고 읍면영농조합들을 결성하였다.

초기의 11개 읍면영농조합은 대개 농민운동 활동가들이 중심이 되어 결성하여, 군단위 조합과 결합력이 높고 생산농민들과의 결합력도 높은 것으로 얘기된다. 처음 결성된 읍면영농조합들은 법인화하고 등기를 하였는데 나중에 포괄한 읍면영농조합들은 등기를 하지 않은 경우가 많다. 초기에는 형식적 요건도 갖추고 지원사업을 받을 수 있기 위해서 법인등록을 하였으나, 점차 군단위 조합을 통해 지원을 받아

〈그림 5-3-1〉 무안양념채소영노조합의 조직구성

무안양념채소영농조합(12명의 상근직원)

읍면영농조합(11개→19개의 영농조합들)

조합원(생산농민) (375명의 조합원→589명)

사업을 전개할 수 있기 때문에 부득이 법인 등기를 하지 않고 있는 편이다. 다시 말해 전에 작목반 활동을 하던 조직들이 이름을 영농조합으로 하여 하위단위로 배치되어 있는 것이다. 그리고 법인화한 영농조합들도 법인상의 조합원과 실제 활동농민들의 숫자는 다르고 법인상의 조합원 숫자보다도 더 많은 농민들이 각 법인조직에서 활동하고 있다.

무안양념채소영농조합 결성 이후로 무안군 안에는 여타 영농조합법인들이 새로이 결성되었다. 다양한 작목(축산, 시설채소 등)을 중심으로 결성되고 있는데 이들과의 직접적 관련은 거의 없는 편이다. 그렇지만 무안양념채소영농조합은 양파, 마늘을 중심으로 결성된 읍면영농조합들을 계속 결합해 나가고 있으며, 활동 폭을 넓혀 가고 있다.

초기의 11개 영농조합 가운데 망운영농조합이 없어지고 망운지역에서는 황토영농조합이 새로 참여하였다. 그리고 현경면의 석북영농조합, 해운영농조합, 무안읍의 무안읍영농조합이 새로이 가입하였다. 그리하여 1997년 3월 1일 현재 20개 읍면영농조합법인과 이를 포괄한 무안양념채소영농조합으로 이루어져 있다(〈그림 5-3-1〉). 1998년에 들어 375명으로 시작한 조합원 수도 580여명을 넘어서고 있다. 1998년 들어 광역 전문조합(서남부채소농협)으로 전환하면서 23개 단위에 조합원의 포괄범위는 더욱 넓어지고 있다.

조직구도를 보면(〈표 5-3-6〉) 조합장을 중심으로 밑에 상무가 있고 총무부장, 판매부장, 지도부장, 창고부장으로 나뉘어져 있다. 판매부장 밑에는 포장계가 있고 지도부장 밑에는 구매계와 육묘장이 있다. 농민들에게 각종 교육을 실시하고 영농조합의 활동을 확산하고 있는 지도부장과 상품의 선별 및 판매를 담당하는 판매부장이 농민들과 가장 자주 접촉한다.

〈표 5-3-6〉 무안양념채소영농조합의 읍면영농조합 추이

초기의 11개 영농조합(1993년12월) 17개 영농조합(1995년11월) 23개 영농조합(1998년 2월)		(조합원수)
해제서부영농조합 - 농민회원주도 (8)		42
해제중부영농조합 - 농민회원주도 (11)		33
해제동부영농조합 - (26)		48
운남영농조합 - 농민회원주도 (7)		13
송정영농조합		35
현경용정영농조합 - 농민회원주도 (7)		54
몽탄영농조합 - 농민회원주도 (6)		21
수양영농조합 - 농민회원주도 (8)		24
망운영농조합 - 농민회원주도 (5) …… 황토영농조합		16
풀빛영농조합(풀빛유통) …… 초기에 같이 활동하다가 탈퇴		
운남제일영농조합 (7)		27
새로 가입한 영농조합법인(95년말까지)	무안양념채소영농조합<군단위>	2
	현경동산영농조합	10
	현경현화영농조합	43
	현경두동영농조합	23
	운남호암영농조합	26
	운남동암영농조합	9
	해제만풍영농조합	48
	해제남부영농조합	29
95년말 이후 가입한 영농조합	무안읍영농조합	44
	해운영농조합	25
	석북영농조합	5
	일로	5
	지도	1(21)
	청계	6
	조합원수 합계	589명

* 괄호 안의 숫자는 등기상 조합원수, 지도의 경우는 실제 활동조합원수

2) 사업운영

(1) 시설

시설을 갖추는 데에는 정부의 보조금이 결정적이었다. 정부보조 16억원(8억은 농가로 주고 8억은 공장투자), 융자 4억5천만원, 농민출자 3억원(농가보조에서 출자) 등으로 재원을 마련하였다. 1995년초에 17억원을 조달하여 시설들을 마련하였으며 1995년 동안 총 30여억원을 투자하여 시설을 확충하였다. 1995년말에도 계속해서 시설규모를 확장해 나갔다. 500평의 집하장을 더 마련하였는데, 이는 저온창고의 저장이 일시에 몰려 집하장에 저장하여 나중에 다시 포장하여 유통하려는 의도에서였다. 주요한 시설로는 저온창고, 포장센타, 집하장, 선별장

〈표 5-3-7〉 무안군양념채소류유통영농조합 시설현황(1997.12.31. 현재)

<table>
<tr><td>조 합 명</td><td>무안군양념채소류유통사업영농조합</td><td>전화</td><td>(0636) 453 - 1982~3
FAX : 453 - 8320</td></tr>
<tr><td>주 소</td><td>무안군 현경면 송정리 454-3</td><td rowspan="10">시설현황</td><td rowspan="5">부 지 - 6,211평
저온창고 - 1,100평
예 냉 실 - 270평
선 별 장 - 381평
집 하 장 - 690평
전 시 장 - 100평
사 무 실 - 60평
교 육 관 - 160평
육 묘 장 - 510평</td></tr>
<tr><td>자연설립일</td><td>1993. 9</td></tr>
<tr><td>설립등기일</td><td>1993. 12. 9</td></tr>
<tr><td>사업자등록</td><td>441 - 81 - 08588</td></tr>
<tr><td>조 합 원 수</td><td>589 명</td></tr>
<tr><td>임 원 수</td><td>이사 18명, 감사 2명</td><td rowspan="5">선별포장기 4라인,
계근대 1식
지게차 6대,
파레트 4,300개,
소각로1, 깐마늘공장 1식,
깐양파기계 1대,
양파이식기 1대,
양파수확기 1대</td></tr>
<tr><td>직 원 수</td><td>11 명</td></tr>
<tr><td>공동 유대</td><td>무안군내 양념채소류 생산농민</td></tr>
<tr><td>출자 총액</td><td>728,770,160(7억2천8백만원)</td></tr>
<tr><td>자산 총액</td><td>6,931,407,727(69억3천1백만원)</td></tr>
</table>

등이 있고 작업기계로서 포장기, 지게차, 콤프레샤 등이 있다. 1996년 지원사업을 통해 육묘장도 마련하고 저장시설 등을 확장하였다. 1997년 말 현재 시설현황을 보면 〈표 5-3-7〉과 같다.

1995년 11월 당시의 시설에 비하여 1997년 말의 시설은 엄청나게 증가하였다. 400평이던 저온창고는 1,100평으로 늘었고, 선별장, 집하장 등도 2배 가량 넓어졌다. 그 외 지게차가 2대에서 6대로 늘었고, 파레트도 두 배로 증가하였다.

(2) 사업운영

무안양념채소영농조합은 수집상-중간상-도매상 등을 거쳤던 유통구조를 줄여 생산자와 소비자를 직접 이어주고 공동생산을 조직화하려는 의도로 시작하였다.

먼저 기존의 유통구조를 보면(〈그림 5-3-2〉), 수집상, 중간상인, 도매시장을 거치는 과정에서 유통마진은 물론 여러 가지 문제점이 있다.

수집상들은 대개 마을에 있지만, 가락동 중매인들에 의해 좌우된다. 따라서 가락동의 횡포에 대응하기 위해서는 이들을 조직화하는 것이 필요하다. 농협은 양파출하를 거의 하지 않고 소상인들이 주로 출하를 담당한다. 대상인들은 소상인들을 중간에 세워 여러 지역에 가서 사오게 하고 수집하여 경매시 상장한다. 이들은 중매인들을 장악하여 가격이 일정 정도 오를 때까지 입찰을 하지 않는다.

보통 수집상들은 가락동 농수산물시장의 도매상(도매법인)들에게 위탁판매하게 된다. 그런데 여기서 도매상들이 농간을 부린다. 도매법인은 수집기능을 하고 중매인은 분산기능을 해야 하는데, 도매법인들이 수집기능을 하지 않는다.

〈그림 5-3-2〉 기존 유통구조

생산농민 → 수집상 → 중간상인 (저장업자) → 도매시장 (중개,경매) → 최종소비처 → 소비자

〈그림 5-3-3〉 새로운 유통구조

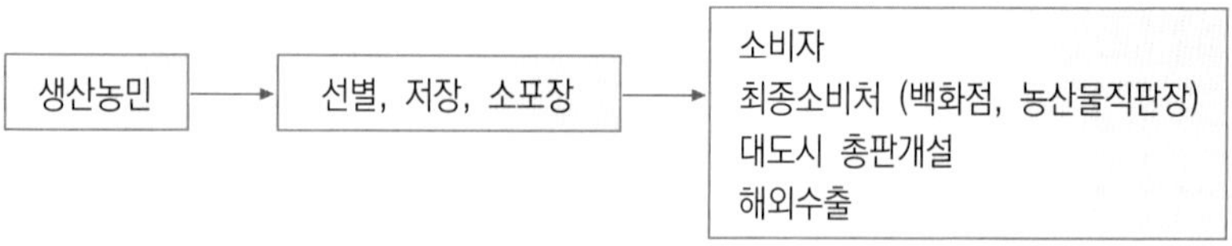

〈그림 5-3-4〉 무안양념채소영농조합의 사업과정

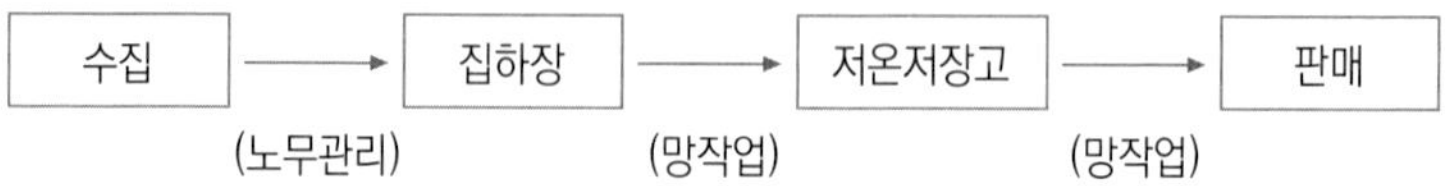

유통에서 가장 중요한 문제가 중간위탁상인들의 횡포를 막을 길이 없다는 점이다. 정부에서는 공개입찰, 상장제도입, 분산경매 등을 통해 이를 제지하려고 하였고, 중개인에게 수집기능만 부여하고 도매법인은 수집은 못하고 위탁판매만 하도록 하려고 하였지만 이들의 거센 반발로 사문화되고 말았다.

무안양념채소영농조합은 〈그림 5-3-3〉에서 처럼 선별, 저장, 소포장하여 생산농민과 소비자를 직결시키려고 시도하였다.

초기에 무안양념채소영농조합의 기본적인 작업은 새로운 유통구조에 근접하였으며, 농민들이 생산한 양파와 마늘을 수집하여 저온저장고에 보관하였다가 판매하는 과정을 밟았다(〈그림 5-3-4〉).

각 과정을 나누어서 살펴보자.

① 농산물 수집기능(집하장)

무안양념채소영농조합은 농산물 수집을 초기에는 농민들이 영농조합의 집하장으로 싣고 오는 방식을 주로 택하였으나 점차 영농조합에서 직접 수집하는 방식으로 전환하고 있다. 수집과정을 농민들이나 다른 수집자들에게 맡기면 양파를 저장할 때 손실율이 높다(많이 썩는다). 따라서 조합에서는 직원이 조합원의 신청에 따라서 인부들을 데리고 가서 직접 수집하거나 인부들을 연결시켜 주어 수집작업을 잘 하도록 한다. 1995년에는 무안양념채소영농조합에서 수매를 하였다. 조합원별로 일정량씩을 수매하여 무안양념채소영농조합에서는 선별 및 저장하여 판매하는 사업을 하였다.

무안양념채소영농조합에서 하는 일로 특이한 것은 노동력의 조달도 겸하고 일정한 노무관리를 한다는 것이다. 양파생산에 있어서는 수확시기에 많은 노동력조달이 필요하다. 특히 양파와 마늘의 수확이 겹치면서 동시에 모내기를 해야 하기 때문에 노동력수요가 가장 많은 시기에 주요 작업을 해야 한다.

② 저장기능(저온창고)

1,100평의 저온창고에 공동저장하는데, 양파의 경우 저장은 평균 6개월 정도의 기간 동안 한다. 1년까지 저장할 수 있으나 실제로 길게는 7-8개월 정도 저장한다. 마늘의 저장도 양파와 비슷한 기간 동안 가능하다. 그런데 마늘은 단가가 비싸서 위험부담이 많아 거의 저장을 하지 않았다. 월동배추의 경우 약 2개월 정도 저장한다.

저장작업 시에는 기계조작 기사와 망작업을 하는 아주머니들이 동원된다. 저장을 하기 위해서는 수집한 양파를 다시 망에 담는 망작업을 한다. 이 때에는 30여명의 아주머니들이 작업자로 동원된다.

③ 선별, 포장 기능(포장센타)

선별장에서 가락동농수산물 시장으로 출하하는 것들은 다시 깨끗하게 큰 자루에 포장하고, 직판장 등에 나가는 것들은 자동선별기 및 자동포장기계를 통해 다양한 크기로 포장한다. 제품들은 원산지, 생산자, 무게, 값 등 각종 상품정보를 바코드와 상표로 나타내고 0.5kg-50kg으로 그물망의 포장규격을 다양화해 운송 및 진열을 훨씬 수월하게 했다.

이처럼 포장 단위는 크게 보아 대형과 소형으로 나뉜다. 대형은 농수산물시장을 통해 출하되어 음식점 등에 공급되거나 농수산물 시장에서 다시 소포장화 되어 거래된다. 이 때 많은 쓰레기가 발생하는 문제점이 있다. 소형포장은 백화점이나 직판장 등 소비자가 직접 찾을 수 있는 거래처로 공급되는 것들이며, 오래 진열되어야 하기 때문에 견고하고 빛깔이 좋은 상품이어야 한다. 이러한 것은 생산과정에서부터 차별화가 진행되어야 한다. 즉 비닐을 안 씌우고 질소비료를 적게 쓰며 미생물을 많이 이용하여 재배할 때에 저장가능한 양파를 생산할 수 있다.

선별과정에서 아주머니들은 몇 개의 그룹으로 나뉘어 밭에서 가져온 양파들을 다시 포장하는 작업을 한다.

④ 출하(구판매)기능

1995년 사업에서 출하는 기본적으로 가락동 농수산물 시장으로 70-80%가 되고 있다. 나머지는 여러 지역의 농협이나 유통회사, 직판장 등으로 출하된다. 무안양념채소영농조합은 LG유통, 뉴코아백화점, 한양, 신촌농협, 한화유통, 거평, 인천 등에 공급하고 있다.

〈표 5-3-8〉에서 일반, 포장, 수출로 구분된 사업의 양파는 영농조합이 수매한 것들이다. 일부는 집하장에 모아 선별장에서 선별하여 출하하고 일부는 저장하였다가 출하하는 것이다.

〈표 5-3-8〉 무안양념채소영농조합의 양파매취사업현황(1995년)

구분	물 량	금 액	비 고
일반	309,950kg	8,673만원	가락동 청과상에 출하
포장	276,200kg	7,400만원	백화점 등에 소포장 출하
수출	597,180kg	1억7,038만원	일본과 대만에 수출
수탁	447,940kg	1억 455만원	조합원농민들의 양파를 판매대행
합계		4억3,566만원	

매취사업 가운데 일반사업으로 구분된 것이 가락동 농수산물 시장에 출하된 것이다. 주로 동아청과에 출하하고 있으며 20kg 대형포장을 하여 출하한다.

포장사업은 백화점 등에 소포장으로 출하하는 것으로 자동포장기를 사용하여 작업하고 출하한다.

일본과 대만으로 수출도 하고 있다. 1995년에는 1억 7천만원어치의 양파를 수출하였다. 6개의 유통회사들이 무안양념채소영농조합에 와서 수출계약을 맺었다. 일본과 대만 현지의 출하문제는 유통회사들이 담당하고 영농조합에서는 수집, 선별 및 포장, 컨테이너 상차까지를 담당하였다. 그런데 수출상품은 좀더 세밀한 선별을 요한다. 일정한 크기의 양파별로 선별해야 하는 작업에 많은 인력이 필요하게 된다. 밭에서 가져온 양파를 다시 10cm 이상, 8-9cm, 7-8cm 등으로 선별해서 다시 망작업을 하는데 50명 정도가 하루 작업해도 한 차 분량을 하기가 어려울 정도이다. 또 수출용 망은 가격이 좀더 비싼 것도 문제이다. 그리고 선별기준에 미치지 못하는 양파들은 가공업체 등에 싼 값으로 판매할 수밖에 없다. 따라서 약 2배의 가격으로 수출을 해도 큰 이익을 남기기 어렵다(국내에서 20kg포대당 3천5백원 할 때 6천원으로 판매계약하였다. 가공업체에 넘기는 것은 약 1천4백원 정도였다).

선별작업은 아주머니들이 하고 상차는 남자들이 하는데 근처의 방위병들이 아르바이트로 작업을 하기도 하였다. 그런데 수출시기가 6월이기 때문에 운송과정에서 손상이 갈 수가 있다. 유통회사들은 상차시의 물건가격으로 계약을 하고는 운송과정에서의 손실을 들어 대금을 일부 지불하지 않고 있는 실정이다. 따라서 직접 수출선을 확보해 나가는 일이 필요할 것으로 보인다. 또한 그후 노동력 조달의 문제는 선별기를 들여와 좀더 완화되었다.

수탁사업은 조합원 농민들의 양파를 판매해주는 사업이다. 농민들의 생산지에서 직접 수집하여 판매해주기도 하고 저장고에 저장해주다가 판매해 주기도 한다. 저장고에 저장하다가 판매해 주는 비율이 40%정도에 이른다. 이처럼 판매대행하는 것은 농민들의 요구에 따른 것이고 영농조합이 조합원들을 위해 하는 중요한 사업이기도 하다. 농민들은 개별적으로 출하하면 값을 높게 받지 못하기 때문에 영농조합 이름으로 판매를 요구하며 영농조합은 청과상과 교섭력을 가지고 높은 가격으로 출하해 준다(영농조합은 물량의 힘으로 청과상과 교섭력을 높인다. 다른 청과상으로 거래처를 바꾸겠다는 등의 수단도 사용한다).

무안양념채소영농조합은 각종 농자재와 시설자재의 공동구매도 하는데 대개 읍면영농조합들이 중심이 되어 해당 지역의 농민들의 신청을 수합하여 주면 무안양념채소영농조합에서 물량을 구입하여 각 읍면영농조합에 보낸다. 그러면 각 읍면영농조합에서 농민들에게 나누어 주는 방식으로 하고 있다.

1996년 농산물 판매사업 거래실적이 27억 9,300만원으로 아직은 미미한 실적이지만, 양파의 수탁판매사업은 밭떼기 판매에 비해 배 이상의 농가취득가격을 실현시켜 줌으로써 조합원들에게 자신감을 가져다 주었다. 그리고 양파의 매취판매사업은 가락동농산물시장 거래량의 약 4%를 차지하고 상품의 질을 향상시킴으로써 가장 우대받는 출하주가 되었으며 무안지방의 기존 상인들보다 8톤 1차당 60~100만원씩의 가격우대를 받게 되었다

1995년부터 1996년까지 무안양념채소영농조합의 구판매실적을 보면 〈표 5-3-9〉와 같다.

최근들어 백화점들에 소포장으로 출하하는 최종소비처와 연결이 어렵다. 지속적으로 관계를 확보하는데 인력상의 어려움이 있다. 그래서 가락동농수산물시장으로 출하하는 물량이 60%에 이르고 인천, 수원, 부천, 안양 등지의 시장으로 출하가 30%, 소포장으로 출하되는 것은 10%에 불과하다. 초기의 소포장을 통한 소비처에의 직접 유통이 점차 일정한 난관에 처하고 있다. 소비자들에게 가능하면 중간과정 없이 연

〈표 5-3-9〉 무안양념채소영농조합의 구판매실적

(단위: 천원)

사 업 별	95년 실적 (a)	96년 실적 (b)	97년 실적 (c)	비 고
구 매	179,743	824,943	76,713	
판 매	724,834	2,792,698	4,270,773	판매품판매대금 +수탁판매가수금
창 고	142,766	496,403	732,845	창고수익
차 입 금	1,378,580	1,778,580	1,720,180	
출 자 금	525,339	682,678	728,770	
생 장 물			10,559	

결해 갈 수 있는 방안을 탐색하는 것은 영농조합이 직간접적으로 모색해갈 일일 것이다.

⑤ 운영상황

무안양념채소영농조합은 1995년 10월 당시 31억 5천만원 이상의 자산을 보유하고 있으며 4천5백여만원의 당기순이익을 남기고 있었다(지출 약 7억 6,264만원, 수익 약 8억 720만원). 1996, 1997년 들어 조합 자체에서 밝힌 수지상황을 보면 〈표 5-3-10〉과 같다. 1996년의 경우 구매사업의 호조에도 불구하고 판매사업의 부진으로 적자를 보였으나, 1997년에는 반대로 구매사업의 부진에도 불구하고 판매사업의 호조와 생장물(육묘사업)의 이익으로 흑자계정을 보였다.

영농조합의 운영과 관련하여 가장 어려운 점은 운영자금을 원활하게 마련하는 것이다. 영농조합이 자금을 유통할 수 있는 방법은 몇 가지가 있다. 먼저 수출을 하면서 수출자금을 받아 쓰는 것이다. 수출가는 국내 판매가와 비슷하다. 그런데 kg당 박스대로 60원씩 국가로부터 보조를 받는다. 그리고 수출자금을 5천만원 융자받는다(1997년). 두번째로 계약재배를 할 경우 계약재배 자금을 융자받을 수 있다. 운영비

〈표 5-3-10〉 무안양념채소영농조합의 수지상황(1996년, 1997년)

(단위: 천원)

구 분		1996년			1997년		
		비 용	수 익	순수익	비 용	수 익	순수익
사업손익	구 매	4,478	101,419	96,941	38,358	15,604	-22,754
	판 매	496,537	399,846	-96,691	333,218	397,705	64,487
	생장물				1,949	3,923	1,974
	가 공				981	949	-32
	창 고	84,634	496,403	411,769	304,274	732,845	545,597
	계	585,649	997,668	412,019	561,755	1,151,026	589,271
일반대손상각		15,000			30,000	15,000	-1,5000
관리비	지도사업순비	25,771	1,890		47,025	1,000	
	인 건 비	173,364			191,575		
	퇴직급여금	21,345			15,694		
	제세공과금	8,995			3,634		
	경 비	127,915			158,271		
	계	357,390	1,890		416,199	1,000	
사업외 손익		82,947	24,764		56,437	45,532	-10,905
법인세 등		2,193			2,110		
당기순 이익		▲18,857			19,082		

의 25%, 즉 총계약금의 25%를 농협을 통해 농림부로부터 융자받을 수 있다. 그런데 농협이 담보를 요구하며 무안양념채소영농조합의 건물에 대한 담보평가를 낮게 하여 융자받기가 어렵다. 그리고 중앙회에서 내려온 자금도 잘 안 주려고 한다. (그래서 서남부채소농협으로 광역화하고 신용사업을 요구하는 것이며, 농협 회원농협으로 되어 자금을 직접 지급받으려고 한다). 세 번째로 포장센타 운영자금을 유통공사의 평가에 따라 융자받아 사용할 수 있다. 1997년에는 이 자금으로 5억원을 융자받아서 사용하였다.

1997년 경제사정의 악화로 운영자금난이 더욱 가중되고 있다. 이런 상황에서 영농조합은 조합원들의 판매대금이라도 조합이 융통할 수 있기를 바란다. 그러나 신용(금융)사업은 철저하게 금지되고 있어서 차선책으로 농협중앙회에 회원농협으로 지원자금이나 융자자금을 원활히 사용하고 싶어 한다. 그리고 농민들과 관련하여 자재구매사업의 경우 외상거래가 이루어지는데, 3개월 안에 상환하도록 유도하고 있으나 일부 상환하지 않는 농가가 있어 애를 먹고 있다.

무안양념채소영농조합은 1년에 10억원 정도 위에서 말한 방식으로 융자하고도 모자라서 은행 돈을 1억원 정도 더 융자해서 쓰고 있다. 1998년의 경우 양파, 마늘을 13억원 어치를 샀는데 운영자금은 11억원에 불과하였다(-2억). 이렇게 운영자금이 없다 보니, 농민들과의 구판매사업에서 외상거래가 힘들 뿐만 아니라, 어떤 사업(예를 들어 양파종자 구입 조달사업, 1997년에는 1억원 정도 손해를 보았다)이 부진할 경우 금방 운영난에 빠진다. 더욱이 모든 거래에서 점차 선불을 요구하기 때문에 운영자금의 원활한 융통이 더욱 절실하다.

4. 지역농민(조합원)과의 관계

무안양념채소영농조합의 특징은 다른 영농조합들에 비해 규모가 크면서도 조합 자체의 운영에만 집중하지 않고 조합원들과 다양한 관계를 만들어 가려고 노력하는 점일 것이다. 그 과정에서 양파와 마늘의 유통에만 집착하는 것이 아니라, 한편으로 새로운 작목 및 영농방식에 대한 실험을 시도하고, 다른 한편으로는 양파의 품질을 높이려는 시도를 하고 있다.

새로운 작목 및 영농방식에 대한 실험은 각 읍면영농조합별로 시도해 나간다. 또한 군단위(무안양념채소)영농조합의 지원사업을 통해 생산농가들을 지원하는 방식을 통해 이루어지기도 한다. 그 가운데 두드러진 것은 유기농단지화 사업으로서 3개 읍면영농조합이 하고 있다. 물론 해당 읍면영농조합의 일부 구성원만이 유기농사를 하며 대다수의 성원들은 일반농사를 하고 있다. 그리고 유기농가들은 단지를 확대해 가고 있으며 이 유기농단지에서는 양파·마늘 뿐 아니라 쌀, 고구마, 당근 등 유기농산물을 생산하여 계통출하하고 있다.

다른 한편으로 양파의 품질을 높이려는 시도는 생력화(省力化)를 함께 시도하는 것으로서, 육묘, 이식, 수확, 저장, 가공, 판매까지 대행하는 사업이다. 이를 위한 설비로는 프로그육묘장 500평, 일본제 양파이식기 1대, 양파수확기 1대, 저온창고 1,100평, 집하장 670여평, 선별장과 포장기계, 양파탈피기 1대 등을 갖추고 있으며, 1997년 육묘를 시작하여 좋은 성과를 올렸다. 그리고 이러한 사업의 연결선상에서 바로 계약재배가 시도되고 있다.

1) 읍면영농조합의 활동

읍면영농조합들이 주로 현경면, 해제면, 운남면에 집중되어 있는데, 이것은 이 지역이 주산지이기 때문이다. 처음부터 영농조합을 주도했던 농민들은 전문조합으로 출범하려고 하였지만 마을, 면단위조직화가 법적으로 필요하여 만든 것이다. 그러나 단순히 군단위 무안양념채소영농조합의 지시와 방식을 그대로 따르는 것은 전혀 아니다. 각 읍면영농조합법인들은 각자 자율성을 가지고 있으며 소속 조합원들이 독자적인 사업을 하고자 할 때에는 얼마든지 할 수 있다.

조직의 변화상을 보면, 초기에 같이 하려고 참여하였던 풀빛영농조합은 원래 몇몇 장사를 하던 농민들로 구성되어 유통회사로 활동하다가 영농조합으로 이름을 바꾸고 (지원받으려고) 무안양념채소영농조합에 가입하였다. 그런데 무안양념채소영농조합은 이용고중심의 배당을 하기 때문에 출자배당이 적어 자신들의 이해에 맞지 않게 되었다. 기계를 가지고 무안양념채소영농조합에 가입했던 이들은 가지고 들어온 기계를 가지고 나가면서 탈퇴하였다. 이들은 집하시설을 갖추고(저장시설은 갖추지 못하고 있다) 양파, 마늘의 포장판매사업을 독자적으로 하고 있다. 이처럼 순전히 이윤을 노리고 결성한 조직의 경우 무안양념채소영농조합과 함께 활동하기가 어려웠다.

또 다른 영농조합(운남)은 농민회원들이 주도하여 만든 것인데, 주도적인 농민 한 사람이 사업을 자기 개인중심으로 전개하려고 하여 조합원들과 갈등을 일으키다가, 자신은 혼자 친척들과 영농조합을 만들어 나가고, 남은 다른 조합원들이 다시 영농조합을 결성하여 무안양념채소영농조합에 계속 연결되어 활동하고 있다. 아주 일찍이 1991년 6월 25일에 조합원수 7명으로 결성된 이 〈운남영농조합법인〉은 농업공동이용시설의 설치, 운영, 농기계대여, 농작업대행, 수송 등을 목적으로 주로 농기계를 출자하여 만들어 졌는데, 이처럼 조합원들 간에 갈등으로 인하여 무안양념채소영농조합과 활동이 긴밀하지 못하였었다. 이렇게 읍면영농조합 내부에서 분열된 경우에는 군 단위와의 연결이 탄탄하지 못하게 되었다.

그리고 읍면영농조합들은 각자 개별 사업도 해 나가고 있다. 양파, 마늘 이외에 다른 작목을 하는 영농조합도 있으며, 다른 작목(오이, 고추, 축산 등)을 많이 하는 사람이 주도자이거나 성원들 가운데 다수인 경우에는 무안양념채소영농조합과의 결합력이 떨어지는 편이다. 마늘, 양파를 많이 재배하는 젊은 구성원들이 많고 주도자도 그러한 사람일 경우 무안양념채소영농조합과의 활동은 더욱 강화된다고 할 수 있겠다.

또한 이 지역이 양파와 마늘이 주작물이지만 적극적인 농민들은 항상 새로운 작목을 시도하고 새로운 영농방식을 실험해 나간다. 이러한 새로운 시도 자체를 무안양념채소영농조합이 전적으로 주도할 수는 없을 것이다. 무안양념채소영농조합은 각 읍면영농조합들의 조합원들에 공통적인 작목이나 영농, 작업 등과 관련된 일을 대규모로 벌여 나갈 수 밖에 없기 때문이다.

읍면영농조합들에서 새로운 시도로서 나타나는 유기농단지화의 방향에 대해 좀더 살펴 보자.

유기농단지화를 해 나가고 있는 〈용정영농조합법인〉의 경우 5농가가 중심이 되어서 유기농단지시설 지원을 받아 저온창고 80평을 마련하여, 양파 250톤, 마늘 80톤을 저장할 수 있다. 이 조합은 무안양념채소영농조합과 독립적으로 저장고에 저장하다가 상인에게 팔기도 하고 상인들을 불러 오기도 한다(편하다).

유기농을 지향하는 농가들은 유기농법으로 당근과 고구마를 재배하고 마늘, 양파, 벼 등을 일반재배한다. 무안양념채소영농조합과는 양파, 마늘의 계약재배 및 저장을 통해 관계를 맺는다. 자신들의 저장고에 유기농산물을 일시 저장하거나 양파, 마늘을 저장하기도 한다. 그러나 저장용량이 작기 때문에 무안양념채소영농조합의 저장고를 이용하기도 하며, 유기농산물은 유기농협회로 출하한다. 그런데 운송은 무안양념채소영농조합과 유기적으로 관련을 맺고 해 나간다. 1997년에 이 영농조합의 유기농산물 운송은 무안양념채소영농조합을 통해서 하였다. 1998년 11월에 고구마와 당근을 무안양념채소영농조합을 통해서 운송하고 있다. 양이 많을 때에는 용정조합에서 단독으로 처리하지만 양이 적을 때에는 무안양념채소영농조합의 운송차량에 함께 실어보내서 유기농협회로 운송한다. 이처럼 많은 경우 시설, 차량, 인력은 무안양념채소영농조합에 의존한다. 그리고 저장고 관리문제나 기타 유기농법과 관련되지 않은 여타 사항들에 관해서도 무안양념채소영농조합의 도움을 받는다. 즉 유통자금, 수송수단, 저장고관리기술 등에 관한 도움을 받는다. 물론 다른 일반농민들은 양파, 마늘을 통해 무안양념채소영농조합과 관계한다.

유기농단지화를 지향하는 또 다른 영농조합인 〈무안읍영농조합〉은 1996년 중소농고품질 농산물생산지원사업(2억5천만원 사업규모, 자부담 20%)을 통해 공동시설로 예냉시설 1동 30평, 미생물배양 및 발효사 2동 99평을 마련하고, 조합원들이 개별적으로 유기농업식 축사 4동 224평과 자연농업식 하우스 2동 660평을 마련하여 축산을 하고 있다. 이 영농조합의 경우 무안양념채소영농조합과 함께 할 수 있는 여지가 거의 없다. 단 조합원들 가운데 양파와 마늘을 재배하는 농민들은 여전히 무안양념채소영농조합과 관련을 맺는다. 그러나 새로운 축산방식을 지향하고 그것이 군단위와 공통적인 작목이 아니어서, 관련은 느슨해질 수 밖에 없다. 그렇다고 군단위 영농조합이 이러한 작목으로 쉽게 사업영역을 확장할 수도 없는 것이다.

채소를 많이 생산하는 〈현화영농조합법인〉은 무안양념채소영농조합의 하위조직으로 유지되어 오다가 1996년 2월 12일 '현화비가림영농조합법인'으로 등록하였다. 설립시 25명의 성원으로 하였고 1997년말에도 그대로 유지하고 있다. 6명의 조합원이 중심이 되어 1억 2천만원 출자하여 구성하였는데, 매월 모임을 갖고 유통정보, 기술정보 교환을 위해 그리고 무안양념채소영농조합과의 관계 및 사업실행 등에 관해 토론하고 있는 정도이다. 무안양념채소영농조합의 지도부장이 현화영농조합 회원이어서 더욱 그러하기도 하다. 이 조합 조합원들은 한국유기농협회 현경동부지회를 구성하고 있다.

이 영농조합은 하우스 채소를 많이 한다. 무안양념채소영농조합에서도 채소를 취급하지만 일반 농민들이 재배하는 월동배추를 저장하기 때문에 현화영농조합에서 재배한 채소는 무안양념채소영농조합을 거치지 않는다. 그래서 현화영농조합은 운송을 독자적으로 한다. 이 때 유통정보(가격), 다른 유통통로에 대한 소개 등을 무안양념채소영농조합이 해주고 있다. 물론 이 영농조합조합원들도 대개 양파와 마늘을 통해 무안양념채소영농조합과 관련을 맺는다.

이처럼 새로운 작목을 시도하는 읍면영농조합들을 새로운 작목과 관련된 사업을 독자적으로 전개해 나가지만 다른 여러 가지와 관련해서는 무안양념채소영농조합과 더욱 돈독한 관계를 유지한다. 그에 비해 무안양념채소영농조합과 유사한 사업을 하는 읍면영농조합의 경우는 무안양념채소영농조합과 관련이 적어 진다.

저장창고사업을 하는 〈황토영농조합〉은 처음에는 망운영농조합으로 무안양념채소영농조합의 하위조직으로 출발하였으나 황토영농조합(황토농산물유통영농조합)으로 명칭을 변경하였다. 이 영농조합의 경우 1995년 7월 28일 6명이 중심이 되어 설립되었는데, 정부지원사업(1996, 10억원 사업, 자부담 20%)으로 저온창고와 기타 부대시설을 마련하여 저장사업을 한다. 이 조직의 경우 조합원이 90여명 되는데, 조합원, 비조합원을 가리지 않고 양파의 저장을 해 주고 저장료를 받는다. 저장 들어갈 때는 선별하지 않고 출하 시에만 선별한다. 선별작업도 물건 넣은 사람들이 직접 해 나간다. 즉 영농조합은 저장시설을 빌려주고 저장비용만 받는 것이다. 출하시기는 생산자가 결정하며, 판매가격과 상관없이 냉장협회가 정한 저장비용(양파 평당 36만원, 마늘 평당 40만원)만 받는다. 즉 이 영농조합은 무안양념채소영농조합과 유사한 사업을 하기 때문에 무안양념채소영농조합과 직접적인 관련을 거의 맺지 않는다. 채소농협으로 확장해 가는 데에는 함께 하지만, 무안양념채소영농조합과 독자적으로 사업을 하며 농민들의 생산활동과 거의 관계를 맺지 않고 단순히 저장창고 역할을 하고 있다.

〈해제동부영농조합〉처럼 특별한 사업을 전개하지 않는 조합원들로 이루어진 경우, 읍면영농조합들은 농민들을 마늘, 양파를 매개로 무안양념채소영농조합과 연결시킨다. 해제동부영농조합의 경우 거의 농민운동을 같이 한 사람들이 주축인데, 면농민회원들 축으로 44명으로 구성되어 있다. 조합원들은 1995년 관수사업, 하우스 등 정부지원사업시에 무안양념채소영농조합을 통해 들어온 자금의 혜택을 받았다(각 농가 2백만원 정도). 조합원들은 양파와 마늘의 저장, 계약재배, 농용자재구판매 등의 사업을 통해 무안양념채소영농조합과 관계하고 있다.

대개의 읍면영농조합은 이러한 양상을 보이고 있다.

최근에 가입한 〈지도영농조합〉으로 모인 지도의 조합원들은 1998년 중반에 21명이었지만 늘어나고 있는 추세에 있다. 지도지역은 양파를 생산하기 시작한 것이 5-6년 정도 밖에 되지 않아서 유통망이 취약하다. 농협은 창고가 작아 저장능력이 떨어지고 상인들은 밭떼기를 해서 창고에 넣는다. 이러한 상황에서 종자구입과 저장을 위해 무안양념채소영농조합에 적극적으로 참여하게 되었다. 지도의 조합원들은 지도 안에 저장고가 없어서 바로 무안양념채소영농조합으로 가져 간다. 또한 지도조합원들 사이에는 농민운동한 사람들도 없다. 지도와의 관계에서는 무안양념채소영농조합 쪽에서 먼저 접근하였다. 지도의 상층농가들의 모임인 '지농회'[6] 모임에 조합장이 가서 함께 회의도 하고 또한 교회를 통해서 연결을 맺어 왔다. 1997년에는 계약재배가 없었지만, 1998년 계약재배회의(1998년 8월 26일)에는 지도농민들이 여럿 참여하여 관심을 보였다. 또한 지도의 양파는 재배한지 몇 년 되지 않아서 질도 좋아(단단하다) 저장용 양파로는 적격이기 때문에 무안양념채소영농조합도 적극적으로 관계를 맺고 있다.

이상에서 처럼 읍면영농조합들은 다양한 방식으로 무안양념채소영농조합과 관계를 맺고 있다. 무안양념채소영농조합이 감당할 수 없는 새로운 작목으로 전진해 가기도 하고, 유사한 독자사업을 벌리기도 한다. 그러면서도 읍면영농조합은 공통적으로 양파와 마늘을 통해서 무

6) 지농회는 40명 정도의 농사규모가 큰 농민들로 구성되었고 3년 정도 되었다. 1년에 1회 이상 2박3일 정도 견학 및 관광을 한다. 1997년에는 1박2일로 농공단지를 견학하였다. 모임은 불규칙적이지만 1년에 약 4번 정도 모인다. 특히 출하관계에 대해서 많은 논의를 한다. 1) 파종시기에는 종자구입관계, 파종지도에 대해서, 2) 관리시기(봄)에는 시비시기 등에 대해서, 3) 판매시기(출하시)에는 반드시 모여서 농사정보를 교환한다. 지농회원들은 농자재공동구입을 시도해 보았지만 운영자금이 없어서 어려웠다. 이러한 문제들을 무안양념채소영농조합을 통해서 해결해 갈 수 있었기 때문에 서로 결합하게 되었다.

안양념채소영농조합의 사업과 조합원들을 연결해 준다. 이러한 읍면영농조합들의 움직임을 무안양념채소영농조합 쪽으로만 끌어들이려고 하기 보다는, 각자의 독자적인 사업을 확장하도록 유도하면서도 공통으로 할 수 있는 사업을 더욱 강화하는 방향으로 나가야 할 것이다.

2) 계약재배

양파계약재배는 수급안정을 위한 것이다. 물량공급의 진폭이 배추의 경우 －18%～＋28%, 양파의 경우 －28%～＋54%에 이른다. 따라서 계약재배의 경우 최고가격을 기대하기 보다는, 최저가를 보장하면서 안정된 가격실현을 목적으로 한다. 또한 계약재배는 단순히 가격 문제를 넘어서서 조합과 농민들 간에 신뢰관계가 있어야 하며, 나아가 새로운 영농법 및 색다른 관계를 만들어 갈 수 있는 계기가 될 수도 있다.

무안양념채소영농조합은 만들어지면서부터 계약재배를 통해 농민들과 관계를 맺으려고 생각하였다. 그러나 1997년에 들어서야 시작하게 되었다. 1997년말(12월 5일)에 계약을 체결하여 1998년에 출하하는 물량에 대해서 계약재배를 실시하였다.

1997년 계약재배 상황을 보면 양파 900톤과 마늘 180톤(실제 172톤)을 계약하였다. 양파는 56농가(조합원)와 800개(20kg 망)씩 계약(400만원)하고 계약체결시 선금(계약금)을 100만원씩(한 사람만 1,000개에 계약금 125만원)을 지불하였다. 합하여 45,000개(900톤)에 계약금 총액이 5,625만원, 계약총액이 2억 2,500만원에 달했다.

마늘은 23농가와 2-25톤의 재배계약을 하여 총계약량은 172톤에 달했다. 1톤당 31만원의 계약금을 지불하였고, (100평에 2톤 정도 생산, 면적으로 따지면 8,600평) 계약총액은 2억 6,660만원에 달했다. 1997년말 1998년초에 걸친 계약재배는 마늘, 양파 합계 4억 9천 160만원(약 5억원 어치 계약재배)에 달했다.

계약가격은 양파의 경우 20kg당(망1개) 5천원, 마늘은 1kg당 1,500

원에 하였다. 평년의 가격을 예상하고 정한 것이었다. 그런데 올해 양파와 마늘 작황이 부진하여 값이 크게 뛰었다. 양파의 경우 7천원까지 오르기도 했었다. 여기서 농민들이 흔들리기 시작하였다. 조합에 내면 손해를 본다는 생각에 상인들에게 직접 출하하기도 하였다.

그러다 보니까 조합원들 사이에 계약재배한 경우 질이 낮은 상품으로 출하하려는 경향이 있었다. 대개 계약재배 물량 보다는 많은 물량을 생산하고 있었기 때문에 먼저 좋은 상품을 상인들이나 다른 통로를 통해 팔고 질이 처지는 상품을 조합에 내는 것이었다.

이러한 과정에서 조합은 처음 계약시에는 등급차별 없이 구입하기로 하였으나 수집할 때에는 품질에 따라 3등급으로 나누어 받았다(1등급 6,500원, 2등급 6천원, 3등급 5,500원). 그리고 질이 아주 떨어지는 상품은 직접출하를 유도하였는데, 1997년의 경우 3농가의 상품을 밭에서 직접 출하하도록 유도하였다. 일단 조합에 들어오는 양파나 마늘은 저장고에 들어갔다가 출하되는데, 저장할 수 없는 양파의 경우에는 이처럼 직접 출하를 유도하고 상인들과 연결시켜 주기도 한다.

수확 당시에는 상품판별이 어렵다. 영농조합으로서는 쉽게 변하지 않고 저장을 해도 손실율이 적은 상품을 판별하는 것이 중요하다. 농민들은 여전히 다량의 비료를 써서라도 겉보기로 좋은 상품을 대량으로 생산할 생각에 사로 잡혀 있다. 조합은 저장을 해야 하기 때문에 저장이 가능한 상품을 판별해서 구입하려고 한다. 상인들의 경우 이러한 판별에 별로 신경을 쓰지 않는 경향이 있다. 상품 값의 등락에 따라 차익을 챙기려는 생각에서 구입하기 때문에 저장과정에서 상품의 변화 등에는 크게 신경 쓰지 않는다. 이와 관련하여 조합은 상품판별을 통해서 농민들에게 상품의 고품질화를 촉구하고 있다. 특히 양파의 경우는 재배장식에 따라서 품질의 차이가 두드러지며 저장과정에서 현저하게 드러난다.

양파는 손실율이 평균 20% 정도 된다고 한다. 손실율을 10% 정도 유지하는 것이 중요하다. 질이 안 좋은 양파의 경우 손실율이 40%까지 된다. 무안양념채소영농조합의 경우 품질의 판단은 판매부장이 하는데, 농민들도 거의 대부분 수긍한다.

마늘은 부패문제가 적으며 크기가 문제가 된다. 마늘의 질에서는 점박이인가 아닌가가 중요하고 얼마나 잘 말렸는가(건조도)가 중요하다. 계약재배 상품의 수매 시에 마늘은 차등을 두지 않았다. 마늘가격이 너무 좋았기 때문이었다. 경상도 지역의 경우 마늘재배면적이 작기 때문에 마늘도 크기에 따라 선별하여 출하한다. 무안지역에서는 상인들이 선별 안하고 사가며 농민들도 선별을 하지 않는다.

계약재배의 경우 농민은 선금을 쓸 수 있는 이익이 있다. 조합도 판매이익금을 환원하려고 의도한다. 1997년에 양파의 경우 5천원에 계약했지만(6월 30일 기준) 양파값이 뛰어서 계약액과 판매차익을 조합과 농민들이 반분하기로 하였다. 마늘의 경우에도 판매이익금의 1/3을 농민들에게 배분하기로 하였다. 1998년 8월 26일에 열린 계약재배 회의(무안양념채소영농조합 교육관, 57명 참석)에서 조합원들 가운데 일부가 계약재배 가격에 대해 불만을 드러냈고 조합은 이익금을 반분할 것을 약속하였다. 그래서 양파의 경우 5천원에 계약을 하였지만 최고상품의 경우 조합원은 6,500원까지 받았다. 마늘의 경우도 1,500원에 계약하였으나 2,200원까지 받았다.

그리고 가격이 시기별로 차이가 나기 때문에 1998년 계약에서는 가격결정 기준일도 계약재배대표(5명 정도)와 이사회대표들이 협의하여 결정할 예정이다. 농민들이 가장 예민한 부분에 대해 함께 결정해 나가는 방향을 취하려고 한다.

그리고 계약불이행 농가에 대해서는 일정한 제재를 가하고 있다. 그 해의 작황에 따라 기준을 정하려고 하는데, 1997년에는 양파의 경우 계약량의 80% 이상을 이행하지 못한 농가(9농가), 마늘의 경우 계약량의 60% 이상을 이행하지 못한 농가(11농가)에 대해서는, 미달량에 상당하는 계약금을 위약금으로 되돌려 받았다. 마늘을 재배한 농가 가운데 3농가는 계약재배한 물량을 전혀 내지 않아 계약금(선금)과 계약금에 대해 25%의 이자를 덧붙여 위약금을 냈다.

이처럼 처음 실시한 계약재배에서 조합은 양파에서는 손해를 보았고 마늘에서는 이득을 보았다. 그러나 합해서 애초에 5천만원 정도 적자를 예상하고 시작하였던 것에 비하면, 운영수지 면에서는 큰 어려움은 없었다. 1998년에는 양파 1,800톤, 마늘 300톤을 계약하려고 계획하고 있다. 이것은 1997년에 비해 두 배 가량 늘어난 물량이다.

그러나 계약재배는 단순히 이러한 내용들(농민과 조합의 거래)에만 의의가 있는 것이 아니다. 조합은 계약재배를 통해 농민과 좀더 긴밀한 관계를 정립하려고 한다. 각종 종자 및 농자재의 공동구입, 규격품 공급을 통한 포장과 선별기능을 통하여 고품질을 지향하는 재배방식을 확산시키려고 한다. 그러나 농민들은 여전히 과학농법에 치우치고 수확량만을 많이 내려는 생각에 집착하는 경향이 있다. 조합은 노동력 조달을 통한 관계, 판매대행을 통한 관계를 넘어서서 계약재배를 통해서 농민들의 생산과정에 대해서도 관련을 맺어 가려는 의도를 보인다. 그래서 계약재배의 경우 종자, 포장도구(망) 등을 규격화하고 재배방식에 대해서도 일정한 요구를 하고 있다.

계약재배의 노하우가 없는 상태에서 첫 해의 시도는 많은 어려움을 겪었다. 농협에서는 1997년의 경우 최고가격(7천원)으로 농민들에게 계약재배 가격을 책정해 주었다. 이 지역에서 200평 정도의 저장고에 저장할 정도의 적은 양을 하였지만, 농협은 계약재배에서 적자를 보더라도 신용사업을 통한 수익으로 보전할 수 있다는 생각에서 최고가격을 제시하였다. 문제는 농민들과의 어떤 관계정립을 시도하지 않고 또한 수집한 양파를 대상인들에게 넘겨 버린다는 것이다. 이처럼 농협의 계약재배는 농민들에게 최고가격 실현이라는 환상을 심어주어 계약재배의 기본취지를 흐리게 하고 있다.

또한 수집상들이 많이 활동하고 있는 상황에서 가격폭등 시에는 계약농민들의 위약사태도 흔히 나타날 수 있다. 가격하락 시에는 조합이 많은 손실을 볼 가능성도 있을 것이다.

그리고 1997년 계약재배에서도 마늘의 경우 계획한 계약량을 채우려고 하다보니 농민들의 자발성에서 라기 보다는 조합 쪽의 의도에서 이루어지는 경우도 있었다.

이러한 상황에서 계약재배량을 늘려 가는데 어려움이 많다. 그래서 1998년부터 조합은 계약재배의 내용을 좀 바꾸어 나가려고 한다. 즉 계약을 하되 기본가격을 설정하고 판매하여 그 이상을 받을 경우 그 판매이익금을 모두 조합원들에게 되돌려주는 방식으로 나아가려고 한다. 이 때 조합은 많은 양을 계약함으로써 계약재배 융자금을 활용하여 가격폭락시 손실보증금으로 예치해 두고 이자소득으로 보상하려고 한다.

그리고 조생종 양파도 계약재배를 하려고 하고 있다(1998년 1,800톤 계획량에 포함됨). 조생종 양파의 경우는 수확하면서 곧바로 출하하는 품종이다. 그래서 조합에서는 꼭 저장을 하려는 것은 아니고 계약재배를 해도 양파의 소유권은 농민들이 가지고 있는 방식으로 한다. 즉 조합원들로 하여금 계약재배 선도금을 받고 자신의 양파를 저장하거나 자신의 책임 하에 판매하도록 한다. 이 때 조합은 저장을 해 주거나 유통을 대행해 주는 것이다. 즉 판매대행에 근접한 계약재배 형식을 취한다고 볼 수 있다.

마늘의 경우도 계약재배로 해서 저장료만 받고 판매대금 전부를 농민들에게 되돌려 주려고 한다. 조합운영만 된다면 굳이 이익을 올리는데 열을 올릴 필요가 없다는 것이다. 그리고 계약재배를 통한 운영자금을 마련하여 그 이자소득으로 (가격 하락시) 손실을 보전하려고 하는 것이다. 그러나 이러한 방식으로 나가는 것은, 저장을 할 경우 일단 외국으로부터의 수입이라든지 특이한 상황이 아니면 어느 정도 안정된 가격을 실현할 수 있을 것이라는 유통에 대한 자신감이 있기 때문에 가능한 것으로 생각된다.

3) 노동력조달과 조합원(농민)교육

(1) 노동력조달 문제

무안양념채소영농조합은 저장 및 선별작업에서도 많은 노동력을 필요로 한다. 이 경우 많은 노동력을 영농조합에서 조달한다. 조합에서는 항상 30명 가량의 아주머니 노동력을 사용한다. 60대의 할머니들로 함평(엄다), 무안(읍) 등에 사시는 분들이며 자기농사가 적은 사람들(논농사 조금씩 하는)이다. 무안양념채소영농조합 단위에서 60명 정도는 보통 조달한다. 최고로 많이 고용할 때에는 150여명을 조달하여 작업한다.

이들은 광주에서 많이 오고 목포, 순천, 장흥, 강진 등에서도 온다. 멀리에서 오는 경우는 관광차와 소개자가 연결되어 1인당 차비를 5천원씩, 소개비 1천원씩 주고 동원된다. 조합에서는 소개자(운전자)에게 1인당 3만원에 상당하는 임금을 합해서 주면 그들이 나눈다.

무안양념채소영농조합과 직결된 노동력조달은 조합과 계속 관계를 맺는 작업반장이 한다. 작업반장은 작업에 대해 잘 알고 사람들을 동원할 수 있는 아주머니로, 보통 작업반장 한 사람은 15명의 노동력을 동원하고 작업방식을 일러준다. 조합은 작업반(장)에게 동원하여 온 15명에게 차비 6만원과 반장비 2만원을, 그리고 개별 노동력에게 일당을 2만5천원씩 지급한다.(1998년)

양파 중에서 저장품목이 아닌 조생종의 경우 시장에 직접 출하하게 되는데 출하시 조합원들이 노동력 동원을 요구하는 경우가 있다. 조합은 포장기능을 일정하게 갖춘 노동력을 동원하여 요구하는 조합원들의 작업지로 배치해 준다. 4-5월 조생종 수확기에 가장 많이 이루어지는데, 노동력을 조달하는 노무반장 격인 사람('엄다댁')이 있어 이 사람이 능력이 있는 아주머니들을 수집하여 조달한다. 조합원들은 필요한 노동력량을 영농조합에 요구하고 영농조합에서는 그에 대해 작업지로 그 노동량의 인원을 파견한다. 임금은 영농조합에서 미리 지급하며, 조합원의 생산물을 유통시켜 주고 들어온 대금 가운데 임금 및 제반 수수료를 제한 뒤 조합원 생산자에게 지불한다. 10월에서 1월 사이에도 포장작업에 많은 인력이 필요한데 이 때에도 이렇게 노동력을 조달한다.

가격의 등락에도 불구하고 작업을 지속적으로 해야 하고 그래서 노동력 동원 숫자는 3달 정도 동안 일정한 수를 유지한다. 이러한 노동력 배치를 통해서 포장작업을 좀더 양호하게 하도록 한다.

생산농민들과 연계를 강화하기 위해서는 노동력 조달을 적극적으로 해 주면서 생산지도 및 작업지도를 하지 않으면 안 된다. 이러한 역할을 작업반장들이 하고 있다. 이들은 속칭 '망잽이'라고 하는데 수확작업 시에 망에 넣는 작업을 전문적으로 하고 사람들을 동원할 수 있는 능력을 지닌 사람들이다. 수확기에는 무안지역(특히 터미날 부근)에 노동력시장이 형성된다. 여기서 그 노동력을 결집하여 조달하는 사람들이 있다. 이들을 포괄하는 것이 생산농민들과 연결되는 중요한 고리가 된다. 영농조합은 1995년에는 이러한 고리가 원활하지 못하여 많은 어려움을 겪었다. 예를 들어 조합원 농민이 노동력조달을 원할 때 제대로 조달해 주지 못하는 일이 있었다.

1997년에는 몇 농가가 수확을 의뢰하여 조합에서는 노동력을 동원하여 작업을 해 주었다. 작업인부의 임금 및 영농조합 작업자도 임금을 받는다. 30-40 농가가 조생종을 재배하는데, 4월말 6월초 수확할 때 다른 작업과 겹쳐 아주 바쁘다. 영농조합에서는 판매를 대행해주고 상차까지 감당해 준다. 조합에서는 판매수수료의 1%를 받는다.

보통은 수확작업만을 하고 상차작업은 농가가 직접 감당한다. 그런데 노동력이 부족한 농가는 상차작업까지 의뢰하기도 하며, 이럴 경우

조합의 운송을 고정적으로 담당하는 차량 2대[7]와 더 필요한 차량들을 동원하고 작업팀을 꾸려 작업해 준다. 상차작업은 몇 사람이 팀을 짜서 하며 1998년에는 8톤 차량 상차시 8-10만원을 받는다. 바쁠 때에는 조합관련 차량도 4-5대 정도 작업하며, 1팀이 1차(운송차량 1대분)를 상차하며 하루 700-800평의 작업을 한다.[8]

(2) 조합원교육

1월이나 2월에 조합원 정기총회를 개최한다. 1998년에는 정기총회를 하면서 무안양념채소영농조합을 확대개편하는 전남서남부채소농업협동조합 창립총회도 겸해서 하였다.

조합원 전체에 대한 교육은 영농조합 교육관에서 한다. 1997년의 경우 여름(8월 8일)에 '고품질 양파재배를 위한 조합원교육'을 창녕양파연구소 원장을 초청하여 하였다. 11월 21일에는 1998년산 마늘, 양파 계약재배 교육을 실시하였다. 이처럼 1997년에는 품질향상을 위한 교육과 계약재배를 위한 교육을 한 바 있다.

1998년의 계약재배 회의에서는 처음 실시한 계약재배의 목적과 조합원들이 지켜 주어야 할 것 등을 주지시키고, 여러 가지 당부사항을 전달하였다. 농민들은 여러 가지 불만을 토로하였고 조합의 방침에 대해 이의제기하는 모습도 보였다. 동시에 지도부장이 농산물 재배면적 상황 및 예상가격에 대해 전망해 주었고, 재배방식에 대한 세세한 설명을 하였다.

---

7) 이 차량 2대를 운전하는 두 기사는 자신들의 차를 가지고 조합에 들어와 운송을 전담하고 운송요금을 받는다. 이들은 조합의 직원은 아니지만 유통과정에서 판매부장과 함께 움직이며 각 시장상황에 따라서 고속도로 상에서 출하시장을 변경하는 민첩성을 발휘하여 높은 가격을 받는데 중심적인 역할을 하기도 한다.

8) 상인들은 자기 고정인부를 데리고 다니면서 하루 1차 정도 작업하며 팀을 연중 운영한다.

무안양념채소영농조합에서 하는 농민교육 가운데 특이한 것은 마늘 양파에 대한 재배의향조사를 하여 기초자료로 이용하는 것이다. 전국 의향조사를 알려주고 또한 각 읍면별 영농조합 교육시에 개별농가의 마늘양파 재배의향조사를 실시하여 그 결과를 다시 조합원들에게 알려주고 가격의 동향에 대해서도 예측해 준다. 조합원들은 그러한 조사 자료에 기초하여 마늘과 양파의 재배면적을 조절할 수 있다. 물론 작년에 가격이 좋았던 것을 더 많이 심는 경향을 완전히 벗어나지는 못하지만 점차 조합원들이 재배의향조사결과에 근거하여 재배작물 규모를 조절하는 쪽으로 움직이고 있다.

전체 조합원교육과는 달리 읍면영농조합별로 모임을 하는데, 조합장 및 지도부장 또는 상무가 모임에 참석한다. 이 지역모임은 1-2월에 주로 하는데, 하나의 읍면영농조합 단위로 할 경우도 있지만 2-4개 읍면 영농조합들이 함께 하는 방식으로 진행하기도 하였다. 1997년의 경우 8번의 지역 모임에 지도부장을 비롯하여 조합장과 상무가 참여하였고 읍면영농조합 총회에도 2번 참석하였다. 조합원교육에서는 조합원의 원칙과 사업방향을 재확인하고 지도관리하는 한편, 생산기술지도에도 힘쓰고 있다.

1998년 11월 18일, 해제면 만풍2리에서 열린 만풍영농조합 회의에서(보리 수매와 겹치는 관계로 10여명의 조합원들만 참석하였으며, 60세 이상의 노인들이 많았다.) 주요 논의주제는 재배기술, 종자문제, 알맞은 비료의 종류, 시비방법 등에 대한 것이었다. 조합(조합장, 상무, 지도부장 참석) 쪽에서는 변질되지 않도록 재배하는 방법을 설명하였다. 또한 '저온저장을 위한 시비요령'이란 간단한 문건을 준비하여 설명하였고, 참석자들은 서로의 농사경험, 시비방법 및 효과들에 대해서 토론하였다.

그리고 계약재배에 대한 설명과 많은 질문이 뒤이어졌다. 참석자들은 판매과정에 대해 조합원들에게 좀더 상세히 알려 줄 것을 조합에

촉구하였고, 조합에서 공급하는 각종 농자재 및 규격품들에 대해서 문의하였다. 농민들은 '계약'재배 보다도 판매'대행'에 관심을 기울이고 있다는 인상을 받았다. 즉 조합이 잘 팔아주었으면 하는 것이 농민들이 원하는 것이었고, 이러한 점에서는 조합을 믿는 분위기였다. 이 지역모임에서 계약재배 계약을 하기도 하였다. 또한 농자재에 대해서 사용해본 농민들이 평가하기도 하였다.

조합원들에게 어떤 미끼를 던지면서 가르치는 교육이 아니라 서로 토론하는 방식 속에서, 정리된 대화로 진행되지는 않지만 오히려 다양하고 마음 속에 있는 얘기가 나올 수 있었다.

4) 광역전문조합화

무안양념채소영농조합은 1995년말 무안군 양파생산자협의회와 전남양파생산자협의회에 가입하였으며 영농법인전국협의회에 가입하여 활동하고 있었다. 지역 안의 전문조합인 나주시원예농협, 광주원예농협 등과, 그리고 한국참다래유통사업단, 경남창녕양파조합, 경남계성농촌지도자영농조합법인, 고흥양념채소영농조합법인 등과 유대를 강화하고 있었다.

애초의 의도대로 1995년에도 무안양념채소영농조합은 전문조합으로 발전해 나가려고 하였다. 그런데 당시 무안함평지역이 주산지로서 지역단지를 이루고 있었는데 무안양념채소영농조합은 무안지역만을 감당하고 있는 실정이었다. 지리적으로 인접해 있어서 사업을 함께 해 나간다면 전국적인 교섭력을 강화할 수 있을 것으로 생각하였다. 그래서 1995년 말(11월)에 함평지역과 무안양념채소영농조합이 결합하기 위한 협의를 하고 있었다. 문제는 무안양념채소영농조합은 이미 46억 정도의 자산을 지니고 일정한 사업을 하고 있는데 함평지역에는 아무 것도 없고 새로 사업을 시작하면서 통합해 나가야 하는 문제가 있었다.

그래서 사업장을 2개로 운영하는 방식으로 가게 될 것으로 전망되었다. 실제로 당시 함평 쪽에서는 자금을 지원받아 새로이 대지를 구입하고 시설을 마련해 가려고 하고 있었다. 이렇게 해서 함평과 무안지역에서 통합적으로 운영하는 광역조합으로 발전해 나가려고 협의하고 있었다.

애초에 무안군농민회가 구상했던 대로 전문농협으로 조직개편의 필요성이 계속 제기되었었다. 1997년 8월 19일에 무안군, 함평군, 신안군, 해남군, 고흥군(전국재배면적의 양파 48%, 마늘 47%, 그 외 채소류 전국재배량의 높은 비율을 차지)을 관할 구역으로 하는 광역 전남서남부채소농업협동조합 발기인대회를 가졌다. 그 뒤로 설립준비회의(1997년 9월 5일)을 거쳐 1998년 2월 18일 창립총회를 가졌다. 드디어 무안양념채소영농조합은 1998년 7월 4일 법적 절차를 마치고 '전남서남부채소농업협동조합'으로 개편되었다.

무안양념채소영농조합에서 서남부채소농협(광역화)으로 바뀌면서 나타난 변화는 우선 신안(지도)지역의 조합원들이 많이 늘어났다는 것이다. 조합원으로 가입하였을 뿐만 아니라 저장의뢰를 많이 한다. 조합장과 지도부장이 채소농협 발족을 설명하기 위해 지농회를 방문하였고 꾸준히 관련을 맺어 왔던 것이다. 신안군 쪽에서는 무안과 유사한 형태로 농민회장 출신인 도의원이 군단위 영농조합을 만들려고 하고 있다. 그러나 지도의 농민들은 현재 무안과 결합하고 있다. 이것은 무안양념채소영농조합이 그 동안 지역에서 해온 활동에 대해 지도 농민들이 적극적으로 지지하기 때문이다.

그리고 해남, 함평, 고흥과는 판매의뢰나 시장정보를 교환하는 수준에 있다. 함평지역은 유통을 상인들이 주도하고 있으며, 농민들이 주도하고 있는 함평읍의 경우 일부가 서남부채소농협에 가입해 활동을 같이 하려고 한다. 함평과 신안 쪽은 다시 지역별로 세분하여 대의원을 구성하고 있을 정도로 진전되었다. 함평은 13군데, 신안은 7군데의 하위단위를 대표하는 대의원을 선정하였다. 그에 비해 해남과 고흥은 군 단위로 연결을 맺고 있는 실정이다.

조합원구성을 더욱 광역화해 나가지만 실질적인 활동은 무안양념채소영농조합의 활동에서 지도 쪽의 농민들을 포괄하는 활동으로 확장된 정도이다. 물론 전문조합으로 개편됨으로써 다른 교섭력을 키우고 활동을 광역화하려는 것이다.

무안양념채소영농조합은 수확기를 도입하여 많은 노동력을 조달해야 하는 수확시기의 어려움을 해소해 나가고, 더 나아가서는 계약배재를 통해 재배방법의 개선까지도 시도하려고 하였다. 이를 통해 생산조절도 할 수 있는 방향으로 나아가려고 하였다. 이러한 방향은 생산농민과 연결되는 조직화의 방향이라는 점에서 지역농업발전에 있어 중요한 것이라고 생각된다.[9] 생산농민과의 연계가 약해지면 그야말로 이런 광역화되는 전문조합들은 대(大)상인의 기능을 담당하는데 그칠 위험성을 항상 지니기 때문이다.

그리고 내적으로는 조합운영의 효율성을 극대화할 수 있는가 하는 문제도 있다. 전문조합이 조합 형태로 필요한 기업적인 능동적 운영 및 사업전개를 해 나갈 수 있을 것인가 하는 것이 중요한 문제로 부각된다. 현재의 영농조합들은 조합의 형태를 띠고 있지만 회사의 운영방식을 많이 지니고 있으며 조직의 리더들의 역할이 매우 중요하고 적극적으로 관철된다. 광역화한 전문조합으로 나가면서도 기업적인 효율적 운영방식을 유지해 나가는 것이 사업단위로서 중요한 문제가 된다고 할 수 있겠다. 결국은 전문농협화는 자본주의 사회 속에서 소생산 농민들을 결집하여 전국적인 유통망과 연결시키는 기능을 하게 될 것으로 보인다.

---

9) 지역농업조직화의 관점에 대해서는 박진도, 『한국자본주의와 농업구조』, 한길사, 1994를 참조. 또한 일본의 경험에 대해서는 박광서, 『농업생산조직과 지역농업조직화-일본의 경험』, 전남대출판부, 1997을 참조.

이 과정에서 조직 내적으로는 조합적 운영방식과 기업적 운영방식이라는 이중적 운영방식이 작동할 것으로 보인다. 즉 소생산농민들의 이해에 부합하는 방식의 운영과 자본주의 시장기제 속에서 교섭력을 높이고 힘을 행사해 가는 것에 주안점을 두는 방식의 운영이 작동할 것이다. 여기서 문제는 생산농민과의 연계를 다양한 방식으로 강화함으로써만이 기업적 운영방식이 결국은 생산농민들에게도 혜택이 돌아갈 수 있는 방향으로 전개될 것이라고 생각된다. 생산농민과의 연계가 약해지면 조합 자체의 운영수지 강화에 초점이 맞춰지고 그 운영수익이 나중에 농민들에게 배당이 된다 하더라도 그 의미는 약할 것이다.

더 나아가 전문조합들이 생기면 전문조합연합회가 전국 수준에서 묶일 것이다. 이렇게 될 때에는 주산지의 생산 단위를 넘어선 시장교섭(marketing)이 필요하게 될 것이다. 또한 연합회 단위와의 유기적 관련 속에서 그 교섭력을 발휘해 나가는 문제가 중요하게 될 것이다.

서남부채소농협은 농협중앙회의 회원조합으로 가입하려고 하며, 산지도매시장의 설립을 생각하고 있다. 회원조합에 가입되면 산지공판장을 개설할 수 있고 양재동과 창동 등에 개설한 물류센터와 앞으로 개설할 농협의 하나로마트를 이용할 수 있기 때문이다. 그리고 이를 통해 전남서남부채소농협의 포장센터가 활성화될 수 있기를 기대하고 있다. 산지도매시장을 개설하여 상인들이 와서 사가도록 하려고 하는데 회원조합만이 이것을 할 수 있어서 회원조합에 가입하려는 것이다. 서남부채소농협은 서울의 구리도매시장에 버금가는 서남권 도매시장을 설립하려는 야심을 가지고 있다.

그리고 무안양념채소영농조합의 운영에서 조합 측이 생각했던 가장 중요한 문제는 원활한 자금운용이었다. 농협을 통해 농촌의 자금이 통제되고 있는 상황에서 서남부채소농협은 신용사업을 하기를 원하며, 그것이 여의치 않자 농협의 회원조합으로라도 가입하려고 한다. 농협권력에 대한 만만찮은 도전을 하면서도 스스로 농협의 제도 속에 들어

가려고 하고 있다.

농민들의 자율적 활동을 농촌금융의 장악이라는 무기를 통해 끌어들이는데 관심을 갖는 농협(물론 농민들의 자율성을 촉진하는 다수 단위농협들도 열거할 수 있다)의 태도야말로 국가권력의 작동방식의 전형이라 할 수 있겠다. 특히 전문조합화와 더불어 농협과의 관계는 더욱 경쟁적인 관계에 들어섰다고 할 수 있겠다.[10] 서로 자극하고 상호침투하여 농민들을 위한 활동을 전재해 나가야 할 것이다.

이상에서 대규모영농조합인 무안양념채소영농조합의 활동에 대해서 살펴 보았다. 소규모 영농조합이 절대적으로 많은 속에서도 군단위나 그 이상의 대규모 영농조합들이 생기고 있으며 다양한 방식으로 운영되고 있다. 여기서 살펴본 사례에서 볼 때, 소규모영농조합의 운영과 활동 등을 활성화해 나가는 것이 필요하며, 그 기초 위에서 대규모영농조합의 성장 또한 가능하다고 할 수 있을 것이다.

또한 자체의 운영수지에 긴박된 조직으로서가 아니라 농민들과 다양한 관계를 만들어 가고 새로운 방향의 실험들을 할 수 있는 조직들이 필요하다고 본다. 농업의 주체는 바로 이렇게 다양한 자율적 활동을 확장해 나가려는 흐름(농민들 및 조직들) 속에 있지 않을까 생각해 본다.

특히 계약재배를 통해 농민들과 새로운 관계를 맺어가는 과정에서 조합쪽에서 뿐만 아니라 농민 쪽에서도 서로 어떻게 해 나가야 할 것인가에 대해 배워간다고 생각된다. 어떤 '좋은 모델'을 제시하고 따라오라는 방식이 아니라, 이런 자율적인 실험들을 권장하고 촉진하도록 하는 것이 필요할 것이다.

---

10) 영농조합 및 전문조합과 농협의 관계에 대해서는 윤수종, '농업생산조직의 전개과정', 『현대사회과학연구』, 6권, 전남대 사회과학연구소, 1995를 참조.

〈부표 5-3-1〉 양파의 주요산지별 재배면적

단위 : km^2

	'91	'92	'93	'94	'95	평년	점유율
계	**10,288**	**14,066**	**9,716**	**9,674**	**15,817**	**11,357**	
서울					2		
부산	118	127	31	23	30	60	0.5
대구		2	1		216		
인천			1		9		
광주		3		1	2		
대전					3		
경기	1	5	1	2	10	3	0.0
강원	3	5	1	3	5	4	0.0
충북		1					
충남	149	268	127	146	409	188	1.7
전북	**298**	**373**	**203**	**214**	**474**	295	2.6
부안					(22) 136		
완주	(25) 55	(20) 159	(16) 151	(17) 106	(24) 121		
전 남	**4,481**	**5,977**	**4,667**	**4,635**	**7,774**	5,093	44.8
무안	**(1) 2,119**	**(1) 1,992**	**(1) 1,863**	**(1) 1,897**	**(1) 2,689**		
신안	(3) 934	(3) 920	(3) 853	(2) 921	(2) 1,611		
함평	(4) 741	(4) 789	(4) 518	(4) 891	(4) 972		
고흥	(8) 307	(6) 575	(6) 329	(7) 371	(5) 718		
해남	(12) 227	(8) 377	(11) 258	(5) 406	(6) 671		
여천			(21) 97		(16) 213		
완도					(21) 169		
경 북	**2,259**	**3,246**	**2,039**	**1,825**	**2,760**	2,349	20.7
김천	(9) 283	(11) 352	(6) 311	(9) 291	(8) 462		
영천	(5) 594	(7) 532	(5) 336	(8) 330	(9) 449		
화성	(15) 172	(9) 376	(13) 212	(11) 236	(10) 390		
경주	(21) 70				(12) 326		
경산	(14) 176	(17) 198		(18) 100	(17) 202		

	'91	'92	'93	'94	'95	평년	점유율
안동	(16) 135	(18) 174	(19) 114		(19) 175		
상무					(26) 114		
영덕					(28) 107		
군위	(13) 186	(13) 311	(15) 166	(13) 195			
경 남	**2,524**	**3,334**	**2,290**	**2,370**	**3,334**	2,743	24.2
창녕	(2) 1,537	(2) 1,433	(2) 1,009	(3) 912	(3) 1,041		
회녕	(11) 240	(15) 261	(7) 323	(10) 257	(11) 358		
할천	(18) 107	(14) 278	(18) 118	(15) 130	(13) 299		
함양	(10) 261	(10) 364	(10) 285	(12) 221	(14) 292		
진주					(18) 181		
남래		(16) 216	(12) 244		(20) 174		
산청					(25) 120		
거제	(20) 77	(19) 165	(20) 98	(20) 93	(27) 108		
고성		(21) 148			(29) 103		
양산			(23) 76		(30) 101		
제 주	**455**	**725**	**355**	**455**	**799**	545	4.8
북제주	(6) 396	(5) 608	(9) 291	(6) 403	(7) 660		
남제주	(27) 48				(23) 132		

자료 : 농림부 (괄호 안은 순위). 농정연구포럼(발표자: 배종렬), 『영농조합법인의 현황과 발전과제』, 1997년에서 인용.

〈부표 5-3-2〉 마늘의 주요산지별 재배면적

단위 : km^2

	'91	'92	'93	'94	'95	평년	점유율
계	**49,160**	**43,494**	**36,241**	**34,959**	**39,636**	**39,790**	
서울	3	3	4	2	8	3	0.0
부산	19	17	18	18	35	18	0.0
대구	82	41	28	20	334	50	0.1
인천	37	25	30	19	220	31	0.1
광주	52	37	23	29	38	35	0.1
대전	97	73	70	63	68	70	0.2
경기	1,497	1,536	1,517	1,350	1,350	1,455	3.7

	'91	'92	'93	'94	'95	평년	점유율
강원	1,067	942	781	687	681	803	2.0
충 북	**2,287**	**1,910**	**1,538**	**1,237**	**1,385**	1,604	4.0
단양	(22) 433				(32) 220		
충 남	**7,071**	**5,770**	**4,855**	**4,702**	**4,967**	5,197	13.1
서산	(9) 1,467	(10) 908	(10) 757	(9) 778	(7) 1,228		
해안	(7) 1,555	(7) 1,193	(7) 996	(7) 1,077	(8) 1,146		
당진	(13) 678	(14) 544	(12) 492	(15) 426	(15) 475		
흥성	(21) 451		(25)269	(22) 290	(28) 261		
공주				(29) 219	(29) 232		
서천	(20) 514				(31) 229		
논산	(28) 317		(22) 292		(35) 206		
전 북	**1,258**	**1,007**	**810**	**750**	**855**	891	2.2
전 남	**17,282**	**16,441**	**14,550**	**14,746**	**16,884**	16,024	40.3
무안	**(1) 4,913**	**(1) 3,480**	**(1) 3,163**	**(1) 3,564**	**(1) 3,900**		
신안	(2) 3,628	(2) 2,762	(2) 2,738	(2) 2,913	(2) 3,513		
고흥	(5) 3,093	(5) 2,635	(5) 2,221	(4) 2,603	(3) 3,169		
해남	(4) 3,200	(3) 2,751	(3) 2,329	(3) 2,618	(4) 2,574		
함평	(15) 630	(15) 506	(14) 411	(11) 533	(12) 550		
완도	(17) 549	(12) 704	(15) 399	(14) 439	(13) 544		
여천	(20) 514	(21) 401	(16) 398	(16) 355	(14) 491		
진도		(19) 416	(21) 300	(19) 319	(18) 381		
여수					(24) 273		
강진	(21) 324	(24) 370		(26) 250	(25) 273		
영암					(34) 214		
경 북	**8,536**	**6,956**	**5,360**	**4,790**	**4,879**	5,732	14.4
의성	(8) 2,244	(6) 1,583	(6) 1,221	(6) 1,316	(6) 1,488		
영천	(10) 1,173	(11) 705	(11) 554	(12) 515	(11) 678		
군위	(11) 1,092	(13) 679	(13) 469	(13) 456	(16) 452		
안동	(16) 550	(22) 383	(20) 305	(17) 325	(22) 317		
김천	(33) 277			(25) 253	(27) 282		
경 남	**8,205**	**7,269**	**5,359**	**5,466**	**6,504**	6,413	16.1
남해	(3) 3,274	(4) 2,671	(4) 2,272	(5) 2,159	(5) 2,487		
창녕	(8) 1,537	(9) 941	(9) 778	(8) 822	(10) 889		

	'91		'92		'93		'94		'95		평년	점유율
함천	(14)	644	(16)	487	(18)	379	(20)	311	(17)	437		
하동	(25)	399	(25)	361			(23)	266	(19)	359		
밀양									(23)	285		
봉영	(38)	257					(27)	227	(26)	265		
울산									(30)	232		
제 주		**1,666**		**1,467**		**1,298**		**1,080**		**1,488**	1,404	3.5
북제주	(12)	1,079	(8)	991	(8)	838	(10)	689	(9)	970		
남제주	(24)	403			(19)	322	(31)	322	(20)	349		

자료 : 농림부. 농정연구포럼(발표자:배종렬), 『영농조합법인의 현황과 발전과제』, 1997년에서 인용.

양파·마늘 계약재배(1998년 8월 26일 계약재배 회의 자료)

〈목적〉

우리 지역은 전국 양파·마늘 생산의 전국 1위의 지역으로 지금까지 재배하여 중간상인에 의해 포전거래(밭떼기) 형태로 판매가 이루어져 왔다. 그래서 당 조합에서는 중간상인에 의한 포전거래를 지양하고 보다 안정적인 양파·마늘 생산을 위해 다음과 같은 방법으로 계약재배를 시행하고자 하니 계약재배에 응하실 조합원께서는 계약신청서에 신청하여 주시기 바랍니다. 1997년도에는 처음이라 약간의 문제도 발생하고 계약 위약도 하신 조합원도 몇 분 계신데 금년에는 보다 미비했던 점을 개선하여 계약재배가 조합원 여러분께 도움이 되었으면 합니다.

1) 양파

가) 수확 후 계근하여 망당 20.500g으로 한다.

나) 계약가격은 계약농가가 수확작업하여 조합에 입고한 후 이사회와 농가대표가 협의하여 가격을 결정한다.

다) 가격은 가격결정시 양파의 품질에 따라 차등결정한다.

라) 계약한 량은 어떠한 일이 있어도 조합에서 책임지고 처리한다.

마) 계약재배는 조합에서 공급한 양파종자를 사용한 조합원을 우선으로 하고, 97년 계약재배 농가 중 80% 이상 계약량을 출하한 조합원을 우선으로 한다.

바) 계약금은 계약시 총 계약금의 20-30%를 지급하고 잔금 70-80%는 수확 후 정산지급한다.

사) 양파의 경우 200평당 20kg 160망을 계약기준으로 하되 10%의 차이를 둔다.

아) 병해 및 비료과다로 인하여 양파의 품질이 좋지 못할 경우에는 수매를 거부할 수 있다.

자) 계약재배 수량은 계약을 이행할 수 있는 조합원에 한하여 조합원이 재배한 전량을 계약할 수 있다.

차) 이외 문제가 발생할 경우 쌍방간의 합의에 의한다.

2) 마늘

가) 수매규격은 정부수매기준으로 직경 4.5cm이상 하되 계근하여 20.500kg으로 한다.

나) 건조는 수확 후 10일 이상 건조시켜야 한다. (건조가 되지 않았다고 판단되는 마늘은 수매를 거부할 수 있다).

다) 계약금은 계약시 20-30%를 지급하고 잔금은 수확 후 계약물량을 전량 수매한 후 지급한다.

라) 마늘가격 결정은 기본가격 1,300원으로 하고 수확기에 이사회와 농가대표의 협의하에 가격을 결정한다.

마) 이외 문제가 발생시 이사회와 농가대표 합의에 의한다.

* 마늘, 양파 수매검사는 작업 후 현장검사를 하는 것을 원칙으로 한다.
* 마늘, 양파 수매망은 조합에서 공급하는 것을 사용하여야 한다.

4절. 영암군원예연합회와 도포시설원예영농조합

1990년대 중반에 폭발적으로 늘어난 영농조합법인들은 다양한 양태를 띠고 전개되었다. 많은 영농조합법인들이 부실화되어 가기도 하였지만, 어쨌든 영농조합법인은 농촌 안에서 적극적인 활동인자들이 결집되는 형태이기도 하였다.

영농조합법인 이전의 농민들의 결집형태로는 작목반을 들 수 있다. 작목반은 하나의 자연부락이나 몇 개의 자연부락 단위로 결집하여 같은 작목을 재배하여 농협을 통해 계통출하하는 특징을 지니고 있는 것들이다. 작목반 자체로 잘 운영되는 것들은 작목반에서 마을 안 임금을 통제하기도 하고 구판매 사업들도 독자적으로 수행하곤 한다. 그렇지만 전반적으로 농협에 의해 통제되는 조직이라고 할 수 있었다.

그러나 영농조합법인은 자금을 빌려 투자를 할 수 있는 요건을 갖추고 있기 때문에 기존의 작목반에서 나아가 유통·가공 사업으로 확장해 들어갈 수 있다. 기존의 작목반조직이 영농조합법인으로 전환되기도 하고 기존의 여러 작목반들이 결집되어 영농조합법인이 되기도 한다. 또한 전반적으로는 영농조합법인은 출자 문제도 있고 담보 문제도 있어서 기존의 작목반 조직보다 작아지는 경향이 있다. 기존의 작목반은 마을 안에서 같은 작목을 재배하는 농가를 모두 포괄하는 경향이 있었던 데 반해서 영농조합법인은 새로운 투자를 하려는 농민들끼리 결집되는 경향이 있기 때문이다. 물론 몇 개 마을이나 읍면, 군 단위에서 새롭게 결성되는 영농조합은 규모가 커지기도 한다. 따라서 작목반과는 달리 영농조합법인은 대규모화하는 것과 소규모인 채로 남아 있는 것 간의 분화가 두드러진다.[11)]

11) 윤수종, '농업생산조직의 전개방향', 『현대사회과학연구 6』, 전남대학교 사회과학연구소, 1995.

이런 상황에서 안일하게 농민들의 생산물 판매를 연결시켜주던 농협에 대해 농민들이 영농조합활동을 통해 직접 자극을 주고 있다. 더욱이 농민들은 농협과는 일정한 거리를 두면서 다양한 조직체들을 영농조합법인 이름으로 만들어 가고 있으며, 농협과 알력관계에 있기도 하다. 농협은 기존 작목반들을 중심으로 출하를 해 왔다. 그런데 영농조합법인의 활성화로 작목반이 무너지거나 변화할 가능성이 생겼다. 영농조합법인은 독립된 법인격을 지니므로 농협과 관련없이 행정기관과 직접 거래할 수 있고 지원을 받을 수 있게 되었다. 여기서 농협은 작목반에 토대를 두었던 농협의 영농활동(농민장악)이 위축될 것에 대해 위기감을 표출하였다.

영농조합이 대규모화하는 경우 작목에 따라 지역별 지도력에 따라 달라질 수 있기는 하지만 농협과 갈등관계에 설 가능성이 높다. 이러한 상황에서 농협은 일정 지역(군)단위에서 영농조합법인들이나 작목반들을 결집하여 대규모 영농조합법인을 구성하여 농협의 계통출하에 연결시키려고 노력하였다. 물론 이러한 시도가 형식적인 것에 그치는 경우도 있지만 농협이 주도권을 행사한다면 계통출하를 확장해 나갈 수 있는 방안이 될 수도 있을 것이다.

여기서의 사례는 바로 농협이 주도하여 군단위 조직을 만들고 농협과 관련시켜 보려고 시도한 영암군의 원예연합회와 면단위의 자율적인 조직화에 대한 것이다. 전남 영암군에서 진행된 이러한 군단위 조직화는 농협에 의해 위로부터(하향식으로) 조직되었고 여러 가지 사업활동을 내걸었지만, 농민들의 자율적인 움직임을 담아내지 못하여 형식적인 조직에 그치고 있다. 그에 반해 지역기반을 지닌 면단위 조직들이 자율적으로 조직화하여 농민들의 활동을 결집해 내고 있다. 이러한 사례에 대한 분석을 통해서 농민조직화의 방향에 대한 함의를 얻을 수 있다고 생각된다.

1. 지역개황 - 영암군 현황

영암군은 총호수가 2만여 호에 농가는 1만3천여 호(65%)에 이른다. 총인구 6만3,400여 명에서 농업인구는 3만7천300여 명으로 59%를 차지하고 있다. 논면적(1만4,385ha)이 밭면적(6,619ha) 보다 훨씬 넓은 평야지대이다. 호당 경지면적이 1.6ha로 전국수준(1.3ha)보다 넓으며, 전남(1.2ha) 지역에서도 호당 경지면적이 넓은 지역이다. 행정구역상으로는 1읍 10면, 121개 리에 294개의 마을로 이루어져 있다(1995년).

사례 영농조합이 속해 있는 도포면은 영암군에서는 서쪽에 있으며 시종면과 접해 있다. 도포면에는 구학리, 봉호리, 영호리, 원항리, 덕화리, 수산리, 성산리, 도포리 등 8개리가 있다. 면사무소 및 단위농협은 면의 중앙에 위치해 있고 시설원예조합 사무실도 면사무소 및 단위농협이 있는 곳에 있다.

이 지역은 평야지대로 벼농사가 많은 비중을 차지하고 있으나 상품작물 재배가 시작되면서 수박, 알타리무, 오이, 호박 등 다양한 작물들이 재배되고 있다. 상품작물이 재배되는 마을에서는 작목반을 결성하여 출하하는 움직임이 일게 되었다. 1980년대 말부터는 시설원예가 활성화되어 면 단위에서 작목회를 만들어 공동출하하는 방식을 취해 나갔다.

특히 영암은 수박재배가 활성화되고 있는 지역이기도 하다. 수박시장의 3대 브랜드로 '고창수박', '성수수박', '월출수박'이 꼽힌다. 이중 고창·성주수박은 재배가 시작된지 몇십이 되어 왔으나, 영암 '월출수박'은 재배된지 10여년 만에 상당한 지명도를 얻어가고 있다.[12] 전국의 상인들이 영암지역으로 몰리는 것은 '월출수박'의 신선미와 당도 때문이다. 영암의 구릉·평야지대는 수박재배에 맞춤인 토양인데다 고창 등지보다 재배연륜도 짧아 맛·수량 양쪽에서 모두 유리하다. 이에 비

12) 광주일보 1999년 6월 16일, '생명농업-21C 한국농촌의 활로를 찾는다.'

해 고창 등지는 오랜 동안의 연작(連作)으로 인해 병해가 잦고 수확이 떨어져 사양추세를 보이고 있으며, 재배면적도 점점 줄어 영암보다 훨씬 적은 2천여ha 안팎에 지나지 않는다.

6월 중순 무렵 영암 도포・신북・시종면 등지의 도로변에는 1백~2백대의 트럭이 장사진을 치기 시작한다. '월출수박'을 각지의 물류센터나 도매시장 직거래 장터로 실어내기 위해서다. 이들 지역에서 재배되고 있는 수박은 2천7백여ha, 참여농가만도 1천7백여 가구에 달한다(1998년). 단연 영암 최고의 원예 고소득작목이다.

주산지인 도포면의 경우 3백50ha의 수박밭에서 연간 75억원 가량의 소득이 나오는데 이는 면전체의 벼농사(1천3백50ha) 소득의 절반에 해당한다. 단위면적으로 보아 수박농사가 벼농사의 4배 정도를 더 벌어들인다는 얘기다. 매년 6~7월이 되면 도포・시종・신북면 일대는 눈코 뜰새 없이 바쁜 가운데도 잔치집 분위기로 술렁댄다.

영암 '월출수박'이 전국 최고의 브랜드가 되고 다양한 시설원예작물들이 활성화된 것은 우연이 아니었다. 특히 상품작물이 재배되면서 농협의 지도 아래 작목반(마을단위), 작목회(면단위) 활동이 활발하였다. 더욱 중요한 것은, 농협에 의해 형식적으로 조직된 것이 아니라 생산농민들이 주도하면서 활발한 활동을 벌여온 점이다. 이러한 움직임 위에서 1990년대 중반 영농조합법인들이 농협과는 독자적으로 결성되기 시작하였다. 농협은 이러한 상황에서 군단위 영농조합법인을 만들어 각종 영농조합법인들을 통괄하거나 통제하려고 생각하였다.[13]

그럼 먼저 군 단위조직인 영암군원예연합회의 결성에 대해 알아보자.

---

13) 전남지역에서 군단위 각종 영농조합법인의 결성에 대한 사례연구로, 박광서・윤수종, 『농업생산조직단체에 대한 활성화방안 연구』, 전남대학교 사회과학연구소, 1995를 참조.

2. 군단위 조직결성과 활동

1) 영암군원예연합회의 결성

(1) 결성동기

1995년 2월말 당시 영암군 생산조직 현황을 보면(〈표 5-4-1〉), 기존 작목반 조직에 특작·복합, 과수, 축산 등의 작목에서 영농조합법인이 결성되고 있다. 먼저 작목반을 보면 기초, 일반, 선진으로 구분되어 있는데 이 가운데 실제 움직이고 있는 것은 선진과 일반으로 구분되어 있는 작목반들이다. 작목반원은 대개 마을 단위로 같은 작목을 재배하는 사람들이다. 그에 비해 영농조합법인은 사업적 목적을 지닌 농민들이 결성하는 경향이 있다. 특작, 과수, 축산 등 시설이 필요한 작목에서 많이 나타나고 있다. 작목반은 주로 생산 및 출하를 하지만 출자를 통해 공동사업을 하는 것은 많지 않다. 따라서 반원수에 비해 출자액도 적은 것으로 나타나고 있다. 그에 비해 영농조합법인은 소수인의 결합형태이지만 작목반에 비해 많은 투자를 하고 있다.

행정기관이 영농조합법인을 설립하도록 권유하고 우선 지원하고 보조를 주기 때문에 영농조합 설립이 급속히 확산되었다. 영농조합들은 공동구매 및 판매사업에도 참여하고 그것을 확장해 가고 있다. 영농조

〈표 5-4-1〉 영암군 생산조직현황(1995년 2월말 현재)

구 분	내 용	반원수	출 자 액
작목반	기초: 90 일반: 82 선진: 6 소계: 178	4,703명	11억5천5백만원
영농조합법인	특작,복합 27개 391명 과수 4 61 축산 15 125 소계 46 577	577	43억2천4백만원
합 계	224	5,480	54억7천9백만원

합법인을 설립하는데 100여만원의 비용이 들고 설립절차가 복잡한데도 이렇게 급속히 설립되고 있는 것은 자금지원을 받기 위한 것으로 보인다. 기존의 작목반은 법적 형식요건을 갖추고 있지 않기 때문에 지원을 받는데 어려움이 있었다. 그런데 실제로 시설 및 가공을 하지 않고 출하만을 주로 하는 경우는 영농조합을 만들지 않고 작목반 체계로 유지해 가도 문제는 없다.

여기서 기존의 작목반체계가 움직이는 상황에서 새로이 영농조합법인들이 생겨나면서 작목반조직과 영농조합조직 간의 경합이 생기게 되었다. 기존의 단위농협은 마을 단위의 작목반(마을 단위를 넘어서 몇 개 마을 단위로 구성된 것도 있음)에 기초하여 계통출하를 해 왔다(사실상 이 지역에서는 농협의 계통출하가 미진하였다). 작목반들은 여전히 활동하고 있고 어떤 경우에는 작목반이 영농조합법인으로 명칭변경하고 법적 요건을 갖추는 식으로 변모하기도 하였다. 그러면서 작목반을 중심으로 움직이는 사람들은 영농조합법인을 중심으로 한 당국의 중점지원 방식에 대해 불만을 지니게 되었다.

실제로 이 지역에서는 출자자금의 배정에 있어서 영농조합중심으로 배정하도록 한 위로부터의 지시가 여러 다양한 조직들에 배정하는 것으로 변형되어 갔다(〈표 5-4-2〉).

또 농협은 영농조합들이 행정당국의 지원을 받으면서 설립되자 자신들의 계통출하의 기반인 작목반 체계가 붕괴될 것이라는 위기감에

〈표 5-4-2〉 농협 영암군지부 공동규격출하 촉진자금 배정현황(1995년)

구 분	반원수	배정금액	1인당배정액	비 고
오이작목반(선진)	12	3,500만원	291만6천원	행정기관과 협의조
수박작목반(선진)	59	4,400만원	74만5천원	정하여 76개 조직
영농조합법인	320	9억1,800만원	286만8천원	2,240명에 배정
계	391명	9억9,700만원	254만9천원	

휩싸이게 되었다. 그렇게 되면서 농협인들은 영농조합들에 대해 경계심을 가지게 되었다. 그러나 현실적으로는 적극적인 투자의욕이 있는 사람들이 설비투자가 필요한 작목부분에서 영농조합들을 계속 만들어 가고 다른 한편으로는 작목반들의 활동은 지속되고 있고, 행정당국은 영농조합들에 우선 지원하지만 작목반을 통해 활동하는 사람들은 영농조합 우선지원에 대해 불만을 지니는 그런 상황에서, 영농조합과 작목반을 조정-통합해야 한다는 생각을 지니게 되었다.

또한 영농조합들이 애초에는 생산/영농 중심으로 방향을 잡고 있었으나 실제 활동과 그 이후 법적 조치들에서 점차 유통·가공 등으로 사업을 확장하면서 기존 농협의 사업영역을 잠식할 소지가 커지게 되었다. 작목반들은 농협을 통한 계통출하에 응할 가능성이 높지만 영농조합들은 좀더 적극적인 사람들이 결집되어 있기 때문에 독자적으로 출하하고 사업을 확장할 가능성이 많은 것이다. 이러한 상황에서 영농조합 및 작목반의 활동을 일정하게 농협의 출하사업과 연결시키려는 의도가 농협 측에서는 강하게 있었다고 생각된다. 따라서 농협은 주도적으로 군단위 조직을 만들어 가려고 하였다.

(2) 영암군원예연합회 결성과정

① 농업관련기관 협의

영농조합법인의 난립에 따른 문제점 해소를 위해 농업관련기관인 군, 농촌지도소, 농업검사소, 농협 등의 관련당사자들이 1995년 들어 각각 기관별로 간담회를 하여 영농조합 및 생산조직들의 정비를 위한 협의를 하였다. 영농조합이 보조금을 수령하려는 목적으로 결성되는 경향이 있고 설립절차가 복잡하며 경비가 지출되는 등의 문제점들을 논의하고, 품목별 군단위조직을 육성하는 것이 필요하다고 협의하였다. 군단위 품목별 조직화는 농협이 생각하고 있던 것인데 농협의 제기에 대해서 관련기관들도 동의하는 방식으로 진행되었다. 협의 과정

〈표 5-4-3〉 영암군원예연합회 결성과정에서 농업관련기관의 역할분담

관련기관	분담역할
군 산업과	보조금, 저리자금, 이차보상정책 지원
농촌지도소	기술개발, 현지 생산지도, 소득작목 보급
농업검사소	품질인증, 규격출하 지도
군 농협	판매선도금, 운영자금 지원, 생산조직 육성
회원(단위)농협	우량자재 공급, 농산물 유통 등 종합지도사업

에서는 특히 영농조합에 대한 정부의 우선지원정책에 문제점이 있다고 보고, 각종 지원대상자 선정시 상호협의하여 공동종합지원체제를 구축하기로 하였다.

이와 관련하여 농업관련 각 기관이 일정한 역할을 분담하여 나가기로 하였다(〈표 5-4-3〉). 물론 이 역할분담은 대체로 기존에 하던 것을 좀더 분명히 구분하였을 뿐이다. 단 생산조직 육성을 군 농협에서 주도하겠다는 의지가 보인다.

② 결성 준비과정

각 관련기관의 협의를 거친 후 농협 군지부에서 주관하여 작목반장, 영농조합대표자 등 80여명과 농업관련기관 관계자(군 잠특계장, 농촌지도소 기술보급과장, 농업검사소 규격출하담당자, 군농협 과장, 회원농협 판매부장)들이 참석하여 '설립준비회의'를 개최하였다(1995년 3월 22일).

회의에서 농협 측은 생산자조직의 필요성을 강조하였다. 그리고 그 자리에서 구례오이작목회 결성 사례를 소개하였다. '구례 섬지들오이'의 상표등록 및 포장재단일화 사업을 소개하고 모범으로 삼자고 강조하였다. 다른 한편 '산동원예협회'의 활동을 함께 소개하면서 농협과는 별도의 조직을 구성하여 움직임으로써 구성원들의 부담이 가중되고 있다고 소개하였다.[14)]

농협 측은 또한 이 회의에서 농협중앙회의 '품목별생산조직(협의회) 육성계획'(1994.11.15.)을 설명하였다. 지역특성의 품목별 전문화를 기해 나가며, 농협과 별도의 조직이 설립될 경우 인적 물적 자원의 이중부담, 시행착오 등을 감수해야 되지 않느냐 하는 논지를 폈다. 또한 농민들은 생산조직을 통하여 우량농산물 생산에만 전력투구하는 것이 바람직하며, 자금, 자재, 유통 등과 관련해서는 농협이 제 기능과 역할을 다하겠다는 확신을 표명하였다.

이러한 농협측의 주장은 영농조합들의 활동이 유통, 가공 부문으로 확대되는 것과는 반대되는 것이다. 농민들로 하여금 생산만 하도록 하고 농협이 유통부문을 감당하겠다는 것은 이전의 분업방식을 그대로 유지하자는 것이다. 물론 농협이 잘하겠다고 표명은 하였지만 기존의 농협 활동이 제대로 되지 못하였다는 점을 고려할 때 농협이 농민들의 적극적 활동을 이러한 연합회를 구성하여 포괄하고 통제하려는 의도가 아니었나 생각된다.

이 회의에서 군단위 4개 품목별협의회를 만들고 이를 묶어 연합회를 결성하기로 하였다. 협의회 및 연합회 규약(안) 작성은 농협군지부에 위임되었다.

이 회의 이후 조직재정비에 들어갔다. 작목반이나 영농조합이 실제로 활동을 거의 하지 않는 조직들이 있었다. 각 단위농협 판매부장이 주도하여 실제 경작 및 조직결성에 참여할 수 있는 조직들을 확인하였다. 이 과정에서 178개의 작목반 가운데 57개, 46개 영농조합 가운데 34개가 실질적으로 활동하고 있는 조직들이었다.

---

14) 구례 '산동원예협회'는 농민들이 독자적으로 출하사업을 한 대표적인 조직으로 꼽힌다. 이미 1970년대 초반부터 신협활동을 하였고 1980년대 초반부터 출하활동을 전개하였으며 해당 지역농협과의 갈등이 심각하였다. 현재는 6억여원 이상의 기금을 지니고 있고 지역농협 보다도 월등한 활동을 하고 있다. 산동원예협회의 활동에 대해서는 『협동조합운동』, 1994년 10,11,12월호, 48-54쪽 참조.

1995년 4월(18-20일)에는 농협 군지부장이 주도하여 하루에 3-4개 회원조합을 순회하면서 조합별로 2시간 정도씩 간담회를 하였다. 각 작목반 및 영농조합 임원 및 반원들과 품목별 생산조직에 대한 의견을 나누고 건의사항들을 대담하였다. 이 과정에서 군단위로 상표, 포장재를 단일화하고, 우량자재를 공동구매하며(하자 보상책 강구), 저리자금(5%) 지원의 확대 얘기가 나왔다. 특히 전문 영농지도사를 운영하자는 의견이 제출되었다. 농산물가공시설, 저온저장고 등 고액투자시설은 농협에서 운영할 필요가 있다는 의견도 나왔다.

③ 군단위 4개 품목별 협의회 및 연합회 결성

군단위에서 하향식으로 조직구성이 이루어져 왔는데, 품목별 4개 협의회를 먼저 구성하고(1995.5.3.), 이를 묶어서 원예연합회를 발족하였다(1995.5.10).

1995년 5월 3일에 영암군에서 상품작물로 가장 많이 재배하고 있는 작목인 시설원예, 수박, 과수(사과, 배, 단감, 무화과), 화훼 4개 품목별협의회를 결성하였다. 구성원은 작목반 또는 영농조합법인 등 생산자조직을 중심으로 한 회원들로 되었다. 1개 품목에 작목반과 영농조합법인이 동시에 가입하는 것을 지양하도록 하였다. 이것은 실제로 작목반으로 있으면서 동시에 영농조합인 조직이 많기 때문이었다. 이러한 협의회 구성에 이어 4개 품목을 묶어 '원예연합회'를 창립하였다. 연합회 창립대회에는 작목반장, 영농조합법인 대표자 80여명과 관련기관 관계자들이 참석하였고 농협 군지부 2층에 연합회사무실을 마련하였다.

품목별협의회의 구성내용을 보면, 수박협의회의 경우 영농조합도 4개에 104명이 참여하고 있지만 작목반 조직 및 구성원의 참여비율이 아주 높다. 이것은 수박의 경우 포전매매(밭떼기)가 활발하게 이루어지고 있고 다른 시설투자가 별로 필요치 않은 작목이어서 영농조합의 설립이 많지 않으며, 작목반 조직으로도 지금 하고 있는 단순한 출하를 감당할 수 있기 때문이다.

반대로 시설원예협의회나 과수협의회는 영농조합의 구성비율이 상대적으로 더 높다. 과수협의회의 경우 반원수로는 영농조합에 속한 사람들이 더 많은 것으로 나타나고 있다. 화훼협의회는 3개 영농조합에 20여명의 회원으로 구성되어 있다.

협의회별로 임원들은 월2회 순회모임을 하기로 하였다. 연합회 전체로는 작목반 60개에 1,557명의 회원, 영농조합 27개에 953명의 회원, 총 87개 조직에 2,510명의 회원으로 구성되어 있다(〈표 5-4-4〉).

이러한 조직화와 농협의 관계 문제를 보면, 연합회 쪽은 자금지원, 자재구매, 농산물유통 등을 농협에 적극적으로 요구하고 있다고 농협 군지부는 생각하고 있다. 즉 농민은 생산에만 전념케 하고 여타 모든 사업은 농협이 주도해 나가겠다는 의지를 보이고 있다. 나아가 품목별 조직화 등을 해 나가면서 권역별 중심의 조합합병의 필요성이 제기되고 공감대가 형성되고 있다고 한다. 농협의 통폐합 문제를 사고함에 있어서 생활권 중심, 주작목권역별 중심으로 할 것인지 하는 것을 생각해 볼 일이다.

〈표 5-4-4〉 영암군원예연합회 조직현황(1995)

협의회별	작목반		영농조합법인		계	
	조직수	반원수	조직수	반원수	조직수	반원수
시설원예	19	436	10	336	29	772
수 박	29	816	6	104	35	920
과 수	12	305	8	493	20	798
화 훼			3	20	3	20
계	60	1,557	27	953	87	2,510

(3) 사업

영암군원예연합회가 제시한 사업내용은 다음과 같다.

① 군단위 품목별 상표, 포장재 단일화

이 지역 상품으로서 수박은 고창수박 보다 오히려 상품성, 즉 당도나 크기에서 앞선다고 한다. 그런데 개별적으로 출하되고 다양한 작목반 및 영농조합 명칭으로 출하되기 때문에 시장에서 교섭력이 떨어진다. 주로 면단위 이름으로 포장되어 출하되어 왔다. 고창수박 보다 상품성이 뛰어난데도 불구하고 가격교섭력에서 뒤진다는 점이 농민들로 하여금 상표를 단일화하여 영암수박의 상표성을 강화하려는 동기로 작용하였다. 따라서 '영암월출'수박이라는 단일한 이름과 상표로 출하하려고 한다. 단순히 이름만 붙이는 것이 아니라 실제로 상품성을 제고하는 것으로 나아가고자 하며, 농민들은 다른 지역 상품보다 더 낫다는 자신감을 지니고 있다.

포장재도 단일화해 나가려고 한다. 실제로 영암문화원 및 대불공대에 포장재의 디자인을 의뢰해 놓고 있으며, 농협 전남 골판지 공장과 연계하여 20여개 품목을 공동으로 조제하여 공급하려고 한다. 나아가 포장의 모방이 많기 때문에 포장재도 등록하려고 하고 있다.

그런데 수박, 무, 배추 등은 박스로 포장하기가 어려운 특징을 지니고 있다. 수박의 경우 간단한 스티커 상표를 부치는 것이고 무, 배추는 특정한 상표부착이 없는 실정이다.

② 공동선별, 공동출하의 확대

주산지 중심의 품목별 집단선별 및 공동출하를 계획하고 있다. 특히 차량을 동원하여 순회수집제도를 정착시켜 나가려고 한다. 그런데 문제는 이 지역에서는 포전매매가 상당히 광범하게 이루어지고 있다는 것이다. 수박, 김장무 등은 80%정도가 포전매매 되고 있다. 수박과 김장무는 상품의 특성상 현재는 특정하게 포장되지 않고 출하되고 있다.

일정한 선별 후에 차량단위로 출하되기 때문에 농협으로 계통출하도 잘 이루어지지 않는다. 농민들은 출하시의 위험부담 때문에 밭떼기로 상인들에게 넘기고 있으며, 상인들은 노동력을 동원하여 차량단위로 농수산물 시장으로 출하한다. 어쨌든 농민의 일정한 이해가 결합된 것이기는 하지만 밭떼기는 생산농민이 유통관련 속에서 얻을 수 있는 이익이 상인들에게 넘어가는 것이다. 이를 어떻게 포괄해 내는가하는 것이 과제이다.

이 지역의 작목체계는 벼+수박+무·배추+(시설채소: 알타리무, 상추, 오이, 호박, 방울토마토)가 주종을 이루고 있는데, 여러 가지 작목을 재배하기 위해서는 노동력 조달이 중요한 문제가 된다. 특히 수확기에 많은 노동력이 필요하다. 이 지역에도 각 작물의 수확기에는 노동력시장이 형성된다. 주로 다른 지역에서 이입되는 노동력이 감당한다. 밭떼기를 하는 것도 노동력조달이 어렵기 때문이다. 따라서 체계적인 노동력 조달체계와 운송체계가 결합하지 않으면 계통출하를 해낼 수가 없다. 농협은 계통출하를 독려하지만 실제로 노동력조달을 감당할 수 없고 관심도 없기 때문에 상인들의 밭떼기를 구경만 할 수밖에 없다. 품목별 협의회가 노동력 조달체계를 만들어 농민들에게 공급하는 것도 생각해 볼만한 일이다.

포전매매(밭떼기)에 대해서는 공판장이나 협의회 별로 출하연계를 맺는 방법을 생각하고 있으며, 농협을 통해 수박을 수출하려는 생각도 가지고 있다. 그럼에도 어쨌든 수박과 무, 배추 등 이 지역의 주요 생산물들은 포장하기가 어려운 작물들이고 따라서 출하를 공동화, 집단화하기가 매우 어렵다. 이런 상황에서 최소한 지역 단위의 상표화가 우선 할 수 있는 일인 것이다.

나아가 상품의 선전 및 상표의 홍보를 위해서 영암군단위 수박품평회를 개최하고 공판장별로 시식코너를 운영(6월)하였다. 출하 시기에는 연합회에서 품목별, 공판장별 가격정보를 제공하여 계획출하를 유도하려고 한다. 판매처를 확보하고 홍보를 강화함으로써 포전매매되는 부분을 계통출하로 유도해 내려는 것이 협의회와 농협이 결합할 수 있는 조건인 것이다. 그런데 현실적으로 아직도 농협을 통한 계통출하는 상당히 미약한 실정이다. 농협은 계통출하를 확장하려는 의도를 가지고 있는 것으로 보인다.

③ 주요 자재 공동구매/자금지원

협의회 임원들과 사전에 검토하여 공동구매할 자재의 품목을 확인하고 계약조건들을 검토한다. 이렇게 해서 확인된 물량을 업체들과 연결하여 주문배달하는 체계를 만들어 가려고 한다. 물론 여기서 농협이 계통구매계약을 하여 농민들에게 공급하는 것으로 하려고 한다. 즉 연합회 및 협의회는 구매물량을 확인하는 작업을 하고, 농협은 공급하는 일을 하는 것이 된다.

또한 공판장과 연계하여 출하선도금을 최대한 지원하려는 계획을 세우고 있다. 그러나 이 문제는 운영자금의 원활한 수급에는 중요하지만, 농민들의 출하처가 제한되거나 판매대금결정에 있어서 농민들이 불이익을 당할 수도 있기 때문에 꼭 좋은 것만은 아니다.

실제 영농과 관련된 사업과 관련한 활동은 협의회별로 이루어지고 있다. 1995년에는 주로 공동구입과 기술보급 등에 촛점을 맞추고 있다.

④ 영농기술지도 및 정보제공

영농기술지도와 관련하여 특기할 만한 일은 군단위 품목별 전문 영농지도사를 운영하자는 것이다. 실제로 수박협의회 같은 경우 출하부문이 포전매매에 의해 대부분 이루어지고 있는 상황에서는 상표를 통일하여 홍보함으로써 시장교섭력을 강화하는 방안과 그것을 실제로 뒷받침할 수 있는 재배기술의 향상에 힘쓰는 정도이다. 협의회 활동을 통한 기술보급이 중요한 과제로 논의되고 있었다. 기술보급은 관계기관에서 전문가가 나와서 할 수 있는 성질의 것이 아니라고 농민들은 말한다. 오히려 농민 가운데 전문가 이상의 실질적 재배기술을 지니고 있는 사람들이 있다는 것이다. 이들을 협의회 통로를 통해서 기술보급을 할 수 있는 사람으로 키우려는 생각을 갖고 있다. 또한 농민들 끼리의 접촉을 통한 실질적인 기술전파가 중요하다는 것을 농민들 스스로 느끼고 있으며 협의회의 필요성과 과제를 그런 방향에서 정하고 있다.

그리고 품목별 영농지도사는 단지 기술문제만이 아니라 생산지도와 판매를 감당할 수 있는 기능을 지니고 있어야 한다. 생산지도 및 판매를 통합하여 관장하고 활성화할 수 있는 사람이 되어야 하는 것이다. 농민들 생각에는 이런 사람들이 농민들 가운데 나타나고 있다는 것이다. 농협 등에서 이런 전문인력을 양성해 보는 것도 좋은 시도일 것 같다.

실제로 연합회의 활동은 협의회별로 이루어지고 있는데, 특히 협의회의 기술지도에 대해 신규농가들의 호응도가 매우 높다. 이런 활동을 통해 협의회는 독자적인 활동을 하면서 농협이 포괄하지 못하는 농민과의 관계를 활성화해 나갈 것이 더욱 요구된다. 농한기에는 다양한 교육을 강화하려 하고 있다.

2) 영암군원예연합회의 활동

이상과 같은 원예연합회는 군단위 조직화의 모델로서 의미를 갖는다. 그러나 모델은 현실에 따라 끊임없이 변하지 않으면 곧바로 지배장치로 되어 갈 것이다.

어쨌든 원예연합회는 농협 군지부에서 주도하여 광역화한 조직으로서 위로부터 조직되었다. 그러다 보니 생산농민들의 출하작업과 결합하지 못하는 한계를 가져왔다. 군단위로 수집, 공동출하가 잘 안 되었다. 기본적으로 해당 지역의 주요 출하품목인 수박이나 알타리무 등이 포전매매가 주로 이루어지고 있었기 때문이다. 워낙 물량이 많은 데다가 농민들이 조직화하여 할 수 없었고 농협도 감당할 수 없는 규모이다. 그래서 상인들이 수확기에 몰려와 포전매매를 하였다. 물론 농민들이 직접 출하를 시도하였으나 상인들과 판매상들의 관계를 깨고 들어갈 수가 없었다.

또한 군단위로 엮어졌을 때 대량으로 출하가 잘 이루어지는 면단위에서는 참가가 소극적이었고, 부실하고 물량이 적은 면에서는 적극적으로 함께 하려고 하였다. 시종면, 서호면, 도포면 등에서는 독자적으로 해 나가려고 하였다. 이 지역들은 시설원예가 잘 이루어지는 곳으로 독자적으로 움직여 나갈 수 있을 뿐만 아니라, 이미 면단위로 작목회나 영농조합법인을 통해 활동하고 있었기 때문에, 군단위조직화를 하면 운영비를 따로 내야 해서 참여하기를 꺼려하였다. 즉 시종, 서호, 도포의 경우 물량이 일정 정도 되기 때문에 자체적으로 할 수 있었고, 박스짐만 출하하는 차량이 있어서 각 농가에서 출하할 수 있었기 때문에 굳이 군단위로 조직화할 필요성이 적었다.

또한 1996년 태풍으로 수박피해가 있었을 때 농협에서 비가림하우스 시설자금(42억원)을 지원하였는데, 연합회의 회원과 비회원을 가리지 않고 지원하였다. 이를 계기로 특히 수박협의회에 가입했던 회원들이 불만을 갖고 대거 탈퇴하였다. 군단위 조직에 가입하여 활동할 경우 영농자금 지원상의 어떤 혜택을 생각하고 있었던 것이다.

1995년 이후 영농조합법인에 대한 지원이 줄어들면서 새로이 설립되는 영농조합법인이 아주 적어졌다. 오히려 유명무실한 영농조합법인들은 사라져 사실상 작목반이나 영농조합법인의 수는 줄어들었다. 그리고 실제로 잘 운영되는 영농조합법인은 도포시설원예영농조합, 시종시설원예영농조합, 미암월출영농조합, 소호면의 한마음영농조합 등으로 사무실을 두고 운영하고 있다. 그외에 실제로 움직이고 있는 영농조합들은 축산이나 과수 등의 작목에 있을 뿐이다. 이처럼 실제 활동적인 영농조합들은 특정 작목에 집중하면서 면 단위로 움직이고 있다.

이러한 상황에서 영암원예연합회는 여전히 농협군지부에 사무실을 두고 회원들로부터 회비를 받고 농협의 지원금을 일부 받아 운영한다. 현재는 박스를 제작할 때 주문이나 제작회사를 알선하는 일을 하고 있으며, 다른 대부분의 사업들은 사실상 지역농협(면단위)이 감당하고 있다. 지역농협장이 선거로 선출되는 상황에서 군 단위로 결집된 활동을 하는 것이 어렵다. 물론 젊은 회원들 사이에는 사업을 광역화해야 한다는 생각이 있고 열심히 하려고 하지만, 현재의 활동은 지역농협 단위나 독자적인 영농조합법인들을 중심으로 전개될 수 밖에 없다. 또한 작목반이나 영농조합법인 등을 생산농민들의 활동에 기초하여 조직화하면서 상향조직화해 나가지 않고 '군단위' 광역화라는 생각에서 하향조직화하였기 때문에 위로부터의 혜택이 없으면 느슨해 질 수 밖에 없었다.

이제 군단위조직(원예연합회)은 품평회를 하고 농협을 통한 영농비 지원사업을 하는 정도의 일을 하고 있다. 그런데 농협의 대농민활동이 지역농협 단위로 이루어지고 있고 더욱이 지역농협 조합장을 선출하는 상황에서는 농협 군지부가 지역농협들을 포괄하면서 일을 해 나가는 것이 사실상 어려워졌다.

그러나 원예연합회는 면 단위에서는 하기 힘든 일을 찾아 나서고 있는 중이다. 1999년의 경우 면단위로는 시장대응력이 떨어지는 상품(예, 수출오이, 미니토마토)을 군(연합회) 단위에서 공동선별하여 물류센타에 출하하였으며 앞으로 이러한 활동을 확장해 나가려고 한다. 특정 품목의 거점을 확보하여 면단위출하를 광역화하려는 생각도 하고 있다. 2000년 7월에는 군연합회에서 주도하여 수박품평회를 개최하였다.

2000년에 들어서는 회원을 정리하여 회비를 내고 회의에 참석하는 사람으로 정비하여 현재 약 700명 정도의 회원이 있다. 회원의 회비는 연 2만원이며 임원 15명은 10만원의 회비를 낸다. 임원들은 젊은 사람들이 많다. 연합회 체제 안에 작목별협의회가 여전히 움직이고 있다. 연합회 단위로 1999년에는 배품평회를 하였다. 2000년에는 연합회 단위로 수박품평회를 군 실내체육관에서 수박축제 형식으로 개최하였다. 도포에서 따로 하다가 함께 한 것이다. 1999년에는 기존의 시설, 과수, 화훼, 수박 협의회에 '수출협의회'를 추가로 신설하였다. 수출협의회를 통해 12사람이 1만 5천평의 미니토마토를 일본에 수출하였다. 앞으로 이와 같은 수출협의회의 활동을 강화할 예정이다. 수출상품은 제품을 잘 만들고 선별을 잘해야 제값을 받는데, 아직 미숙하다. 즉 생산농민들로서는 제품을 규격화하고 표준화해야 하는 과제가 있다. 한편 농협에서 수출관계일을 해 주기를 기대하고 있으나 전혀 기대에 못 미치고 있다. 행정기관과 농협에서 설립한 무역회사(전남무역, 농협무역)가 수출창구로서 역할한다.

군단위 조직은 품평회, 수출연계사업, 면단위로 하기에는 양이 적어 군단위로 묶을 필요가 있는 작목 등을 해 나갈 수 있을 것이다. 특히 특정 작목을 중심으로 활동을 집중해 나갈 필요가 있다. 그리고 수출작목의 경우처럼 새로운 활동영역을 찾아나가면서 탄력적으로 운영해야 할 것이다.

이렇게 위로부터 조직화된 연합회와는 달리 면 단위에서 농민들의 자생적 활동에 기반하여 움직이는 조직들과 그 사례로서 도포면 시설원예영농조합법인의 활동을 살펴보자.

3. 면단위 영농조합법인 및 작목반 활동

도포면에서는 1980년대 초부터 작목반 활동이 활발하게 전개되었다. 1989년부터는 면단위 작목회 활동이 이루어지기 시작하였다. 농협에서 권장하면서 각 마을에 작목반을 두고 면 단위로는 작목회 이름으로 활동하였다.

〈표 5-4-5〉 도포면 작목반(영농조합) 및 영암군원예연합회 가입상황(1995년)

작 목	작목반수 (영농조합)	가입작목반수	작목반원수(가)	가입 작목반원수(나)	(나/가)
수박	15	11	481	353	73.4%
시설채소	5(1)	1(1)	236	71	30.1%
쌀	5		182		
배추	4		127		
무우	4		100		
과수	3(1)	3(1)	46	46	100.0%
한우	2(1)		18		
합계	33	15	1,190	470	

( ) 안의 숫자는 영농조합 숫자. 작목반이면서 영농조합임.

작목반과 작목회가 면 단위에서 움직이면서 1995년에 영농조합법인을 설립하면서 현재에 이어지고 있다. 당시에 농협 중심으로 군단위 조직(영암군원예연합회)을 결성하였다.

1995년 당시 도포면에는 3개의 영농조합이 있다. 그런데 이 영농조합들은 모두 작목반이 그대로 등기만 한 것들이다. 조직성원들을 그대로 지닌 채 법인으로 전환하였다. 모두 정책자금을 받았다. 특히 도포시설원예영농조합은 71명의 회원으로 구성되어 있다. 1억 2천여 만원의 정부보조금을 받아 시설을 설치하였으며, 전문조합으로의 발전 가능성까지 지니고 있다.

1995년 당시 도포면 안의 작목반 현황을 보면(〈표 5-4-5〉), 작목별로는 수박작목반이 가장 많아 15개나 되며 작목반 총수는 33개이다. 수박작목반 15개 가운데 11개가 영암군원예연합회에 가입하고 있다. 작목반원구성으로 보면 73.4%의 작목반원이 원예연합회에 가입하였다. 시설채소 작목반의 경우 영농조합으로 전환한 작목반만 가입하였고 과수작목반은 모두 연합회에 가입하였다. 비교적 연합회에 적극적으로 가입하고 있는 것을 알 수 있다.

연합회를 구성하는 과정에서 작목반과 영농조합법인을 어떻게 결합하느냐 하는 문제가 나타났다. 군청, 농협, 농촌지도소, 농업검사소 등의 관계자들이 협의를 하는 과정에서 그리고 농민들의 의사가 반영되어, 연합회, 품목별 협의회 가입에 있어서 작목반을 우선 대상으로 하면서 영농조합을 포괄하기로 하였다. 이것은 정부의 지원이 주로 영농조합을 대상으로 하고 있는 것에 대한 작목반원들의 반발 때문이었다. 영농조합법인 등기를 하는데 1백만원 정도의 비용이 들뿐만 아니라 번거롭고 꼭 영농조합으로 변경하지 않아도 출하활동에는 큰 문제가 없었다. 단 지원을 받는 문제에서 정부가 영농조합 형식을 요구하였던 것이다. 이에 농민들은 마을 단위 작목반과 면단위 작목회와 영농조합을 차별 없이 가입하게 하고 지원도 차별 없이 하도록 요구하였다. 오히려 영농조합이니 작목반이니 하는 조직형태가 아니라 실질적으로 활동을 활발히 전개하는 조직에 적극적으로 자금지원을 하도록 요구하였다.

사업자금을 지원받으려는 욕심에서 영농조합법인을 만들곤 하는데, 작목반을 중심으로 활동하는 사람들은 기존의 작목반을 강화하고 오히려 군 단위에서 협의체 형식으로 묶음으로써 활동을 확산시킬 수 있다는 생각을 하였다. 기존에 면단위 농협에 설치하였던 면작목회는 마을 단위작목반의 포괄단위로서 1980년대 말부터 활동해 오고 있다. 한편으로는 면 단위만으로는 기술전파, 판매활동, 홍보 등을 해 나가기에는 규모가 적었다. 따라서 군단위 결합의 필요성이 있었다.

영암군의 2,500ha의 수박 생산면적 가운데 도포면이 750ha 이상을 차지하고 있다. 이처럼 수박재배가 많이 이루어지고 있어서 수박재배 농민들 간의 결합필요성이 진작부터 있어 왔다. 그리고 도포면은 작목반의 활동이 비교적 활발한 지역이었다. 1992년부터 도포면 수박작목회가 실질적으로 농민들의 결집체로서 기능하기 시작하였다. 1993년 들어서는 면작목회를 (영농조합)법인화하는 문제가 제기되었다. 이것은 정부가 지원대상을 영농조합법인에 우선하겠다는 것 때문에 생긴 일이었다. 작목반원들의 회의에서 지원을 받기 위해 법인화하는 것은 불필요한 일에 능력을 소모하는 것이라는 문제제기 속에서, 작목반단체로서 유지하기로 결정하였다. 그러면서 오히려 활성화된 작목반이라는 것을 제시하고 작목회 단위에서 농기계공동이용자금도 지원받았다. 이처럼 작목반 활동을 강화하면서 면 수박작목회는 수박협의회 구성에 적극적으로 결합해 들어 갔다. 면 작목회는 도포면의 25개 자연부락을 포괄하고 있었는데, 3번 이상의 회의를 거쳐 논의하면서 작목반원들이 품목별협의회에 많이 가입하였다.

이처럼 작목회 중심으로 작목반들이 활성화되고 있었고 지원도 우선적으로 받으려고 집단적으로 노력하였기 때문에 도포면에서는 영농조합법인은 별로 결성되지 않았다. 그런 와중에 품목별협의회 결성이 시작되었고 작목반들은 적극적으로 참여하였다. 영농조합들은 좀 소극적이었다. 신규로 수박을 재배하기 시작하는 지역의 성원들일수록 협의회 결성에 적극적으로 참여하였고, 오랜 동안 수박을 재배해왔던 지역의 농민들은 자신들 나름대로의 기술, 생산, 판매통로를 지니고 있었기 때문에 소극적이었다.

〈표 5-4-6〉 도포면 작목반(영농조합) 상황(1998년)

작 목	작목반수(영농조합)	작목반원수(가)
수 박	2	156
시설채소	4(1)	212
쌀	8	247
배 추	1	21
무 우	2	61
과 수	2(1)	39
한 우	2(1)	48
합 계	21	684

단위 농협에서 파악하고 있는 1998년도 도포면의 영농조합법인 및 작목반의 현황을 보면(〈표 5-4-6〉) 1995년에 비해 상당히 줄어든 양상을 보이고 있다. 1995년에는 영암군원예연합회를 결성하기 위해 명목상 만든 것들이 많았을 것이다. 1998년의 경우에도 쌀작목반의 경우는 들 단위 중심으로 8개의 작목반이 구성되어 있으나 실질적인 활동은 거의 없는 상태이다. 따라서 사실상 훨씬 줄어든 것으로 생각된다. 그러나 이러한 수치도 농협에서 계통출하 연계를 맺는 작목반의 수에 지나지 않는 것이다. 법인화한 것은 도포월출한우영농조합, 도포배영농조합 정도이고 노지채소 재배하는 지역에 4개 정도의 작목반이 구성되어 있다. 노지수박의 경우 일정한 기술전파가 되어 있고 포전매매가 이루어지고 있기 때문에, 수박만을 중심으로 조직이 유지되기는 힘들다. 그래서 도포수박작목회라는 이름으로 면단위로 구성되어 있는 작목회는 사실상 활동을 하지 않는다. 실질적으로 도포면의 작목반들을 결집하고 있는 것은 바로 70여명의 성원을 지닌 도포시설원예작목회로, 도포시설원예영농조합법인으로 전환하였지만 작목반(회)의 틀을 그대로 유지하고 있다.

4. 도포시설원예영농조합의 운영과 조직방식

1) 조직결성과정

도포면 농민들의 경우 1989년에 도포시설원예작목회를 설립하면서 이미 시설원예를 하던 농민들에 더하여 새로이 시설원예를 하는 농민들이 결집되었다. 당시 면 단위에서 16명 정도가 모여 시설원예를 배우면서 시작하였다. 이들은 나중에 도포시설원예영농조합을 주도하는 사람들이 된다.

도포면의 경우 구학리 사람들이 이웃한 덕진면에서 재배방식을 배워와서 고추, 상추 등을 재배하기 시작하였다. 구학리의 경우 30년 전산수박부터 시작하였다. 처음 네 사람(이진용, 신하균, 이재곤, 정영도)이 1986-87년 정도부터 시설을 설치하면서 시작하였고 마을의 다른 농민들도 농지가 적어 점차 시설원예로 전환하였다. 처음 시도한 사람들은 면단위 시설원예작목회를 주도하였으며, 최근 젊은 사람들은 규모화를 시도하기도 하고 자동화시설도 하지만, 마을의 농지가 적어 규모화에는 어려움이 있다. 오히려 다른 마을 사람들이 규모화를 시도한다.

시설원예를 맨 처음 시작하여 계속해 오고 있는 농민의 시설재배 변화상을 보면, 하우스 시설은 목재 → 비가림 → 비자동화 → 자동화라는 방향으로, 작목은 고추 → 상추 → 수박 → 알타리 → 오이+수박+알타리 재배의 형태로 변해 왔다. 이러한 변화상은 이 지역의 대체적인 전개방향을 말해 준다.

도포면의 경우 노지 재배가 많지만 노지 재배의 경우 포전매매를 하기 때문에 출하를 상인들이 대행한다. 그에 반해 시설재배 농민들은 시설의 공동구입 및 설치, 기술문제 등을 논의하기 위해서, 그리고 출하를 직접 해야 하기 때문에 함께 해야 할 필요성을 많이 느낀다. 그래서 일찍부터 시설재배 농민들은 협동화할 필요성을 더욱 지니고 있다.

또한 앞서 보았듯이 도포면 농민들은 작목반(작목회) 조직을 통하여 활발하게 활동해 왔다. 영농조합법인 결성 시에도 실질적으로 움직이는 작목반 중심으로 지원할 것을 요청하기도 하고 정부에서 제시하는 사업에 대해서도 타당성을 생각하여 선택하려고 하였다. 그리고 몇몇 활동적인 중심인물들이 있어 협동활동을 주도하고 있었다.

이러한 와중에 원예연합회가 구성되면서 작목별 협의회가 군단위로 조직되었지만 농민들은 여전히 면단위 활동에 집중하고 있었다. 작목별 협의회가 느슨한 조직이었고 실질적인 활동을 할 수 없었기 때문에, 면 단위로 그 면에서 특화된 작물을 중심으로 결집할 수 있었다. 도포면의 경우 시설원예 재배농가들이 꾸준히 늘어나면서 1995년 9-10

월에 면 시설원예재배농가의 약 70%에 달하는 70여 농가를 중심으로 도포시설원예영농조합법인이 만들어 졌다.

애초에 작목반의 결집체로서 작목회로 움직여 왔으며 영농조합법인이 등록하는데 비용이 들어서 면단위만 등록하고 사실상 작목반 중심으로 운영이 되어 왔다. 면 단위 이름도 1999년에는 작목회로 바꾸어 달고 있을 정도이다. 1989년부터 작목반(작목회) 중심으로 운영하다가 정부에서 영농조합법인에만 집중적인 지원을 하게 됨에 따라 면단위 영농조합법인을 만들어 대응하고 있지만 실제 움직임은 작목반 단위로 움직이고 있다.

또한 공동시설물이 유효하지 않다고 생각하여 1995년에 정부나 농협에서 유도하는 유리온실이나 자동화시설 투자에 반대했다. 1대회장(이진용) 시절 영농조합법인을 통해서만 지원한다고 하여 1995년 9월 영농조합법인을 결성하였다. 정부에서는 생산지원사업으로 유리온실사업과 자동화시설사업을 제시하였다. 유리온실사업은 지역의 영농 특성상 적합하지 않다고 반대하고 자동화시설사업을 개별 농가 18호가 참여하여 받았다. 이 사업은 영농조합 회원들 개인에게 지원되는 것이었다. 일반하우스 재배회원이 대부분이었고 자금을 갹출해야 하는데 시설규모가 커서 농가들이 자동화시설 설치에 선뜻 나서지 않았지만 시작하였다. 그리고 유통지원사업으로 집하장, 저온창고, 외냉차, 선별장(선별기), 콘베이어벨트 등 시설사업을 영농조합 단위로 지원받아 마련하였다. 회원당 1백만원을 출연하고 정부의 일부 지원과 농협에서 융자금을 얻어 이러한 시설들을 설립하여 회원들의 농산물 출하를 감당하고 있다.

2) 조직 구성과 사업운영

(1) 조직구성

회원은 1995년 10월 구성 이래 1996년 70명, 1997년 75명, 1998년

68명으로 약간의 변동이 있었다. 1997년에는 1명이 탈퇴하고 6명이 새로 가입하였으며, 1998년에는 9명이 탈퇴하고 1명이 새로 가입하였다.

회원의 자격은 시설원예를 하는 농가들로, 회원은 생산된 농산물을 공동출하하고 기본운영비와 판매대금의 일정비율을 사무실 운영비로 납부해야 한다. 처음 결성할 때 회원들은 100만원씩 출자하였다. 그 후 1997년까지 신입회원은 기금 1백만원씩을 냈으며, 1998년부터는 신입회원은 기금을 2백만원씩 내야 한다. 징계를 받지 않고 탈퇴할 때는 기금을 되돌려 준다.

새로 시설원예재배를 시작하는 농민들이나 특히 박스짐을 내는 시설원예작물을 재배하는 농민들은 현실적으로 영농조합에 결합하지 않고는 영농을 해 나가기 어렵다. 물론 알타리, 수박 농사는 포전거래 중심으로 출하가 이루어지기 때문에, 알타리, 수박농사만 짓는 사람들은 회원으로 가입하지 않으려고 한다. 처음 결성될 때에는 좀더 나은 농사(같이 농사를 짓자)를 짓자는 의도로 알타리, 수박 농사만 하는 농민들도 가입하여 회원으로 남아 있는 경우가 많지만, 그 반대의 경우로 탈퇴하는 사람도 있다. 그리고 농사에 있어 기술적인 부분의 상담, 시장에 대한 토론을 통해 회원으로서의 이점을 누리려는 사람은 회원으로 남아있다. 어쨌든 주 소득을 하우스 농사로 얻는 사람들은 남아 있는 편이다.

탈퇴하는 사람들도 나타나고 있다. 탈퇴 이유로는 작목 전환이 가장 많다. 다른 업종으로 직업을 바꾼다거나 주요 소득 작목을 변경하는 경우이다. 벼농사를 대규모화하여 지으려는 사람이 적지 않게 나타나고 있다. 또한 거리가 멀고 한 마을에서 혼자 할 경우 함께 하기가 어려워 탈퇴하며, 기타 가정적인 문제(부인노동력이 문제가 생기는 등)나 건강약화로 시설원예를 할 수 없게 될 경우이다. 그리고 법인의 활동에 문제를 일으킨 한 사람의 경우 징계위원회에 회부하여 3년간 징계를 내렸다. 1년 운영비를 안내거나 회의(13번)에 1/3도 참여하지 않으면 총회에서 탈퇴안을 올려 탈퇴여부를 결정한다.

〈표 5-4-7〉 도포시설원예영농조합 마을별 회원 분포

마을별	영호리	구학리	수산리	봉호리	원항리	성산리	덕화리	(영암읍)	합계
회원수	13명	25명	7명	13명	4명	2명	3명	1명	68명

리별 회원분포를 보면(〈표 5-4-7〉), 회원들이 구학리, 영호리, 봉호리에 집중되어 있다. 그런데 리 단위(법정리)도 사실상 2-5개 정도의 자연부락(행정리)으로 나뉘어져 있다. 구학리의 경우 1구와 2구가 총 25명 있는데 24명이 2구인 상리마을에 속해 있다. 영호리의 경우도 3개 마을로 나뉘어져 있는데 회원들은 1구에만 몰려 있다. 다른 자연마을은 과수를 하거나 축산을 하고 있다. 봉호리의 경우 5개 자연부락으로 나뉘어져 있는데 2구에만 7명의 회원이 있다. 원항리의 회원 4명도 원항2구인 원목마을에 집중되어 있다. 다른 리의 경우 분산되어 있는 편이나 그 숫자가 적다. 전체적으로 3명 이상의 회원이 있는 마을이 6개 마을로 이 마을들이 중심이 되어 도포영농조합법인을 이루고 있다고 할 수 있겠다.

이렇게 마을별로 집중되어 있는 것은 영농조건이 다르기 때문이다. 간척지가 많다든가 과수나 축산과 같은 다른 작목을 하는 마을의 경우 시설원예를 하지 않기 때문이다. 그리고 마을별로 특정한 작목을 중심으로 재배하기 때문이기도 하다. 농사를 혼자 특이한 작물을 심어서 해 나가기란 매우 어렵다. 마을의 다른 농민들과 협동하면서 해 나가지 않으면 사실상 영농이 불가능하기 때문이다. 그리고 이렇게 한 마을에 특정한 작목이나 재배방법이 정착되어 나가는 데에는 주도자들이 있고 이들을 중심으로 조직화가 이루어져 나간다. 영농조합법인에서는 마을별(5개 마을) 2명의 대표(이사)를 두고 있다. 이사는 회장과 회원 간의 가교역할을 하며, 그 지역(마을)의 모든 현안문제를 사무실에 전달하고 본회의 운영에 적극 참여한다. 그리고 회원수가 작은 마을은 이웃 마을과 함께 하고 있다.

〈표 5-4-8〉 도포시설원예영농조합 작목반별 회원분포

<table>
<tr><th>작목별</th><td>수박반</td><td>알타리반</td><td>오이반</td><td>토마토반</td><td>호박반</td><td>고추반</td><td>상추반</td></tr>
<tr><th>회원수</th><td>57명</td><td>50명</td><td>49명</td><td>10명</td><td>3명</td><td>3명</td><td>2명</td></tr>
<tr><th>작목별</th><td colspan="2">수박+알타리</td><td>수박+오이</td><td colspan="2">알타리+오이</td><td colspan="2">수박+알타리+오이</td></tr>
<tr><th>회원수</th><td colspan="2">46명</td><td>42명</td><td colspan="2">34명</td><td colspan="2">33명</td></tr>
</table>

작목반별 회원분포를 보면(〈표 5-4-8〉) 수박반이 57명, 알타리반이 50명, 오이반이 49명, 토마토반이 10명 순이다. 대개의 회원들이 수박반과 알타리반에 들어 있고 또한 수박+알타리+오이 라는 작목을 결합 재배한다. 실제 수박반과 알타리반에 함께 들어 있는 회원은 46명에 이른다. 알타리반과 오이반에 함께 들어 있는 회원은 34명, 수박반과 오이반에 함께 들어 있는 회원은 42명, 수박반, 알타리반, 오이반에 동시에 가입해 있는 회원은 33명이다. 이처럼 회원들은 대개 2-3개의 작목을 결합재배하고 있다.

작목반별로 작목반장이 있으며 작목반장은 작부 계획을 세우고 작품종선택, 재배기술 등에 관한 토의를 유도하고, 우수품종 선정, 농자재 선정, 재배과정, 기술, 성공사례를 토의하며, 시장견학(출하할 시장) 등을 주도한다.

이와 같이 도포시설원예영농조합은 마을별 조직을 기반으로 성립되며 회장과 총무, 운영위원 4명, 품질관리위원회 위원장과 공동시설관리위원장, 감사와 재무담당으로 구성되어 있으며, 사무실에는 경리직원이 있다.

(2) 시설/시설운영

시설의 건립은 회원 1인당 출자금 1백만원씩 걷어서 7천만원과 정부의 지원금, 그리고 농협으로부터의 융자금으로 마련하였다.

정부의 보조를 1억원 받고 융자금 4,260만원과 출자기금 7천만원,

〈표 5-4-9〉 도포시설원예영농조합 시설현황

(단위: 만원)

부동산	면적/수량	평가액	정부보조	융자	자부담	비고
대지 및 건물	1,035m^3	1,030만원			1,030	
대지	298m^3	300			300	
저온창고	50평	1억 2,500	6,250	3,750	2,500	* 임대
선별장	32평	1,000			1,000	
집하장	83평	5,900	4,080		1,820	* 일시임대
선별기	7대	1,750		510	340	선별장 입고
콘베이어벨트	2대	1,370			1,370	집하장 입고
FRP 파레트	100개	300			300	저온창고 입고
합계		2억 4,150만원	1억33	4,260	8,660	

그리고 차입금과 대출금 등으로 시설을 완비하였다. 1997년 시설상황은 〈표 5-4-9〉와 같다.

2억4천여 만원이나 들인 시설을 갖추고 있다. 영농조합 사무실로 쓰는 대지와 건물은 농협이 쓰던 곳을 구입하였다. 이상의 부동산 이외에 약 3천200만원의 동산을 가지고 있어, 영농조합의 자산은 2억 7천여만원에 이른다.

상당한 규모의 시설이지만 영농조합의 출하사업에서 이용률은 떨어진다. 저온창고는 여러 차례 이용해 보았으나 이용도가 떨어졌고 관리에 철저를 기하기도 어려웠다. 처음에는 수박도 해서 넣어보고 했지만, 50평에 넣으려니 노동력이 엄청나게 필요했다. 영농조합에서는 특별히 저온창고에 보관할만한 농산물을 출하하지 않기도 하고, 약간의 전문적인 관리가 필요하였다. 그래서 덕진면에서 고구마 농사를 짓는 사람에게 1년에 600만원의 임대료를 받고 임대하고 있다.

선별장은 처음에 좀 이용하다가 별 이용이 없다. 공동선별을 한 번 해봤지만 밤에 선별을 하니깐 다음날 아침에 출하를 해야하는데도 밤새 못하는 경우가 있다. 그래서 6개의 선별기로 흩어져서 개인 선별을 한다. 물론 그래서 엄격한 선별이 안 되기도 한다. 소형선별기 6대와 중형1대가 있으나 별로 이용하지 않는다. 안 쓸 때는 창고에 갖다놓고, 회원들이 사용하고 싶을 때는 가져다가 쓴다.

현재의 집하장의 위치가 좋지 않으므로 날씨에 따라 출하 장소가 유동적이다. 날씨가 궂지 않으면 영농조합 사무실 앞에서 집하하고, 날이 궂을 때만 집하장을 이용한다.

영농조합 사무실은 회원들이 종종 들러 농사정보도 교환하고 친목을 다지는 자리이며, 대지가 넓어 집하장으로 사용된다. 그러나 선별장은 거의 이용하지 않는다.

그리고 영농조합사업으로 나온 저온차량 구입은 개인에게 하도록 하였다. 한 사람이 영농조합 이름으로 융자금을 받아서 차를 구입하여 운용한다.

(3) 사업운영

〈출하사업〉

농산물 출하작업이 영농조합의 가장 중요한 사업이다.

영농조합 회원들이 가장 많이 재배하는 수박과 알타리무의 경우 실제로 영농조합에서 출하를 담당하지는 않는다. 알타리무와 수박은 포전매매(밭떼기)를 주로 하기 때문이다. 일시 파종하고 일시 수확하는 작물 특성 때문에 그리고 포장을 하기 어렵기 때문에, 상인들과 재배농민들 간에 밭떼기로 거래되는 것이다. 물량이 많고 시장 흐름을 파악하기가 어렵기 때문에, 시장 동향을 잘 알고 전문적인 상거래 능력을 지닌 상인들이 오히려 감당해 내고 있다. 또한 농민들은 다음 작물을 준비하기 위해서는 일시에 포전매매를 하고 작업에 들어가야 하는 문제도 있다. 또한 농민들이 판매하는 것보다 상인들에게 판매하는 편이 현재로서는 나은 것으로 생각한다. 상인들이 전문적으로 물량을 조절한다고 할 수 있다.

따라서 알타리무와 수박은 각 회원이 포전매매를 하고 판매액을 영농조합에 신고하고 신고액의 0.5%의 수수료를 운영비로 낸다. 물론 판매액을 축소하여 신고하기도 하나 곧 소문이 나서 서로 알게 된다.

포전거래 물량은 IMF의 영향으로 진폭이 있지만, 거래액으로 볼 때 10억원이 넘는 양이다(〈표 5-4-10〉). 수박은 1996년의 경우 8억 5천만원이 넘었고 계속 6억원 이상의 거래량을 보이고 있다. 알타리무의 경우도 IMF의 영향에도 불구하고 1998년에는 오히려 재배농가도 늘어나고 거래액도 상당히 많아졌다. 수박은 55호 정도, 알타리는 50호 내외의 농가들이 재배하고 있다(〈표 5-4-11〉). 회원 70여 명 가운데 대부분이 수박과 알타리를 재배하고 있으며 5-6호의 농가만이 수박이나 알타리를 재배하지 않은 채 시설원예를 하고 있다.

〈표 5-4-10〉 포전매매 거래액 및 운영비

(단위: 만원)

연도	판매금액/수박	알타리	합계	운영비임금액/수박	알타리	합계
1996	8억5,619(56)	5억8,335(51)	14억3,954	428	292	720
1997	6억4,467(55)	4억4,970(47)	10억9,437	322	225	547
1998	6억6,609(54)	6억3,560(54)	12억9,969	332	318	650

1. ( )안은 재배하고 신고한 조합원수

2. 운영비가 판매금액의 0.5%에 미치지 못하는 것은 미납자들이 있기 때문임.

〈표 5-4-11〉 도포시설원예영농조합 농산물 출하내역

(단위: 만원)

연도	판매금액/ 오이	방울토마토	호박	고추/기타	합계	운영비 합계
1996	5억8,312(49)	2억6,615(12)	5,331(8)	2,061(1)	8억8,338	442
1997	4억9,549(50)	4억 627(15)	4,071(6)	1,190(2)	9억5,436	477
1998	4억 768(41)	1억8,752(10)	9,357(6)	4,671(5)	7억3,544	368

* ( )안의 숫자는 재배농가수

영농조합에서 직접 출하하는 것은 수박과 알타리를 제외한 시설원예작물이다.

시설원예작물로 영농조합법인에서 주로 출하하는 것은 오이와 방울토마토이다. 진폭은 있으나 오이는 수박과 알타리와 함께 많은 회원들이 재배하는 주요 작물이다. 오이는 40-50호의 농가가 재배하고 있으며 방울토마토는 10-15호의 농가가 재배하고 있다. 오이의 판매금액은 줄어들고 있으나 여전히 주요 출하품목이다. 방울 토마토는 진폭이 심한 편이다. 총액으로는 계속 줄어들고 있는 추세이다. 그러나 경제상황이 호전되면 다시 늘어날 것으로 예상되고 있다. 이들 시설원예작물들은 박스짐으로 출하한다. 원예연합회와 도포영농조합법인 마크가 찍힌 박스에 담아 각 농가의 개인 이름을 써서 직접 집하장으로 가지고 오면, 차량 단위로 시장에 출하한다.

전반적으로 수박과 알타리 11-15억원 정도의 거래량과 다른 시설원예작물 7-9억원의 거래금액을 기록하고 있다. 합해서 20억원 이상의 물량을 거래하고 있는 것이다.

영농조합에서 작부계획을 세워 처음에는 신청을 받기도 했지만 해마다 규모가 달라진다. 각 농가가 자신의 경지규모와 노동능력에 따라 재배규모를 스스로 결정한다.

기본적으로 회원 자격으로만 출하할 수 있다. 비회원의 경우 시설채소 아닌 품목을 운반해 주는 경우가 있다. 감, 배, 고구마 등으로 독자적 출하하기 어려운 것을 서울 쪽으로 운송료를 받고 운송만 해준다. 비회원의 경우 과수는 받아주지만 시설채소는 받아주지 않는데, 회원들의 반발이 나오고 단지(법인)가 깨지기 때문이다.

비회원들은 자신들이 차량단위 출하가 가능하면 독자적으로 출하한다. 그러나 영농조합에서는 운송비 절감의 차원에서 과수 작목의 경우 비회원의 출하를 회원들의 출하작물에 끼워서 출하해 주는 것이다. 물론 회원의 경우는 작목에 관계없이 출하할 수 있다. 오히려 회원/비회원의 차이라기 보다는 품목차이라고 보아야 한다. 회원/비회원의 차별은, 회원의 경우 사안에 대해 공동으로 해결을 하고 단지 안에서 제 과정에 신경 쓰나, 비회원은 물건만 실어 보낼 따름이지 운영에는 관여하지 않고, 작목재배에 있어서도 공동으로 하지 않는다.

또한 서울 시내 위탁 상인으로부터 공탁금 형식(보증금)으로 돈을 받기도 한다. 그러나 도매시장의 돈을 가져다 쓰면 자유로운 거래의 걸림돌이 되기 때문에 선금을 받지 않으려고 한다.

〈자재공급〉

영농조합은 1996년에 비닐과 박스를 공급하였다. 비닐을 1억 4천만 원 어치 공급하였고, 오이, 호박, 수박, 상추, 고추, 방울토마토의 박스를 공급하였다. 박스는 9만4천여 개 가운데 방울토마토 박스가 5만5천여 개, 오이가 2만7천여 개로 주를 이루었다. 다른 것은 양이 적기도 하지만 수박같은 것은 포전거래를 하기 때문에 상인들이 출하를 감당하므로 박스공급이 적은 것이다. 1997년부터는 박스나 비닐 공급을 하지 않고 있다. 이러한 자재들의 공급은 단위농협에서 담당하고 있다.

비회원의 경우 농자재 부분은 도움을 주기 위해, 농자재 신청을 받아 공동 구입을 해준다(비닐 구입). 농협을 통해 구매 사업을 받고 있는데, 조합에서 신청하는 것과 일반 농가에서 신청하는 것에는 차이가 크기 때문에 공동 구매를 하고 있다. 비닐 공동구매가 가장 농가의 호응을 얻고 있으며(30명 정도), 시설재배를 하는 경우는 거의 100%가 공동 구매에 참여한다.

(4) 운영수지

영농조합은 처음 결성할 때에 회원들로부터 출자금 형식으로 1백만 원씩을 갹출하였다. 이 기금은 탈퇴 시에 되돌려 준다. 1999년부터는 신입회원의 기금을 2백만 원으로 인상하였다. 그리고 각 회원은 공동 운영비로 회원당 연 30만원씩을 낸다. 이 공동운영비도 1999년부터는

20만원으로 인하하였다. 그리고 포전매매에 대한 수수료 0.5%와 다른 시설원예작물의 출하액의 0.5%를 운영비로 조합에 낸다. 이 이외에 농협을 거쳐 금전거래가 이루어지면서 농협에 수수료를 내는데 1998년부터 지역농협과 영농조합이 협상하여 농협의 수수료 가운데 일부를 영농조합에 환전해 준다(환전수수료).

그 외에도 저온창고나 집하장을 임대하여 임대료를 받고, 비회원들의 일부 농산물을 끼워서 운송해 줄 경우에 차량운송비를 받는다. 그 외에 각종 물품공급 수익금, 정부의 지원금 등을 수입으로 올린다.

시설들을 일정하게 완비하고 농산물출하를 하게 된 1997년의 운영비 수입지출내역을 보면 〈표 5-4-12〉와 같다(총수입과 총지출은 운영비수입지출보다 많다). 1997년 운영수지 규모는 수입 8천 6백여만원에 지출 7천 240여만원이다. 1997년에는 포장재지원금을 정부로부터 받았고 시설공사로 공동사업지출비용이 많았다. 1998년의 경우에는 수입이 5천 560여 만원에 지출이 4천 620여만원 정도였다.

주요 수입은 공동운영비 2천 70만원, 농산물출하액 수수료 1천 24만원, 환전수수료 1천 350만원 등이다. 공동운영비는 회원들이 30만원씩 내는 것이며, 농산물출하액 수수료는 포전매매(수박과 알타리) 수수료와 영농조합 박스짐 출하액의 수수료이다. 환원수수료는 박스짐 출하액에서 5%를 청과상과 농협에서 수수료로 제하는데 그 가운데 일부를 영농조합에 환원해 주는 것이다.

지출내역을 보면 공동사업지출이 2천 3백여만원으로 많은데 1998년의 경우는 400여만원으로 줄었다. 즉 시설을 완비해 가는 과정에서 쓴 비용이다. 그리고 지출이 많은 항목은 급료 및 판공비와 행사경비이다. 급료는 사무실 경리직원의 월급과 회장단의 판공비로 지출한 것이다. 행사경비는 수박품평회, 하계수련회, 서울시장조사 등에 쓴 경비이다.

농촌에서 모든 금전거래는 농협을 통해 이루어진다. 정부의 각종 지

〈표 5-4-12〉 도포시설원예영농조합 운영비 수입지출내역(1997)

수 입	금 액	지 출	금 액
공동운영비	20,700,000	공동사업지출	23,082,995
수수료 합계	10,243,562	급료 및 판공비	17,050,000
수박수수료	3,223,363	행사경비	13,290,500
알타리수수료	2,248,500	사무용품구입비	3,583,390
오이수수료	2,477,408	회의식비	2,867,000
방울토마토수수료	2,031,353	애경사	2,600,250
호박수수료	203,538	공공요금	1,351,250
고추·참외수수료	59,510	기타 잡비	8,143,500
환원수수료	13,494,365		
포장재지원금	24,690,000		
행사스폰서	2,610,000		
기타 수입	8,201,765		
1996년 이월금/수입	6,071,141	1996년 12월 지출	571,500
합계	86,010,943	합계	72,540,385
잔액	13,470,558		

원자금이나 융자는 물론이고, 농민들의 판매농산물의 금전거래도 농협을 통해 이루어지는 경우가 많다. 도포시설원예영농조합처럼 독자적으로 움직이면서 출하활동을 하는 경우에도 지역농협은 출하액을 청과상을 통해 농협 구좌에 입금시키게 하고 일정한 수수료를 뗀다. 지역농협은 또한 이러한 방식을 통해서 자신의 판매실적을 올리는 것이다. 이러한 방식에 대해서 영농조합은 지역농협에 대해 문제제기를 하였고, 그래서 지역농협에서는 환전수수료 형식으로 출하액의 0.75%를 영농조합에 환전해 준다.

도포시설원예영농조합은 융자금의 이자를 갚아나가고 매년 일정액을 적금하고 있으며 운영수지가 개선되고 있다. 그래서 점차 기본운영비나 수수료를 낮추어가려고 한다.

4) 회의/행사

(1) 월례회/정기총회

파종, 수확, 판매 시기, 생육기간 등 중요한 시기(수정 등)에 기술정보나 판매정보 등을 교환하기 위하여 월례 전체모임을 한다. 전체 월례회의에는 전 회원이 참여하여 사무실 운영방향, 농작물 시세 동향, 재배 흐름에 대해 토의한다. 매월 하여 1년에 12번 하던 것에서 1998년부터는 필요시에 소집하는 것으로 하였다(8번). 기본적으로 월초 3일을 월례회의 날짜로 정해 놓되 필요에 따라 다른 날에 소집하는 것으로 하였다. 일이 바쁜 시기에 회의를 하기 때문에 회원들은 일을 하다가 잊는 경우가 많다. 월례회의는 회원의 과반수 이상이 모여야 성립된다. 보통 50여명의 회원이 참석하며 많을 때는 60명을 넘는다. 오이, 알타리, 수박은 많은 회원들이 재배하는 작목이라 보통 전체 월례회에서 그 작목들에 관한 논의가 이루어진다.

반면에 고추, 토마토, 호박 등은 품목별로 모여 논의한다. 즉 세부적인 논의는 품목별로 이루어진다. 품목별 반장의 열의에 따라 품목별 회의가 전체 월례회의 보다 잘 운영되기도 하지만 전체 회의 역시 회원들의 관심이 높다. 회의경비는 사무실에서 운영비로 지불한다. 월례회는 농사에 관한 내용을 많이 논의하고 정보를 교환한다.

정기총회는 12월말이나 1월초에 한다. 운영비 수입지출내역, 농산물 출하액내역, 행사수입지출내역, 자산내역 등에 대한 상세한 보고와 토론을 한다. 1년간의 영농조합 활동에 대한 정리를 하는 자리이다. 월례회의에서 제기된 문제들이 제기되고 최종적으로 결정되게 된다. 1998년말 정기총회에서는 30만원을 내던 운영비를 20만원으로 낮추는 문제가 제기되어 처리되었다. 운영비와 판매액에 대한 일정 비율을 영농조합에 내는 것이 회원의 임무인데, 회원들은 그 비용을 낮출 것을 계속 요구해 왔다. 이전 회의에서 이미 1%씩 하던 판매대금 수수료를 0.5%로 낮추었다. 이것은 특히 규모가 큰 회원들의 불만이 많았기 때문이었다. 그리고 신입회원에 대해서는 100만원을 받던 입회비를 200만원으로 올렸다. 영농조합의 자산을 평가하여 회원당 약 200만원의 자산이 되어서 그렇게 결정하게 되었다. 이처럼 정기총회에서는 월례회의 과정에서 나온 문제들을 총괄하면서 정리해 나간다.

그리고 정기총회에서는 월례회의에 여러 번 불참한 회원들에 대해서 경고나 제명처분 등을 내린다. 1998년 말 정기총회에서는 8회의 회의 가운데 6회 이상 참석하지 않은 회원들(14명)과 운영비를 내지 않은 회원들(3명)에 대한 경고 및 제명 문제가 거론되었다. 8번의 회의 가운데 한번도 나오지 않고 운영비도 내지 않은 회원들(2명)에 대해서는 제명처분을 내렸다. 운영비를 미납했지만 회의에 참석은 잘 한 회원이나 회의는 참석하지 않았으나 운영비를 낸 회원들(3)에 대해서는 경고조치를 하였다. 경고나 징계를 받은 회원에 대한 실질적인 제재방안으로는 지원사업이 나올 경우 2순위를 주자는 안이 채택되었다. 회원들의 참여도를 회의 참여회수와 운영비 납부를 가지고 판단하고 있다.

(2) 수박품평회

수박품평회는 영농조합이 벌이는 홍보행사로서 수박이 한창 출하될 시기인 6월말 7월초에 개최한다(성수기가 아니면 출품하기가 어려워서). 원래 원예연합회가 수박품평회를 하기로 하였으나 하지 못하고 도포시설원예영농조합이 단독으로 개최해 왔다. 2000년 수박품평회는 군단위 원예연합회의 요청에 의해 군단위로 실내체육관에서 하였다.

품평회의 목적은 회원 상호간에 농사정보, 품질 비교, 홍보 등을 하는 것이다. 참여자들은 수박재배농가들이 주를 이루며 영농조합의 거의 대부분 회원이 온다. 농협주유소 부근의 넓은 장소에서 하며, 언론기관, 지방 신문사, 상인들, 종묘사 등에서 많은 사람들이 온다. 농협과 면사무소 농촌지도소, 영농조합회원이 함께 밭을 돌면서(수박 한

개를 가지고 와서 대표할 수는 없기 때문에) 전체적인 포장(밭)관리상태(병충해 예방, 제초, 환경 등)를 점검하고 평균적인 농사관리를 평가하고 전체의견을 들어서 제일 우수한 사람에게 최고상(종합상)을 수여하고, 출품한 것들 가운데 최고의 당도(당도상), 제일 큰 수박 만든 농민에 대한 상(대과상) 등 세 가지 상을 수여한다. 종묘상에서는 자신들의 종묘를 사용한 것일 경우 상당히 홍보에 열을 올린다.

영농조합운영비에서 일정액을 받고 도포농협 등 기타 기관들, 종묘상, 농약사 등으로부터 성금을 받아 행사를 치른다.

(3) 하계수련회

하계수련회는 8월 초순이나 중순에 간다. 운영비에서 쓰거나 회원회비를 일부 걷고, 각 기관 및 인근 사업자들의 성금으로 충당한다. 1996년부터 1997년까지 갔었는데 1998년에는 태풍으로 가지 못하였다. 여름방학 때를 이용하여 전가족을 동원하여, 관광차를 불러(2-3대, 4-5대) 시원한 곳을 찾아가 하루를 즐겁게 지내고 온다.

가족들을 데리고 개별적으로 휴양지에 갈 수 없는 상황에서 단체로 휴양을 하러 가는 것이다. 회원들 간에 친목을 도모하며 특히 알게 모르게 일을 가장 많이 하는 주부들이 가장 즐거워하는 날이기도 하다.

(4) 시장조사

시장조사는 도포영농조합의 주요한 사업이자 행사 가운데 하나이다. 시장상황 파악, 종묘상의 판매현황, 지방 마다의 작황 판단 등을 위해 회원들이 알타리(3월초), 수박(6월초), 오이(호박, 고추, 10월초) 등의 시장상황을 작목반별로 조사한다.

10월 중순에는 '서울시장조사'를 한다. 시장조사를 겸해서 회원들의 친목을 다지는 주요한 행사이다. 1998년 수박시장조사에는 30명 정도가 서울시장에 갔다. 중간에 충북 음성의 맹동수박 선진지를 견학하기도 하였다. 양재동, 창동 등에 있는 물류센타에 들러서 계약건을 협의

하였다. 시장조사 때에는 수확 직전에 미리 가서 몇몇 상회와 교섭한다. 10월 중순에 하는 서울시장조사에서는 각 청과상에 들러서 감사패도 전달하고 계약에 관하여 논의한다. 이처럼 전체 시장조사를 한번 하고 품목별로 작목반별 시장조사를 한다.

5) 마을단위 활동 - 원항2리

도포시설원예영농조합이 포괄하고 있는 여러 마을 가운데 가장 많은 회원들이 있는 구학2리(23명)는 도포면 지역에서 가장 먼저 시설원예재배를 시작한 곳으로 회원들의 연령도 60대가 반 정도에 이른다. 그러나 40대의 4-5명이 활동을 주도하고 있다. 이 마을은 초대 회장이 면단위 조직결성을 주도하였고 회원들 간에 유대가 강하였다. 회의에 나오지 않고 운영비를 내지 않는 회원에 대해서 다른 회원들의 비난소리가 높았다. 여기서는 비교적 마을 활동이 두드러진 곳으로 원항2리(원목마을)를 사례로 살펴보겠다. 먼저 원목마을 시설원예농가의 상황을 보자(〈표 5-4-13〉).

〈표 5-4-13〉 원목마을 시설원예농가 상황

이름	나이	시설재배 면적	시설재배 이외 경지면적	가입여부	
				원목사랑방	도포영농조합
손경철	40	5,200평	논 4,000평 밭 2,000평	0	0
김동민	48	3,150	논 3,000평	0	0
김용현	49	4,500	논 1,500평 밭 2,800평	0	0(98년 탈퇴)
송일월	49	2,000	논 4,000평 밭 2,000평	0	0
곽영식	53	2,100	논 6,000평 밭 3,000평	0	
곽명철	35	1,650	논 3,000평 밭 4,000평	0	
명주식	49	2,700	논 4,500평 밭 600평	0	0(99년 신입)
곽수암	43	5,300		0	0(98년 신입)
곽영달	51	1,400	논 900평 밭 300평	0	
곽순영	59	1996년 한 해 하고 봉호리 김길호 씨에게 임대 2,000평			
김창우	65	950평(수박, 알타리) 혼자 시설재배			

원목마을은 127호에 달하는 많은 가구가 밀집되어 사는 큰 마을이다. 앞 바다가 간척되어 벼농사가 활발하며, 40대 젊은 농가들을 중심으로 시설원예를 재배하고 있다. 아홉 농가가 1,400평에서 5,200평까지 시설원예를 재배하고 있으며 1천여 평을 혼자 재배하는 농가가 하나 있다. 농촌에서는 젊은이라고 할 수 있는 40대들이 주로 시설원예 재배를 하고 있다.

1995년 도포시설원예영농조합 결성 당시 함께 가입했던 4명의 회원은 마을에서 가장 먼저 시설원예를 시작한 사람들로 1989년부터 마을 단위로 함께 움직여 나갔다. 나머지 사람들은 1997년에 시작하였다. IMF 직전에 시작하였음에도 불구하고, 채소 종류는 소비가 일정하여 1997년, 1998년엔 괜찮았는데 1999년 봄채소의 경우는 소비가 줄어 어려웠다.

아홉 농가는 마을 어귀에 '원목시설원예사랑방'을 만들어 놓았다. 전체 비용을 9명이 나누어서 부담하여 총액 6백 만원으로 가건물을 지어 놓고 사무실로 쓰고 있다. 수박, 알타리 출하시에 각 5만원씩 내서 사무실을 운영한다. 사랑방에서는 술은 먹을 수 없게 하고 고스톱도 1천원짜리 이상은 못 치게 하는 내부규율을 정해 놓고 있다. 마을 안에서 시설원예를 하는 농가들이 결집하여 여러 가지 농사기술이나 출하문제들을 공동으로 논의하고 함께 해 나가고 있다.

도포영농조합 회원이었던 김용현씨의 경우 작목을 수박과 알타리로 집중하게 되었다. 영농조합의 경우 수박과 알타리 이외 작목의 박스짐을 중심으로 출하한다. 그런데 김씨의 경우 수박과 알타리만 재배하고 포전매매를 주로 하게 되어 영농조합에 운영비와 수수료만 내고 사실은 출하는 하지 않기 때문에 영농조합에 있을 필요가 없어 탈퇴하였다. 처음에는 정보부족으로 영농조합에 참여하였으나 기술이 일반화되면서, 이렇게 재배능력이 있는 회원들이 탈퇴하는 일이 생기고 있다. 그러나 새로 시설원예재배를 시작하는 경우는 다르다. 1997년에 새로 시설원예를 시작한 명주식 씨와 곽수암씨는 영농기술 및 영농정보를 얻고 박스짐을 출하하기 위해서 영농조합법인에 가입하였다.

이처럼 영농조합과 관련을 맺는데서는 박스짐을 출하하느냐의 여부가 중요하다. 영농조합 회원들은 수박과 알타리의 경우 면적 단위로 수수료를 내는 것에 대해 불만을 가지고 있다. 포전매매의 수수료는 없애야 되지 않겠느냐는 것이다. 영농조합이 중심이 되어 출하하는 박스짐 출하 수수료를 그대로 유지하면서 운영비를 더 내는 것이 낳지 않겠느냐는 의견을 지니고 있다.

이처럼 마을 단위에서 하나의 집합체로 움직이지만 면단위 영농조합법인에는 9명 가운데 5명만 가입하고 있다. 면단위 조직에 참여하지 않는 사람들은 출하 재배 작목에 따라 차량 단위로 출하할 수 있는 작물을 재배한 사람들이며 이 경우 공동출하 했을 경우 큰 효과가 없기 때문에 참여하지 않는다. 또한 분담금, 수수료를 내야 하기 때문에 가입을 안 하는 경우도 있다.

마을단위 사랑방은 친목을 도모하는 장소이기도 하지만 포전매매나 다른 차량 출하시에도 함께 해 나간다. 도포시설원예영농조합과 연결되어 있지만, 영농조합의 비회원들도 함께 결합하여 마을 단위로 독자적으로 움직이고 있는 것이다. 다시 말해 면단위 영농조합법인이 포괄할 수 없는 노동력조달문제 등에 공동으로 대처한다. 예를 들어 알타리 파종, 수박 접목, 수박 정식의 경우 며칠 사이에 일을 해야 하기 때문에 인부(노동력)를 동원해야 한다. 주로 작업하는 사람들은 마을의 40-60대 아주머니들이고 퇴비작업만 남자들이 한다. 노동력이 부족할 경우에는 인력제공 전문차량에 일정액을 주고 노동력을 공급받는다. 또한 비닐씌우기 작업을 공동으로 하는 경우가 있다.

이상에서 군단위 조직화, 면단위 자율적인 조직화과정, 마을 단위 활동까지 살펴보았다. 새로운 농민주체의 구성이라는 관점에서 적극적인 농민들이 결집해 나가는 양상을 파악하는 것이 중요하다. 여기서의 사례연구는 이러한 연구방향에서 보았을 때 시사해 주는 바가 많다.

먼저 군단위의 형식적 조직화는 하나의 모델로서 제시될 수 있으나 그 구체적인 실행방식들이 만들어지지 않으면 농민들과 접속하기 힘들 것 같다. 하향식으로 조직되고 농민들의 활동을 농협과 같은 조직에 연결시키는 것을 주요 목적으로 삼는 한 그러한 조직화는 농민들의 활동과 결집된 능력을 위축시킬 가능성이 높다. 물론 면단위나 작은 단위에서 할 수 없는 규모의 일이나 색다른 연계사업(예를 들면 수출사업에서 중재자 역할)을 해나가는 식으로 자신의 역할을 찾아갈 수 있을 것이다.

이 사례에서 나타난 도포시설원예영농조합법인은 면단위로 활동하지만 면 내의 6-7개 마을을 중심으로 결집되고 있다. 단순히 행정단위나 편의적 구분에 의한 것이 아니라 같은 작목이나 같은 영농유형을 지닌 농가들이 밀집해 있는 마을들이 결합되는 방식을 취하고 있는 것이다. 출하라는 중요한 경제사업을 주축으로 다양한 활동을 벌여나가면서 지역 농민들의 결합체가 되고 있다. 참여농민들은 면사무소나 단위농협에 가기 보다는 영농조합에 가서 있는 것이 훨씬 편하고 실질적인 도움이 된다고 한다. 또한 이 사례의 영농조합은 자신들이 독자적으로 주축이 되어 사업을 벌이고 조직을 지속시켜 나간다. 농협과의 관계에서 독자성을 지키고 상인들이나 위탁상들로부터 독자성을 지키며, 정부의 과도한 지원이라는 올가미에서도 벗어나 자율적 사업방식을 추진해 가려고 한다.

물론 마을단위의 활동을 보면 영농조합이 특정한 역할을 하지만 생산농민의 모든 과정을 담아내지는 못한다. 그 중요한 노동과정에 대한 관련, 예를 들면 노동력수급조절 같은 문제에 관련하지 않는다. 유통에만 신경 쓰다 보니까 농민들의 노동과정, 상품 생산과정에 대한 개입은 기술정보교환 수준에 머무는 것이다. 마을 단위의 노동과정이나 협동과정에 일정하게 도움을 줄 수 있는 사업내용들을 개발하고 그리하여 마을 단위와 새롭게 결속해 가는 방안들을 탐색하는 것이 필요할 것이다.

회원들의 적극적인 활동과 영농조합에 대한 애착심, 영농조합 활동을 소홀히 하는 회원에 대한 강한 질책 등에서 강한 유대감을 확인할 수 있다. 20여년 가까이 지역의 영농을 주도해 온 시설원예농민들이 세계화라는 흐름 속에서도 자신들의 독자적인 조직을 통해 새로운 연대형태를 구축해 나가는 모습을 보인다.

특정한 작목을 중심으로 결속하여 움직이고 있는 도포시설원예영농조합은 전통적인 마을공동체를 넘어서 보다 적극적이고 활발한 새로운 공동체의 모습을 보여주고 있다.

도포시설원예영농조합법인 정관

제1장 총 칙

제 1 조(명칭) 본회는 도포시설원예영농조합법인(이하 본회)라 칭한다.

제 2 조(목적) 본회는 시설원예 농사를 하는 독농가로 구성되며, 생산된 농산물을 공동출하하고, 생산판매에 대해 공동이익을 추구하며, 영농기술협조와 토론으로 생산성을 향상시켜 점진적 발전을 위하여 협동하고, 친목함을 목적으로 한다.

제 3 조(사무실) 본회의 사무실은 도포면 관내에 둔다.

제 4 조 본회의 정관은 영농법인 정관에 준한다.

제2장 회 원

제 5 조(회원의 자격) 본회의 회원은 시설재배농사를 하는 농업인이어야 한다.

제 6 조(회원의 권리) 본회의 회원은 총회 및 월례회의에서 의결권과 선거권 및 피선거권을 갖는다.

제 7 조(회원의 의무)

1) 본회의 회원은 정관 및 제규정을 준수해야 한다.
2) 본회의 회원은 시설재배한 농산물을 공동출하함을 원칙으로 하며, 기본운영비 30만원, 판매대금의 0.5%를 사무실 운영비로 납부해야 한다.
3) 포전매매도 7조 2항에 둔다.

제 8 조(회원의 징계) 회원이 정관 및 제규정에 위배된 행위를 하거나 본회의 질서를 문란하게 할 때 별도의 규정에 따라 징계할 수 있다.

제 9 조(포상 및 경조)

1) 본회의 발전을 위하여 현저하게 공헌한 회원에게는 임원회의의 의결을 거쳐 포상한다.

제 3 장 총회 및 월례회의

제10조(총회) 정기총회는 년 1회로 하며 회장이 그 의장이 된다.

1) 총회는 재적회원 2/3 참석과 과반수 찬성으로 의결한다.
2) 정기총회에서는 임원선출 및 상반기 결산보고와 이윤발생시 이윤배당의 결산을 한다.
3) 정기총회에서는 결산보고와 1년 동안의 작부계획을 수립한다.
4) 임시총회는 임원회의 결의가 있을 때나 회장이 필요하다고 인정할 때 소집한다.
5) 정관의 개정은 총회에서 한다.

제11조(월례회의)

1) 월례회의는 재적회원의 과반수 출석과 과반수 찬성으로 의결한다.
2) 매월 3일 소집하고 회장이 의장이 된다.
3) 각종 사업 및 영농에 대한 토론과 의결을 한다.
4) 기타 본회 발전 및 회원친목을 위한 사항.

제 4 장 임 원

제12조(임원의 종류와 수) 본회의 임원은 다음과 같다.

· 회장 1명, 부회장 1명, 고문감사 2명, 품질관리위원장 1명, 이사 6명

· 운영위원 약간명

제13조(임원의 자격) 선거직 임원인 회장 및 감사에 입후보할 수 있는 자격은 본회의 회원인자라야 한다.

제14조(임원의 임기) 임원의 임기는 2년으로 하되, 2회 연임할 수 있다.

第15條(임원의 의무) 임원의 의무는 다음과 같다.

* 회장

1) 회장은 본회를 대표하며 모든 사항을 총괄하여 관장한다.

2) 회원이 생산한 농산물 일체를 출하조정하며 판매위탁한 상회로부터, 판매대금을 인수하여 정한 날에 해당 물품대금을 지불하되, 공과금과 구매금은 공제하여 지불할 수 있다.

3) 본회의 농산물 출하를 수송하는 차량을 선정, 운영하며 통제한다.

4) 본회의 직원을 감독 관장한다.

5) 일년의 예산을 편성한다.

* 의무 : 회장의 임기 중 각종 단체장 선거에 출마시 3개월 전에 회장직을 내놓아야 한다.

* 부회장

1) 회장을 보좌하고 유고시 회장을 대임한다.

* 총무

1) 회의록을 작성하며, 경과보고를 한다.

2) 각종 지출을 관장한다.

3) 일년 예산을 편성한다.

* 감사

1) 년중 1회 감사보고를 해야 한다.(정기총회)

2) 본회 모든 지출 장부 및 경리장부를 회장 총무에게 감사청구권을 가진다.

3) 감사를 위한 감사권을 부정기적으로 청구할 수 있으며, 이에 불응시는 회의를 소집 · 문제 삼을 수 있다.

* 이사

1) 회장과 회원간의 가교역할을 하며, 그 지역의 모든 현안문제를 사무실에 전달하고 본회의 운영에 적극 참여한다.

第16條(임원회의)

1) 임원회의 의결심의 사항은 다음과 같다.

(1) 총회에 부의할 사항.

(2) 제반규정 및 세칙의 제정과 개정.

(3) 기타 본회의 운영상 중요한 사항.

2) 임원회는 재적 구성원의 2/3출석과 과반수 찬성으로 의결하며 가부동수인 경우 의장이 결정권을 갖는다.

3) 임원회의는 매분기마다 1회, 또는 필요시 소집한다.

제 5 장 재 정

제17조(운영) 본회는 다음과 같은 수입으로 운영한다.

1) 공동 출하시 판매대금의 0.5%.

2) 포전 판매시 판매대금의 0.5%.

3) 환원 수수료.

4) 공동구매 물품의 이윤 및 차량운임의 일부.

5) 기타 수익금.

6) 위와 같은 방법으로도 운영이 적자이면, 회원의 공동부담으로 충당한다.

제18조(공동구매) 공동구매물품(비닐, 농자재) 등의 본회가 책임진 공급의 채무를 정한 날까지 이행하지 못한 회원은 자기 농장의 농산물과 농장의 권리를 본회에 양도하여야 하며 농장의 운영권 및 생산에 대한 포기 각서를 제출하여야 한다.

제19조 회원의 자퇴시에는 타 지역으로의 이주, 사망, 부득이한 사정으로 인하여 영농을 계속할 수 없을 시 기본 출자금만 환급하며, 정관 제명사항에 따라 제명시에는 기본 출자금 및 모든 것을 지급할 수 없다.

제 6 장 공동시설물 관리위원

제20조(출자금) 회원 상호간의 협동과 친목은 물론 자립자생할 수 있는

기틀을 조성하기 위하여 별도의 약관을 정하여 공동시설관리 위원 1명을 둔다.

제7장 부 칙

1. 회장 및 임원의 인계인수는 2월말로 한다.
2. 임원선출의 의장은 전임 회장이 대행한다.
3. 본 정관은 96년 12월 28일 개정하여 시행한다.

신입회원 입회규정

1. 시설평수가 300평 이상인 농가의 대표여야 한다.
2. 본회 입회를 희망하는 자는 회원 2인 이상의 추천을 받아 가입신청서를 본회에 제출하여야 하며 가입여부는 임원회의에서 심의 결정한다.
3. 신입회 회원은 기본 입회금 1,000,000원과 본회 자산 등 분액을 납부해야 하며 기본운영자금 300,000만원을 별도 납부하여야 한다.

임원선임에 관한 규정

1. 회원의 투표권수는 1인 1표로 하며 무기명 비밀투표로 한다.
2. 투표와 개표는 정기총회에서 실시한다.
3. 회장은 무공천 다수득표자중 2/3이상의 득표자를 당선인으로 한다. 당선자가 없을 때는 재투표를 실시하여 다수득표자를 당선인으로 한다.
4. 부회장 선출은 제 7장 3항에 준한다.
5. 감사는 무공천 4명의 후보 중에서 투표하여 다수득표자 2인을 뽑는다.
6. 총무는 회장의 추천에 의하여 총회의 인준을 받는다.
7. 이사는 지역성을 감안하여 지역회원의 추천 또는 회장의 추천에 의하여 총회 인준을 받는다.
8. 공동시설물 관리위원은 회장이 임명하여 총회의 인준을 받는다.

경조규정(애경사)

1. 부모당고시 : 조화 1점(2단).
2. 부모회갑시 : 화환 1점(2단).
3. 위 사항이 본인이 직접 해당될 때에는 별도로 임원회의에서 결정한다.

징계규정

1. 다음의 사항에 해당되는 회원은 본회 정관 7조에 의거 임원회의 의결을 거쳐 회장이 회의를 소집하여 재적 회원의 2/3출석과 출석위원의 과반수로 제명한다. 단 본회에서 제명된 자는 3년 이내에는 본회에 입회할 수 없다.
   1) 농산물 공동출하를 기피하고 단독으로 출하할 때.
   2) 타 단지로 이적할 경우.
   3) 채무 불이행시.
   4) 본회의 이적행위로 간주될 때.
   5) 근거 없는 불평 등으로 회원 상호간의 불화를 조성했다고 간주될 때.
   6) 3회 이상 정기회의에 무단 불참시 및 월례회의 4회 불참시.
2. 회원의 일시 자격정지 등 경징계는 임원회의에서 결정한다.

징계규정조치

1) 회원이 징계후 제명시 출자한 기금에 한하여 원금에서 운영비를 제외하고 나머지 차액을 내어준다.
2) 자퇴시에도 기금환원에 한해서는 징계규정 조치 1)항에 한한다.
3) 위 규정은 98년 1월 5일부터 소급적용한다.

직원관리에 관한 규정

1) 본회의 사무처를 위하여 유급직원 약간 명을 둔다.
2) 유급직원의 보수는 임원회의에서 결정한다.

공동시설물 관리 약관(도포시설원예영농조합법인)

제1장(목적) 본 도포시설원예영농조합법인의 시설물 관리에 원활한 유지와 재산권 보호를 위하여 다음과 같은 약관을 둔다.

1) 본 공동시설물은 회장이 총괄하되 시설물 관리위원을 둔다.
2) 본 영농조합법인의 시설물 관리자는 시설물 관리와 입고된 농산물을 관리하되 만일 관리 소홀히 하여 시설물이나 입고된 농산물에 피해가 발생 시 이를 책임지고 관리한다.
3) 시설물 내에 농산물 입고 시에는 임원회의를 열어 결정 후에 농산물을 입고한다.
4) 공동시설물 이용으로 인하여 얻어진 잉여금은 본회의 자산으로 한다.
5) 필요시에는 공동시설물 관리 약관을 개정 및 보완 수정을 수시로 임원회의에서 할 수 있다.

참고문헌

김병태, 1982, 『한국농업경제론』, 비봉출판사.

김정호 외, 1990, 『전업농육성과 영농조직활성화방향』, 한국농촌경제연구원.

김준오, 1996, 『영농조합법인의 유형화에 대한 연구』, 농협조사부.

농정연구포럼(발표자:배종렬), 1997, 『영농조합법인의 현황과 발전과제』, 농정연구포럼.

박광서, 1997, 『농업생산조직과 지역농업조직화 - 일본의 경험』, 전남대학교출판부.

박광서 · 윤수종, 1995, 『농업생산조직단체에 관한 활성화방안 연구』, 전남대 사회과학연구소.

박민선, 1996, 『자생적 생산자조직의 조직운영과 회원참여에 관한 연구』, 농협조사부.

박진도 외, 1993, 『농업구조재편과 지역농업의 발전방향』, 충남대 지역개발연구소.

박진도, 1994, 『한국자본주의와 농업구조』, 한길사.

박현채, 1981, 『한국농업의 구상』, 한길사.

박현채, 1983, 『한국경제와 농업』, 까치.

유인호, 1967, 『한국농업협업화의 연구』, 한국연구원.

윤수종, 1995, '농업생산조직의 전개방향', 『현대사회과학연구 6』, 전남대학교 사회과학연구소.

윤수종, 1997, '농촌사회의 변화와 농민의 대응', 『6월 민주항쟁과 한국사회 10년, 2』, 당대.

윤수종, 1984, 「노동력이동에 따른 농촌사회의 변화-사례연구-」, 서울대학교 사회학과 석사논문.

윤수종, 1990, 「한국농업생산에서 노동조직의 변화과정에 관한 연구」, 서울대학교 사회학과 박사논문, 1990.

윤수종, 1992, '한들마을의 기계이앙작업반', 『농민과 사회』, 1992년 여름, 창간 1주년 특집호, 농어촌사회연구소.

윤수종, 1993, '농업생산조직에 관한 사례연구(1) -강원도 춘천군 신동면 증2리 한들마을의 벼농사 작업을 중심으로-', 『농촌사회』 제3집, 243-282쪽.

윤수종, 1997, '농민운동의 전개와 새로운 과제', 『농민과 사회』, 1997년 가을호.

윤수종, 1998, '새로운 농촌공동체로서의 영농조합 - 무안군 양념채소류 유통사업 영농조합을 중심으로', 『현대사회과학연구』, 제9권, 전남대학교 사회과학연구소, 1-46쪽.

윤수종, 2001, '새로운 농촌공동체로서의 영농조합 -영암군 도포시설원예영농조합법인의 운영과 조직방식-', 최협 외, 『공동체의 현실과 전망』, 선인, 9-62쪽.

윤수종, 2010, 『농촌사회제도연구』, 전남대학교출판부.

장상환, 1989, '농민운동의 현 단계와 과제', 『현 정세와 민족민주운동의 진로』, 두리.

전남대학교 박물관, 1995, 『담양군 문화유적 학술조사』, 희망문화사.

주종환 편저, 1981, 『농업기계화와 영농조직』, 일조각.

한국농어촌사회연구소, 1991, 『한국농업의 위기와 재편방향』, 창작과비평사.

허헌중, 1987, '대중노선에 입각한 대중조직운동의 전개를 위하여', 『전환』.

✍ 저자소개

윤수종

「한국농업생산에서 노동조직의 변화과정에 관한 연구」로 박사학위를 받았고 전남대 사회학과 교수로 있다. 지은 책으로는 『자유의 공간을 찾아서』(문화과학사, 2002), 『다르게 사는 사람들』(편저, 이학사, 2002), 『우리시대의 소수자운동』(공저, 이학사, 2005), 『안토니오 네그리』(살림, 2005), 『욕망과 혁명』(서강대출판부, 2009), 『농촌사회제도연구』(전남대출판부, 2010) 등이 있다. 소수자운동과 미시코뮨에 관한 연구를 하면서 농촌연구도 겸하고 있다. 그동안 네그리, 가타리, 라이히 등을 중심으로 자율사상에 관련된 책들을 번역·소개하였다.

농업생산조직사례연구

인쇄 | 2011년 2월 15일
발행 | 2011년 2월 25일

저 자 | 윤수종
발행인 | 김윤수
발행처 | 전남대학교출판부

등록 | 1981. 5. 21. 第53호
주소 | 500-757 광주광역시 북구 용봉로 77
전화 | (062) 530-0571~3
팩스 | (062) 530-0579
홈페이지 | http://altair.chonnam.ac.kr/~cnup

값 20,000원

ISBN 978-89-7598-900-1 (93330)

이 도서의 국립중앙도서관 출판시도서목록(CIP)은 e-CIP홈페이지(http://www.nl.go.kr/ecip)에서 이용하실 수 있습니다. **(CIP제어번호 : CIP2011000629)**